青海省科学技术学术著作出版基金资助出版

盐湖化工产业专利导航

葛飞 主编

知识产权出版社
全国百佳图书出版单位
—北京—

图书在版编目（CIP）数据

盐湖化工产业专利导航/葛飞主编. —北京：知识产权出版社，2021.2
ISBN 978-7-5130-7232-8

Ⅰ.①盐… Ⅱ.①葛… Ⅲ.①盐湖—化学工业—工业产业—专利—研究—中国
Ⅳ.①G306.72②F426.7

中国版本图书馆 CIP 数据核字（2020）第 194210 号

内容提要

盐湖资源是重要的自然资源，蕴藏着丰富的矿产，含有丰富的钠、钾、镁、锂、硼、溴、铷、铯、锶等资源，其开发与利用有重要的价值。本书对盐湖中的主要资源，包括锂、钾、硼、镁的相关专利进行检索，通过数据分析，从专利技术角度了解我国盐湖资源开发的技术特点，并对未来发展进行预测，对盐湖资源开发与利用提出建议，为国内企业的后续技术开发提供数据支持。

责任编辑：韩　冰　李　瑾　　**责任校对**：王　岩
封面设计：回归线（北京）文化传媒有限公司　　**责任印制**：孙婷婷

盐湖化工产业专利导航

葛　飞　主编

出版发行：知识产权出版社有限责任公司	**网　　址**：http://www.ipph.cn
社　　址：北京市海淀区气象路 50 号院	**邮　　编**：100081
责编电话：010-82000860 转 8126	**责编邮箱**：hanbing@cnipr.com
发行电话：010-82000860 转 8101/8102	**发行传真**：010-82000893/82005070/82000270
印　　刷：北京九州迅驰传媒文化有限公司	**经　　销**：各大网上书店、新华书店及相关专业书店
开　　本：787mm×1092mm　1/16	**印　　张**：17.75
版　　次：2021 年 2 月第 1 版	**印　　次**：2021 年 2 月第 1 次印刷
字　　数：400 千字	**定　　价**：88.00 元

ISBN 978-7-5130-7232-8

编 委 会

preface 序　言

2013 年 4 月，《国家知识产权局关于实施专利导航试点工程的通知》（国知发管字〔2013〕27 号）发布，提出了专利导航机制，即“以专利信息资源利用和专利分析为基础，把专利运用嵌入产业技术创新、产品创新、组织创新和商业模式创新，引导和支撑产业科学发展”。专利导航是基于产业发展和技术创新的需求，充分运用专利信息资源，探索建立专利信息分析与产业运行决策深度融合、专利创造与产业创新能力高度匹配、专利布局对产业竞争地位保障有力、专利价值实现对产业运行效益支撑有效的新理念、新机制、新方法和新模式。以产业的视角，对专利蕴含的技术、法律和市场等信息进行深度挖掘，明晰产业发展方向、格局定位和升级路径，引导企业进行专利布局、储备和运营，实现产业创新驱动发展。

两年前，葛飞同志编写了《中国盐湖锂产业专利导航》一书（知识产权出版社，2018 年 12 月），第一次把专利导航的理念和方法引入盐湖产业分析，通过对全球盐湖锂资源概况、资源开发产业现状的全面介绍，通过对全球盐湖锂资源开发专利的详细标引及具体分析，通过对国内重点专利权人的相关专利的交叉对比，深度解析了中国盐湖锂资源开发技术发展脉络及未来发展趋势，也为盐湖产业研究引入新的视角。

葛飞同志在中国科学院从事科研、知识产权管理和成果转化工作十余年，具有扎实的理论基础和丰富的实践经验。经过近两年的研究、探索和积累，葛飞等同志又推出了这本《盐湖化工产业专利导航》。这本书对盐湖中的主要资源，包括锂、钾、硼、镁的相关专利进行全面细致的检索分析，从专利技术角度解析了我国盐湖资源开发的技术特点，并对盐湖产业未来发展趋势进行了预测，对盐湖资源的合理开发和有效利用提出了诸多建议，为国内企业的后续技术研发提供了详尽的数据支持。尽管我国在盐湖化工领域的专利数量相对具有优势，但是保护领域相对分散，基础性的核心专利比较少，改进型、外围专利偏多，没有实现对相应技术领域的有效保护和控制，部分领域重要专利“失效”和“老龄化”现象也非常严重。因此，我们需要增加技术积累，提高产业配套能力，加强产学研融合，并进一步优化专利结构，从时间层面延长技术保护周期，从技术层面补全专利空白点，尤其要完善工程化技术专利。特别是面对国际竞争，国内企业不仅要加强技术开发，更要加强国外专利的布局和保护，将区位优势转化为技术优势，提高在国际上的行业竞争力，更好地开发国外资源与市场。

通过专利导航，葛飞同志将专利信息与盐湖产业现状、发展趋势、政策环境、市场竞争等信息深度融合，进一步帮助我们明晰了产业发展方向，找准了区域产业定位，指出了优化产业创新资源配置的具体路径。

本书不论是对于从事盐湖资源开发的科研工作者、盐湖产业工作者，抑或是对于各级管理部门制定区域、产业发展政策的同志，都会有参考价值。

我国是资源大国，但还不是资源强国，对于盐湖资源来讲，更是如此。如何对盐湖资源进行合理开发和有效利用，进一步推动盐湖资源开发上升为国家战略，既要突出盐湖资源优势，又要全力推动盐湖产业高质量发展，是我们每一个从事盐湖产业研究和开发的同仁需要认真思考的问题，谨此为序。

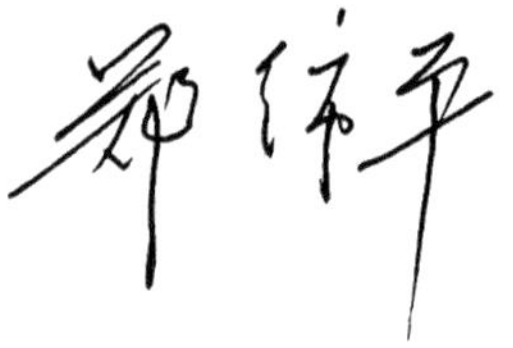

2020年11月30日于北京

contents 目录

第1章 盐湖资源

chapter 1

1.1 盐湖简介

现代盐湖是指第四纪地质时期或现代形成的盐湖，是干旱半干旱湖泊发展的末期产物。其无机盐含量很高，从湖水中能够提取出多种盐类资源，一般将湖泊水体的含盐度大于或等于35g/L的卤水湖称为盐湖，若因继续蒸发或渗入地下而变干，则称为干盐湖。

中国盐湖区受干旱半干旱气候控制，在包括大兴安岭、吕梁山、念青唐古拉山及冈底斯山一线以北的10多个省区都有分布，大小盐湖共1000多个，主要集中在青海、西藏、内蒙古和新疆4个省区。

盐湖卤水包括湖表卤水和埋藏于盐湖沉积层中的地下卤水，而盐湖地下卤水又包括晶间卤水（埋藏于盐类沉积的盐类晶体空隙中的卤水）和淤泥孔隙卤水或碎屑沉积层中的孔隙卤水。

按照盐湖卤水的赋存状况可将盐湖分为三种类型：卤水湖（常年只存在湖表卤水的盐湖）、干盐湖（常年无湖表卤水，仅存在盐湖地下卤水的干盐滩）、半干盐湖（既存在湖表卤水，又存在盐滩的盐湖）。

按照卤水的化学组成可将中国盐湖分为碳酸盐型、硫酸盐型、氯化物型和硝酸盐型。

1.2 盐湖资源与开发

盐湖里蕴藏着丰富的矿产资源，如钠、钾、镁、锂、硼、溴、铷、铯、锶等，涉及钾肥、制药、玻璃、陶瓷、电子、国防等农业和工业领域。同时，盐湖还是稀有资源的宝库，盐湖水体中某些稀有元素如U、Th等，其富集程度高于海水几十倍甚至数百倍或数千倍。盐湖资源一般包括卤水液体矿藏和盐类沉积固体矿藏两种，大多数情况下是液固共存的矿藏。青藏高原以富 B、Li、Rb、Cs 为特征，K、Mg 资源也十分丰富；内蒙古则以天然碱为其主要矿种；新疆以芒硝矿产占优势；其他如石膏、石盐等，作为盐湖沉积的常见矿物，在很多盐湖中储量都相当丰富。例如，柴达木盆地的察尔汗盐湖，仅石盐储量就有 500 亿 t 以上。我国盐湖资源富集程度高、储量大、资源种类齐全，在世界盐湖中是极为少见的。青海盐湖资源现已累计探明储量 3315 亿 t，其中氯化钠保有储量 3277. 8 亿 t，镁盐保有储量 57. 9 亿 t，氯化钾保有储量 6. 9 亿 t，氯化锂保有储量 1541. 9 万 t，锶盐保有储量 1928. 7 万 t，硼矿保有储量 1395. 6 万 t。被誉为聚宝盆的柴达木盆地，共有 33 个盐湖，经济价值最大的是东台吉乃尔盐湖和全国最大的钾镁盐矿区察尔汗盐湖。已初步探明氯化钠储量 3263 亿 t，氯化钾 4. 4 亿 t，镁盐 48. 2 亿 t，氯化锂 1392 亿 t，锶矿 1592 万 t，芒硝 68. 6 亿 t。镁、钾、锂盐储量均占全国已探明储量的 90% 以上，是巨大的无机盐资源宝库。

在这些盐湖资源的开发利用中，钾盐产业已形成了较强的生产能力，取得了明显的经济效益。柴达木盆地主要盐湖已经发展成为中国最大的钾肥生产基地，产量由最初的不到 1000t 发展到现在的 500 万 t。镁盐产业也正在向纵深发展，锂、硼及其他稀散资源的利用正处在由实验研究向产业化推进的阶段，例如，台吉乃尔盐湖的硼锂产量已达数万吨级，西藏扎布耶盐湖的锂盐资源开发已进入产业化阶段，其他富锂盐湖如当雄错、扎仓茶卡等碳酸锂的开发也在筹划之中。21 世纪的今天，立足中国盐湖资源的实际状况和国家对钾、锂、镁等资源的战略需求，盐湖钾、硼、锂、镁等资源的综合利用以及稀散元素等战略性资源的提取成为重大发展目标，深入研究科学开发盐湖资源的战略，对于中国工农业的可持续发展以及国防事业的推进具有十分重要的战略意义。

此外，盐湖中还蕴含有开发前景广阔的生物资源以及旅游资源，如耐盐碱植物资源、嗜盐虫类和水禽类资源，都是可以开发利用的新兴资源。盐湖以其特殊的地理位置、独特的地质环境和千姿百态的造型而闻名于世，开发盐湖旅游资源也成为一种发展趋势。

1.3 我国盐湖分布

我国盐湖以数量多、面积大、类型齐全而著称。我国地域辽阔，盐湖星罗棋布，是世界上盐湖分布最多的国家之一。据考察统计，面积大于 $1km^2$ 的现代内陆盐湖有 813 个，盐湖卤水分布范围非常广阔，分布于我国大兴安岭—太行山、吕梁山黄土高原—念青唐古拉山—冈底斯山一线以北，北陲国境线以南的干旱半干旱荒漠戈壁、沼泽草原、宽阔盆地和高亢高原上的广大地区，涵盖了我国青藏高原、内蒙古高原、黄土高原，在行政区划上，包括青海省、内蒙古自治区、西藏自治区、新疆维吾尔自治区、吉林省（西部草原）、河北省（张北高原）、山西省（南部的运城盆地）、陕西省（西北部的三边地区）、宁夏回族自治区（东北部的盐池地区）、甘肃省（西北部的民勤湖水盆地），涉及十个省区，分布范围约占全国总面积的一半。其中，青海、西藏、新疆、内蒙古四省区，面积大于1km^2的盐湖占盐湖总数的97.8%，盐湖面积共43435.43km^2，占全国面积大于1km^2的盐湖总面积的97%，是我国盐湖的主要分布区。

我国著名的盐湖有：察尔汗盐湖、大浪滩盐湖、昆特依盐湖、大柴旦盐湖、东西台吉乃尔盐湖、马海、茶卡、柯柯等（青海），罗布泊（新疆），扎布耶、扎仑茶卡、班戈湖等（西藏），吉兰泰盐湖、察哈诺尔等（内蒙古），大布苏碱湖（吉林）。

1.4　青海盐湖

青海省是我国盐湖分布面积最大的省份，盐湖主要分布于青海省的柴达木盆地和可可西里高原，面积大于1km^2的盐湖共计71个，占全国盐湖总数的7.31%，盐湖面积总计18986.38km^2，占全国盐湖总面积的49.71%。以盐湖面积而论，世界上十个最大的盐湖中，青海省占了三个，分别是排在世界第三位的察尔汗干盐湖、第四位的大浪滩干盐湖、第五位的昆特依干盐湖。

在柴达木盆地已探明的各类矿产中，盐湖矿产具有突出地位，其中锂矿、锶矿、芒硝、化肥用蛇纹石、钾盐、镁盐6种矿产，居全国首位，在国内市场有着明显的比较优势；钠盐、天然碱、溴矿、硼矿、制碱灰岩、硅灰石等矿产在全国也占据一定地位，是发展循环经济优势产业的基础和支撑。

柴达木盆地盐湖数量多，共有盐湖33个，具有多、大、富、全的特点。盐湖面积大，其中我国最大的盐湖察尔汗盐湖（“察尔汗”蒙古语意为“盐的世界”）的面积就达5856km^2。盐湖卤水中钾、钠、镁、锂、硼、溴、碘等有用化学元素多，品位高，储量大，资源富，类型全。既有卤水湖又有干盐湖，既有硫酸盐型盐湖又有氯化物型盐湖。

1.5　盐湖矿产资源的区域分布

现代盐湖包括盐湖卤水液体矿床和盐类沉积固体矿床两种，一般情况下，盐湖资源是液固两相共存的矿床，现代盐湖卤水资源是第四纪晚期以来形成的卤水矿床，且多分布于相对低洼的地带，从而易受当地的气候和水文等条件的直接影响。我国盐湖卤水中含有多种化学成分，除Na^+、K^+、Mg^{2+}、Cl^-、SO_4^{2-}、HCO_3^-、CO_3^{2-}等主要化学元素和酸根外，还包括重金属元素、稀有元素、放射性元素等。

我国共有盐湖1500多个，依据盐湖形成的地貌、地质构造条件和物质成分特点，可以将我国盐湖划分为4个盐湖区：青藏高原盐湖区、西北盐湖区、内蒙古—东北盐湖区和东部分散盐湖区。它们的形成主要受干旱半干旱气候的影响，所以其边界与500mm降水量线（亚干旱与亚湿润的界线）大致吻合。

青藏高原盐湖区，盐湖水化学类型齐全，成分复杂，以盛产钾、镁的盐湖（如柴达木盆地的察尔汗盐湖）和富硼、锂、铯等的特种盐湖（如扎布耶盐湖）而闻名。青藏高原有各类盐湖334个，总面积约22000km^2，占该区湖泊总面积的近1/2。该区的柴达木盆地为大型山间盆地，海拔在2670～3800m。盆地中盐湖演化时间长，盐湖水化学类型以氯化物型和硫酸盐型为主，盐类沉积厚度大，储量丰富：其KCl达3.88亿t，K_2SO_4约5.68亿t（折合KCl 4.85亿t），LiCl约1.8万t，B_2O_3约1.67万t。

西北盐湖区的盐湖位于青藏高原以北、贺兰山以西，该区位于远离海洋的内陆，潮湿气流难以抵达，气候极端干旱。大型内陆盆地形成了宽广的戈壁、沙漠，盆地内盐湖多已干涸，仅在盆地与山麓的边缘形成现代卤水湖。该区盐湖以产石盐、芒硝的普通盐湖为主，但在阿拉善西部—罗布泊及玛纳斯湖卤水含钾镁较高，罗布泊干盐湖面积达2万km^2，是我国最大的（干）盐湖，KCl储量达3.5亿t，仅次于察尔汗盐湖，约占全国盐湖钾储量的1/4，属超大型钾矿床。在罗布泊北缘及天山盆地的吐鲁番—哈密盆地等处，还发现了分布范围较广的硝酸盐型盐湖和裂隙充填型硝石矿。

内蒙古—东北盐湖区及东部分散盐湖区位于贺兰山以东、秦岭以北的半干旱半潮湿气候区，包括内蒙古、东北及华北广大地区。除内陆盐湖外，亦有少量滨海盐湖。该区地质构造较稳定，盐湖面积小，卤水浅，盐类矿产资源以芒硝、碱、石盐为主，其天然碱储量占全国盐湖探明天然碱储量的90%以上。

东部分散盐湖区可分为嫩江盐湖亚区、滨海地下卤水湖亚区、运城盐湖亚区、黄河源局部盐湖亚区。滨海地下卤水湖亚区和运城盐湖亚区比较特殊，位于年降水量大于500mm的暖温带亚湿润区。该区的盐湖规模较小，且均为普通盐湖。

中国盐湖类型及其分布见表1－1。

表1－1　中国盐湖类型及其分布

盐湖区	钾镁盐湖 w(KCl) ≥1%		特种盐湖 ρ(KCl)≥0.5% w(LiCl)≥300mg/L $w(B_2O_3)$≥1000mg/L		普通盐湖（盐、碱、芒硝等）		硝酸盐—石盐湖		合计	
	个数	比率/%	个数	比率/%	个数	比率/%	个数	比率/%	个数	比率/%
（Ⅰ）青藏高原盐湖区	6	50	80	93.0	248	28.2	—	—	334	34.0
（Ⅱ）西北盐湖区	4	33.3	2	2.3	264	30.1	8	100	278	28.3
（Ⅲ）内蒙古—东北盐湖区	2	16.7	4	4.7	302	34.4	—	—	308	31.1
（Ⅳ）东部分散盐湖区	—	—	—	—	64	7.3	—	—	64	6.5
合计	12	100	86	100	878	100	8	100	984	100

我国盐湖卤水中含有 60 多种化学成分，各个盐湖卤水的组分不同，相应的加工工艺也千差万别，因此卤水矿的开发必须将开采与加工作为一个系统来考虑，考虑多种资源的综合利用，解决经济效益、资源浪费，以及尾矿（老卤）处理、资源与环境保护等一系列问题。本书针对盐湖中的主要资源（包括锂、钾、硼、镁）的开发专利进行检索，从专利技术角度分析主要资源开发的特点，并对未来发展进行预测，对盐湖资源开发与利用提出建议，为国内企业的后续技术开发提供数据支持。

本章参考文献

[1] 中国科学院青海盐湖研究所. 中国科学院盐湖研究六十年 [M]. 北京：科学出版社，2015.

[2] 中国科学院青海盐湖研究所. 柴达木盆地晚新生代地质环境演化 [M]. 北京：科学出版社，1986.

[3] 郑喜玉，张明刚，徐昶，等. 中国盐湖志 [M]. 北京：科学出版社，2002.

[4] 郑绵平. 论中国盐湖 [J]. 矿床地质，2001 (2)：181 - 189.

[5] 郑绵平，齐文. 我国盐湖资源及其开发利用 [J]. 矿产保护与利用，2006 (5)：45 - 50.

[6] 张彭熹，张保珍，唐渊，等. 中国盐湖自然资源及其开发利用 [M]. 北京：科学出版社，1999.

[7] 中国科学院兰州分院，中国科学院西部资源环境研究中心. 青海湖近代环境的演化和预测 [M]. 北京：科学出版社，1994.

[8] 于升松. 察尔汗盐湖首采区钾卤水动态及其预测 [M]. 北京：科学出版社，2000.

[9] 于升松，谭红兵，刘兴起，等. 察尔汗盐湖资源可持续利用研究 [M]. 北京：科学出版社，2009.

[10] 王方强，鲍永恩，刘振湖，等. 盐湖矿床开采 [M]. 北京：化学工业出版社，1983.

[11] 童阳春，周源. 现代盐湖卤水矿床开采新技术 [J]. 金属矿山，2009 (S1)：316 - 319.

[12] 刘燕华. 柴达木盆地水资源合理利用与生态环境保护 [M]. 北京：科学出版社，2000.

[13] 李武，董亚萍，宋彭生. 盐湖卤水资源开发利用 [M]. 北京：化学工业出版社，2012.

[14] 李炳元. 青海可可西里地区自然环境 [M]. 北京：科学出版社，1996.

第2章 盐湖锂资源开发专利分析

2.1 全球锂资源概述

据美国地质调查局2017年资料，2016年美国发现的锂资源有690万t，全球其他地区有约4010万t，其中，玻利维亚和阿根廷各有锂资源900万t，智利有锂资源750万t，中国有锂资源700万t，澳大利亚和加拿大各有锂资源200万t，刚果（金）、俄罗斯和塞尔维亚各有锂资源100万t，巴西和墨西哥各有锂资源20万t，奥地利有锂资源10万t。

到目前为止，自然界中发现的锂矿床最主要的有3种类型：卤水型、伟晶岩型和沉积岩型。据美国密歇根大学Paul Gruber和Pablo Medina统计（2010），含锂卤水型矿产占全球锂资源的66%，伟晶岩型占26%，沉积岩型占8%。此外，黏土型（在黏土矿床中含有锂）和湖成蒸发岩型（在湖成蒸发岩中含有锂）也具有潜在开发意义。

2.1.1 卤水型锂矿床

卤水型锂矿是锂矿床的重要类型和锂的主要来源，主要分布在南美洲的玻利维亚、智利和阿根廷，称为“锂三角区”。其成因机制主要是，在封闭盆地，特别是干旱沙漠地区的封闭盆地中，锂可在地下卤水中发生富集并形成有开采价值的锂矿床。在南美洲西部高原荒漠地区，已查明有世界著名的玻利维亚乌尤尼盐沼和智利阿塔卡玛盐沼巨型锂矿床。此外，在美国西部内华达山脉与落基山脉之间的大盆地区域内已查明有西尔斯湖、锡尔弗皮克等地下卤水型锂矿床。

中国盐湖锂资源主要分布于青藏高原的盐湖中。卤水类型有碳酸盐型、硫酸盐型和氯化物型3种，目前主要开发的是碳酸盐型和硫酸盐型。中国独有的优质碳酸盐型锂资源主要集中于西藏羌塘中部，即冈底斯板块中北部，那曲—狮泉河公路南侧；硫酸盐型锂资源主要分布于柴达木盆地和藏北锂资源带的北侧；氯化物型盐湖锂资源主要分布于藏北无人区和青海可可西里地区。

2.1.2 伟晶岩型锂矿床

这类矿床的分布比较广泛，主要产在古老结晶地盾、地块等相对稳定的地质构造单元中，成矿时代以前寒武纪为主，少数形成于早古生代。含矿伟晶岩可分为带状构造伟晶岩和无带状构造伟晶岩两大类。

（1）带状构造伟晶岩锂矿床

该类矿床的矿物成分复杂，除含有大量锂辉石、透锂长石、锂云母、锂霞石和磷铝锂石等矿物之外，还常含有少量可综合利用的绿柱石、铌钽铁矿、锡石、铯沸石等多种稀有金属矿物。这类矿床中锂辉石含量约为20%，是优质低铁锂辉石精矿的主要来源。

（2）无带状构造伟晶岩矿床

此类矿床的伟晶岩体基本是单项均质岩体，由钠长石、微斜长石、石英、白云母和锂辉石组成，少量矿物有绿柱石、锡石和铌钽铁矿。

2.1.3 沉积岩型锂矿床

广义的沉积岩型锂矿床一般是指产于沉积岩中的、尚不具备独立工业开采但具有市场竞争价值的锂矿床，包括产于铝土矿、煤矿、高岭土矿床中可作为伴生矿产利用的矿床，一般含量不高、赋存状态不清楚或者往往没有独立矿物而是赋存在黏土矿物晶格中，难以经济有效地开发利用，但由于其资源总量非常大而引起了业内的高度重视，尤其是对一些经济效益不高的大宗矿产类矿山企业，一旦实现了技术突破，必将引领产业发展。

2.2 全球锂资源消费

在锂及其盐类的应用早期，仅局限于医药、玻璃、陶瓷和搪瓷工业。到20世纪50年代中期，美国原子能委员会因核武器工业的发展急需大量氢氧化锂，锂工业获得了高速发展。由于锂金属、锂合金及锂盐化合物独有的优异性能，使得锂在民用锂基产品中得到广泛应用，锂及其化合物的品种越来越多，应用领域也越来越广泛。在电子、冶金、化工、医药、玻璃、陶瓷、焊接等领域得到了应用。

进入21世纪以后，在二次能源领域中锂的消耗量最大，尤其是用于锂电池的碳酸锂消耗量逐年攀升。在新能源领域，锂被誉为“能源元素”，是推动现代化与科技产业发展的重要资源。

第二大消费领域为玻璃和陶瓷行业。陶瓷中加入碳酸锂是使产业降低能耗、环保达标的有效途径之一，并且锂在玻璃中的各种新作用也在不断被发现，因此陶瓷及玻璃对锂的需求仍保持增长。

其他主要消费领域还包括润滑脂制造业、制冷业、核能行业等。

总的来说，锂资源在锂离子电池、航空材料、锂基润滑脂、铝电解、玻璃和陶瓷工业及空调、医药、有机合成工业等方面都已有应用，是 21 世纪高科技发展中的关键金属材料，尤其在能源和轻质合金方面表现不俗，被称为“能源金属”和“推动世界前进的重要元素”。

2.2.1 全球锂电池消费情况

20 世纪 90 年代，储能装置为丰富电子产品插上了翅膀，极大地改变了人类的生活，随着移动终端的快速发展，移动储能成为必须解决的问题。同样拉动了前端产业的快速增长。电池行业为全球锂的第一大消费领域，锂的消费量约占总消费量的 35%（2017 年数据），并且呈现逐年增长的态势。

追溯锂电池的历史，索尼公司于 1992 年开发出了可以商业化应用的锂离子电池具有里程碑意义，之后锂离子电池技术迅速发展，很快超越先发展的其他电池技术，而应用于便携式电子产品及储能等领域。在企业的推动下，锂电技术成为行业标准技术，在便携式电子产品领域独占鳌头，手机、数码相机、笔记本电脑等产品都在利用锂离子电池供电，其中使用量最大的是手机和笔记本电脑。

下游应用领域，锂离子电池全球消费结构为：手机市场占 45%，笔记本电脑市场占 35%，数码产品市场占 5%，电动工具市场占 5%，其他占 10%（包括新能源汽车）。随着全球新能源汽车政策的推行，新能源汽车领域中锂电池需求迎来了爆发式的增长。

（1）便携式电子产品

锂电池在便携式电子产品领域，如笔记本电脑、手机、数码相机和数码摄像机等产品中得到广泛应用，其中在笔记本电脑和手机中的使用量最大。

我国锂电池发展动力强劲，一方面来自手机市场快速增长；另一方面来自手机通信技术弯道超车，3G 业务缩小差距，4G 业务齐头并进，5G 业务引领世界，手机更新换代之快，使得很多公司已将该产业定位为快消品，也使得手机电池市场有巨大的想象空间。

电池作为笔记本电脑中的重要组成部分，从诞生那天起就引起了广泛的关注。随着技术的发展，人们对电池的稳定性、连续使用时间、体积、充电次数和充电时间等的要求越来越高。甚至在某一时期，电池的需求限制着笔记本电脑的发展。因此，不夸张地说，电池技术进步促进了笔记本电脑的发展。

（2）电动自行车

与手机电池一样，电动自行车行业也给锂电池的应用带来了巨大的遐想空间。从市场上比较，中国电动自行车占全球总量的 95% 以上。随着锂电池技术的快速发展，成本逐渐下降，锂离子电池配套的电动自行车占总量比例不断提升，是整个锂产业发展的重要推动力。加强电动自行车的整车企业和电池企业的协作，通过技术整合、不断的研发和技术创新，共同推动锂电池电动自行车的发展，使电动自行车更低碳、更环保，这是未来电动自行车发展的基本思路。

（3）电动工具

电动工具是锂电池一个具有大规模应用前景的市场。搭配锂电池的电动工具可以轻易突破过去 18V 的电压设计限制，已成为电动工具产业的产品趋势。

（4）新能源车

新能源汽车是指采用非石油基的车用燃料作为动力来源（或使用常规的车用燃料、采用新型车载动力装置），综合车辆的动力控制和驱动方面的先进技术，形成具有先进技术原理、新技术、新结构的汽车。

我国作为世界汽车生产第一大国，应抓住新能源汽车重大变革，建立起较为完整的节能与新能源汽车产业体系，掌握具有自主知识产权的整车和关键零部件核心技术，具备自主发展能力，整体技术达到国际先进水平。培育形成若干具有较强国际竞争力的节能与新能源汽车整车和关键零部件企业集团，使我国节能与新能源汽车产业规模位居世界前列。

（5）其他锂电池

由于锂电池具有很强的优势，已经被用于美国航空航天局的火星着陆器和火星漫游器，今后的系列探测任务也将采用锂电池。锂电池在航空领域的主要作用是为发射和飞行中的校正、地面操作提供支持；同时有利于提高一次电池的功效并支持夜间作业。锂电池除了用于军事通信外，还用于尖端武器，如鱼雷、潜艇、导弹等。

2.2.2　其他行业锂资源消费情况

锂的第二大消费领域为玻璃和陶瓷行业。陶瓷中加入碳酸锂是使产业降低能耗、环保达标的有效途径之一，并且锂在玻璃中的各种新作用也在不断被发现，因此陶瓷及玻璃对锂的需求仍保持增长。其他主要消费领域还包括润滑脂制造业、制冷业、核能行业等。

2.3　中国盐湖锂资源开发

2.3.1　中国盐湖锂资源分布及储量

我国锂矿资源占世界锂资源总储量的 10.41%，约 540 万 t。我国锂资源主要蕴藏在盐湖卤水及伟晶岩矿石中。其中，盐湖卤水锂资源约占全国锂资源总储量的 85%。我国的盐湖锂资源主要分布在青海和西藏两地，两地盐湖锂资源储量占全国锂资源总储量的 80%左右。

青海的锂资源主要赋存于硫酸盐型盐湖中，集中分布在柴达木盆地的察尔汗盐湖，正在开发的东台吉乃尔盐湖和西台吉乃尔盐湖，盐湖锂资源储量合计500多万t。

西藏拥有丰富的碳酸盐型盐湖，分布相对集中于西藏北部仲巴县的扎布耶盐湖，该盐湖为世界罕见的钾、锂、铯、硼等综合性盐湖矿床，其含锂量仅次于智利的阿塔卡玛盐湖和玻利维亚的乌尤尼盐湖，同时也是全球镁锂比最低的优质含锂盐湖。

花岗伟晶盐锂矿床主要分布在湖南、湖北、四川、新疆、江西、河南、福建，其中江西宜春锂云母基础储量达63.7万t，四川康定甲基卡伟晶岩型锂辉石矿床是世界第二大、亚洲第一大的锂辉矿，氧化锂资源总量高达280.7万t。

2.3.2 中国盐湖锂资源的开发利用

2.3.2.1 西藏扎布耶盐湖锂资源的开发

近年来，中国盐湖锂资源的开发取得了长足进展。目前至少运行4条由盐湖卤水提取锂盐的生产线，其中，有3条生产线能够产出纯度达99.5%以上的碳酸锂产品。西藏扎布耶盐湖的开发和利用带动了中国从盐湖卤水生产锂盐的发展。

扎布耶盐湖位于青藏高原腹地，海拔4420m，其卤水属于碳酸盐型。卤水的Li^+浓度高达1.0～1.2g/L，接近碳酸锂饱和浓度，且储量达特大型，得天独厚，独一无二。其卤水的Mg/Li值低，虽然对提取锂有利，但在卤水天然蒸发过程中易以碳酸锂形式分散析出，难以集中形成较高品位的含锂混盐。中国工程院郑绵平院士带领其团队，曾先后尝试了沉淀法、碳化法、TiO_2吸附法等多条提锂工艺路线，并确定了“冬储卤—冷冻日晒—温硼结晶—淡水擦洗”的工艺路线，后经优化为“冬储卤—冷冻日晒—太阳池结晶—碳酸锂精矿”的工艺路线，最终可直接获得品位达81.93%的碳酸锂精矿，然后运送至加工厂精炼成99%以上的碳酸锂产品，其生产成本与世界先进低成本技术相同。

2.3.2.2 柴达木盆地硫酸盐型盐湖锂资源的开发

在青海柴达木盆地，青海中信国安科技发展有限公司在西台吉乃尔盐湖，青海锂业有限公司在东台吉乃尔盐湖，青海盐湖集团在察尔汗盐湖，一共建有3条碳酸锂生产线，分别采用煅烧法、离子膜法和吸附法生产工艺，产品纯度已达99.5%以上。东、西台吉乃尔盐湖都是硫酸镁亚型卤水，其卤水的Mg/Li值都很高，分别约为40和65，是智利的阿塔卡玛盐湖卤水（Mg/Li值为6.4）的6～10倍。

西台吉乃尔盐湖是一个富锂伴生硼、钾资源的超大型卤水矿床，氯化锂储量达300万t以上。青海中信国安科技发展有限公司正在进行该盐湖的综合利用开发，生产碳酸锂产品。该公司是集资源开发与技术研究于一体的高科技盐湖化工企业，于2003年在格尔木昆仑经济开发区注册成立，注册资金12亿元人民币。该盐湖是柴达木盆地内最具代表性的硫酸镁亚型盐湖之一，其卤水的Mg/Li值高达65。

青海中信国安科技发展有限公司具备年产 50 万 t 钾肥、1 万 t 碳酸锂、1 万 t 精硼酸的生产能力。碳酸锂单条生产线已实现月产 400t 以上（日产量 15t）。在原料及燃气供应充足的条件下，碳酸锂生产线具备年产 1 万 t 电池级碳酸锂的生产能力。

青海锂业有限公司对东台吉乃尔盐湖卤水采用离子膜电渗析工艺，从 2010 年起生产碳酸锂。盐田日晒析出石盐、钾混盐后的富锂卤水经过多级电渗析器，使 Mg/Li 值由原来的（1 ～ 300）：1 降至（0.3 ～ 10）：1，锂进一步富集后的浓度可达 2 ～ 20g/L，锂的回收率 ≥80%；再经过除杂、浓缩、沉淀后，获得碳酸锂。产品的纯度可达 99.6%，超过了电池级纯度 99.5% 的要求。该公司正在研发纯度更高（99.9%）的碳酸锂。

青海盐湖集团使用制造钾肥后的母液来生产碳酸锂，采用的是国外的吸附法工艺技术。

2.3.2.3　中国主要锂资源盐湖

（1）东台吉乃尔盐湖

东台吉乃尔盐湖位于青海柴达木盆地的西北部，海拔 2700m，根据美国地质调查局 2016 年发布的数据，东台吉乃尔盐湖的锂资源储量在青海盐湖中是最小的，大约 247 万 t；但是锂的浓度和镁锂比是最理想的，锂的浓度是 0.6%，镁锂比是 37。东台吉乃尔盐湖属于硫酸镁亚型盐湖，锂矿床氯化锂孔隙度储量 284.78 万 t（给水度储量 158.58 万 t），锂矿资源量已经达到超大型规模。

东台吉乃尔盐湖的开采权在 2016 年从青海锂业有限公司转让至青海东台吉乃尔锂资源股份有限公司，该公司使用电渗析法的工艺。电渗析法对原料品位要求高，比较适合东台吉乃尔盐湖：其原料要求卤水总含盐量低于 100g/L，含锂至少要高于 2g/L。电渗析法的优点是无污染，排放少，化学品和水量消耗低，占地面积小，易于扩产；缺点是操作条件的控制要求严格，不易于维护，电能消耗较高。

（2）西台吉乃尔盐湖

西台吉乃尔盐湖的锂资源情况在青海盐湖中是居中的，它的储量是 268 万 t，可采储量约 130 万 t，出卤水的能力是 5 万 t/年，锂浓度是 0.22%，镁锂比 61，储量和品位均介于察尔汗盐湖和东台吉乃尔盐湖之间。西台吉乃尔盐湖的面积约 570km^2，位于青海柴达木盆地中部，属于硫酸盐型盐湖，主要以液体矿为主，固液共存，是锂、硼大型矿床，具有埋藏浅、品位高的特点。湖面海拔约 2680m，属于典型的内陆干旱气候，年均气温 4.47℃，煤、电、天然气供给方便，太阳能资源丰富，交通便利，距离格尔木 160km。钾盐资源量以氯化钾计为 2609 万 t，氧化硼资源量为 163 万 t。

青海中信国安科技发展有限公司掌握着西台吉乃尔盐湖的开采权，并采用煅烧法的工艺。煅烧法的缺点是对原料要求高，卤水纯度需要达到 8 ～ 9g/L，因此提取镁的流程复杂，设备腐蚀严重，并且需要蒸发的水量较大、能源消耗大。对于西台吉乃尔盐湖来讲，这种较低的浓度其实对煅烧法来讲是很难进行的，一方面它很难提高产能，实现大规模的扩产，另一方面成本偏高，本身产能规模受到技术瓶颈的限制。

（3）察尔汗盐湖

察尔汗盐湖总面积为5856km²，是我国最大的可溶性钾镁盐矿床。湖中蕴藏着极为丰富的钾、钠、镁、硼、锂、溴等自然资源，总储量为600多亿t，其中氯化钾表内储量为5.4亿t，占全国已探明储量的97%，氯化镁储量为16.5亿t，氯化锂储量为800万t。

察尔汗盐湖每年提钾后排放的老卤中锂盐储量约为30万t，但含量低，分布较分散，为综合利用卤水资源，青海盐湖工业股份有限公司与核工业北京化工冶金研究院合作，投资5.33亿元人民币建设年产1万t碳酸锂项目，组建了青海盐湖蓝科锂业股份有限公司。公司采用吸附法卤水提锂技术，以察尔汗盐湖卤水提钾后的老卤为原料生产工业碳酸锂，其工艺包括树脂吸附、洗脱、提取液浓缩、碳酸锂的制备等过程。该技术工艺创新性高且环保、经济，锂回收率达到70%以上，产品纯度达到99%；但由于卤水处理量大，且生产过程中需要大量淡水洗脱，导致生产过程中水耗、树脂消耗和动力消耗大。由于青海察尔汗盐湖淡水量少，且昼夜温差大的特点，自主开发的树脂对温度大幅度变化的适应性不够，树脂易破碎，2010年，该公司与佛山照明公司合作采用俄罗斯吸附技术，大幅提升了生产能力。

（4）大柴旦盐湖

中国科学院青海盐湖研究所于1979年发明了50%～70%的TBP和30%～50%的200号磺化煤油萃取体系，将卤水用自然能或燃料蒸发浓缩分离析出食盐、钾盐和部分硫酸盐，除硼后加入$FeCl_3$溶液，形成$LiFeCl_4$，用所发明的TBP煤油萃取体系将$LiFeCl_4$萃取入有机相成为$LiFeCl_4$#2TBP的萃合物，经酸洗涤后用6～9mol/L盐酸反萃取，再经除杂、焙烧等最后可得无水氯化锂。锂的萃取率可达99.1%，铁和有机相一起处理可恢复萃取能力继续循环使用。我国于“七五”期间，投资900多万元人民币，在大柴旦盐湖建设了50t/年氯化锂中试车间，中试锂的总回收率达96%以上，但产量规模仅为设计能力的2/3。中国科学院青海盐湖研究所针对相关技术申请了国家专利，该方法从高镁锂比卤水中提锂最为有效，是具有工业应用前景的盐湖高镁锂比卤水提锂方法之一。

（5）一里坪盐湖

一里坪盐湖属于硫酸镁亚型，富含钾、锂、硼盐类，由于一里坪盐湖位于盐渍平原上，极度干旱无水，无植被，无居民点，生产和生活物资需要由较远的外地供应，导致该湖资源长期未能开发利用。1958年盐湖科技人员开始对其进行开发试验，直至2010年青海省政府与中国五矿集团有限公司合作，签署了《关于一里坪盐湖资源综合开发合作协议》，以中国五矿集团有限公司为主体，成立了五矿盐湖有限公司，前期项目计划投资33.8亿元，主要建设工程为：年产1万t碳酸锂、1万t硼酸、30万t氯化钾及其配套设施。其作为青海省重点项目，于2012年10月19日举行开工典礼。项目建成后可实现年销售收入11.34亿元，年利润2.17亿元，可提供1000个就业岗位，具有显著的经济效益和社会效益。该项目进展顺利，2014年4月完成了盐田一期工程，修建防洪坝6.6km，输卤渠长22km，盐田面积36km²，灌入盐田卤水2000万m³，采矿泵船安装完成。锂盐的生产技术研究工作有序进行，引进德国先进的“高效多级浓缩锂镁分离技术”对盐湖资源进行综合开发。同时，联合中蓝连海设计研究院开展“一里坪盐湖卤水蒸发技改性试验”，联合中国科学院青海盐湖研究所开展卤水锂、硼、镁综合利用技术研究，已取得阶段性成果。

2.4　盐湖提锂方法

2.4.1　盐湖卤水提锂的生产方法

从盐湖卤水中提锂的生产方法主要有沉淀法、萃取法、离子交换吸附法、煅烧浸取法和电渗析法等。国外盐湖多为低镁锂比卤水，通过沉淀法即可实现分离，因此广泛采用蒸发—结晶—沉淀法，技术相对较为成熟。而中国的盐湖为高镁锂比卤水，无法直接采用蒸发—结晶—沉淀技术实现，因此国内只能选择较为复杂的生产工艺。除蒸发—结晶—沉淀法外，还有萃取法、离子交换吸附法等方法处于研究开发过程中，有些技术已经实现产业化生产。

盐湖提锂主要方法如下。

2.4.1.1　沉淀法

沉淀法是在含锂较高的卤水中，加入某种沉淀剂将锂从原料溶液中沉淀出来，然后选择某种试剂将锂浸出。沉淀法从盐湖卤水中提锂包括碳酸盐沉淀法、铝酸盐沉淀法、水合硫酸锂结晶沉淀法以及硼镁、硼锂共沉淀法等。该方法易于工业化，但对卤水要求苛刻，仅适用于低镁锂比卤水。

2.4.1.2　电解法

电解法是较为耗能的方法，因此需要对原始卤水处理后才能使用。一般方法为通过结晶沉淀等一系列处理过程后，将原始卤水转化为精制卤水，以精制卤水作为阳极液，氢氧化锂作为阴极液进行电解，通过阳离子膜在阴极室得到氢氧化锂一水合物溶液。该法产品纯度高、工艺简单易控，但影响因素较多，其产业化生产有待进一步研究。

2.4.1.3　溶剂萃取法

有机溶剂萃取法是利用不同的萃取剂对不同类盐的结合能力不同，而实现不同盐的分离与富集。通过筛选与优化，萃取法的萃取体系已经有了长足的进步，在实验线能够得到纯度较高的锂盐产品。该方法对从低品位卤水中提锂行之有效，常用的从卤水中萃取锂的体系主要有单一萃取体系和协同萃取体系两类。有机溶剂萃取法虽然具有原材料消耗少、效率高等优点，但该法存在萃取剂溶损率高和设备腐蚀性大等问题，导致生产成本居高不下，针对上述问题已经开发出改进的萃取体系。

2.4.1.4 离子交换吸附法

离子交换吸附法是利用对锂离子有选择性吸附的吸附剂来吸附锂离子，再将锂离子洗脱下来，达到锂离子与其他杂质离子分离的目的。离子交换吸附法主要适用于从含锂较低的卤水中提锂。锂离子吸附剂可分为无机离子吸附剂和有机离子吸附剂。该法对树脂等吸附剂的强度要求高。

2.4.1.5 煅烧浸取法

煅烧浸取法包括将提硼后卤水蒸发去水，得到四水氯化镁，高温煅烧，得到氯化镁，然后加水浸取锂，浸取液用石灰乳和纯碱除去钙、镁等杂质，将溶液浓缩后加入纯碱沉淀出碳酸锂。煅烧浸取法综合利用了镁锂等资源，原料消耗少，锂的回收率在90%左右。煅烧后的氯化镁渣，经过精制可得纯度为98.5%的氯化镁副产品。但镁的利用使流程复杂，设备腐蚀严重，同时需要蒸发的水量较大，动力消耗大。

2.4.1.6 电渗析法

电渗析法包括将含镁锂盐湖卤水或盐田日晒浓缩老卤通过一级或多级电渗析器，利用一价阳离子选择性离子交换膜和一价阴离子选择性离子交换膜进行循环（连续式、连续部分循环式或批量循环式）工艺浓缩锂，获得富锂低镁卤水，然后深度除杂、精制浓缩，便可制取碳酸锂或氯化锂。电渗析法虽然能有效地实现镁锂分离，但运行过程中会产生大量的氢气和氯气，不利于工艺的工程化实施，同时需消耗大量的电能，提锂成本大大提高。

2.4.1.7 纳滤法

纳滤膜分离无机盐技术是一种新型的膜分离技术。纳滤膜是一种压力驱动膜，由于在膜上或膜中常带有荷电基团，通过静电相互作用，产生 Donnan 效应，对不同价态的离子具有不同的选择性，从而实现不同价态离子的分离。一般来说，纳滤膜对单价盐的截留率仅为10%～80%，具有相当大的渗透性，而二价及多价盐的截留率均在90%以上，实现了锂离子和镁离子的分离。纳滤膜具有膜技术共同的高效节能的特点。

2.4.1.8 太阳池法

该法主要应用于高镁锂比或碳酸盐型的盐湖资源，以我国西藏地区为例，该地区为碳酸锂型卤水，利用碳酸锂低温析出的特性，采用冷冻除硝—蒸发富集锂—利用太阳池升温析出碳酸锂的工艺，获得高品位矿物，虽然工艺简单，但是由于藏区生活条件恶劣，建立化学加工厂困难，只能在湖区获得高品位矿物后运出加工。

为更好地说明卤水中锂提取技术，将主要盐湖提锂技术进行汇总和比较（见表2-1）。

表 2-1　世界锂资源盐湖提锂技术基本情况

提锂技术	主要技术原理	技术特点	应用情况
沉淀法	卤水 1→蒸发浓缩、酸化除硼→卤水 2→除钙镁→卤水 3→加碱沉淀、析出干燥→碳酸锂	工艺简单、技术成熟、能耗低，适用于中低镁锂比的卤水	美国银峰盐湖、智利阿塔卡玛盐湖、中国扎布耶盐湖
煅烧浸取法	卤水 1→蒸发浓缩→析出硫酸锂、水氯镁石→煅烧→硫酸锂、氧化镁→淡水浸取→固体氧化镁、硫酸锂溶液	综合利用镁锂资源，设备腐蚀较严重，能耗高，适用于高镁锂比的卤水	中国西台吉乃尔盐湖
溶剂萃取法	选用合适的萃取剂直接萃取；通过进一步除杂，焙烧得到氯化锂产品	设备腐蚀严重，适合高镁锂比的卤水	中国大柴旦盐湖
离子交换吸附法	采用吸附剂从浓缩后的卤水中直接提锂，用酸洗提；将洗提液蒸发浓缩并直接电解	工艺简单，回收率高，吸附剂溶损严重，适用于高镁锂比的卤水	中国察尔汗盐湖
电渗析工艺	盐田蒸发→浓缩卤水→电渗析器→循环锂浓缩→富锂低镁卤水→深度除杂、精制浓缩→转化干燥→碳酸锂产品	新型环保工艺，经济，适用于高镁锂比的卤水	中国东台吉乃尔盐湖
太阳池法	太阳能储热→卤水升温至 40～60℃，满足碳酸锂高温结晶的条件→碳酸锂集中沉淀	工艺简单，成本低，适用于高锂、低镁锂比的碳酸盐型卤水	中国扎布耶盐湖

盐湖提锂技术不是单一技术的应用，而是众多盐湖提锂实际应用的再整合，往往是多种方法联合使用的成套技术。例如，利用结晶法，将含量较高的盐浓缩脱除，获取高锂浓度卤水；进而利用沉淀法，除去高锂浓度卤水中含量较高的盐，并得到主要副产品；进而利用离子交换、纳滤或电渗析方法，得到锂盐产品；再根据产品质量和杂质类型对粗锂产品进行精制。显然未来高效的锂提取方案必然是大而全的技术集成，在里面可以找到现在所有技术的影子，但是似乎又不同于现有技术。未来专利保护方向也将是现有专利技术的衍生，以及为了配套其他单元操作而有针对性的改进工作。

这样的技术演进方向，使得在专利技术分类的过程中遇到很大困难，对整体工艺分类尤为明显，由于整体上多单元都会涉及锂富集过程，采用方法又要“因地制宜”，将整个方案人为地与某一方法割裂而独立地归于另一方法显得比较武断。但是为了能够进行有针对性的比较分析，又不得不标出其“门派出身”。在此采取折中方案，首先定义核心步骤，再将核心步骤所采用的方法作为分类的依据。

2.4.2　锂资源开发技术分类表

基于盐湖专利技术保护情况以及盐湖领域专家研讨结果，本小节就盐湖产业锂资源开采技术建立技术分类表（见表2－2）。本表对锂资源开采技术共进行四级技术分类。

表2－2 锂资源开采技术分类表

<table>
<tr><td>分类</td><td colspan="13">锂资源开采</td></tr>
<tr><td>一级分类</td><td colspan="10">锂提取</td><td colspan="3">其他辅助技术</td></tr>
<tr><td>二级分类</td><td colspan="4">提锂来源</td><td colspan="3">提锂方法</td><td colspan="2">锂产物</td><td>其他产物</td><td>富锂</td><td>锂盐转化</td><td>提锂设备及提锂试剂</td></tr>
<tr><td rowspan="5">三级分类</td><td rowspan="5">矿石</td><td rowspan="5">盐湖</td><td rowspan="5">海水</td><td rowspan="5">其余</td><td rowspan="5">沉淀法</td><td>电解法</td><td>生物法</td><td>碳酸锂</td><td>硫酸锂</td><td>镁盐</td><td>富集</td><td rowspan="3">转化前物质</td><td rowspan="3">提锂设备</td></tr>
<tr><td>燃烧法</td><td>吸附法</td><td>氯化锂</td><td>金属锂</td><td>铵盐</td><td>锂盐精制</td></tr>
<tr><td>电渗析法</td><td>相分离法</td><td>溴化锂</td><td>磷酸铁锂</td><td>其余</td><td>除杂</td></tr>
<tr><td>纳滤法</td><td>太阳池法</td><td rowspan="2">氢氧化锂</td><td rowspan="2">含氟锂盐</td><td rowspan="2">碱金属单质或化合物</td><td rowspan="2">浓缩（除水）</td><td rowspan="2">转化后物质</td><td rowspan="2">提锂试剂</td></tr>
<tr><td>萃取法</td><td>碳化法</td></tr>
<tr><td rowspan="8">四级分类</td><td>锂云母</td><td>碳酸盐型</td><td rowspan="8"></td><td>氢氧化钠法</td><td rowspan="8"></td><td rowspan="8"></td><td rowspan="8"></td><td rowspan="8"></td><td rowspan="8"></td><td rowspan="8"></td><td rowspan="8"></td><td rowspan="8"></td><td rowspan="8"></td></tr>
<tr><td>伟晶石</td><td>硫酸盐型</td><td>氨法</td></tr>
<tr><td>锂辉石</td><td>氧化锂型</td><td>碳酸盐沉淀法</td></tr>
<tr><td>钾长石</td><td>地下卤水</td><td>铝酸盐沉淀法</td></tr>
<tr><td>矿石</td><td>卤水</td><td>硼镁共沉淀法</td></tr>
<tr><td rowspan="3">其余</td><td rowspan="3">其余</td><td>硼锂共沉淀法</td></tr>
<tr><td>高温蒸汽法</td></tr>
<tr><td>其余</td></tr>
</table>

首先将锂资源开采的一级技术划分为锂提取及其他辅助技术，其他辅助技术主要包括锂盐转化、富锂、提锂设备及提锂试剂等过程，其中锂盐转化、富锂主要指锂盐精制过程，提锂设备及提锂试剂主要关注提锂过程中特殊设备材料的选择。

在一级分类的基础上将锂提取又分为提锂来源、提锂方法、锂产物、其他产物 4 个二级分类。

二级技术分类提锂来源中，开采资源主要是矿石、盐湖和海水；二级技术分类提锂方法中，除了传统的方法，还加入了生物法、电解法、纳滤法和相分离法等一些近年来新兴的方法；锂产物的最终形式除了传统的碳酸锂、氯化锂、氢氧化锂外，还有金属锂、硫酸锂、溴化锂、磷酸铁锂等；传统的锂分离技术中，除了获得相应的锂盐，还可以获得镁盐、铵盐、碱金属单质或化合物等。在上述分类之外，我们对专利效果进行分类，主要从成本、能耗、耗时、分离率、产物纯度、环境影响、资源综合利用程度、循环使用、安全稳定等多个角度，对提锂工艺进行评价。

2.4.3　盐湖提锂工艺技术单元

在对提锂工艺进行整体分类的基础上，为了便于重点专利的比较分析，本小节根据盐湖提锂技术特点，以及中间产品的不同，进一步将工艺过程细化为 8 个技术单元，详见图 2 -1。

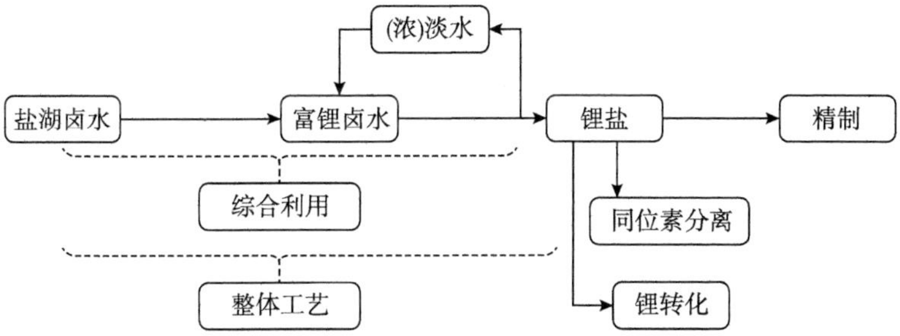

图 2 -1　盐湖卤水提锂工艺

其中，工艺主线分为 3 个技术单元：

① 盐湖富锂：以盐湖卤水作为原料，经过处理得到富锂卤水技术单元。

② 富锂提锂：富锂卤水经富集得到锂盐技术单元。

③ 锂盐精制：锂盐经进一步精制得到电池级锂盐技术单元。

围绕工艺流程主线还包含配套的 4 个技术单元：

④ 淡水回收：工艺过程中淡水的回收再利用技术单元。

⑤ 锂盐转化：锂盐根据产品需要进行锂盐转化技术单元。

⑥ 同位素分离：锂盐同位素分离技术单元。

⑦ 综合利用：围绕整体工艺特点设计的盐湖卤水资源综合利用技术单元。

另外，分析过程中发现专利中还包含整体工艺单元，即：

⑧ 整体工艺：以盐湖卤水为原料经系列单元操作得到锂盐整体技术方案。

2.4.4 中国盐湖提锂工艺总结

在盐湖卤水提锂工艺中，通常首先将原始卤水中的锂进一步蒸发浓缩，然后采用适当的分离技术对浓缩卤水中的锂进行分离和提取，最终制备碳酸锂。从浓缩卤水中分离锂的工艺主要有太阳池升温沉锂法、沉淀法、煅烧法、吸附法和溶剂萃取法等。从实际应用情况看，太阳池升温沉锂法主要适用于高锂、低镁锂比的碳酸盐型卤水，沉淀法较为适用于中低镁锂比的卤水，煅烧法较为适用于高镁锂比的卤水，而吸附法具有应用于锂浓度较低且镁锂比较高的卤水的潜力。此外，由于有机溶剂易造成环境污染、萃取工艺条件较为苛刻以及耗能较高等因素，溶剂萃取法在盐湖卤水锂矿碳酸锂生产中未获广泛应用。

2.4.4.1 低镁锂比盐湖卤水锂资源的开发

我国西藏扎布耶盐湖为低镁锂比卤水锂矿开发的典型，其卤水为 Na^+、K^+、Cl^-、CO_3^{2-}、SO_4^{2-}、H_2O 体系，卤水镁锂比低（$Mg/Li<0.1$）。可通过蒸发直接析出碳酸锂，其主要开发工艺为太阳池升温沉锂法。国内外进行生产开发的碳酸盐型卤水锂矿中，只有我国西藏扎布耶盐湖。

扎布耶盐湖由西藏日喀则扎布耶锂业高科技有限公司开发，其提锂工艺为郑绵平等发明的“冷冻除碱硝—梯度太阳池升温沉锂”工艺。盐湖卤水在冬季低温蒸发过程中，从卤水中除去大量芒硝和泡碱，以使卤水中的锂得到快速富集。卤水经盐田晒卤蒸发到含锂 1.5g/L 以上，灌入太阳池，在卤水上铺淡水，依靠太阳光辐照升温，过渡层、淡水层和池壁保温，形成太阳池效应，使得池温升高 30 ~ 50℃。由于碳酸锂在卤水中的溶解度随温度升高而降低，从而使较多的碳酸锂结晶析出，而由卤水中生产出碳酸锂精矿，然后经进一步化学加工，获得工业级碳酸锂产品。该工艺充分利用了湖区的自然条件，依靠高原太阳能和冷能的资源优势，在提锂过程中不添加任何化学原料。

西藏日喀则扎布耶锂业高科技有限公司在其矿区已形成年产 7200t 含 75% 碳酸锂精矿的生产能力，其在白银的锂精炼厂具有 5000t/年工业级碳酸锂的生产能力。2005 年西藏日喀则扎布耶锂业高科技有限公司产品投放市场，其提锂成本接近世界提取成本最低的阿塔卡玛盐湖。扎布耶盐湖卤水提锂生产线的建成，标志着中国盐湖提锂实现了工业化，从此我国由锂资源大国向锂生产大国开始转变，具有里程碑意义。

2.4.4.2 高镁锂比硫酸盐型盐湖卤水锂资源的开发

我国青海的西台吉乃尔盐湖为高镁锂比盐湖卤水锂矿开发的代表，该盐湖卤水镁锂比较高（$Mg/Li=10\sim100$），为 Na^+、K^+、Mg^{2+}、Cl^-、SO_4^{2-}、H_2O、海水型体系。由于此类卤水在钠、钾等盐类析出后的卤水蒸发后期，卤水体系转变为 Li^+、Mg^{2+}、Cl^-、SO_4^{2-}、$B_4O_7^{2-}$、H_2O 体系，导致卤水中的 Li^+ 常在浓缩过程中与其他盐类一起分散析出，而且浓缩后卤水的镁含量很高，所以此类卤水提锂较为困难、技术相对复杂。对高镁锂比硫酸盐型盐湖卤水提锂的主要方法为煅烧法。

西台吉乃尔盐湖由青海中信国安科技发展有限公司进行开发，采用煅烧法从该盐湖卤水中提取碳酸锂。该公司在西台吉乃尔盐湖直接将析盐除硼后的富锂卤水蒸干，形成水氯镁石及锂混盐固相，然后再行煅烧。其工艺流程如图 2－2 所示。

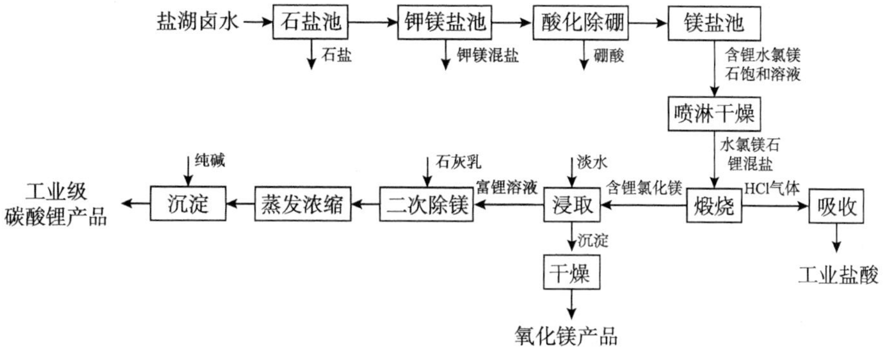

图 2－2　中信国安工艺流程图

1）将卤水抽至石盐池，自然蒸发晒制使石盐析出，至软钾镁矾饱和。

2）将第一步产生的卤水转入钾镁盐池，析出钾镁混盐，卤水酸化除硼。

3）将第二步产生的卤水倒入镁盐池，蒸发至硫酸锂接近饱和，母液喷淋干燥，使锂、镁分别以硫酸锂和水氯镁石盐矿物与少量其他盐混合结晶析出。

4）将第三步产生的混盐在 550℃以上煅烧，使水氯镁石脱水形成 MgO。

5）然后冷却至常温，用淡水浸取过滤得到锂溶液，用石灰乳二次除镁。

6）母液浓缩后用碳酸钠沉淀锂，分离得到工业级碳酸锂产品。

2.5　中国盐湖锂资源开发技术专利分析

2.5.1　锂资源开发技术专利分析

2.5.1.1　锂资源开发技术专利年度申请量

1986—2019 年，锂资源开采技术专利申请量为 1277 件。图 2－3 给出了锂资源开采技术专利年度申请量变化趋势。该领域相关专利在华申请始于 1986 年。1986 年申请的 2 件专利均为“提纯锂的工艺过程和设备”，都由法国特种金属有限公司申请。1987 年中国科学院青海盐湖研究所申请了 2 件相关专利，专利技术为“萃取法从含锂卤水中提取无水氯化锂的方法”，这是能检索到的最早的中国专利权人申请的专利。同时也使得中国科学院青海盐湖研究所成为国内最早涉及该领域的研究机构。

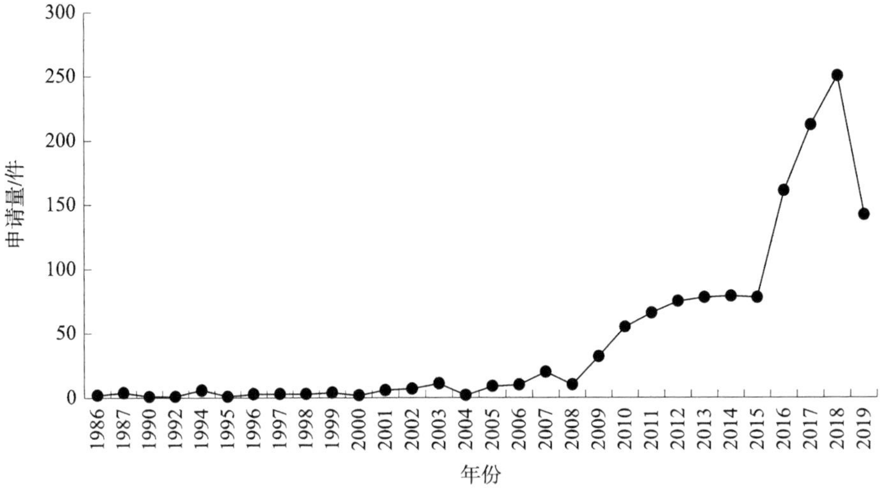

图 2-3　锂资源开采技术专利年度申请量

从整体趋势来看，2000 年之前涉及该领域的专利申请数量较少，共申请 30 件专利。其中盐湖卤水提锂专利 10 件，矿石提锂专利 6 件，锂转化专利 7 件，富锂专利 5 件，锂金属冶炼设备 1 件，吸附剂的保护专利 1 件。这一阶段，1994 年专利申请数量最多，当年共申请 6 件专利，其中有 3 件为碳酸锂转化为溴化锂的专利，溴化锂在当时的主要用途是作为制冷剂（代替氟利昂）、除湿剂以及医药制剂，是重要的化学中间体，因此在当时这批专利有较为实际的市场应用价值。

2001—2008 年，专利申请量呈波动式增长，全国共计申请专利 70 件。2003 年和 2007 年出现申请量的两个峰值。2003 年全国申请专利 11 件，其中 5 件为盐湖卤水锂镁分离技术。2007 年全国申请专利 18 件，其中有关盐湖卤水提锂技术的专利 5 件，矿石提锂专利 2 件，锂转化专利 4 件，富锂专利 1 件，提锂设备专利 4 件，提锂试剂专利 2 件。

2009 年后专利申请量出现一波较快增长，从 2011 年开始专利申请量增长趋缓并逐步进入平台发展期，年专利申请量维持在 70 ~ 80 件。而 2015 年开始专利申请量出现新变化，年专利申请量直线上升，2016 年专利申请量突破 100 件，2017 年专利申请量突破 200 件，而 2018 年达到新高峰。这一阶段中国在该领域的专利申请量迅猛增长，锂资源开发产业进入高速发展时期。一方面，下游产品爆发式高速增长，倒逼上游锂产品开发，同时国内加大了盐湖资源开发的力度，锂提取技术发展迅速，盐湖提锂方法不断发展与创新。另一方面，由于这一阶段国家出台了相关政策，尤其是 2011 年出台的“十二五”规划首次将每万人口发明专利拥有量提高到 3.3 件的量化指标首次列入了规划目标，成为国民经济和社会发展综合考核指标体系的重要组成部分，也使得锂资源产业领域的专利申请量大幅增长。更重要的是，2015 年新能源汽车行业的繁荣推动了锂离子电池原料碳酸锂的价格从 5 万元/t 上涨至最高的 20 万元/t，促进了上游产业的快速发展。

2.5.1.2　锂资源开发一级技术分类专利分析

为更好地把握锂资源开发技术发展的重点与方向，结合国内专利技术的特点，本小节将锂资源开采分为 4 个一级分类，分别是锂提取、富锂、锂盐转化、提锂设备及试剂。具体专利申请量见表 2－3。其中，锂提取相关专利共 583 件，占比 46%；提锂设备及试剂专利共 312 件，占比 24%；富锂相关专利共 212 件，占比 17%；锂盐转化相关专利 170 件，占比 13%。

表 2－3　1986—2019 年锂资源开采一级技术分类表

一级技术分类	专利申请量/件
锂提取	583
富锂	212
锂盐转化	170
提锂设备及试剂	312
合计	1277

在一级分类的基础上，针对重要的技术节点进行进一步的分类。将富锂分为富集、锂盐精制、除杂以及浓缩 4 个技术分支。从自然界的矿石或卤水中获得锂产品之前，通常需要对矿石或卤水资源进行除杂、富集、浓缩等富锂过程，之后再将富锂矿或富锂卤水作为工业原料生产碳酸锂等初级产品。初级产品并不能直接应用于下游高精尖产品的制备，通常还需要进行锂的精制过程才能满足下游产品使用需求（见图 2－4）。

图 2－4　锂提取、富锂、锂回收技术关联

图 2－5 列出了富锂的二级技术分类和相应的专利数量。由图 2－5 可以看出，富锂的 4 个技术分支中富集专利申请数量最多，锂盐精制、除杂专利数量居中，浓缩专利数量相对较少。从技术层面分析，浓缩和除杂技术是锂提取工序中的基础工序和重要单元，但其工艺过程不适合利用专利进行技术保护。而富集技术对于降低锂提取的成本、提取高纯的锂产品至关重要，开发先进的富集技术成为行业内关注重点。这也使得该技术专利申请数量超过其他技术领域，甚至许多申请人单就锂富集这一技术申请专利保护。锂盐精制技术则是在成功提取锂初级产品之后的重要高值化工艺过程，显然低含量、低纯度的产品只能满足低端市场的需求；而高纯度产品，虽然纯度上只是提高十几个百分点，但是因其能够应用于高精尖产品，其价格提高几倍甚至几十倍，这也成为锂盐精制技术受专利青睐的重要原因。

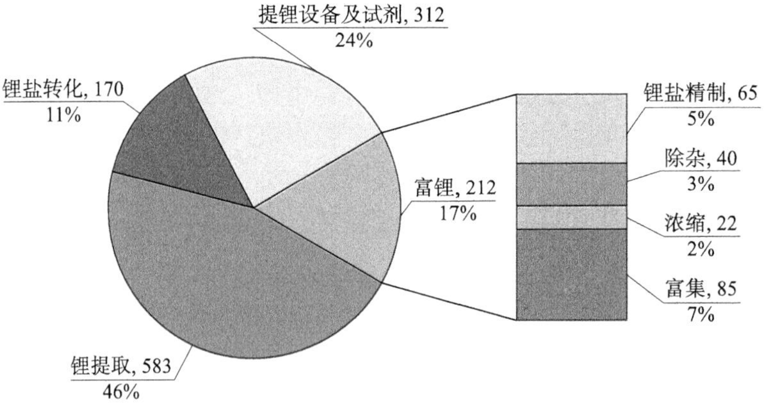

图 2－5　锂资源开采技术分类对比

2.5.1.3　工业生产锂产品的原料来源

表 2－4 列出了国内不同的资源提锂技术的专利技术申请情况。可以看到，相关专利中锂的主要来源是盐湖卤水、矿石和海水。其中，盐湖卤水提锂专利申请量最多，有 341 件；矿石提锂次之，有 229 件；另外，有少数的海水提锂专利申请。

表 2－4　工业生产锂产品的原料来源

序号	工业生产锂产品的原料来源	申请量/件
1	盐湖卤水	341
2	矿石	229
3	海水	5
合计		575

全世界盐湖资源分布十分有限，而我国是为数不多的富有盐湖锂资源的国家之一。我国的盐湖锂资源十分丰富，盐湖锂资源约占全国锂资源总储量的 85%，如果能够实现规模化开采，将创造难以估量的经济效益。然而由于我国盐湖资源的特殊性，我国每年 80% 的锂产品来源于矿石提锂。这与全球 80% 的锂资源开发为盐湖卤水提取的情况刚好相反。其中，技术原因是主要的瓶颈问题，我国盐湖大部分为高镁锂比卤水，国外现成工艺无法直接嫁接，只能根据资源特点慢慢摸索。加之配套技术的欠缺，使得我国盐湖提锂技术相较其他盐湖提锂技术较发达的国家还比较薄弱。近几年虽然开始增加投入，加快开发进程，但是仍然处于起步阶段，还有大量的研究工作需要探索。

青海省拥有十分丰富的盐湖锂资源，具有十分优秀的开发前景。接下来将针对锂资源开采二级技术分类中的盐湖提锂技术进行详细的技术分析。分析内容包括专利申请时间趋势、不同地区技术特点、重点专利权人的专利技术等。

2.5.2　盐湖提锂技术专利分析

2.5.2.1　不同地区盐湖提锂专利申请量分析

作为复杂的系统化工程，卤水提锂技术不是只依靠盐湖资源所在地一方之力就能够完成的，需要工程涉及的优势地区、资本密集地区、技术密集地区、装备制造密集地区共同协作才能完成。因此，从专利申请地域来看，该领域的专利申请不仅集中于盐湖资源最为丰富的地域，其他多个地区也都有申请。

本小节对盐湖卤水提锂领域申请专利量较多的地域及其专利年度申请量情况进行分析。图 2－6 所示为该领域专利申请量排在前 10 位的地区：排名第一的为青海省，合计申请专利 124 件；其余申请量较多的还有湖南、北京、江苏、上海等地。

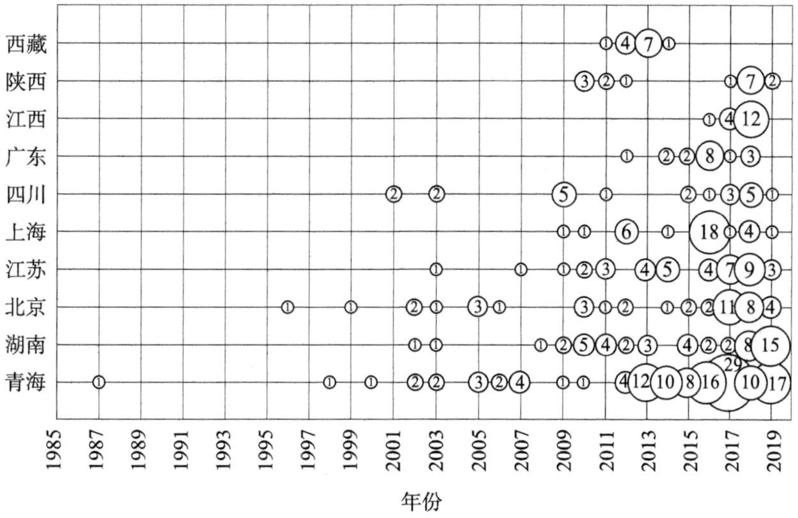

图 2－6　不同地区盐湖提锂专利申请量

在专利申请量排名前 10 位的地区中，青海、西藏、四川及湖南都是资源密集型地区，由丰富的资源量带动产业的发展和技术的创新。青海柴达木盆地的察尔汗盐湖、东台吉乃尔盐湖、西台吉乃尔盐湖及西藏藏北仲巴县的扎布耶盐湖都是我国乃至世界锂资源非常丰富的盐湖，这两地盐湖中的锂资源占全国锂资源总储量的 80% 左右。四川及湖南则是我国锂矿产资源十分丰富的地区。四川盛产锂辉石矿产资源，湖南则以锂云母矿石资源居多。

北京、江苏、上海等地则是经济、技术密集型地区，拥有较多的高科技企业、众多的研究型人才，由前沿科技带动产业的变革。北京地区共申请专利 43 件，主要分布在高校和科研院所。其中，中国科学院过程工程研究所申请专利 8 件，主要是萃取法提锂技术。北京化工大学申请专利 6 件，为吸附法及沉淀法提锂技术。清华大学申请专利 5 件，为萃取法提锂技术。江苏的前沿科技企业申请专利较多。其中，江苏久吾高科技股份有限公司申请专利 8 件，主要为吸附法提锂技术。江苏海龙锂业科技有限公司申请专利 3 件，均为碳化法提锂技术。江苏海普功能材料有限公司申请专利 2 件，为吸附法提锂技术。

青海省专利申请呈上升趋势。2011 年之前，青海省申请的专利较少，涉及萃取法、吸附法、沉淀法和碳化法提锂技术。从 2011 年开始，青海省申请的专利数开始迅猛增加。

2.5.2.2 不同地区盐湖提锂专利核心技术分析

图 2－7 展示了盐湖提锂专利核心技术在不同地区的分布情况。从盐湖提锂技术来看，各地申请专利量最多的为萃取法，其次是太阳池法和吸附法。萃取法是根据不同的萃取剂对不同类盐的结合能力不同，而实现不同盐的分离与富集。太阳池法则是利用太阳池进行太阳能储热，使盐湖卤水升温至 40 ～ 60℃，满足碳酸锂高温结晶的条件，之后碳酸锂集中沉淀。吸附法主要采用吸附剂从浓缩后的卤水中直接提锂，用酸洗提；将洗提液蒸发浓缩并直接电解。由此可见，国内对于萃取法、太阳池法和吸附法的技术研究比较多，碳化法、水热法和煅烧法技术受到的关注较少。碳化法和水热法属于相对较新的技术，出现较晚，还需要较长的开发周期，处于起步阶段，专利量较少。煅烧法属于早期高污染、高能耗技术，由于国内对环境要求越来越高，该技术的应用受到了限制。

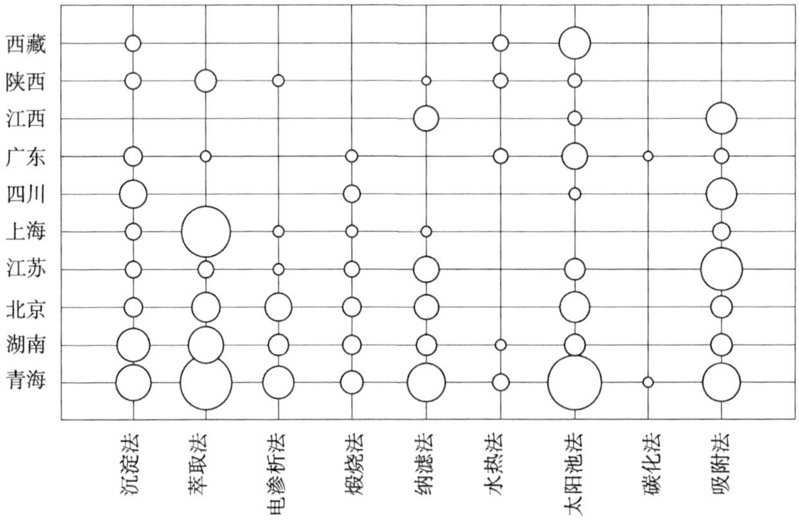

图 2－7 不同地区盐湖提锂专利核心技术

从地区来看，青海省的盐湖提锂技术研究最全面，所有可行的提锂技术都有相关技术的专利申请。除在碳化法领域专利申请量较少外，在其他领域的专利申请量都较多，尤其在太阳池法领域申请量最多。

2.5.2.3　盐湖提锂专利核心技术专利申请量分析

图 2-8 列举了盐湖提锂核心技术随时间的变化情况。整体看各个技术发展不均衡，有的技术研究较为连续，更加深入；而有些技术起步较晚，涉猎不深；甚至有的技术浅尝辄止，需要进一步跟进。

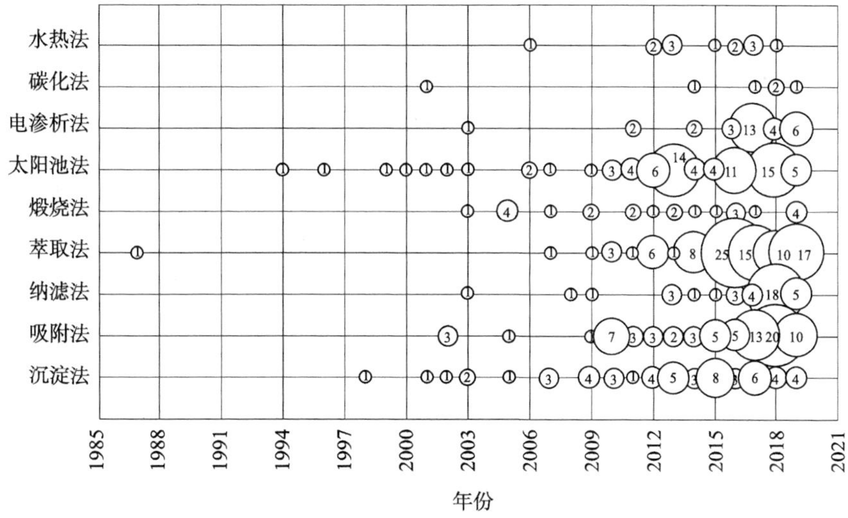

图 2-8　盐湖提锂专利核心技术专利申请量

2003 年之前，盐湖提锂技术主要集中在太阳池法和沉淀法；2003—2008 年，沉淀法、吸附法、太阳池法专利申请量较前一阶段变少，2009 年之后申请量又稳步回升。2003—2008 年整个行业遭遇了瓶颈期，各个技术都没有进一步发展。以沉淀法为例，2003 年之前的传统沉淀法，多是将锂作为附产物进行回收，在盐田自然蒸发析出钠、钾、镁混盐后，再蒸发析出水氯镁石，再加碳酸盐沉淀生产碳酸锂。但是此种方法锂的损失量很大，回收率不高，不适合于高镁含量卤水提锂。2009 年之后的专利则多是采用优化工艺，如氢氧化钠沉淀除镁原理，通过加入表面活性剂和晶体促进剂等物质，易于氢氧化镁沉淀和分离，从而提高了锂的回收率。

2009—2019 年，专利技术呈现多样化发展趋势，萃取法、太阳池法、电渗析法等盐湖提锂技术发展迅速。这些技术的出现和发展对于降低盐湖提锂的成本、提高锂的回收率、降低能耗和减少污染排放等诸多方面具有重要意义。其中萃取法、电渗析法等新方法是对老方法的有益补充，之前的沉淀法不适用于高镁含锂卤水提锂，并且使用大量的沉淀剂导致成本较高；吸附法的吸附剂处理能力有限，不利于大规模工业化生产。而萃取法适合用于高镁含锂卤水提锂，碳化法和电渗析法能够直接从盐湖卤水中提取高纯度的碳酸锂，这三种方法能够经济、高效地提锂而降低能耗和污染物质的排放，从而弥补之前盐湖提锂方法中的多种不足。

从专利分析的角度看，盐湖卤水提锂技术在 2003 年出现断层，2009 年又快速发展的现象引起我们的兴趣。既然问题是在专利数据分析过程中发现的，当然仍寄希望从专利数据中找出答案。基于对专利技术的解读，我们大胆地推测这是行业转型的结果，2003 年之前的技术，实际上是关注于盐湖资源的开发，从盐湖卤水中获得可以产品化的各种资源，例如钾肥、钠盐、金属镁等，过程中对锂的富集是综合利用的需要。而从 2009 年开始，锂资源成为市场新热点，使得从卤水中提取含量极低的锂盐在经济上成了可行的目标。关注的重点不同，自然引起技术上的转移，2009 年之后，原卤水开采技术改进的重点自然落到提高锂的产量、纯度之上，而原来认为高成本的提取方法则重新成为开发重点。

2.5.2.4 盐湖提锂专利重点专利权人专利申请量分析

本小节对盐湖卤水提锂领域的重要申请人及其专利年度申请量情况进行分析。图 2－9 所示为该领域专利申请量排在前 10 位的申请人情况：排名第 1 位的是中国科学院青海盐湖研究所，专利申请量为 84 件；中国科学院上海有机化学研究所，排在第 2 位，专利申请量为 19 件；中南大学排在第 3 位，专利申请量为 18 件。排在前 10 位的申请人中国科研院校 5 所，国内企业 5 所。中国科学院青海盐湖研究所是国内申请专利最早的单位，其他科研机构和企业则在 2000 年前后才开始有专利申请，直到 2012 年之后申请量才有一定的提高。

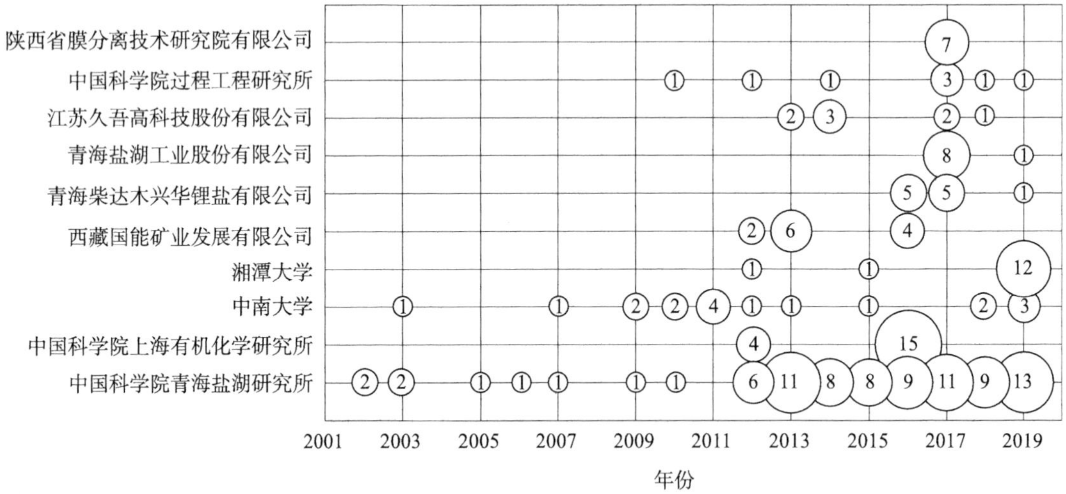

图 2－9　盐湖提锂专利重点专利权人专利申请量分析

2.5.2.5 盐湖提锂技术主要专利权人分析

本小节对在青海省开展盐湖锂资源开发的公司和研究所的专利展开分析。主要专利权人包括：中国科学院青海盐湖研究所、西部矿业集团有限公司及其子公司青海锂业有限公司、青海盐湖工业股份有限公司、青海盐湖佛照蓝科锂业股份有限公司、青海恒信融锂业科技有限公司、青海中信国安科技发展有限公司、西藏国能矿业发展有限公司、中国科学院上海有机化学研究所等单位。

为提高本小节专利分析的全面性和准确性，针对被分析单位进行单独检索，采用全面检索策略，在专利权人全面检索的基础上，采用人工筛选的方式，选取主相关专利进行重点分析，对次相关专利进行统计分析，剔除无关专利。

1. 中国科学院青海盐湖研究所专利分析

中国科学院青海盐湖研究所（以下简称“青海盐湖所”）是我国唯一专门从事盐湖研究的国家级科研机构。青海盐湖所创建于 1965 年 3 月，坐落于青海省西宁市，已经形成了盐湖地质学、盐湖地球化学、盐湖相化学与溶液化学、盐湖无机化学、盐湖分析化学、盐湖材料化学、盐湖化工等完备的学科体系；盐湖所一直致力于盐湖资源开发与应用基础研究，积累了丰富的盐湖基础数据和资料，取得了一批具有国内或国际先进水平的研究成果，在盐湖提锂方面形成了一系列的技术及专利。

针对盐湖提锂领域进行全面检索，共采集专利数据 334 件。利用人工标引去噪主要剔除了以下技术领域相关的专利：

① 排除锂电池正极材料专利。

② 排除矿石提锂类专利。

③ 排除废液或废气处理类专利。

经过初步筛选，得到与盐湖提锂相关专利 199 件，其中包括盐湖中提取锂元素的专利 84 件，作为重点分析内容；另外，盐湖其他资源的提取专利 115 件，作为统计分析对象。

最终纳入本次分析范围盐湖提锂专利总量为 84 件，专利涵盖 1985—2019 年，其中发明专利 83 件，实用新型 1 件（见表 2 -5）。

表 2 -5　青海盐湖所相关专利类别

序号	专利类别	申请量/件
1	发明	83
2	实用新型	1
合计		84

（1）青海盐湖所专利申请态势分析（见图 2 -10）

从专利申请数量的角度分析青海盐湖所盐湖提锂技术发展历程，青海盐湖所锂提取研发工作主要经历 3 个阶段。

1）孕育期（2002 年以前）：该阶段专利申请量较少，1987 年黄师强等人首先提出了用萃取法进行盐湖提锂，选用磷酸三丁酯和稀释剂组成萃取剂，该法可从盐湖卤水中直接提取无水氯化锂，且锂的总回收率可达 90.6%，但该法存在设备腐蚀严重及萃取剂溶损等问题。

2）平台期（2002—2010 年）：2002 年开始，随着盐湖提锂技术的革新，青海盐湖所研究方向不断丰富，专利申请迈上新的台阶。如 2002 年申请保护无机吸附剂专利；

2003 年申请专利主要保护纳滤法，2007 年申请专利主要保护向粗碳酸锂溶液中通入二氧化碳精制锂的方法，2009 年和 2010 年主要保护的是萃取法。该阶段专利申请量虽增幅不大，但却为今后盐湖提锂技术的研究与发展奠定了基础。

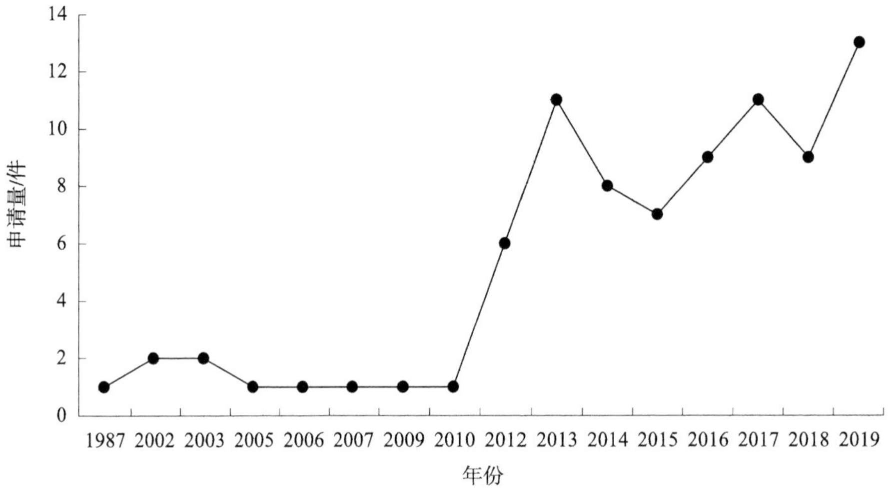

图 2－10　专利整体变化趋势

3）发展期（2010 年以后）：2010 年开始申请量大幅增加。其中，2019 年申请专利 13 件。该阶段专利主要集中在萃取法和碳化法。李丽娟团队在萃取体系中引入新组分，如协萃取剂、共萃取剂等，提高萃取性能，改进现有技术中设备腐蚀、萃取剂溶损等问题。另外，邓小川团队就控制碳化反应条件提高碳化速率也申请了一系列专利。

（2）盐湖提锂技术具体工艺分析

根据盐湖提锂的工艺路线，将青海盐湖所专利进行分类（见图 2－11）。

① 盐湖富锂相关专利 23 件，其中，太阳池法 9 件、吸附法 3 件、纳滤法 7 件、电渗析法 2 件、沉淀法 1 件、萃取法 1 件。

② 富锂提锂相关专利 1 件，主要采用煅烧法进行盐湖提锂。

③ 锂盐精制相关专利 2 件，主要为硫酸锂和碳酸锂的精制。

④ 淡水回收相关专利 4 件，包括沉淀法 1 件、太阳池法 1 件、水热法 2 件。

⑤ 锂盐转化相关专利 7 件，主要为碳酸锂和碳酸氢锂间相互转化。

⑥ 同位素分离相关专利 5 件（详细信息见表 2－6）。

⑦ 综合利用相关专利共 23 件。

⑧ 整体工艺相关专利共 70 件，包括沉淀法 4 件、萃取法 17 件、电渗析法 9 件、煅烧法 3 件、纳滤法 10 件、太阳池法 15 件、吸附法 10 件、水热法 2 件。

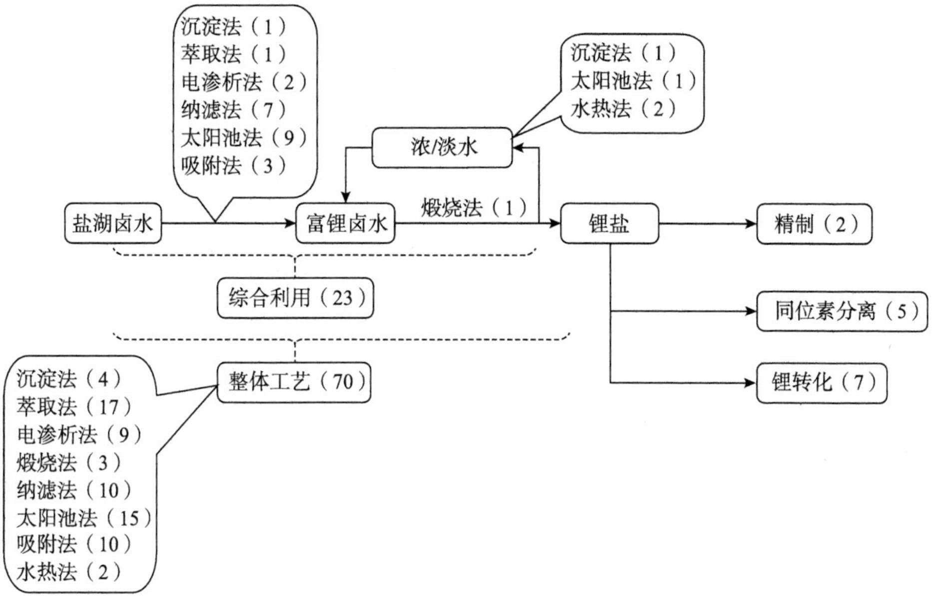

图 2－11　技术工艺路线图

表 2－6　锂的同位素分离

序号	专利申请号	专利名称	申请日	发明人
1	CN201510952144.1	一种分离锂同位素的材料及其制备方法和应用	2015－12－17	景燕、肖江、贾永忠、姚颖、孙进贺、石成龙、王兴权
2	CN201510952278.3	一种萃取锂同位素的萃取体系	2015－12－17	景燕、肖江、贾永忠、姚颖、孙进贺、石成龙、王兴权
3	CN201510952280.0	一种萃取锂同位素的方法	2015－12－17	景燕、肖江、贾永忠、姚颖、孙进贺、石成龙、王兴权
4	CN201510952117.4	萃取锂同位素的方法	2015－12－17	景燕、肖江、贾永忠、姚颖、石成龙、王兴权
5	CN93101205.8	用二磷酸氢钛分离锂元素同位素的方法	1993－01－18	李纪泽、韩素伟、韩俞

在工艺路线的设定过程中，萃取法和同位素分离方法差异巨大，前者处于工艺前段，而后者只是分离后的产品利用工艺。虽然二者目标不同，但是在技术层面的相似性远大于差异性，尤其是工程化工艺控制方面可以相互借鉴，都需要完成物质分离与富集。

自然界中，元素锂包含锂 6（^6Li）和锂 7（^7Li）两种同位素，它们的丰度分别为 7.52% 和 92.48%。^6Li 和 ^7Li 在原子能工业中的作用截然不同，^6Li 是发展可控热核聚变反应堆必不可少的燃料和保障国防战略安全的必需品。这是由于 ^7Li 的热中子吸收截面仅为0.037b，而^6Li的热中子吸收截面可达940b，^6Li比^7Li更易被中子轰击后生成氚和氦，使氚（T）在反应堆中不断增殖。^7Li则在核裂变的反应过程中对反应的调控和设备的维护发挥着重要的作用，超纯^7LiF可作为新一代熔融盐反应堆冷却剂和中性介质，^7LiOH可以作为压水堆的pH调节剂，缓解容器设备的腐蚀问题。锂同位素^6Li和^7Li在核能源中具有十分重要的应用，将元素锂中的两种同位素分离即^6Li和^7Li分离的过程称为锂同位素分离。

锂同位素分离方法大致可分为化学法和物理法。化学法包括锂汞齐法、萃取法、离子交换色层分离法、分级结晶和分级沉淀等。物理法包括电子迁移、熔盐电解法、电磁法、分子蒸馏和激光分离等。锂汞齐交换法是唯一在工业上已获得应用的方法，我国仍在使用该方法进行锂同位素的生产。常用的交换体系有两种：锂汞齐与含锂化合物溶液之间的交换和两者有机溶液之间的交换。

研发团队在2015年申请的一批专利中，希望利用冠醚结构的疏水性离子液体螯合剂和稀释剂配制的萃取有机相从锂盐水相中萃取分离锂同位素，以达到安全、绿色、高效、稳定的富集分离锂同位素的目的。专利保护相对比较完善，包括萃取选用的材料、萃取体系选择、条件控制、具体方案等。

值得一提的是在分析过程中发现，青海盐湖所不仅针对解决方案申请专利，还针对理论计算方法进行专利保护：CN201410459628.8，一种确定锂离子萃取速率方程的方法。

该理论计算方法主要针对溶剂萃取法。虽然研究人员对溶剂萃取法提锂进行了深入的研究，并取得了一些研究进展，但是由于萃取体系的相界面间的物质传递、萃取的控制模式等方面机理研究滞后，导致工业化过程中出现一系列问题，研究人员利用上升液滴法研究从盐湖卤水体系中萃取锂的动力学机理，确定影响锂萃取的主要因素，以及萃取原液中各因素的萃取级数，并以萃取速率方程形式表达。对于深入了解萃取机理、选择最优萃取工艺、优化萃取条件和丰富萃取化学的内容都具有十分重要的意义。

青海盐湖所针对萃取法和吸附法的专利申请情况如图2-12所示。

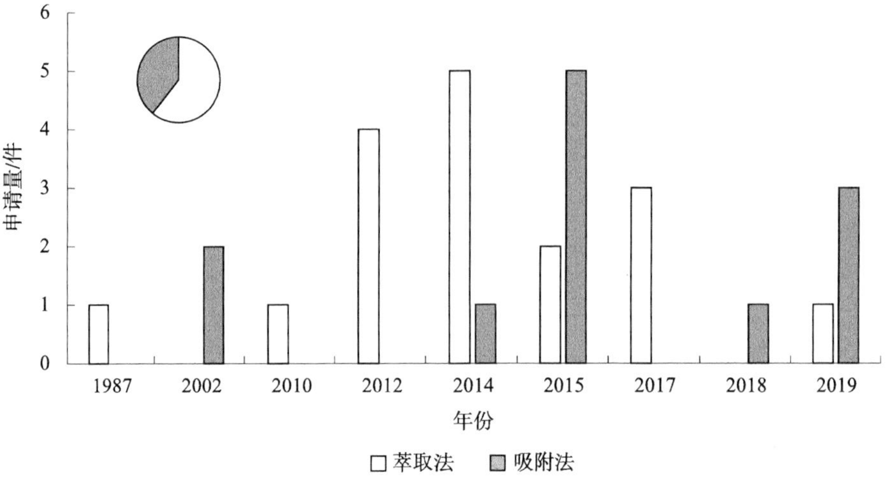

图2-12　萃取法和吸附法的专利申请情况

从数量上看，萃取法领域的专利申请量要大于吸附法领域的专利申请。萃取法和吸附法技术的开发重点是对分离试剂及体系的优化与筛选。吸附法领域的专利主要以吸附材料的选择为主，先后出现锰型和铝型吸附材料，有趣的是专利 CN109266851A，用磁性微孔材料作为吸附剂实现锂离子吸附。萃取法领域的专利主要针对 TPB 体系进行技术优化，现已经形成较为复杂的复合萃取体系，如专利 CN105039742A，将磷酸三丁酯和表面活性剂按照体积比为（0.5～5）：1 混合得到复合萃取剂，实现锂提取。根据专利公开信息，该体系中还包括：N，N－二（2－乙基己基）－3－丁酮乙酰胺、冠醚、三氯化铁、溶剂油等。

（3）盐湖提锂方法分析

图 2－13 所示为青海盐湖所在盐湖提锂或富锂过程中采用的主要技术方法。

青海盐湖所盐湖提锂过程中主要用到的方法包括萃取法、太阳池法、吸附法、纳滤法、水热法、沉淀法、电渗析法、煅烧法等 8 种方法。其中，此处的萃取法不仅包括盐湖萃取提锂工艺，也纳入了萃取剂及萃取体系相关专利；同样，吸附法也纳入了吸附柱相关专利。

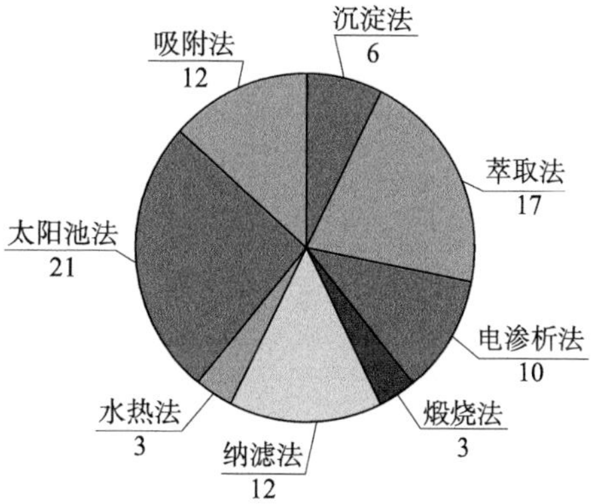

图 2－13　盐湖提锂方法分类

太阳池法专利申请数量 21 件，青海盐湖所申请太阳池法专利主要针对西藏特有的碳酸盐型盐湖，结合当地特有的自然条件（如低温）、特有的盐湖资源等实现锂提取。常见技术方案：低温结晶，兑卤、蒸发共结晶等。典型例子：将当地的碳酸盐型盐湖卤水和硫酸盐型盐湖卤水混合后，再进行后续处理，获得锂产品。

萃取法专利申请数量 17 件，在 1987 年黄师强首次提出以磷酸三丁酯和稀释剂 200#煤油为萃取剂进行盐湖提锂，之后以李丽娟为核心就该方法存在的缺点进行一系列的改进而申请的专利，其主要思路为利用其他物质代替磷酸三丁酯降低萃取剂的溶损率，并且该方法为青海盐湖所特有的方法。

纳滤法专利数量 12 件，纳滤法是将盐田与膜技术相结合，通过多级盐田蒸发降低盐湖的镁锂比，再经过纳滤膜分离出锂的方法。

吸附法专利数量 12 件，早期的吸附剂主要为无机吸附剂，近几年逐渐发展为有机树脂吸附剂。

电渗析法专利数量 10 件，该法主要是在电场作用下，根据不同阳离子特点选择性通过分离膜，从而实现锂离子与其他离子的分离与富集。

沉淀法、水热法和煅烧法专利数量较少，分别为 6 件、3 件和 3 件。

（4）专利技术年度总体申请量情况

图 2－14 为主要提锂方法专利年度申请量图，从图中可以看出，2011 年之前申请

较少，在2011年之后专利申请量逐渐增长，其中太阳池法申请量最多，并且其专利申请量主要集中在2013年（10件），主要是以董亚萍为带头人，围绕西藏盐湖的开发，与西藏国能矿业发展有限公司及西藏阿里旭升盐湖资源开发有限公司均有合作。萃取法专利17件，主要以李丽娟团队及其与中国科学院上海有机化学研究所合作申请的一系列萃取法相关专利；同时，贾永忠等人在萃取剂及萃取体系等方面也申请了专利。吸附法专利12件，最早由邓小川团队开发，该法前期主要采用无机吸附剂，后期开发出树脂吸附剂。纳滤法专利12件，主要由王敏团队和邓小川团队开发，开发重点在于工艺条件优化。沉淀法、水热法、煅烧法及电渗析法的专利申请量较少。

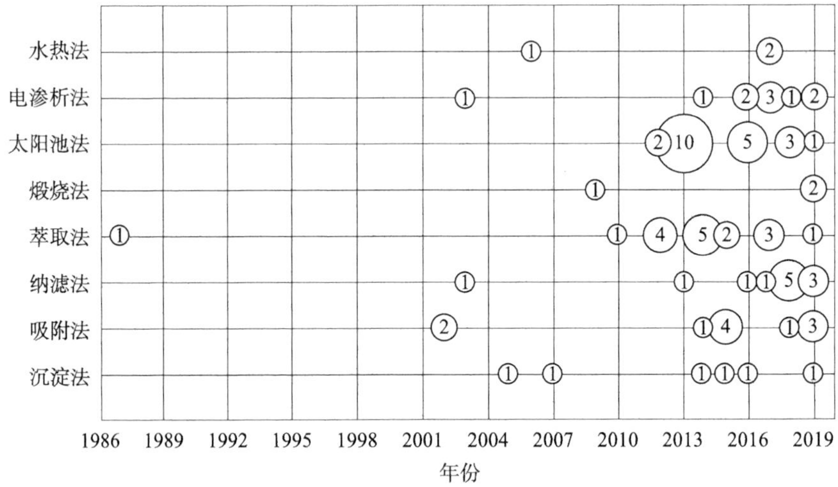

图2-14 提锂方法专利年度申请量

（5）专利重要程度分析

本小节将专利的重要程度分为三个等级，即基础性专利、支撑性专利、互补性专利。

基础性专利主要是指盐湖提锂过程中涉及新的方法、结构或体系，这些专利发挥了该技术成果最基础、最重要的保护和控制作用。

支撑性专利主要是指对核心或基本方案的具体实施起到配套、支撑作用的相关技术的专利，例如方案相关的上下游技术的专利。支撑性专利与基础性专利在对技术的控制作用上相互依赖，可有效扩大企业的技术控制范围，增加企业对产业链的影响力。

互补性专利主要是围绕核心或基本方案衍生出的各类改进型方案的专利，包括对技术本身的优化、改进方案、与各种产品结合时产生的具体应用方案等。

选取①盐湖富锂、②富锂提锂、④淡水回收和⑧整体工艺专利按照提锂方法、专利的重要程度进行分类（见表2-7）。

从专利重要程度来看，基础性专利11件，支撑性专利37件，互补性专利36件。互补性专利占比较高，基础性专利和支撑性专利占比相对较低。

表 2 - 7　专利重要程度分类表

步骤	方法	太阳池法	萃取法	吸附法	电解法	纳滤法	电渗析法	沉淀法	煅烧法	合计
①盐湖富锂	基础性专利	1	0	2	0	1	1	1	0	6
	支撑性专利	2	0	3	0	1	0	0	0	6
	互补性专利	2	2	2	0	0	0	0	0	6
②富锂提锂	基础性专利	0	0	0	0	0	0	0	0	0
	支撑性专利	0	0	0	0	0	3	0	1	4
	互补性专利	0	0	1	0	0	0	0	0	1
④淡水回收	基础性专利	1	0	0	0	0	0	0	0	1
	支撑性专利	0	0	0	1	5	0	0	0	6
	互补性专利	3	0	0	0	0	0	0	0	3
⑧整体工艺	基础性专利	2	2①	0	0	0	0	0	0	4
	支撑性专利	4	0	2②	0	5	6	4	0	21
	互补性专利	6	16③	2	1	0	0	1	0	26
合计		21	20	12	2	12	10	6	1	84

注：① 萃取体系 1 件。
② 吸附柱及其制备方法 2 件。
③ 萃取剂及萃取体系 6 件。

从盐湖提锂工艺主线来看，①盐湖富锂中的基础性专利 6 件，支撑性专利 6 件，互补性专利 6 件，专利主要集中在太阳池法和吸附法盐湖提锂领域；⑧整体工艺中基础性专利 4 件，支撑性专利 21 件，互补性专利 26 件，专利主要集中在萃取法和太阳池法盐湖提锂领域；④淡水回收中基础性专利 1 件，支撑性专利 6 件，互补性专利 3 件，专利主要集中在太阳池法和纳滤法盐湖提锂领域；②富锂提锂中有支撑性专利 4 件，互补性专利 1 件。根据以上分析可以发现，青海盐湖所大部分专利集中在⑧整体工艺中。

从提锂的方法来看，太阳池法盐湖提锂专利 21 件，包括 4 件基础性专利，专利数量最多，且其专利布局相对完善，只有在②富锂提锂中存在技术空白点。萃取法盐湖提锂专利量较多，总计 20 件，但缺乏基础性专利，且在②富锂提锂和④淡水回收中存在技术空白点。吸附法盐湖提锂专利总计 12 件，主要集中在盐湖富锂段，由于技术相对成熟，支撑性专利较多，在④淡水回收中存在技术空白点。纳滤法盐湖提锂总计 12 件专利，支撑性专利 11 件，基础性专利 1 件，②富锂提锂存在技术空白点。电解法盐湖提锂专利 2 件，1 件为支撑性专利，另 1 件为互补性专利，在①盐湖富锂和②富锂提锂中存在技术空白点。沉淀法盐湖提锂专利 6 件，基础性专利 1 件，支撑性专利 4 件，互补性专利 1 件。煅烧法盐湖提锂专利 1 件，属于②富锂提锂，但在其他技术单元都没有专利申请。

综合以上分析可以发现，经过多年的发展，青海盐湖所在各工艺流程都有一定数量的专利布局，其中分布比较集中的是⑧整体工艺，技术单元②富锂提锂的专利数量较少，但是其专利技术在整体工艺方面有一定程度的覆盖。从专利技术分级来看，基础性专利随着技术发展，占比会逐渐降低，并逐步被支撑性专利覆盖，建议在④淡水回收方面进一步开展专利布局。

（6）专利存活期分析

将84件专利中的28件授权专利按存活期和专利数量作图，对专利的有效性进行分析。

图2－15为授权专利的存活期，从图中可以看出，存活期在8年以上的专利总计6件，主要涉及的技术有纳滤法、吸附法盐湖提锂以及向溶液中通入二氧化碳使碳酸锂转化为碳酸氢锂进而制得纯度更高的碳酸锂，存活期1～3年的专利数量13件，其申请日期主要集中在2013—2019年，涉及的技术包括太阳池法盐湖提锂、纳滤法盐湖提锂、调节碳化条件控制碳化反应速率及萃取剂速率方程的确定，主要为存活期为8年以上专利的后续专利。存活期在3～5年的专利数量8件，涉及的提锂方法包括太阳池法及纳滤法。专利CN03108088. X的存活期为13年，保护的主要方法是纳滤法；专利CN02145582. 1、CN02145583. X的保护期最长，目前为14年，其保护技术主要是吸附法。

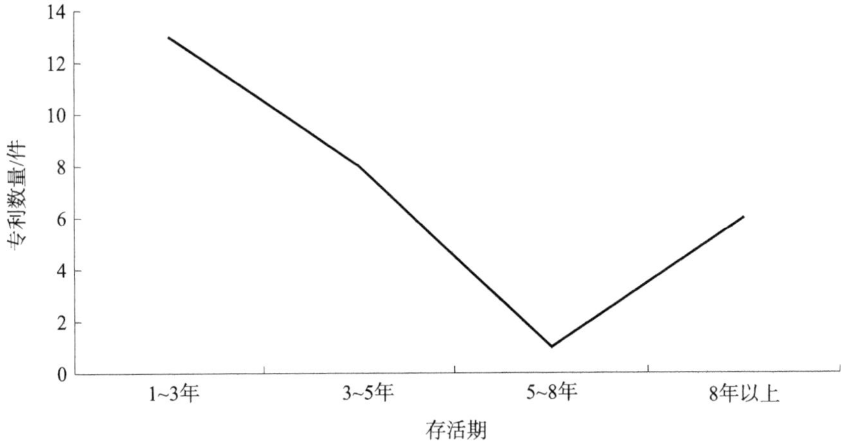

图2－15　专利存活期

（7）法律状态分析

图2－16绘出了84件青海盐湖所关于盐湖提锂专利申请的法律状态。可以看出，授权专利已占到41%，实审专利和公开专利分别占42%和9%，权利终止专利占3%，撤回专利占4%，驳回专利占1%。本书将权利终止专利、撤回专利及驳回专利归为失效专利。青海盐湖所1987—2019年失效专利只有6件，其中关于萃取法盐湖提锂的专利3件，太阳池法1件，纳滤法1件，同位素分离1

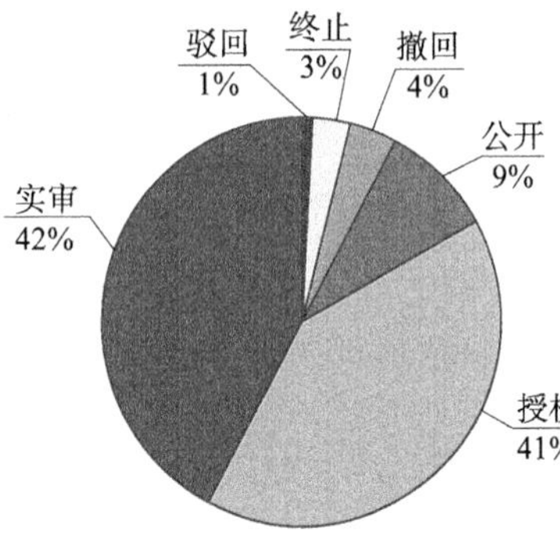

图2－16　法律状态图

件，具体见表2-8。新技术的不断产生和发展，导致某些早期专利失去价值，从而促使专利持有人选择撤回或放弃某些基础性专利，但这些基础性专利价值较高，虽然出现了新的技术，但仍然应该继续保护。

表2-8　失效专利具体信息

序号	专利申请号	专利名称	专利申请日	法律状态
1	CN201210464058.2	萃取法从含锂卤水中提取锂盐的方法	2012-11-16	视为撤回
2	CN201210397192.5	高原硫酸盐型硼锂盐湖卤水的清洁生产工艺	2012-10-18	视为撤回
3	CN93101205.8	用二磷酸氢钛分离锂元素同位素的方法	1993-01-18	视为撤回
4	CN201010577333.2	一种盐湖卤水萃取法提锂的协同萃取体系	2010-12-03	终止
5	CN87103431.X	一种从含锂卤水中提取无水氯化锂的方法	1987-05-07	终止
6	CN201310571755.2	一种从高镁锂比盐湖卤水中精制锂的方法	2013-11-15	驳回

结合专利重要程度及专利有效性可以看出，基础性专利占比最小，且失效专利占比较大，有些早期专利由于年限问题失去价值，但也有专利权人因未缴年费而导致专利失效，因此在专利布局时应注意对基础性专利的申请及保护，包括其技术进一步的延伸。

（8）小结

从整体上对青海盐湖所盐湖提取技术专利进行比较分析，共筛选出专利199件，包括：提取锂资源相关专利84件，其他资源的提取技术115件。本节分别从专利数量、法律、技术等角度，对青海盐湖所申请过的专利进行分析。并在态势分析基础上，对青海盐湖所专利进行多维度分类。本小节对检索到的专利从三个技术维度进行分析：第一，分析锂资源提取相关的提取方法，包括：萃取法、太阳池法、吸附法、纳滤法、电解法、沉淀法、电渗析法、煅烧法。第二，根据起始原料（中间原料）和产品（中间产品）的不同，将锂资源提取过程划分为不同的操作单元。第三，根据专利的重要程度，将专利分为基础性专利、支撑性专利和互补性专利。通过三个维度的交叉对比，可以得到如下结论：

1）青海盐湖所拥有专利数量较多，相对于国内其他企业，在盐湖卤水提取锂资源领域数量上占有优势。

2）青海盐湖所拥有专利保护领域广泛，涵盖锂提取领域大部分分离技术，如萃取法、太阳池法、吸附法、纳滤法、电解法、沉淀法及电渗析法等。从专利技术重要程度上看，形成了从基础到支撑再到互补相对完善的体系。

3）虽然青海盐湖所专利总数具有优势，但是在具体的提锂方法中，专利数量分布不均。其中，太阳池法相关专利数量最多，涉及专利21件；其次是萃取法，涉及专利20件；第三位是纳滤法和吸附法，涉及专利12件；电渗析法相关专利10件；沉淀法专利6件；电解法和煅烧法相关专利分别有2件和1件。

从数量比较，沉淀法、电解法和煅烧法申请的专利数量有限，很难实现有效的保护和控制。

4）进一步将同一方法专利按照操作单元分类，同样发现分布不均的现象。即使对于专利数量较多的分离方法，仍有一些技术单元存在专利空白。

5）再进一步按专利重要程度分级，不难发现各个提锂方法在具体的操作单元中的专利保护层次也有欠缺。只有太阳池法①盐湖富锂和⑧整体工艺单元形成了较为完整的专利保护层次。

6）从专利有效性角度分析，部分领域重要专利出现“失效”和“老龄化”现象。例如，萃取法盐湖提锂领域，2件专利已经失效；纳滤法中基础性专利已经维护13年；吸附法中基础性专利已经维护14年。

7）对青海盐湖所整体专利情况进行分析发现，青海盐湖所在锂资源提取方面的专利相对比较完善，甚至在其产品端也申请了专利，如同时在工业级碳酸锂和电池级碳酸锂领域都申请了专利，建议可以将专利布局进一步向下游产品延伸，如申请正极材料的制备等。

2. 西部矿业股份有限公司

本小节共收录西部矿业股份有限公司专利9件。其中，发明专利4件，实用新型专利5件。如表2－9所示，其中最早1件于2007年1月30日申请，授权后维护5年，2014年3月26日专利权终止。其余8件专利均在2012年12月31日提出申请，其中，5件实用新型专利已经获得授权，3件发明专利中，CN201210591312.5“一种粉煤灰中浮选镓的方法”已授权，另外2件专利仍在审查中。

表2－9　专利法律状态

序号	专利号	专利类型	专利名称	法律状态
1	CN200710048404.8	发明	一种从盐湖卤水中联合提取硼、镁、锂的方法	权利终止
2	CN201220746863.X	实用新型	一种铝电解槽悬挂式母线修复铣床①	授权
3	CN201220745956.0		一种铁路线路平板车随车专用吊车①	
4	CN201220745958.X		一种阳极导杆加固装置①	
5	CN201220746023.3		一种氧化铝滚筒给料装置①	
6	CN201220746824.X		一种供暖管道过滤装置①	
7	CN201210591312.5	发明	一种粉煤灰中浮选镓的方法①	
8	CN201210590728.5	发明	用微波加热从粉煤灰酸浸出镓的方法①	审查中
9	CN201210590740.6	发明	一种提高测定金属铅中微量锑的准确度和精密度方法①	

注：①2013年8—10月，办理著录项目变更手续，原专利权人西部矿业集团有限公司变更为西部矿业股份有限公司。

（1）技术分析

西部矿业股份有限公司的9件专利中，与金属提取相关专利6件，其中与铝富集相关专利3件，主要内容关于铝电解槽，电解槽的导杆加固及滚筒进料方法，均是关于设备保护的实用新型专利；涉及镓相关专利2件，均是发明专利，保护从粉煤灰选镓的方法；涉及锂相关专利1件，主要保护硼、锂、镁的综合利用。

锂提取技术相关专利分析：

从技术方面不难发现，西部矿业股份有限公司拥有锂提取技术专利只有1件：专利号CN200710048404.8，“一种从盐湖卤水中联合提取硼、镁、锂的方法”，下面着重对该专利的情况进行详细解读。

专利号CN200710048404.8，专利名称为“一种从盐湖卤水中联合提取硼、镁、锂的方法”，申请日2007年1月30日。此专利是与中南大学共同申请的，发明人包括徐徽、毛小兵、李增荣、石西昌、庞全世、陈白珍、杨喜云、王华伟。该专利于2009年8月19日授权，在维护5年后，于2014年3月26日放弃维护。该专利属于整体工艺的保护，同时也包含了综合利用技术单元（见图2-17）。具体地说是一种以盐湖含硼、镁、锂卤水为原料，采用联合分离提取工艺，分别制取硼酸、氢氧化镁、碳酸锂、氯化铵的一种从盐湖卤水中联合提取硼、镁、锂的方法。该方法以经过盐田法浓缩除去大部分钠、钾后的含硼、镁、锂等的卤水为原料，经酸化处理制取硼酸，氨法沉镁，盐田法浓缩，碳酸盐沉镁，二次沉镁母液盐田法浓缩，氢氧化钠溶液深度沉镁，碳酸钠溶液反应法制取碳酸锂。硼、镁、锂回收率分别达到87%、95%及92%以上。该方法具有工艺简单，设备投资少，资源利用率高，硼、镁、锂回收率高，产品质量好，生产成本低，无“三废”等优点，完全符合发展循环经济、改善盐湖生态环境的要求。其工艺流程图如图2-18所示。

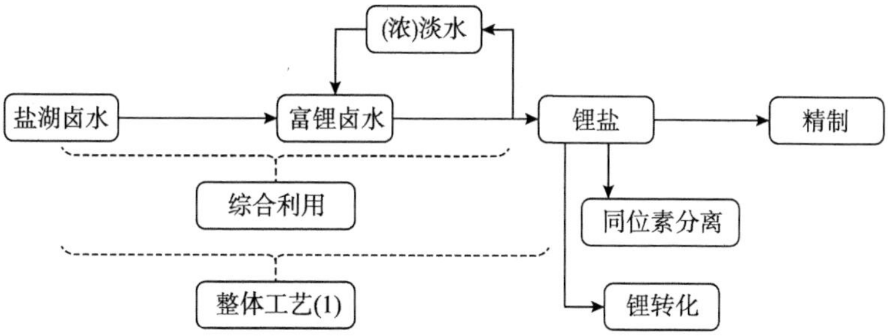

图2-17　工艺技术路线图

（2）小结

西部矿业股份有限公司具有金属富集提取的开发经验，曾经申请卤水中提取锂技术的专利。西部矿业股份有限公司有效专利与盐湖提锂技术关联度较低，唯一在卤水提锂技术中申请的发明专利已经失效，且锂资源利用相关业务已经转移。

3. 青海锂业有限公司

青海锂业有限公司是专门以锂资源开发为主的公司，共申请专利30余件，其中与锂资源开采直接相关的专利20件，见表2-10。其中，发明专利12件，法律状态分别为：授权6件，撤回3件，驳回1件，还有2件在公开阶段；实用新型专利8件，都已授权且有效。从专利类型分析，该公司发明专利的数量多于实用新型专利，且授权比例较高，说明该公司拥有一定的研发能力。从专利申请年限分析，该公司成立于1998年，从2012年开始进行专利申请，之后几乎每年都有新的专利申请，说明其研发团队正在逐步成熟。同时，该公司专利申请有分批次同时申请的特点，说明该公司的专利申请具有一定的规划性。从产品角度分析，碳酸锂是该公司重点开发的产品，仅在2017年就申请了10件碳酸锂工艺相关的专利。

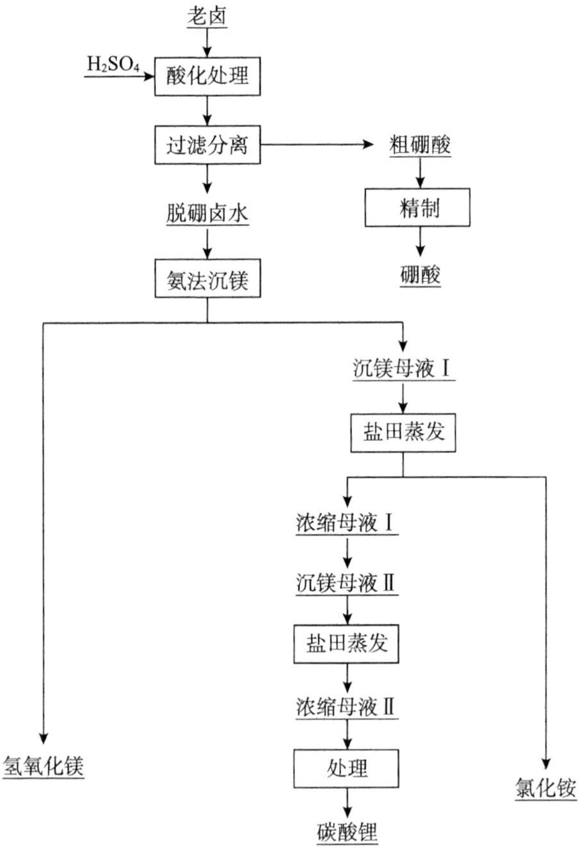

图2-18 工艺流程图

表2-10 青海锂业有限公司专利法律状态

序号	申请号	专利名称	当前法律状态	专利类型
1	CN201911393076.4	一种含锂盐矿中锂资源的回收利用方法	公开	发明
2	CN201911395059.4	一种高镁锂比盐湖卤水滩晒浓缩的方法	公开	发明
3	CN201720981687.0	碳酸锂生产处理系统	授权	实用新型
4	CN201720762465.X	纯化装置及碳酸锂生产设备	授权	实用新型
5	CN201720844515.9	搅拌装置及反应釜	授权	实用新型
6	CN201720822728.1	碳酸锂生产装置	授权	实用新型
7	CN201720751148.8	膜堆清洗装置及碳酸锂生产设备	授权	实用新型
8	CN201720750987.8	压滤装置及碳酸锂生产设备	授权	实用新型
9	CN201720754218.5	碳酸锂生产设备	授权	实用新型
10	CN201720762460.7	电渗析反应装置及碳酸锂的生产设备	授权	实用新型

续表

序号	申请号	专利名称	当前法律状态	专利类型
11	CN201710127940.0	利用盐湖富锂卤水直接制取电池级单水氢氧化锂的方法	授权	发明
12	CN201710129791.1	一种利用盐湖锂资源制取高纯碳酸锂的工艺方法	驳回	发明
13	CN201410047103.3	一种回收利用盐湖提锂母液并副产碱式碳酸镁的方法	授权	发明
14	CN201410190549.1	一种盐湖提锂母液回收利用的盐田滩晒方法	授权	发明
15	CN201310312134.2	一种碳酸锂生产中纯碱自动计量及输送装置及方法①	撤回	发明
16	CN201310312138.0	一种碳酸锂生产中碳酸钠溶液的净化方法①	撤回	发明
17	CN201310312137.6	一种氯化锂溶液净化除镁的方法①	撤回	发明
18	CN201310312135.7	碳酸锂生产中净化除镁的自动控制方法①	授权	发明
19	CN201210557214.X	一种利用盐湖卤水制取电池级碳酸锂的方法	授权	发明
20	CN201210105542.6	利用盐湖提锂母液制取高硼硅酸盐玻璃行业级硼酸的方法	授权	发明

注：① 专利权人为青海锂业有限公司与长沙有色冶金设计研究院有限公司。

（1）技术分析

通过人工筛选与标引，表 2－11 列举了青海锂业有限公司与锂提取技术相关具有代表性的 15 件专利。

表 2－11　青海锂业有限公司锂提取相关专利

序号	申请号	申请年份	技术分类	技术特点
1	CN201210105542.6	2012	综合利用	制备硼酸
2	CN201210557214.X	2012	整体工艺	盐湖卤水制备碳酸锂方法
3	CN201310312135.7	2013	富锂提锂	含锂卤水除镁
4	CN201310312137.6	2013	锂盐精制	氯化锂溶液除镁
5	CN201310312138.0	2013	锂盐精制	碳酸钠除杂
6	CN201410047103.3	2014	综合利用	制备碱式碳酸镁
7	CN201410190549.1	2014	综合利用	盐田摊晒方法
8	CN201720981687.0	2017	综合利用	碳酸锂生产处理系统
9	CN201720762465.X	2017	综合利用	纯化装置
10	CN201720822728.1	2017	综合利用	碳酸锂生产装置
11	CN201720751148.8	2017	综合利用	膜堆清洗装置
12	CN201720750987.8	2017	综合利用	压滤装置
13	CN201720754218.5	2017	综合利用	碳酸锂生产设备
14	CN201720762460.7	2017	综合利用	电渗析反应装置
15	CN201710129791.1	2017	整体工艺	制取高纯碳酸锂的方法

如图2－19所示，从卤水到碳酸锂盐全过程整体工艺保护专利2件，同时伴随其他资源的综合开发利用专利10件，富锂卤水到锂盐制备专利1件，锂盐精制专利2件（视为撤回）。

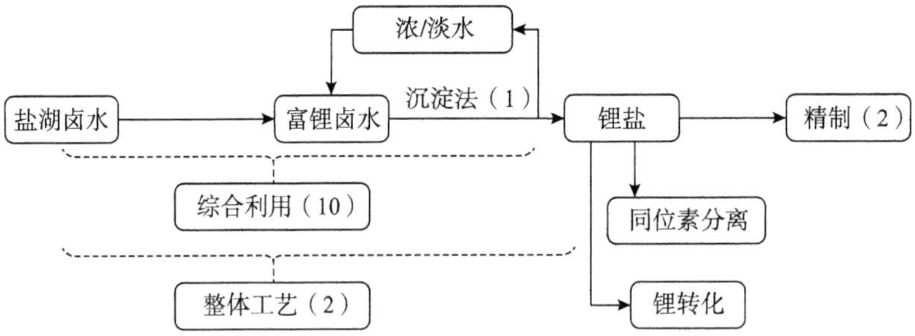

图2－19　工艺技术路线图

1）青海锂业有限公司于2012年申请专利2件，分别是关于①盐湖富锂单元和④淡水回收单元的保护。

首先申请的是盐湖提锂母液回收利用，用提锂母液制备硼酸，属于盐湖卤水综合利用的专利。

需要关注的是，2012年年底申请的专利："一种利用盐湖卤水制取电池级碳酸锂的方法"（CN201210557214.X），该专利比较系统全面地描述了从卤水的预处理到最后制取电池级碳酸锂的步骤，是卤水提锂早期经典的技术，包括：卤水预处理，镁、锂分离，深度除硫，深度除钙，深度除镁，蒸发浓缩，碳酸化，碳酸锂后处理等步骤。

卤水预处理：原料卤水自然摊晒浓缩，过滤器除去泥沙、铁杂质，调pH 3～3.5；镁、锂分离：电场力作用下，通过选择性分离膜，不同价态离子分离，回收硼、镁离子；深度除硫：富锂卤水pH 2～3，加入氯化钡，搅拌、过滤除硫；深度除钙：除硫后的富锂卤水在加热条件下，加入纯碱，搅拌分离；深度除镁：除钙后的富锂卤水在加热条件下，加入片碱，搅拌分离；除镁后的富锂卤水调pH 6.5～7，蒸发浓缩3～4倍；浓缩后的富锂卤水加热，加入纯碱，得粗碳酸锂；粗碳酸锂浆洗，离心洗涤，干燥冷却，得电池级碳酸锂。为保证纯碱在处理过程中不引入杂质，需对纯碱进行预先净化处理。

2）青海锂业有限公司于2013年7月24日同时提出3件专利申请，其中2件是单元③锂盐精制的保护，包括氯化锂溶液除镁、碳酸钠除杂。

另1件专利主要保护在技术单元②富锂提锂中，利用自动化装置脱除镁的方法。具体操作如下：

含锂卤水除镁技术主要保护富锂卤水与氢氧化钠在多台带有夹套的反应釜间的反应，该反应可以由控制系统自动控制，实现自动化生产；氯化锂溶液除镁，主要保护氯化锂与氢氧化钠反应后，两次过滤体系，经过该体系后，溶液中镁的浓度降至2ppm以下；碳酸钠除杂：主要保护在与氯化锂反应生成碳酸锂沉淀前，对碳酸钠溶液的净化处理，与氯化锂溶液除镁相似，通过加入氢氧化钠，两次过滤体系，除去碳酸钠中的钙、镁离子。

3）青海锂业有限公司于 2014 年申请了 2 件④淡水回收单元相关的专利，其中 1 件首先利用提锂母液分离镁离子，生成碱式碳酸镁，把高镁锂比母液降低为低镁锂比富锂卤水，再制备碳酸锂；另 1 件专利则是把传统提锂之后的废弃母液与不同季节下的卤水勾兑后，进行盐田摊晒浓缩后转化成生产碳酸锂的原料卤水，是一种间接提高盐湖锂资源利用率的方法，而且通过兑卤改变了盐田卤水的结晶路线，晒制了可以用于生产钾镁肥和氯化钾优质的硫混矿和钾混矿。

4）青海锂业有限公司于 2017 年申请了 8 件专利，1 件⑧整体工艺的保护和 7 件⑦综合利用的专利。

涉及⑧整体工艺的保护的专利是一种适用于盐湖卤水碳酸锂制取高纯碳酸锂的方法。该方法包括以下步骤：a. 盐湖卤水碳酸锂与去离子水以 1∶15～1∶18（w/w）混合配制成料浆，置于高压反应容器中，通入 CO_2 气体，搅拌 2～5h 后过滤，得到澄清的碳酸氢锂溶液；b. 将碳酸氢锂溶液除去 Ca^{2+} 后经活性炭吸附柱去除萃取剂，再用选择性吸附树脂除去硼酸盐，得到净化的碳酸氢锂溶液；c. 净化的碳酸氢锂溶液减压浓缩，至碳酸锂结晶析出；d. 碳酸锂晶体浆洗、淋洗，干燥即得高纯度碳酸锂。本发明提供的方法利用废料和尾料制得纯度 99.9% 及以上的高纯度碳酸锂，产品质量稳定，生产过程中无废水排放，实现了锂资源的高效回收利用，总锂回收率达到 99% 以上。

涉及⑦综合利用的专利均是针对盐湖卤水碳酸锂制取高纯碳酸锂的方法所用的设备。

从技术角度分析，该公司重点保护两类技术：一类是关注工艺过程中的母液回收利用，即提高工艺附加值；另一类是关注于碳酸锂精制过程，即提高电池级碳酸锂产品的品质。从这两个特点可以合理推测该公司正在尝试开展盐湖提锂产业化开发工作。

（2）合作企业

从青海锂业有限公司申请专利的专利权人角度分析，该公司曾与长沙有色冶金设计研究院有限公司、湘潭电机股份有限公司开展过合作。

与长沙有色冶金设计研究院有限公司合作申请的 4 件发明专利，“碳酸锂生产中净化除镁的自动控制方法”已经授权，其他 3 件专利申请“一种碳酸锂生产中纯碱自动计量及输送装置及方法”“一种碳酸锂生产中碳酸钠溶液的净化方法”“一种氯化锂溶液净化除镁的方法”已撤回。长沙有色冶金设计研究院有限公司与青海锂业有限公司的合作主要是针对一些设备或者工艺特需产品的定制开发。

（3）小结

青海锂业有限公司从 2012 年开始申请专利保护，专利申请数量较少，说明该公司开展盐湖提锂研究工作相对于青海盐湖所较晚，研发团队正处于成长阶段。

该公司专利包含的技术相对集中，在分离过程中重点关注沉淀法的保护，尤其是在盐湖卤水提取资源综合利用方面拥有 3 件专利。虽然属于盐湖提锂的支线技术，对锂提取主要工艺路线影响不大，但是可以成为锂提取工艺路线保护中有益的补充。

该公司自 2012 年开始主要与长沙有色冶金设计研究院有限公司合作申请专利，从专利内容中可以发现，双方合作主要基于设备自动化控制领域。

4. 青海盐湖工业股份有限公司

本小节共收集青海盐湖工业股份有限公司拥有的中国专利申请456件，其中发明申请213件，授权53件；实用新型185件；外观设计5件。该公司实用新型专利较多，主要涉及设备或系统的保护；且发现其有发明专利与实用新型专利同时提出申请的情况。即当一个技术方案同时满足发明专利和实用新型专利的申请条件时，用实用新型专利作为保底专利，在实用新型专利授权的基础上争取获得发明专利授权。此种专利申请策略，实用新型专利先授权，当发明专利通过实审后，国家知识产权局会下达通知，要求申请人放弃已经获得的实用新型专利权，进而授予发明专利的专利权。青海盐湖工业股份有限公司为保证获得专利权，有6项技术采取发明专利和实用新型专利同时申请策略，分别申请了6件发明专利和6件实用新型专利。一般情况下，只有较为重要的专利才会采取这一申请策略。因此，可以认为这6组专利保护的技术对于专利权人十分重要，另外，专利权人对专利所保护内容是否能够满足发明专利新颖性和创造性的要求信心不足。

（1）技术分析

通过人工筛选，排除明显与锂提取无关专利，青海盐湖工业股份有限公司有10件专利与锂提取技术相关，见表2－12。从卤水到富锂卤水工艺保护1件，综合利用保护工艺6件，整体工艺保护3件。

表2－12　青海盐湖工业股份有限公司锂提取相关专利

序号	申请号	申请年份	技术分类	技术特点
1	CN201910913167. X	2019	综合利用	制备高纯氯化锂
2	CN201811536499. 2	2018	富锂卤水	盐田蒸发沉锂母液
3	CN201710679001. 7	2017	综合利用	高纯度氯化锂的新工艺
4	CN201710679007. 4	2017	综合利用	高纯度氯化锂的新工艺
5	CN201710679004. 0	2017	综合利用	高纯度氢氧化锂的新工艺
6	CN201611155382. 0	2016	整体工艺	离子交换
7	CN201710235736. 0	2017	整体工艺	锂吸附剂
8	CN201710041119. 7	2017	综合利用	碳酸锂的制备工艺
9	CN201710076269. 1	2017	综合利用	氯化锂的生产工艺
10	CN201410725724. 2	2014	整体工艺	锂吸附剂

1）青海盐湖工业股份有限公司于2014年申请专利1件，属于单元⑧整体工艺的保护，其采用的提锂方法为吸附法。但分析其内容可知其专利保护重点在于吸附剂解析回收工艺，属于边缘化技术。

2）青海盐湖工业股份有限公司于2016年申请专利1件，属于单元⑧整体工艺的保护，是一种提取锂的连续离子交换装置和提锂工艺。

3）青海盐湖工业股份有限公司于2017年申请专利6件，属于单元⑦综合利用的保护5件，是氯化锂、碳酸锂和氢氧化锂三种化合物的生产工艺；属于单元⑧整体工艺的保护1件，是一种锂吸附剂的制备方法。

4）青海盐湖工业股份有限公司于2018年申请专利1件，属于单元①富锂卤水的保护，是一种盐田蒸发沉锂母液的方法。

5）青海盐湖工业股份有限公司于2019年申请专利1件，属于单元⑦综合利用的保护，是一种利用高锂高钠溶液制备高纯氯化锂的方法。

（2）合作企业

合作企业及相关技术见表2-13。青海盐湖工业股份有限公司有较多的合作伙伴，共与6家单位共同申请专利，其中包括清华大学、华东理工大学和河北科技大学3所高校，说明该公司有与科研团队合作的经验；同时也说明合作的技术相对基础，可能需要进一步的孵化。而光卤石技术是与化工部长沙设计研究院合作的，说明该技术已经相对成熟。

表2-13　合作企业及相关技术

序号	合作单位	专利技术
1	化工部长沙设计研究院	光卤石技术
2	华东理工大学	氢氧化镁生产中回收氯化钠
3	四川天一科技股份有限公司	净化电石炉尾气的吸附方法
4	河北科技大学	分解氯化铵的方法
5	清华大学	制备硝酸钾的方法
6	青海盐湖佛照蓝科锂业股份有限公司	卤水提存方法

（3）小结

青海盐湖工业股份有限公司专利总量较大，涉及类别较广。合作伙伴较多，既包括科研团队、设计单位，也包括企业。显然，拥有多层面合作经验，具有较强的技术规划整合能力。

锂提取相关专利10件，其中，从卤水到富锂卤水工艺保护1件，综合利用保护工艺6件，整体工艺保护3件。在整体工艺的保护方面，主要针对吸附法的吸附剂解吸技术，定位于吸附法，技术重点在于吸附剂活化再利用。该公司专利保护技术侧重于吸附法提取锂，专利主要保护工艺设备的改进，涉及工艺优化的内容较少，从技术体系来看，外围技术专利较多，需要核心专利的支撑，还需要进一步完善专利保护体系。该公司的技术发展仍需进一步关注。

值得注意的是，该公司在专利申请过程中，将逐步拥有一系列通用的辅助技术专利，如卤水的采集、取样、输送、防止孔堵塞等技术。虽然该类型技术没有直接保护卤水提锂技术，但是在实际生产工艺中，很可能涉及相关技术，现阶段青海盐湖研究所不必特别关注这一系列专利。当技术开展工程化开发后，可以根据实际工艺流程进一步分析侵权风险。同时，也可以有针对性地设计具体的解决方案，并开展辅助技术专利的规划布局。

5. 青海盐湖佛照蓝科锂业股份有限公司

本小节共收录青海盐湖佛照蓝科锂业股份有限公司5件专利，均为发明专利。授权的2件专利均经过相对复杂的专利权转让过程获得，具体转让过程如图2-20所示；实审中专利3件，是与华陆工程科技有限责任公司共同申请的。

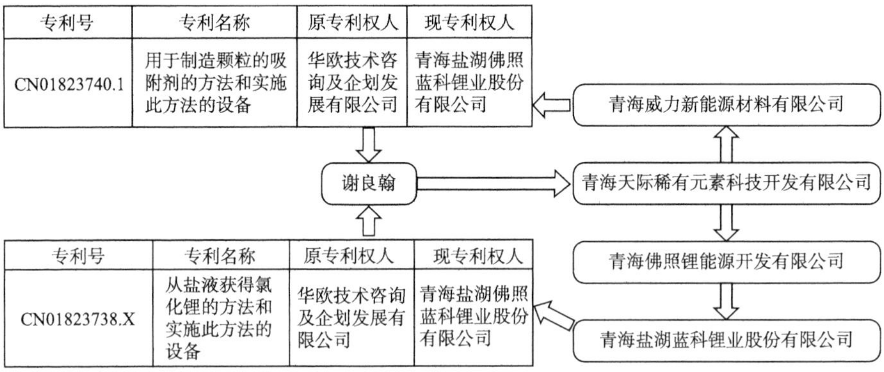

图2-20 专利权人转让关系图

结合青海盐湖佛照蓝科锂业股份有限公司的组织架构和图2-20所公开的专利权转让信息，可以推测该公司获取这两件专利权的目的是完成公司股权架构设计，使得重要的技术持有人获得足够的激励。而这两件专利相关的技术方向——吸附法，是其重点发展的技术方向。

（1）技术分析

青海盐湖佛照蓝科锂业股份有限公司的5件专利均为与锂提取相关专利，按照时间顺序排列，具体技术类别、技术描述和具体步骤见表2-14：通过专利权转让获得的2件，华欧技术咨询及企划发展有限公司申请的专利，主要涉及吸附锂的固体吸附剂，2件专利主要保护吸附剂的结构、卤水提取氯化锂的应用以及相关设备。在分析过程中将这2件专利分入技术单元⑧整体工艺中（见图2-21）。

表2-14 具体技术类别、技术描述和具体步骤

序号	专利号	专利名称	技术类别	技术描述
1	CN01823740.1	用于制造颗粒的吸附剂的方法和实施此方法的设备	吸附	颗粒吸附剂的制备
2	CN01823738.X	从盐液获得氯化锂的方法和实施此方法的设备	吸附	从盐液中吸附氯化锂
3	CN201510672436.X	一种节水的氯化锂溶液除镁工艺①	精制	用除镁后的氯化锂溶液代替水，循环使用
4	CN201510726061.0	一种碳酸锂生产中沉锂母液闭环回收的方法①	转化	除杂稳定，每个杂质都有出口
5	CN201610086174.3	一种氯化锂溶液深度除硼的方法①	精制	吸附硼的树脂

注：①专利权人为华陆工程科技有限责任公司与青海盐湖佛照蓝科锂业股份有限公司。

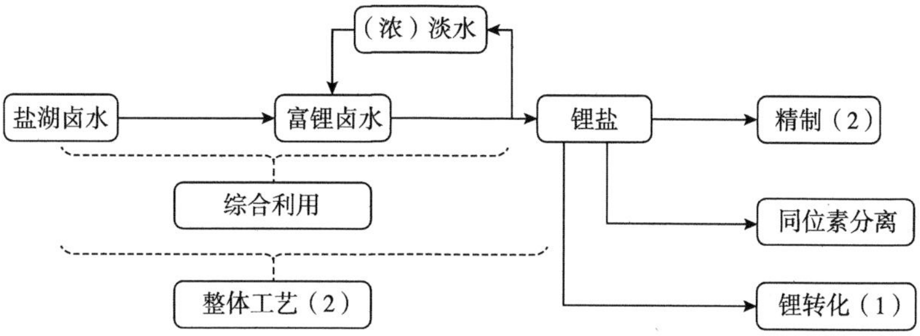

图 2-21　技术路线图

2015 年青海盐湖佛照蓝科锂业股份有限公司与华陆工程科技有限责任公司共同申请了 2 件专利。其中 1 件关于氯化锂溶液除镁，属于技术单元③锂盐精制的保护，该专利的特点在于用除镁后的氯化锂溶液代替水，循环使用；另 1 件专利涉及氯化锂与碳酸钠反应制备碳酸锂，侧重于锂的转化。

2016 年青海盐湖佛照蓝科锂业股份有限公司继续与华陆工程科技有限责任公司合作，申请的专利利用树脂吸附氯化锂溶液中的硼及硼如何解析、分离，属于锂的精制过程。

从专利保护技术角度分析，青海盐湖佛照蓝科锂业股份有限公司申请的专利技术主要集中于技术单元⑦综合利用、⑤锂盐转化和③锂盐精制，结合专利申请过程，该公司力争在吸附法方面取得技术突破。但是从专利保护的技术方面分析，只是在相对后段技术以及配套技术方面获得进展，还未完成整体工艺的技术保护。

（2）主要发明人团队

与华欧技术咨询及企划发展有限公司共同申请的专利，发明人中包含王文海与邢红，这二人均是青海盐湖工业股份有限公司中关于锂提取专利的发明人，由此可见，青海盐湖工业股份有限公司把与锂提取相关的技术和研发团队均放入了青海盐湖佛照蓝科锂业股份有限公司进行运作和管理。

（3）合作企业

除通过专利权多次转让获得了华欧技术咨询及企划发展有限公司的 2 件发明专利外，其他 3 件专利均是与华陆工程科技有限责任公司共同申请的。华陆工程科技有限责任公司是国务院国资委下属的中国化学工程股份有限公司的全资子公司，创立于 1965 年，前身是化工部第六设计院。在石油和天然气化工、煤化工、精细化工、材料能源、基础设施等业务领域通过整合全球资源，先后完成了多项大中型建设项目，设计产品 200 多种，新工艺、新技术开发 100 多项，拥有专有技术和专利技术 80 多项。

（4）小结

青海盐湖佛照蓝科锂业股份有限公司专利总量较小，但技术较为集中，5 件专利全部集中于锂资源的提取。从专利技术内容分析可知，该公司一直关注于吸附法提取锂技术领域，虽然专利保护范围属于技术单元⑧整体工艺，但是技术特点是吸附法中吸附剂的制备及其应用；另外还包括技术单元③锂盐精制、⑤锂盐转化的相关专利。

青海盐湖佛照蓝科锂业股份有限公司采用了与国内其他吸附方法截然不同的吸附

体系，因此在设备工艺方面差异较大，可以持续关注该公司及其吸附法工艺技术的发展情况。

6. 青海中信国安科技发展有限公司

本小节收录了青海中信国安科技发展有限公司2003—2019年共申请的专利21件。其中，发明专利20件，已授权12件，实用新型专利1件。与其他专利权人不同，该公司专利申请时间较早，2003—2009年每年都有专利申请，2005年专利申请量最大，共申请7件专利。2009年之后，只在2012年申请了1件专利，而近几年都没有专利申请。

（1）技术分析

排除明显与金属提取无关的1件专利，对其余20件专利进行技术分类（见表2-15）。其中涉及硫酸钾镁肥技术的专利5件；钾相关专利4件，其中硫酸钾制备3件，氯化钾制备1件；镁相关专利5件，技术点覆盖较广，涉及氢氧化镁、氧化镁、硼酸镁晶须、氯化镁除硼和金属镁5个方面；硼酸的制备专利2件；碳酸锂制备相关专利3件；无水氯化锂合成相关专利1件。

表2-15　技术分类表

<table>
<tr><th colspan="2">技术分类</th><th>专利号</th><th>专利数量</th></tr>
<tr><td rowspan="5">硫酸钾镁</td><td rowspan="5"></td><td>CN03154199.2</td><td rowspan="5">5</td></tr>
<tr><td>CN03157856.X</td></tr>
<tr><td>CN200810135849.4</td></tr>
<tr><td>CN201210323040.0</td></tr>
<tr><td>CN200510085831.4</td></tr>
<tr><td rowspan="4">钾相关</td><td rowspan="3">硫酸钾</td><td>CN03154200.X</td><td rowspan="3">3</td></tr>
<tr><td>CN200510091868.8</td></tr>
<tr><td>CN200510091865.4</td></tr>
<tr><td>氯化钾</td><td>CN200510085833.3</td><td>1</td></tr>
<tr><td rowspan="5">镁相关</td><td>氢氧化镁</td><td>CN200710103127.6</td><td>1</td></tr>
<tr><td>氧化镁</td><td>CN200610167768.3</td><td>1</td></tr>
<tr><td>硼酸镁晶须</td><td>CN200610008483.5</td><td>1</td></tr>
<tr><td>氯化镁除硼</td><td>CN200810135852.6</td><td>1</td></tr>
<tr><td>金属镁</td><td>CN200410100951.2</td><td>1</td></tr>
<tr><td rowspan="2">硼酸相关</td><td rowspan="2"></td><td>CN200510085830.X</td><td rowspan="2">2</td></tr>
<tr><td>CN200910138814.0</td></tr>
<tr><td rowspan="4">锂相关</td><td rowspan="3">碳酸锂</td><td>CN200510085832.9</td><td rowspan="3">3</td></tr>
<tr><td>CN200510085645.0</td></tr>
<tr><td>CN200920149121.7</td></tr>
<tr><td>氯化锂</td><td>CN200710137549.5</td><td>1</td></tr>
</table>

本小节重点针对锂提取 4 件专利展开分析（见图 2－22），其中 2009 年申请的专利 CN200920149121.7“生产电池级碳酸锂的加料液体分布器”，为实用新型专利，是关于一种加料器的设备保护专利。其余 3 件专利内容见表 2－16。

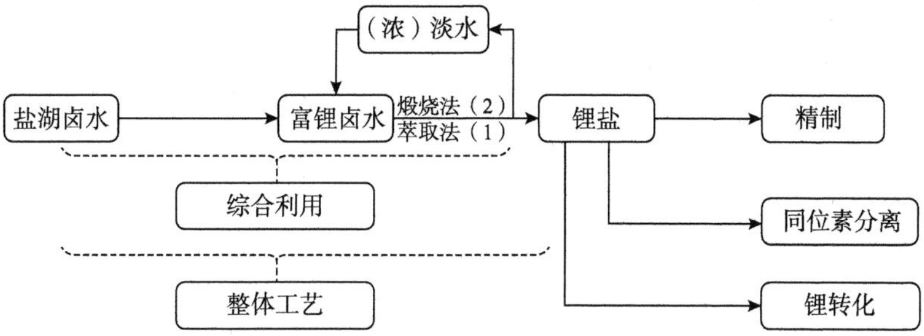

图 2－22　技术路线图

表 2－16　专利工艺特点介绍

序号	专利号	专利名称	法律状态	源头	步骤	产品
1	CN200510085832.9	用高镁含锂卤水生产碳酸锂、氧化镁和盐酸的方法	授权	高镁锂卤水	喷雾干燥	
					煅烧	盐酸
					加水洗涤	高纯氧化镁
					蒸发浓缩	
					沉淀	碳酸锂
2	CN200510085645.0	一种生产高纯镁盐、碳酸锂、盐酸和氯化铵的方法	授权	高镁锂卤水	氨化反应	
					过滤一	氢氧化镁
					蒸发除水	
					过滤二	氯化铵
					煅烧	盐酸
					洗涤脱水	碳酸锂
					干燥	氧化镁
3	CN200710137549.5	一种高纯无水氯化锂的制备方法	撤回	低镁高钾钠含氯化锂卤水	沉淀	除镁、硫酸根
					碳酸钠	除镁、钙、钡
					蒸发过滤	除钾、钠
					萃取	高纯无水氯化锂

2005 年申请的 2 件专利从高镁锂比卤水出发，经过一系列步骤后，得到盐酸、镁的化合物和碳酸锂，属于卤水资源的综合利用，主要思路是先除掉其他杂质，最后用纯碱把锂盐沉淀为碳酸锂，这 2 件专利申请年限较早，目前还在维护，维护期较长（超过 10 年），可见其重要性。2007 年申请的专利从低镁高钾钠含氯化锂卤水出发，除掉其他金属杂质后，用萃取剂萃取氯化锂，适于制备高纯氯化锂，2007 年技术是对 2005 年技术的延伸，更加关注产品的后处理，该专利已视为撤回，近年无新专利申请。早期研发团队为杨建元和夏康明，2007 年李陇岗、吴小王加入该团队。

从技术角度分析，青海中信国安科技发展有限公司申请的专利主要保护煅烧法和沉淀法，没有保护从盐湖卤水到富锂卤水的分离过程，但分离过程中倾向于多种资源的综合开发利用。

该公司关于锂提取的相关技术专利申请时间较早，近年没有相关专利申请，已申请的专利没有涉及从盐湖直接提取锂的工艺或方法，倾向于资源的综合开发利用。

（2）小结

青海中信国安科技发展有限公司的专利延续性较强，专利申请时间为2003—2012年，且专利申请进程基本与公司发展进程同步，说明该公司具有一定的研发实力和专利保护意识。

该公司技术涉及钾、镁分离技术较多，从专利申请保护技术内容分析，提取锂的技术集中于煅烧法、沉淀法。煅烧法技术出现较早，技术成熟度较高，但是能耗高，效率较低，技术存在一定的缺陷。

从技术角度分析，该公司拥有的专利属于技术单元⑧整体工艺的保护，2件专利都是关于煅烧法的。该公司还没有在技术单元①盐湖富锂方面申请专利。

值得注意的是，该公司在2007年尝试申请利用萃取纯化氯化锂专利，但是没有获得授权。可以继续关注其后续技术变化，未来也可以考虑在该领域与该公司开展技术合作。

7. 青海恒信融锂业科技有限公司

本小节共收集青海恒信融锂业科技有限公司3件发明专利，其中2件已授权，另1件在实审状态，专利基本信息见表2－17。

表2－17　专利基本信息

序号	专利号	专利名称	法律状态
1	CN201510392024.0	从盐湖卤水中提取锂的方法	授权
2	CN201310496057.0	基于镁锂硫酸盐晶体形态及密度和溶解度差异的镁锂分离工艺	授权
3	CN201711433429.3	萃取组合物及富集锂的方法	审查中

（1）技术分析

2013年，专利“基于镁锂硫酸盐晶体形态及密度和溶解度差异的镁锂分离工艺”主要从镁、锂盐的晶体形态、密度、溶解度三个方面的差异进行镁锂分离，包括以下步骤：首先使卤水中的硫酸根浓度增大到促使硫酸盐结晶；基于利重介质重选原理用密度差，实现镁锂分离；然后利用溶解度差异分离出部分镁盐；最后采用纯碱沉锂得到碳酸锂产品。该发明完全不需要喷雾干燥和煅烧程序，极大地减少了能源的消耗，可以降低70%的生产成本，且工艺流程简单，不会因流程复杂造成产品质量难以控制，而且环保无污染。该专利属于沉淀法卤水提锂。

2015年，专利CN201510392024.0“从盐湖卤水中提取锂的方法”为该公司重要专利，主要通过分离膜进行镁锂分离，与传统纳滤膜分离镁锂相比，该发明提供了一种结合化学药剂法、物理除杂法、纳滤膜分离法、浓缩膜法等方法的综合性锂离子提取方法，通过化学药剂法、物理除杂法等分离方法，在膜分离前预先除去盐湖卤水中存在的大部分杂质离子，为膜分离创造了良好的条件，大大提高了膜分离的效率，优化了分离效果，提取锂可达到电池级纯度，分离过程中的膜污堵问题也得到解决。该专利包含 4 个实施例：实施例一为一般步骤；实施例二中的单元操作更为细化；实施例三对每个单元操作后的淡液进行回收，反复循环，提高资源的开发力度；实施例四是对前几个实施例的优化，加入了助滤剂和络合剂。助滤剂的作用在于防止滤渣堆积过于密实，使过滤顺利进行；络合剂的作用是与钙、钡、锶等络合，防止硫酸钙、碳酸钙、硫酸锶、硫酸钡等在膜表面结垢，对膜造成破坏。该专利属于纳滤膜法卤水提锂。

2017 年，专利 CN201711433429.3“萃取组合物及富集锂的方法”主要是以氟取代的苯甲酰三氟丙酮作为萃取剂。

（2）小结

青海恒信融锂业科技有限公司专利总量较少，但所有专利均为提取锂的技术，而且是从盐湖卤水到碳酸锂盐全过程整体工艺保护，除早期转让得到的关于沉淀法提锂的专利外，该公司技术研究的重点在于纳滤膜法提锂，这件专利还在实质审查之中，但是该专利权利要求设置与保护比较严密，权利要求引用关系复杂，整体撰写的质量较高。

8. 西藏国能矿业发展有限公司

本小节共收录西藏国能矿业发展有限公司专利 17 件，其中发明专利 16 件，实用新型专利 1 件，授权 12 件。申请年份分别为 2012 年申请 2 件、2013 年申请 7 件、2014 年申请 2 件、2016 年申请 6 件。其中除 2012 年最早申请的 2 件专利外，其余 15 件专利均与青海盐湖所董亚萍团队合作，共同申请。专利基本信息见表 2-18。

表 2-18　专利基本信息

序号	专利号	专利名称	法律状态
1	CN201210036645.1	从盐湖卤水中提取锂、镁的方法	授权
2	CN201210425557.0	一种从盐湖卤水中提取碳酸锂的方法	授权
3	CN201310573838.5	利用自然能从混合卤水中制备钾石盐矿的方法	授权
4	CN201310573972.5	利用自然能从混合卤水中制备锂硼盐矿的方法	授权
5	CN201310573923.1	利用自然能从混合卤水中制备硫酸锂盐矿的方法	授权
6	CN201310572377.X	利用自然能从混合卤水中提取 Mg、K、B、Li 的方法	授权
7	CN201310571632.9	利用自然能从混合卤水中制备硼矿的方法	授权
8	CN201310572237.2	利用自然能从混合卤水中制备光卤石矿的方法	授权
9	CN201310572330.3	利用自然能从混合卤水中提取 Mg、K、B、Li 的方法	授权
10	CN201410704667.X	一种利用碳酸镁粗矿制备高纯氧化镁的方法	授权
11	CN201410704599.7	一种利用碳酸镁粗矿制备高纯氧化镁的方法	授权
12	CN201610212861.5	从高原碳酸盐型卤水中快速富集锂的方法	审查中
13	CN201610212584.8	从高原碳酸盐型卤水中制备高纯度碳酸镁的方法	审查中
14	CN201620283368.8	温硼池	授权
15	CN201610212616.4	从高原碳酸盐型卤水中制备碳酸锂的方法	审查中
16	CN201610212760.8	从高原碳酸盐型卤水中制备碳酸锂的方法	审查中
17	CN201610212434.7	从高原碳酸盐型卤水中制备硼砂矿的方法	审查中

（1）技术分析

该公司所有专利均与锂提取技术相关，主要侧重于太阳池法提锂。技术发展按照时间和研究关注点可分为 4 个阶段。

阶段一：2012 年，共申请专利 2 件，是该公司唯一自主研发申请的专利。其中：

2012 年 2 月 17 日申请的专利“从盐湖卤水中提取锂、镁的方法”，该发明的方法以高镁锂比的盐湖卤水和含锂的碳酸盐型盐湖卤水为原料，成功获得了高品质的碳酸锂产品和碱式碳酸镁产品。主要解决高镁锂比的盐湖卤水中镁锂难以分离的问题以及含锂的碳酸盐型盐湖卤水中锂难以富集的问题。该专利是 2013 年 7 件专利的基础，具体工艺流程如图 2 - 23 所示。

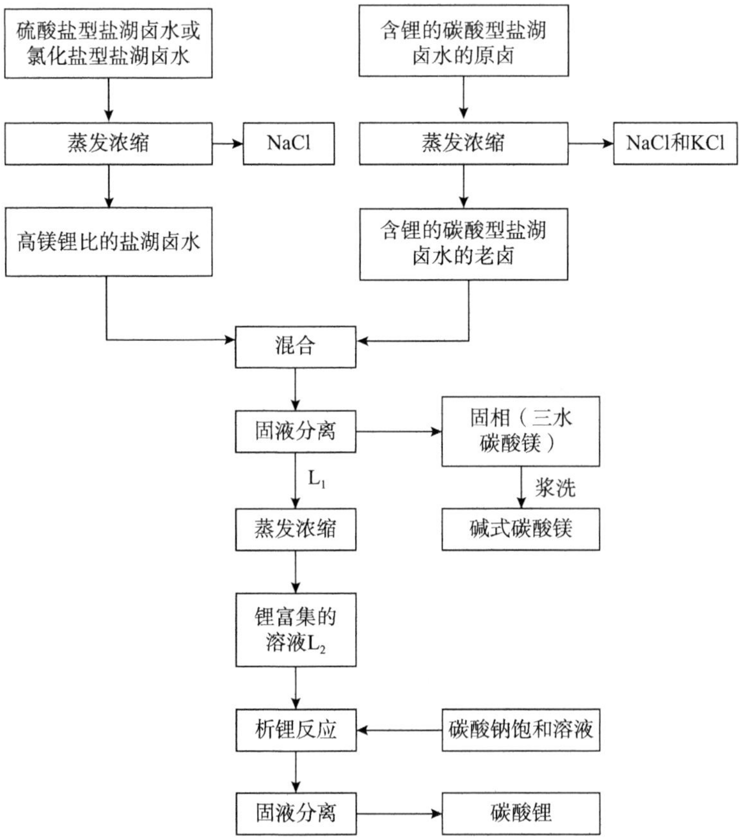

图 2 - 23　从盐湖卤水中提取锂、镁的方法工艺流程图

2012 年 10 月 31 日申请的专利“一种从盐湖卤水中提取碳酸锂的方法”，是在原有技术基础上的进一步优化和改进，工艺流程如图 2 - 24 所示。在硫酸盐型盐湖卤水与碳酸盐型盐湖卤水混合之前，先对碳酸盐型盐湖卤水进行预处理，增加了低温冷冻的步骤，进一步除杂分离，然后再进行两种卤水混合，镁和锂的分离，剩余卤水循环利用，再混合，再分离，有助于能源的综合利用与开发。

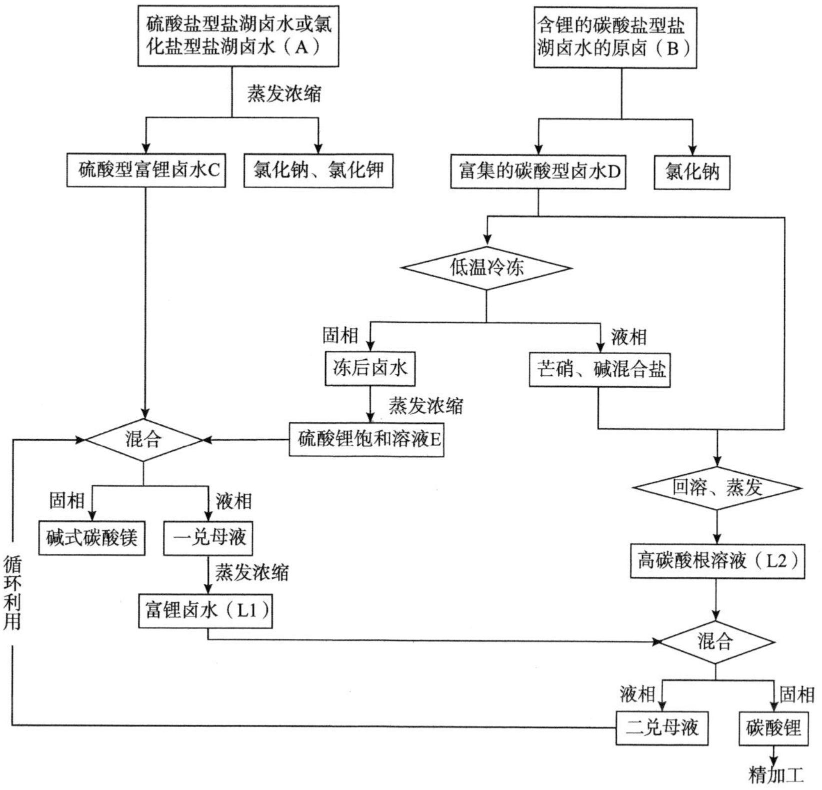

图 2-24　一种从盐湖卤水中提取碳酸锂的方法工艺流程图

阶段二：该阶段共申请专利 7 件，申请日均为 2013 年 11 月 15 日，专利权人为青海盐湖所及西藏国能矿业发展有限公司，其主要区别如图 2-25 所示。

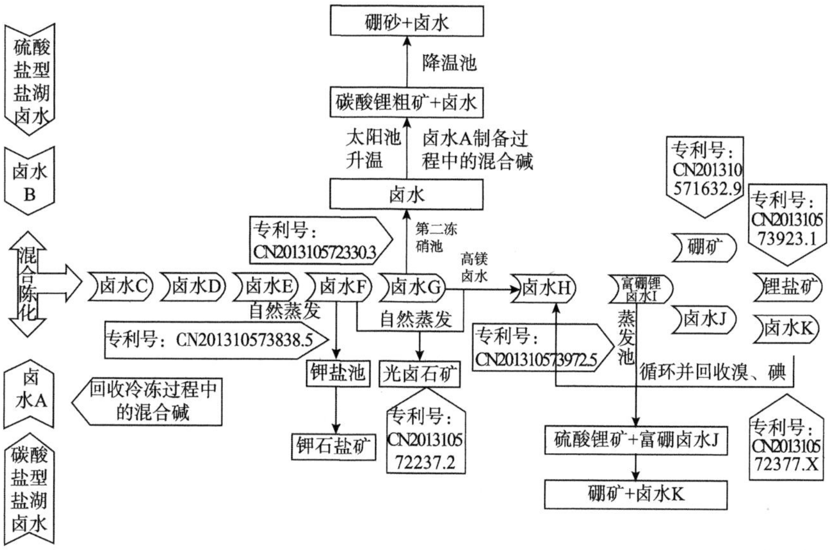

图 2-25　第二阶段专利保护工艺流程图

其中1件在析出钾石盐得到卤水G后将卤水导入第二冻硝池，经太阳池得粗碳酸锂，再经降温池得硼砂；另外1件专利利用卤水F导入钾盐池后，自然蒸发，得到钾石盐矿；其余5件专利是针对同一工艺路线的不同阶段工艺的细化与延伸，以CN201310572330.3作为工艺起点，在析出钾石盐得到卤水G后将卤水导入第二冻硝池，经太阳池得粗碳酸锂，再经降温池得硼砂；其余4件专利为在该专利保护技术的基础上的后续工艺，即在卤水G中加入高镁卤水得富硼锂卤水H，CN201310571632.9直接从富硼锂卤水H得到硼砂；CN201310573972.5富硼锂卤水J经蒸发池得硫酸锂粗矿和富硼卤水，富硼卤水再制得硼矿和卤水K；CN201310573923.1首先去除富硼锂卤水H中的硼，再将剩余卤水处理得到锂盐矿；CN201310572377.X将得到的锂盐矿的剩余卤水返回富硼锂卤水H中并在循环中收集溴和碘。

阶段三：该阶段专利数量为2件，申请日均为2014年11月27日，专利权人为青海盐湖所及西藏国能矿业发展有限公司，其保护内容主要为由碳酸镁粗矿制备高纯氧化镁的方法，属于镁盐精制。

阶段四：该阶段专利数量为6件，其申请日均为2016年4月7日，专利权人为青海盐湖所及西藏国能矿业发展有限公司，具体区别如图2－26所示。其中1件实用新型专利主要保护涉及卤水开发和提取的装置，属于对太阳池法的改进。

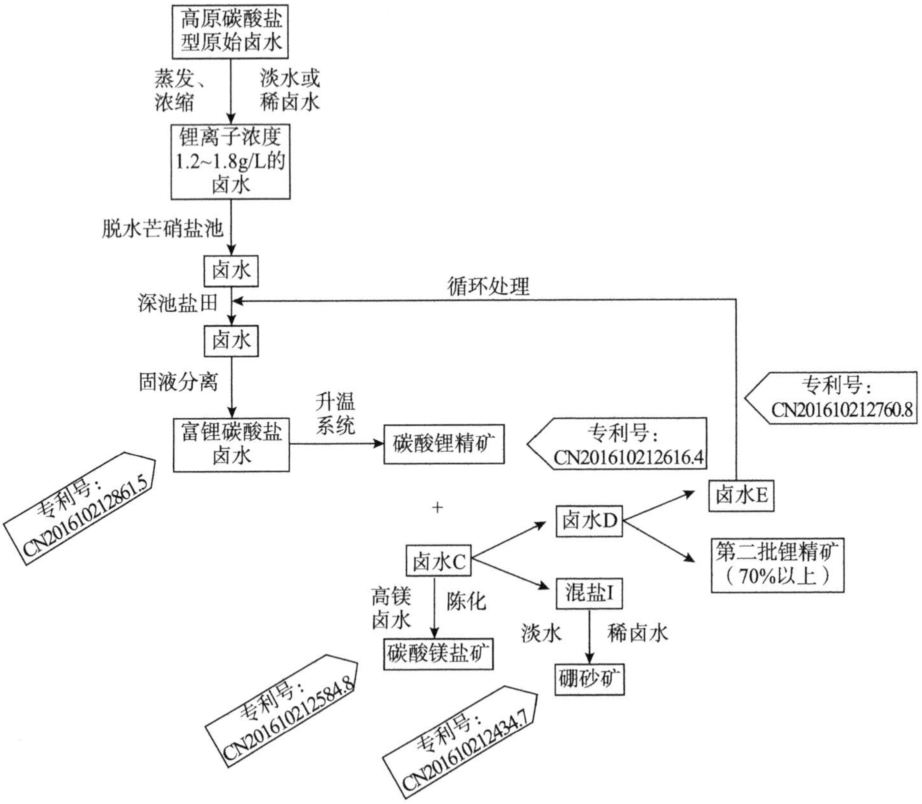

图2－26　第四阶段专利保护工艺流程图

CN201610212861.5 的最终产物为富锂碳酸盐卤水，其余 4 件专利在此基础上，将富锂碳酸盐卤水导入升温系统制得碳酸锂精矿，CN201610212616.4 的最终产品即为碳酸锂精矿（品位 60% 以上）；CN201610212584.8 向剩余卤水中加入高镁卤水经陈化得碳酸镁盐矿；CN201610212434.7 将卤水 C 处理后得卤水 D 和混盐 I，再将其混盐 I 与淡水或稀卤水混合制得硼砂矿；CN201610212760.8 将卤水 D 处理得第二批锂精矿和卤水 E，卤水 E 返回深池盐田进行循环处理。

（2）小结

虽然西藏国能矿业发展有限公司专利总量不是最多的，但是其专利集中度较高，14 件专利均围绕提取锂的技术展开，如图 2－27 所示，关注点在于从盐湖卤水到碳酸锂盐整体工艺保护，在碳酸盐型卤水与硫酸盐型卤水混合后通过太阳池法提锂；2 件关于锂转化的专利。

由于西藏国能矿业发展有限公司专利较为集中，因此在碳酸型、硫酸型卤水开发的小分支领域仍有专利数量的优势。虽然此种保护策略对专利运营有一定的影响，但是能够保障该公司在开发藏区卤水资源时相对安全。

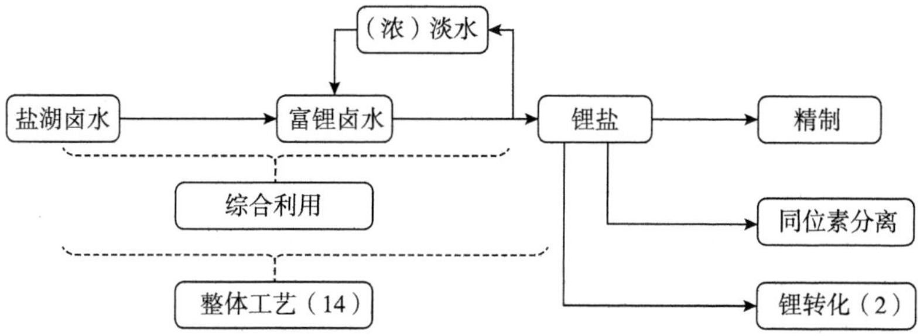

图 2－27　技术路线图

9. 中国科学院上海有机化学研究所

（1）整体分析

中国科学院上海有机化学研究所是专门从事有机化学、合成化学领域研究的中科院研究所，其主要优势是合成能力，因此其开发锂提取分离相关专利体现出典型的合成学研究特点。从中国科学院上海有机化学研究所超过千件专利申请中，筛选出与锂分离相关的 36 件专利申请，均为发明专利。法律状态如下：审查中 26 件，授权 8 件，驳回 1 件，撤回 1 件。其中 2012 年申请的 4 件专利是与青海盐湖所李丽娟团队合作完成的，双方针对萃取法提取锂进行分工合作，中国科学院上海有机化学研究所主要完成萃取剂的合成与规模化生产技术，青海盐湖所完成萃取工艺开发。因此共同申请专利主要是利用萃取剂从含锂卤水中提取锂。其余 32 件由中国科学院上海有机化学研究所独立申请，主要开展两个方向的研究工作：一个方向是锂萃取剂的开发，主要开发萃取剂为偶氮、苯并杂环类、中性磷氧类、酰胺类；另一个方向是锂同位素分离萃取剂的开发，主要采用吡嗪类化合物、含氟萃取剂进行分离。

（2）具体技术介绍

中国科学院上海有机化学研究所关于锂资源提取与分离领域的专利申请主要集中在萃取法领域，其技术重点十分明确，就是开发新型高效的萃取剂及其萃取体系，以合成新型化合物为主，萃取工艺为辅。因此，在划分技术单元时既可以分在盐湖富锂中，也可以分在整体工艺或综合利用中，为减少多组重复划分带来的误解，对中国科学院上海有机化学研究所专利不做进一步的技术路线划分。

在申请的专利中，同位素分离专利申请数量较少，共有 9 件专利申请，主要采用吡嗪类化合物、冠醚类、含氟萃取剂等实现分离。卤水富锂过程有 27 件专利申请，主要采用偶氮、苯并杂环、酰胺类化合物、萃取组合物对锂进行提取。

中国科学院上海有机化学研究所从 2012 年开始申请专利，专利申请呈现出集中批量申请的特点，体现出申请人对专利有较强的法律理解，掌握申请技巧。

1）2012 年申请专利 5 件，其中与青海盐湖所合作申请专利 4 件，主要开发酰胺类化合物和中性磷氧类化合物用于盐湖富锂，同位素分离 1 件，开发苯并喹啉类萃取剂用于同位素分离。

2）2013 年申请专利 1 件，属于同位素分离，采用含氟萃取剂进行分离。

3）2016 年申请专利 19 件，全部是针对盐湖富锂的专利申请，开发了一系列的酰胺类化合物，并有针对性地开展专利布局，包括单独使用、几种酰胺类化合物混合使用、与中性磷氧类化合物共同使用等，实现锂盐的萃取。

4）2017 年申请专利 5 件，其中 4 件为同位素分离，主要开发冠醚萃取剂，并且对萃取工艺过程和萃取装置进行了优化。值得注意的是，申请的 1 件锂富集相关专利，对含有锂的废液进行锂回收，同样采取萃取法，但是应用领域有所变化，专利申请已经向更下游的应用进行了延伸。

5）2018 年申请专利 3 件，主要围绕新开发的偶氮、苯并杂环新型萃取剂进行专利保护。

6）2019 年申请专利 3 件，属同位素分离，主要采用吡嗪类化合物萃取剂进行分离。

（3）小结

中国科学院上海有机化学研究所有 36 件专利申请，其专利保护思路十分明确，针对锂提取分离中萃取法开展技术开发，重点研究萃取剂，设计合成了系列的萃取剂，应用于同位素分离和卤水富锂两个方向。同位素分离申请专利 9 件，在保护吡嗪类化合物、含氟萃取剂、冠醚类化合物的同时，也对工艺过程、设备等申请保护。卤水富锂申请专利 27 件，主要开发了偶氮、苯并杂环类化合物、酰胺类化合物和中性有机磷化合物萃取体系。其中保护最多的是酰胺类化合物，主要保护思路是其组合应用。而偶氮、苯并杂环类化合物是新开发的萃取剂。中国科学院上海有机化学研究所相关专利特色明显，以合成新结构为主，控制核心专利技术的可能性较高，因此建议针对市场化前景较好的萃取体系，设计完整的工艺流程，进一步完善专利体系。

10. 专利技术分布特点分析

综合上述专利权人的专利技术分布特点，绘制锂提取的专利分布对比分析图（见图 2－28）。

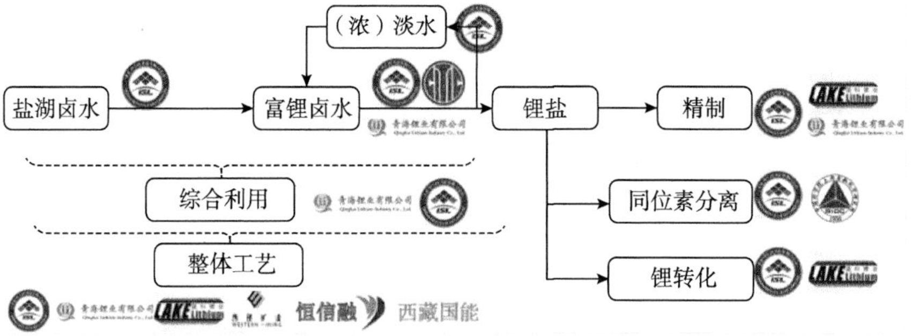

图 2－28　专利分布对比分析图

经过对比不难发现有 3 个技术单元是青海盐湖所特有的。

1）青海盐湖所在技术单元①盐湖富锂专门申请 23 件专利，主要是按照不同的提锂方法，对盐湖卤水先进行一般的杂质去除，然后进行除硼、除镁等，有的专利把杂质均去除，有的会留下一种杂质，形成富锂卤水、富硼锂卤水或富镁锂卤水。这个阶段的专利是对盐湖卤水的预处理，而其他公司大多把该技术单元嵌入到盐湖提锂全过程中而非单独申请，保护的力度和范围有所缺失，青海盐湖所的专利策略更为适合。

2）青海盐湖所另一特色技术是提锂后的母液循环利用，经多次富集，反复提锂的过程，最大限度地提取盐湖中的锂资源；另外，母液的循环使用可以代替水起到稀释作用，能进一步节省资源。

3）在萃取法的整体工艺中，青海盐湖所拥有萃取剂专利，处于技术核心地位，主要都是对早期青海盐湖所提出的萃取体系的改进，是其他公司所不具备的。

目前受到普遍关注的技术单元集中在以下几个方面：

1）在资源综合利用方面，企业是对中间产生的废弃卤水进行富集，并从中分离出有用的物质，实现卤水的高值化，既解决了废弃物的处理问题，又实现了资源的最大限度的富集和利用，并对该部分技术专门申请专利。

2）锂盐精制是企业十分关注的技术单元，青海盐湖所虽然只有 2 件专利，但是保护的技术从粗碳酸锂制备高纯碳酸锂（该产品是电池正极的原料）。企业的这部分专利主要是侧重于从锂的盐溶液中去除某种杂质的专利。

3）技术单元⑧整体工艺的保护：青海盐湖所共有 70 件专利保护全过程提取工艺，涉及的提取方法比较全面，包括沉淀法、水热法、纳滤法、吸附法、太阳池法、萃取法等，其中部分专利保护方法在该分离领域具有核心地位；企业在这一块技术上具有 25 件专利申请，主要集中在沉淀法、电渗析法、纳滤法、太阳池法、吸附法、萃取法。通过比较可以发现，青海盐湖所在电渗析法、萃取法、纳滤法方面初步形成了保护体系，而近几年出现了多种方法相融合的保护趋势，并且从整体工艺角度将多种方法应用于不同技术单元，从而实现分离工艺的整体保护。

4）技术单元②富锂提锂的保护：这部分企业拥有 4 件专利，涉及沉淀法、萃取法和煅烧法，主要申请专利的公司有青海中信国安科技发展有限公司、青海锂业有限公司和青海恒信融锂业科技有限公司。

5）吸附剂的保护：这部分专利归入整体工艺吸附法中进行统计，青海盐湖所共有 2 件专利，主要是对于吸附柱及其制备的保护；青海盐湖工业股份有限公司和青海盐湖佛照蓝科锂业股份有限公司共申请 11 件专利，主要保护吸附剂的制备、解吸，涉及的技术类别较广。

6）技术单元⑥同位素的分离的保护：该部分青海盐湖所与中国科学院上海有机化学研究所都有研究工作，但后续产业开发仍在积极推进。

11. 专利保护建议

根据专利权人现有专利技术布局情况，行业内的单位可以选择 3 种专利布局策略。

1）技术空白点布局：萃取法和吸附法、纳滤法在技术单元②富锂提锂和技术单元④淡水回收均没有专利申请，可以在这些空白点进行专利布局。

2）路障式布局：在盐湖提锂整体工艺中，针对除镁、除硼、除钾等环节选择关键技术点有针对性地设置“地雷”，提高自有技术的竞争力。

3）糖衣式布局：针对初期发展技术，采取立体式的保护策略，以核心技术专利为基础、支撑性专利为延伸，建立完整的专利保护体系。

根据以上 3 种策略选择提出以下几点建议。

1）原创性创新：提锂过程中引入新方法、新材料、新工艺，显著提高现有方法技术效果，并对新技术方案进行“跑马圈地”式保护。

2）在现有技术基础上组合式创新、转用式创新：通过调整工艺参数、单元操作顺序、将其他方法中操作单元转移到特定方法上，建立新的工艺流程。

3）在锂提取工艺相对完善，挖掘“新技术”较为困难的方法中，可以选择其他配套技术的保护，如卤水物质的输送、膜方法中抑制沉淀方法、其他资源富集的工艺、优化方案等，提高整体方案的保护力度。

4）从技术方法保护完整性出发，在保护核心技术专利的同时，除了保护工艺本身，还需要考虑设备、专用分析方法、分析设备的配套技术的改进方案的保护。以纳滤法为例，在保护纳滤工艺的同时，其纳滤膜材料的改性、膜的活化再生、卤水的前处理过程、纳滤级数的选择（理论研究、计算方法、选择方法和选择结果）、淡水回用、其他资源的综合利用、锂盐转化、二次精制等过程都应考虑专利保护。

2.5.3 锂资源回收专利分析

锂资源回收利用处于产业链条末端，但是由于其选用的技术在实质上与分离提取技术有较大的相关性，因此在专利分析中，将该技术分支与分离技术统一分析。

我国锂回收主要有三种来源，即电池、废液、废渣。图 2－29 所示为我国不同来源的锂回收技术专利申请趋势变化。我国锂回收领域专利申请起步较晚，1999 年开始有专利申请，至 2019 年共申请专利 345 件。从整体上分析，行业处于发展阶段，专利申请量逐年上升。1999—2013 年，锂回收专利申请量较少，属于萌芽阶段。2013 年开始，锂回收专利申请量增长明显。横向比较三种锂回收来源的专利申请量，电池锂回收的专利申请量最多，发展最快，是锂下游产业的关注热点。

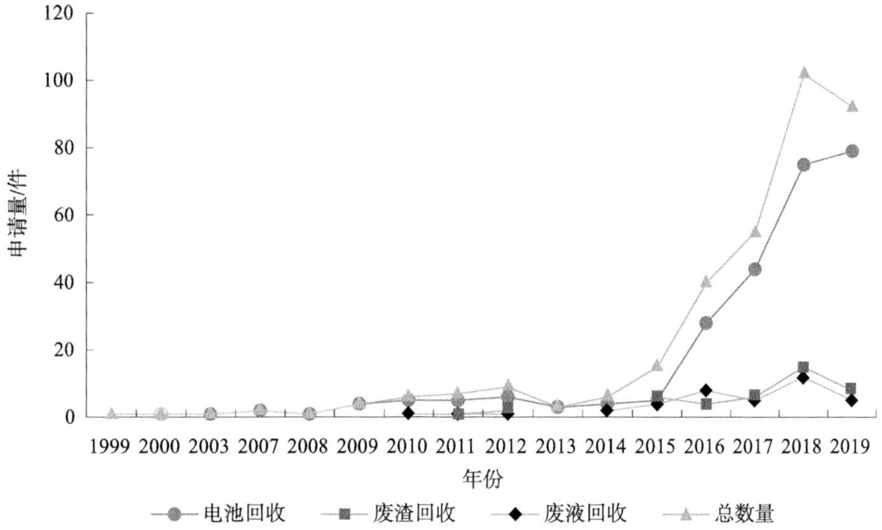

图 2－29　锂回收专利年度申请量

图 2－30 所示为锂回收专利在不同地区的分布情况。锂回收专利申请主要集中在北京、湖南、江西、广东等地。北京共计申请 46 件与锂回收相关的专利，其中电池回收锂的专利量高达 41 件。同样，湖南申请的 46 件中，也有 36 件专利为电池锂回收专利。

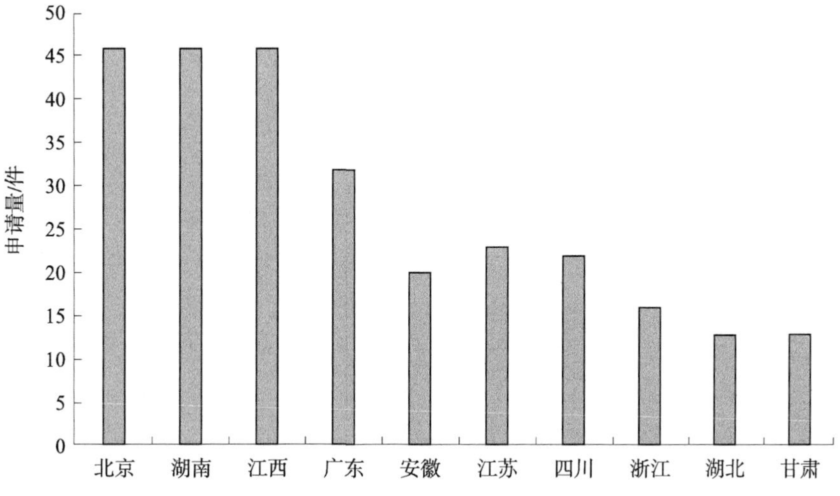

图 2－30　不同地区锂回收专利申请量

从地区角度分析，传统锂提取分离技术较为集中的地区或专利权人都未对锂回收产生足够的兴趣。其原因可能为：①资源优势省重点关注现有资源开发，卤水提取技术未成熟到稳定运行的阶段，大部分人力、物力仍集中于解决现有问题上，而无法顾及其他下游资源的利用问题。②虽然锂提取技术和锂回收技术在原理上存在同源性，但是来源差异很大，电池回收过程中，没有办法对种类、品种进行有效分类，使得分离前的原料物质含量极不稳定，导致后续回收工艺无法固化。从这个角度上说，锂回收的技术难度高于卤水提锂技术。

未来随着锂电池的广泛应用，尤其是动力电池一旦市场化应用，将有大量电池需要持续不断更换，如果没有好的循环利用渠道，锂电池所谓的绿色环保、无污染的优势将荡然无存，这是政府以及每个行业参与者必须直面的问题。

2.5.4 锂资源产业下游产品分析

锂行业近年来的快速发展，主要归功于下游产业的活跃。图 2－31 归纳总结了锂产业下游产品应用情况。

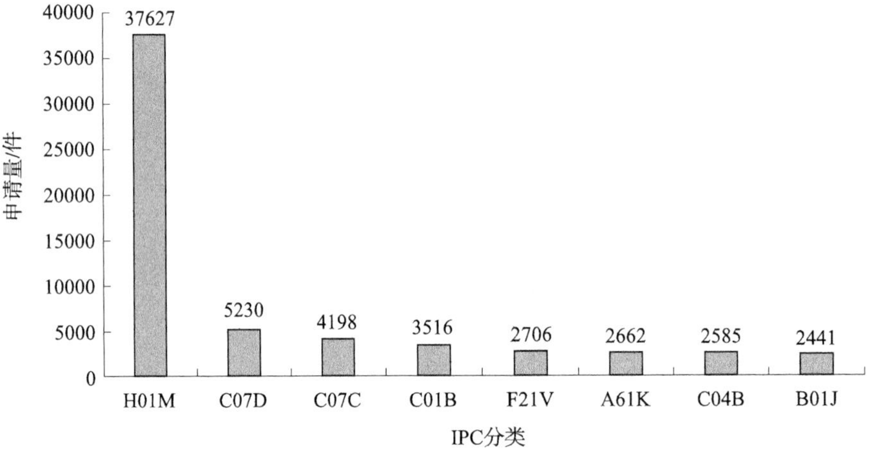

图 2－31 锂产品专利 IPC 分类

锂资源产业的上游产品以工业级碳酸锂为主，工业级碳酸锂可以直接应用在化工、玻璃、制药、瓷器、科研等方面，但同时也可以作为生产氢氧化锂、氯化锂、电池级及高纯碳酸锂等其他锂盐产品的原料。

锂资源的中游产品主要为锂基脂、锂电池正极材料、金属锂。

锂基脂是冶金、工矿企业及汽车行业生产润滑剂的主要原料，锂基润滑剂相对于钠基、钙基润滑剂，具有更优良的抗水性、机械安定性、耐极压抗磨性能及防锈性和氧化安定性，尤其在极端恶劣的操作条件下，锂基润滑剂可以发挥其卓越的润滑效能。

锂电池正极材料是制作锂电池的基本原材料，锂电池广泛应用于电子消费品、交通运输工具、电动工具及储能工具。锂离子二次电池（简称“锂离子电池”）是继氢镍电池之后的新一代可充电电池，最早由日本索尼公司于 1990 年开发成功，并于 1992

年进入电池市场。我国现已是全球电池制造大国，但我国锂离子电池产业却是近几年才快速成长起来的。我国锂离子电池产业化始于 1997 年，走过了一条引进、学习、研发的产业化道路。我国锂离子电池产业已初步形成了一条从原料制备、设备制造、电池加工到下游产品以及出口贸易的完整产业链。

金属锂主要用于制作锂合金及丁基锂，其中锂合金主要应用在汽车、航空航天及军工行业的军械及核反应堆用材中。把锂作为合金元素加到金属中，可以降低合金的比重，增加刚度，同时仍然保持较高的强度、较好的抗腐蚀性和抗疲劳性以及适宜的延展性。而丁基锂是合成橡胶、制备热固性树脂和涂料、制备医药及农用化学品的主要原料。

由图 2－31 可知，从专利分析角度，专利申请量的多少也展现了行业发展的情况，即热门行业相应专利申请量明显高于冷门行业的专利申请量。

在锂产品相关专利中，锂电池的专利申请量最多，其次是医药行业的专利申请量较多，之后是陶瓷玻璃的专利申请量较多。实际上，在整个锂资源产业链中，锂离子电池的专利申请量已经遥遥领先，远超上游资源开发专利申请量及下游其他产品专利申请量。

2.6　盐湖锂资源开发产业链条分析与建议

我国的青藏高原是全球富锂盐湖分布最密集、锂储量最大的两个区域之一，具有极大的开发利用价值。但是我国盐湖镁锂比高，开发技术难度大，工艺复杂、成本高，对技术的依赖性较高，需要更加先进、更加系统、更加完善的技术提供支持。同时，随着经济的高速发展对资源需求不断提高，盐湖锂资源开发利用是我国锂盐及下游一系列产业发展的起点与基础，应当得到足够的关注。

2.6.1　卤水提锂技术

2.6.1.1　全球盐湖卤水提锂技术

从全球范围盐湖提锂技术的发展状况来看，2009 年以来，中国、美国、日本、韩国的专利申请重点为蒸发结晶法、吸附法、萃取法、沉淀法，一方面是低镁锂比卤水开发需要，另一方面是高镁锂比盐湖开发已经成为关注热点。

蒸发结晶法是当前全球的研究方向，技术开发主要集中在蒸发结晶和沉淀法、碳化法、电渗析法等其他提纯方法的结合，进一步提高提锂效果和降低成本。这一开发方向显然已经超出低镁锂比盐湖开采的需要。

吸附法近年来的专利申请量比较多，其研究方向主要集中在吸附剂种类的改变以及采用吸附法与其他提纯方法相结合，主要的吸附剂有二氧化锰离子筛、铝盐型吸附树脂等，其结合的主要方法有碳化法、电渗析法、蒸发结晶法、过滤法。

其他技术的专利申请包括选择性半透膜法、盐析法、煅烧浸取法等。

2.6.1.2 中国盐湖卤水提锂技术

中国盐湖提锂技术专利申请体现出明显的地域性，不仅体现在资源优势地区专利申请量较高，也体现在技术人才密集地区专利申请较为集中。

中国专利申请出现两个明显的周期，第一阶段，早期技术集中于卤水高含量资源的开发与利用，含量较低的锂资源不是开发重点，因此技术上以采卤、蒸发容易实现规模化为优化重点。第二阶段，随着卤水开发生产线的建立与完善，卤水资源开发逐步形成规模，在现有基础设施基础上，降低运行成本，提高产品收益成为重要需求，尤其随着锂下游产业的建立、完善和快速发展，原来技术门槛高的锂资源利用也成为热点，经济性上难以实现的技术路线，因需求增加、价格大幅上涨而变得有利可图甚至极其富有吸引力。大量锂资源开发从小众研发成为研发热点，为实现工业化逐步夯实技术积累。

与国外卤水提锂的方法相比，中国在研的提锂方法与国外基本保持一致。中国申请专利只是在具体研发方向、保护客体上存在差异。与国外专利相比，国内申请专利，理论上的创新较少，基础性专利、支撑性专利较少，改进型专利、外围专利偏多；专利涉及的技术更偏向于生产层面，技术优化。一方面，说明我国专利申请难度正在不断提高，技术趋于成熟和产业化。但是另一方面，专利技术竞争力不强，将导致专利技术应用时处于不利地位。这需要国内专利权人提高技术合作和技术研发投入，更要提高专利保护意识和专利保护能力。国内专利权人应有意识地分析国外同行的专利布局方式和方法，把握其专利研发方向，有针对性地制定知识产权竞争策略，提高市场竞争能力。同时在国外开展专利布局工作，对竞争对手形成有效的反制与牵制。

国内专利申请量最多的地区是青海省，不仅因其是资源大省，也因为中国科学院在早期根据国家发展需要在西宁市建立青海盐湖所，对青海省的盐湖资源有针对性地开展研究工作，积累了大量的经验。该所也成为青海省盐湖开发的重要技术支撑单位，拥有专利技术种类最为全面，数量名列前茅。

我国专利申请分布不均现象明显，许多技术分支或技术单元的专利都只有青海盐湖所一家单位拥有，宏观上不够安全。而作为科研型专利权人，青海盐湖所专利保护仍有以下不足之处：

1）虽然青海盐湖所专利总数具有优势，但是在具体的提锂方法中，专利数量分布不均。很难实现对相应技术领域的有效保护和控制。

2）针对具体方法的各个操作单元存在专利空白。也未能形成从基础到支撑，从支撑到应用的多层次保护。

3）部分领域重要专利出现“失效”和“老龄化”现象。多个核心专利已经进入高维护成本阶段或者已经失效，需要新鲜的专利弥补因专利权到期所带来的技术空白。

上述问题也需要相关政府机构予以重视，通过政策性支持改变未来可能产生的不利局面。而国内企业应该抓住技术转化“空窗期”，尽早与青海盐湖所开展合作，即使在专利技术到期的情况下，也能获得技术先发优势。

国内企业专利权人专利保护能力相对较弱，一方面表现为专利数量较少，另一方面表现为以生产过程优化为核心，在一件专利中保护一套完整工艺过程。这在维权和应对诉讼时都会处于不利地位。

2.6.2　锂产品应用方面

锂资源下游产品应用是整个产业链条能够快速发展的核心驱动力，它的技术发展与突破将决定未来的发展与走向。从目前形式分析，移动终端供电系统、绿色能源、电动车储能系统将是未来一段时间内锂产品应用的主要推动力。

我国是汽车生产大国，但是不是汽车产业强国。主要原因在于后发国家的产业积累、技术积累还不够，需要抓住弯道超车的机遇。而电动汽车是我国整个汽车产业弯道超车的重要机遇，因此这不仅是未来市场发展的方向，也是我国积极推动、积极布局的领域，也必然会推动相关产业发展。从目前情况分析，以锂离子电池为核心的储能系统是最可行的电动车解决方案。电动车市场的发展与成熟也为上游锂资源的开发带来前所未有的活力。

锂资源开发下游产业专利申请量已经出现爆发式的增长，尤其锂离子电池专利申请量尤其突出，磷酸铁锂材料、锂锰氧化物材料、钴酸锂材料都是专利申请的重要领域，也是市场竞争的重点。

锂资源下游产品开发领域，青海、西藏等地的专利申请量较少，建议盐湖资源丰富的青藏地区应利用资源优势，引进或建设本地区的下游产品生产基地，完善产业链条，增加资源产品附加值，优化产业结构，加速经济转型。

2.6.3　锂材料回收方面

锂资源产业链条中，锂材料回收处于最不活跃的状态，专利申请量远远低于其他产业。但是可以预测，未来几年内随着锂电池的广泛应用，尤其是动力电池市场化应用，电池回收将成为锂电池产业的重要核心问题。电池更换与淘汰是不可避免的问题，如果没有好的循环利用渠道，废旧锂电池的存放、处理问题将使得本来绿色的材料变成“剧毒”材料，这将给电池产业带来致命的打击，锂电池绿色环保、无污染的优势将荡然无存，这是政府以及每个行业参与者无法回避的问题。而回收和资源再利用是最为理想的途径。

从专利数量分析，该领域还处于发展初期，专利数量较少，针对性不强。需要资源开发与整合。

从技术角度分析，需要解决的问题是拆解、分类、元素回收等。电池回收与卤水提锂技术有极大相似性，但是电池回收难度相对更大，主要是电池品种不统一，淘汰方式要求不一致，拆解工艺复杂、来源数量不稳定、综合回收难、存在毒性和安全性控制等一系列问题。导致锂电池回收过程更为复杂。

从地域角度分析，传统锂提取分离技术较为集中的地区或专利权人都未对锂回收产生足够的兴趣，例如，青海省关于锂回收的专利为空白。

盐湖资源丰富的地区，由于在元素富集方面有较好的技术积累，在资源提取回收利用方面有一定的技术优势，尤其是产业化、规模化方面有较成熟的方法，企业可以有效利用上述优势，在锂材料回收方面提前开发、布局，迎接新的发展机遇。而早期的开发环境主要追求资源的开发和利用，却不关注资源的持续发展，不是良性的、均衡的发展模式。打造从资源开发到产品应用，再到资源回收再开发的完整产业链条，将三者有机结合，相互促进，才能实现协同、可持续发展。

本章参考文献

[1] 2017 年度安徽省获奖人（获奖项目）展示［J］. 中国科技奖励，2018：55 – 58.

[2] 包海波，徐竹青. 专利与技术创新、经济增长的互动关系：浙江专利战略的微观机制研究［J］. 中共浙江省委党校学报，2005（5）：77 – 82.

[3] 卜令忠，乜贞，宋彭生，等. 硫酸钠亚型富锂卤水 25℃等温蒸发过程的计算机模拟［J］. 地质学报，2010，84（11）：1708 – 1714.

[4] 蔡明，芦鑫，王静波，等. 浅谈汽车产业知识产权与创新研发的有机结合［J］. 汽车实用技术，2019，287（8）：267 – 268，272.

[5] 曹寅虎，刘锋，杨伟超，等. 专利视角下针状焦研究进展（Ⅰ）：专利申请态势分析［J］. 炭素技术，2019（3）：5 – 10.

[6] 常嵩. 锂离子电池用功能化电解液的研究［D］. 北京：中国科学院大学，2012.

[7] 陈敏. 中国商用车产业发展模式研究［D］. 武汉：武汉理工大学，2010.

[8] 陈珊. 新一代锂离子电池阴极材料 $LiFePO_4$ 的制备与研究［D］. 武汉：华中科技大学，2012.

[9] 陈小棉. 提锂杂化膜制备及提锂性能研究［D］. 天津：天津大学，2013.

[10] 陈旭，佟利家，李慧芬. 北京市药品知识产权保护现状及分析（上）［J］. 首都医药，2008，15（24）：3 – 4.

[11] 陈燕，方建国. 专利信息分析方法与流程［J］. 中国发明与专利，2005（12）：60 – 63.

[12] 程福龙，汪波. 化学电源组合管理的模型分析［J］. 电源技术，2009，33（3）：224 – 226.

[13] 楚中会. 电石法聚氯乙烯聚合的发展现状与行业展望［J］. 石河子科技，2012（5）：26 – 28.

[14] 崔玉虎. 拉果错盐湖处理后卤水 5℃蒸发析盐规律的研究［D］. 天津：天津科技大学，2014.

[15] 戴晓宇. 金属锂市场分析与 M 公司的竞争战略研究［D］. 南京：南京大学，2009.

[16] 邓立治，刘建锋. 美日新能源汽车产业扶持政策比较及启示［J］. 技术经济与管理研究，2014（6）：80 – 85.

[17] 丁志刚. 山西省企业专利申请和授权状况分析及对策［J］. 图书情报导刊，2019（6）：58 – 63.

[18] 董坤. 纳滤膜的性能表征及其应用的初步研究［D］. 无锡：江南大学，2007.

[19] 杜志军. 北汽福田新能源汽车发展战略研究［D］. 天津：河北工业大学，2011.

[20] 冯剑，刘清波. 液化天然气（LNG）装置脱汞工艺单元技术最新进展 [J]. 科技展望，2015 (32)：32 – 33.

[21] 冯木. 新型捕收剂在锂辉石浮选中的作用机理及表面化学分析 [D]. 长沙：中南大学，2014.

[22] 冯文贤. 电渗析法分离卤水中镁锂的研究 [D]. 天津：河北工业大学，2016.

[23] 冯跃华. 我国盐湖卤水提锂工程化现状及存在问题 [J]. 武汉工程大学学报，2013，35 (5)：9 – 14.

[24] 盖晓宏. 地下卤水开采技术及其展望 [J]. 商品与质量，2015 (48)：385.

[25] 古城会. 四川省金川县李家沟锂辉石矿床成矿规律研究 [J]. 地球，2013 (7)：164 – 165.

[26] 顾玲，孙晓利，任冬红，等. 离子液体/苯并 15 – 冠 – 5 浸渍 XAD – 7 树脂萃取分离锂同位素 [J]. 核化学与放射化学，2015，37 (6)：415 – 424.

[27] 郭光远. 大柴旦地区硼酸母液综合回收利用建议 [J]. 化工矿物与加工，2011 (4)：36 – 37.

[28] 韩红桔. 光电芬顿氧化水中次磷酸盐同步除磷的研究 [D]. 重庆：重庆工商大学，2018.

[29] 侯林道. 单多价阳离子选择性分离膜的制备和性能表征 [D]. 合肥：中国科学技术大学，2019.

[30] 黄欢，苏琦. 页岩气勘探开采技术的中国专利申请态势分析 [J]. 天然气技术与经济，2016，10 (2)：78 – 80.

[31] 黄维农，孙之南，王学魁，等. 盐湖提锂研究和工业化进展 [J]. 现代化工，2008，28 (2)：14 – 17.

[32] 辉永庆，龙素群，林涛. 电感耦合等离子体质谱测量同位素的技术进展 [C] // 全国核技术及应用研究学术研讨会，2009.

[33] 吉国佳. $Li_{1.6}Mn_{1.6}O_4$ 中锂离子的洗脱及离子筛的吸附性能研究 [D]. 青岛：中国海洋大学，2015.

[34] 贾冬梅. 锂离子电池正极材料市场分析 [J]. 精细与专用化学品，2012，20 (4)：37 – 41.

[35] 贾发云，黎永娟，刘国旺，等. 浅谈卤水电池级碳酸锂深度除镁技术 [J]. 中国高新技术企业旬刊，2014 (9)：46 – 47.

[36] 蒋延芹. 资源开发过程中的企业规制问题研究：以青海盐湖股份为例 [D]. 西宁：青海大学，2012.

[37] 金柳欣，李曦，段丽斌，等. 基于专利价值影响因素分析中国专利金奖 [C] //中华全国专利代理人协会年会知识产权论坛，2014.

[38] 李辉. 基于技术与制度约束的机械产品专利规避设计研究 [D]. 天津：河北工业大学，2016.

[39] 李杰，熊小波. 铝盐吸附剂盐湖卤水提锂的研究现状及展望 [J]. 无机盐工业，2010 (10)：15 – 17.

[40] 李力，李丽丽，邢薇，等. 浅谈我国锂资源的开发利用 [J]. 科学与财富，2016 (9)：116.

[41] 李良国. 碳纳米管吸附锂的第一性原理计算 [D]. 青岛：中国海洋大学，2009.

[42] 李凌云，任斌. 我国锂离子电池产业现状及国内外应用情况 [J]. 电源技术，2013，37 (5)：883 – 885.

[43] 李顺兴. 痕量元素形态分析及转化研究 [D]. 武汉：武汉大学，2003.

[44] 李团乐. 冠醚接枝聚乙烯醇合物膜材料制备及其锂同位素分离性能研究 [D]. 天津：天津工业大学，2015.

[45] 李心清，黄代宽，章炎麟，等. 针式微萃取结合 GC – IRMS 测定水溶液中甲酸、乙酸的稳定碳同位素组成 [J]. 地球化学，2008，37 (6)：549 – 555.

［46］李岩，张晓崴. 国内锂离子电池隔膜发展简析及建议［J］. 化学工业，2017，35（2）：17－20.
［47］李云飞. 碳四分离循环溶剂中杂质的产生机理及控制方法研究［D］. 烟台：烟台大学，2016.
［48］林大泽. 锂的用途及其资源开发［J］. 中国安全科学学报，2004（9）：76－80，98.
［49］林广海. 中国知识产权司法保护研究：TRIPS 的司法应对［D］. 重庆：西南政法大学，2008.
［50］林燕. 电动车用锂离子蓄电池原材料碳酸锂的生产技术及市场［J］. 汽车与配件，2010（41）：24－25.
［51］刘高. 氢氧化铝沉淀法提锂工艺及铝的循环利用研究［D］. 成都：成都理工大学，2011.
［52］刘珊. 美欧计算机软件相关发明专利保护比较研究［D］. 武汉：华中科技大学，2006.
［53］刘悟辉，李海龙，李毅，等. 界牌岭锡矿床地质、地球化学特征及成因类型［J］. 矿产与地质，2006（5）：327－333.
［54］刘耀龙. 氮杂冠醚接枝聚砜/非织造布基复合膜制备及其锂同位素分离性能研究［D］. 天津：天津工业大学，2018.
［55］刘元会，邓天龙. 国内外从盐湖卤水中提锂工艺技术研究进展［J］. 世界科技研究与发展，2006（5）：75－81.
［56］卢福军，王伟文，冯维春，等. 微粒硅溶胶在氯乙酸钙纯化体系中助留助滤的研究［J］. 山东化工，2015（11）：50－51.
［57］鹿林. 自天然叶黄素酯制取虾青素的实验研究［D］. 青岛：青岛大学，2007.
［58］栾盼盼. 纳米纤维界面酶膜强化油水两相多环芳烃降解反应的研究［D］. 天津：河北工业大学，2014.
［59］马培华. 西部盐湖及其镁资源综合利用［C］//中国镁业发展高层论坛，2004.
［60］马雪. 空气净化器专利技术综述［J］. 科技展望，2017（19）：293.
［61］毛新宇. 吸附法盐湖卤水提锂的技术探究［J］. 化工管理，2015（24）：96.
［62］孟平. 锂镁浮选分离方法及其在盐湖卤水提取锂中的应用研究［D］. 无锡：江南大学，2011.
［63］乜贞，卜令忠，郑绵平. 中国盐湖锂资源的产业化现状：以西台吉乃尔盐湖和扎布耶盐湖为例［J］. 地球学报，2010（1）：97－103.
［64］潘磊，李龙涛，唐耀春. 高钙油田卤水富锂工艺研究［J］. 无机盐工业，2019，51（2）：48－50.
［65］潘立玲，朱建华，李渝渝. 锂资源及其开发技术进展［J］. 矿产综合利用，2002（2）：28－33.
［66］彭建忠. 国内碳酸锂生产工艺和效益分析［J］. 盐科学与化工，2019（10）：18－21.
［67］彭莹莹. 区域创新生态系统技术创新耦合度评价实证研究［D］. 长沙：湖南大学，2011.
［68］齐丁. 盐湖的力量：盐湖提锂深度报告［R］. 有色研究，2017.
［69］綦晓卿. 专利视角下的青岛市科技创新能力评价［D］. 青岛：青岛科技大学，2013.
［70］曲艺，张志楠，罗蓉蓉. 液流电池专利申请分析［J］. 中国发明与专利，2014（10）：59－61.
［71］申朝贵，姜维帮，李永莲. 室温酸化卤水结晶硼酸的生产试验［J］. 河南化工，2011（12）：26－28.
［72］沈莎莎，鞠邦男，王倩，等. 专利文献分析的情报实践与应用：万方数据专利文献多维检索与分析软件［J］. 竞争情报，2008（1）：15－20.
［73］师昌绪，杨裕生，陈立泉. 我国锂离子电池产业面临的机遇与挑战［J］. 新材料产业，2010（10）：1－2.
［74］舒启溢. 锂云母浸取锂制备碳酸锂的工艺研究［D］. 南昌：南昌大学，2012.
［75］宋兵魁. 次磷酸钴的清洁生产研究［D］. 天津：南开大学，2005.
［76］宋彭生，项仁杰. 盐湖锂资源开发利用及对中国锂产业发展的建议［J］. 矿床地质，2014（5）：

83 - 98.
[77] 孙建. 富集金属锂微生物菌株的筛选及其富集特性的研究 [D]. 天津：天津大学，2009.
[78] 唐鸿鹄，赵立华，韩海生，等. 铁矿烧结烟尘特性及综合利用研究进展 [J]. 矿产保护与利用，2019，39 (3)：88 - 98.
[79] 唐天罡. $MnO_2 \cdot 0.5H_2O$ 锂离子筛吸附剂制备条件优化及其吸附工艺 [D]. 长沙：中南大学，2014.
[80] 童薇羽. 新能源行业储能技术专利分析 [D]. 景德镇：景德镇陶瓷大学，2018.
[81] 王东翔. 水溶液中锂离子在针铁矿表面的吸附理论研究 [D]. 青岛：中国海洋大学，2013.
[82] 王欢. 专利法修订对专利质量影响的研究 [D]. 北京：北京化工大学，2016.
[83] 王禄. 尖晶石型锰氧化物锂离子筛制备及提锂性能 [D]. 大连：大连理工大学，2009.
[84] 王明霞. 深圳源众鑫电子有限公司营销策略研究 [D]. 兰州：兰州大学，2008.
[85] 王武平. 我国稀土产业环境分析及对策研究 [D]. 天津：天津大学，2005.
[86] 王晓先，黄亦鹏. 错误解读本国优先权制度的原因分析及立法建议 [J]. 知识产权，2012 (1)：58 - 63.
[87] 吴敬礼. 西藏拉果错 15℃蒸发析盐规律及相关提锂基础数据研究 [D]. 天津：天津科技大学，2014.
[88] 吴伦强，韦孟伏，张连平，等. 化学分析在核法证中的应用简述 [J]. 核电子学与探测技术，2014 (5)：569 - 575.
[89] 吴文君. 珠宝迷要知道的8种"冷门"宝石 [J]. 西部资源，2014 (6)：68 - 70.
[90] 伍习飞. 宜春锂云母提锂工艺及机理研究 [D]. 长沙：中南大学，2012.
[91] 肖江，贾永忠，石成龙，等. 化学交换法分离锂同位素研究进展 [J]. 化工进展，2017 (1)：29 - 39.
[92] 熊妍. 盐湖卤水萃取提硼技术研究 [D]. 杭州：浙江大学，2013.
[93] 徐文芳. $LiCl - CaCl_2 - H_2O$ 体系的热力学性质研究 [D]. 长沙：湖南大学，2008.
[94] 许良. 盐湖卤水镁锂分离及制取碳酸锂工艺研究 [D]. 长沙：中南大学，2008.
[95] 雪晶，胡山鹰. 我国锂工业现状及前景分析 [J]. 化工进展，2011 (4)：97 - 102，116.
[96] 严俊. 矿业项目投资风险分析与评价研究：以M公司铜矿项目为例 [D] 西安：西安建筑科技大学，2014.
[97] 杨博然. 单氮杂苯并 - 15 - 冠 - 5 接枝聚砜膜锂同位素分离性能研究 [D]. 天津：天津工业大学，2017.
[98] 杨京玺. 哈尔滨市新材料产业专利战略研究 [D]. 哈尔滨：哈尔滨理工大学，2007.
[99] 杨顺林. 离子筛的形制及锂锰比对其结构和特性的影响 [D]. 武汉：武汉理工大学，2005.
[100] 杨晓刚，田毅. 基于钻石模型的青海柴达木盐湖化工产业发展竞争力研究 [J]. 中国矿业，2015，24 (S2)：72 - 77.
[101] 杨宇彬. 球型正钛酸锂吸附剂的合成及性能研究 [D]. 成都：成都理工大学，2018.
[102] 尹德忠. 氮、氧、硼同位素的测定及其应用研究 [D]. 西宁：中国科学院青海盐湖研究所，2000.
[103] 尹少华. P_2O_4 - LA - H_3cit 络合体系萃取分离轻稀土元素的研究 [D]. 沈阳：东北大学，2013.
[104] 游海红. 格尔木市中小企业融资情况研究 [D]. 西宁：青海民族大学，2010.
[105] 于蕾，易发成. 绢云母回收的试验研究 [J]. 中国非金属矿工业导刊，2010 (6)：31 - 32，38.

[106] 于旭东. 四川平落深层富钾铷硼卤水五元体系相平衡研究［D］. 成都：成都理工大学，2014.

[107] 余承文. 论我国中药资源的法律保护［D］. 南京：河海大学，2007.

[108] 余焘. 功能纤维分离富集 - ICP - AES 测定海水中镉、铁、镍、锌的研究［D］. 南宁：广西大学，2014.

[109] 余疆江，郑绵平，伍倩. 富锂盐湖提锂工艺研究进展［J］. 化工进展，2013，32（1）：13 - 21.

[110] 曾燕. 冠醚接枝壳聚糖/聚乙烯醇共混膜材料制备及其锂同位素分离性能研究［D］. 天津：天津工业大学，2017.

[111] 张爱勇. 悬浮型光催化纳滤膜反应器耦合工艺特性及对活性染料 H 酸光催化降解率及反应动力学研究［D］. 天津：南开大学，2008.

[112] 张兵. 基于知识管理的制造业复杂产品研发团队研究［J］. 经贸实践，2015（13）：307.

[113] 张大治. 天津力神电池股份有限公司敏捷制造模式研究［D］. 天津：南开大学，2009.

[114] 张竞争. 锂辉石氟硅酸法制备碳酸锂工艺的研究［D］. 青岛：山东科技大学，2014.

[115] 张俊岩. 浅谈互联网金融与金融互联网的比较［J］. 科学与财富，2016（9）：115 - 116.

[116] 张丽佳. 电气石的矿物学研究［D］. 广州：中山大学，2004.

[117] 张瑞波. Al - Cu - Li 合金的制备与热处理研究［D］. 沈阳：东北大学，2013.

[118] 张旺凡. 中药黄精的优质药材基地建设及综合开发利用［C］//世界中联药膳食疗研究专业委员会国际药膳食疗学术研讨会，2014.

[119] 赵蓓. 颗粒态复合金属氧化物除氟吸附剂制备及应用研究［D］. 北京：中国科学院大学，2013.

[120] 赵星，张运东，司云波，等. 低碳能源专利发展态势及国内石油公司对策建议［J］. 国际石油经济，2012（7）：35 - 39，120.

[121] 赵悦. 失效专利管理与价值开发研究［D］. 合肥：中国科学技术大学，2018.

[122] 周婧. 中美禁止专利重复授权制度比较研究［D］. 武汉：华中科技大学，2012.

[123] 朱朝梁. 含锂盐湖卤水制备高纯氯化锂的关键工艺研究［D］. 北京：中国科学院大学，2012.

[124] 朱军. 钠硼解石制备硼酸、碳酸钙及硝酸钠的工艺研究［D］. 大连：大连理工大学，2014.

[125] 刘丽君，王登红，刘喜方，等. 国内外锂矿主要类型、分布特点及勘查开发现状［J］. 中国地质，2017，44（2）：263 - 278.

第3章

chapter III

盐湖钾资源开发专利分析

3.1 钾产业全球行业发展概况

钾是极其活泼的金属，其在自然界是以盐的形式存在。钾盐是人类生活的重要原材料。在化学工业中约有30%的产品包含钾，主要有氯化钾、氢氧化钾、碳酸钾、硫酸钾、氰化钾、高锰酸钾、溴化钾、碘化钾等。按工业用途分，35%用于生产清洁剂，25%以碳酸盐和硝酸盐形式用于玻璃和陶瓷工业，20%用于纺织和染色，13%制化学药品，其余用于鱼罐头工业、皮革工业、电器和冶金工业等。钾的氯酸盐、过磷酸盐和硝酸盐是制造火柴、焰火、炸药和火箭的重要原料。钾的化合物还用于印刷、电池、电子管、照相等工业领域，此外也用于航空汽油及钢铁、铝合金的热处理。但是上述用于工业品的钾盐只占全世界钾盐用量的5%，世界上95%的钾盐产品用作肥料。钾在植物的生长发育过程中起着重要的作用，能够参与酶的活化、蛋白质合成、碳水化合物代谢等多个过程，是农作物生长所必需的三大营养元素之一。钾肥能够有效促进作物的光合作用，促进作物结果和提高作物的抗寒、抗病能力，从而提高农业产量，是农业生产和粮食安全的保障性物资。

盐湖资源中蕴含大量的钾资源，以青海柴达木盆地的33个盐湖为例，无机盐总储量达3780亿t，其中氯化钾4.4亿t，占我国已探明的钾矿总储量的97%；因此我国盐湖钾资源的开发与利用十分重要。我国开发的钾盐主要用于钾肥产业，盐湖开采的含钾原料，经过富集、纯化等过程得到钾盐就是初级钾肥产品，再通过下游钾盐转换或复合得到专用肥、复合肥，用于农业生产。可以说盐湖中钾盐开发过程就是钾肥生产过程，因此在本章分析过程中，介绍盐湖钾资源开发与钾肥生产两方面内容。

3.1.1 国外钾肥行业发展状况

3.1.1.1 钾肥产业链

从钾肥产业链来看，其上游的原材料主要有钾石盐、光卤石、苦卤等。主要钾肥品种有氯化钾、硫酸钾、磷酸二氢钾、钾石盐、钾镁盐、硝酸钾、窑灰钾肥。钾肥的品种繁多，根据不同农作物的不同需求来选择施用不同的钾肥。除了农业应用钾肥之外，生活中还有许多行业会用到钾肥，如林业、园林观景，甚至家养的花花草草，由此可见钾肥的应用之广泛（见图3－1）。

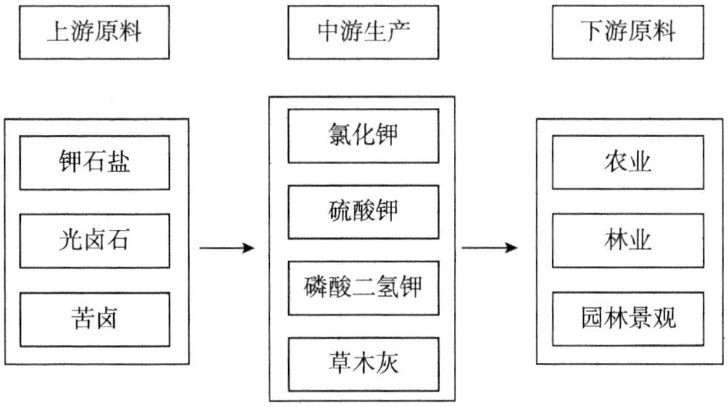

图3－1 钾肥产业链全景图

钾肥资源分布的不均衡性，导致钾肥的贸易特性很高。全球仅有12个国家有规模生产，而其需求则是全球性的；因此很大比重的钾肥消费是通过国际流通领域获得的，约占世界钾肥消费的80%。最大的供应方主要为北美（加拿大为主）、中东地区、东欧地区国家，而亚洲、拉丁美洲、非洲及大洋洲等供求矛盾紧张。

3.1.1.2 氯化钾

作物对钾肥的摄取主要来源于氯化钾，它的主要作用在于提高作物的产量和品质，同时也帮助作物抵抗病虫害，提高粮食和水果在运输及储藏方面的质量，在实际化肥生产中，氯化钾是钾肥的主要品种，它主要来自地下或地表的矿石，一般其钾含量为60%～63%。从生产成本来看，其影响因素主要包括：矿石的密度、纯度及氧化钾含量；矿石所处的深度和地理构造；盐井的再生能力；开采能力和自动化程度。由于高质量的矿石相对比较稀缺，因此在地下进行矿石开采的成本和风险都是很高的。

从全球主要生产企业来看，PotashCorp的产量占到总产量的1/4以上，并且其富余产能占全球的72%。PotashCorp的钾肥除主要产自加拿大本土的Saskatchewan及New Brunswick地区外，还拥有以色列、约旦及智利等地主要钾肥生产企业的股权。由于这种生产的高度集中，在未来预期供求相对紧张的条件下，钾肥价格上涨的空间较大。

从全球消费地区来看，中国、印度及巴西是需求增长潜力最大的区域。

3.1.1.3　资源型硫酸钾

硫酸钾是无氯钾肥的主要品种。商品硫酸钾中氧化钾含量一般在 50% 左右，含硫 18% 左右。硫是植物中微量营养元素之一，能够促进蛋白质的合成，有助于叶绿素和一些活性组分的生成，促进养分的吸收。硫酸钾已逐渐成为硫的重要来源。

全世界硫酸钾产量为 800 万～ 900 万 t，国外主要硫酸钾生产企业产能见表 3 - 1，美国、德国、比利时、意大利是主要生产国，约占总产量的 75%。从硫酸钾的消费结构看，世界各国生产的硫酸钾大约有 95% 作为化学肥料，仅有 5% 用于中间体、澄清剂、香料工业助剂、食品添加剂或制备其他钾盐盐类。

表 3 - 1　国外硫酸钾主要生产企业和生产能力　　单位：万 t/年

企业名称	国家	生产能力
西方矿物公司	美国	45
大盐湖矿物与化学品公司	美国	35 ～ 40
国际矿物化学肥料公司	美国	17
Climax 化学公司	美国	5.4
北美化学公司	美国	4
Kerr - Mc Gec 化学公司	美国	3.6
钾盐公司（Kali and Saiz）	德国	100
Tessenderio 化学公司	比利时	90
列海工程公司	以色列	30
以色列矿业公司（LMI）	以色列	30
Italkali	意大利	50
Fesa	西班牙	13
Kemira	芬兰	20
Hellenic	希腊	1.6
Atacama	智利	20
智利发展公司	智利	15
Kymggi 化学公司	韩国	8
萨斯威克温钾碱公司	加拿大	0.72
国际矿物公司	突尼斯	1

2016 年全球硫酸钾的产能为 842 万 t（见图 3 - 2），其中，德国、美国、中国、加拿大是全球主要的硫酸钾生产国。

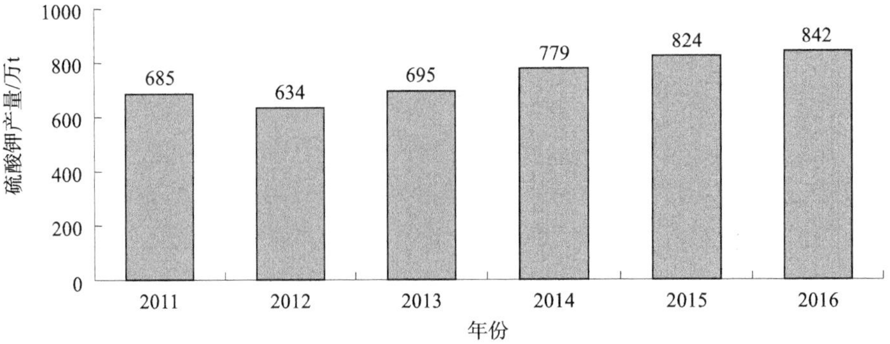

图3-2　2011—2016年全球硫酸钾产量

2016年美国硫酸钾产量为97.6万t，欧洲硫酸钾产量为259.3万t，日本硫酸钾产量为43.8万t，中国硫酸钾产量为387.2万t（见图3-3）。

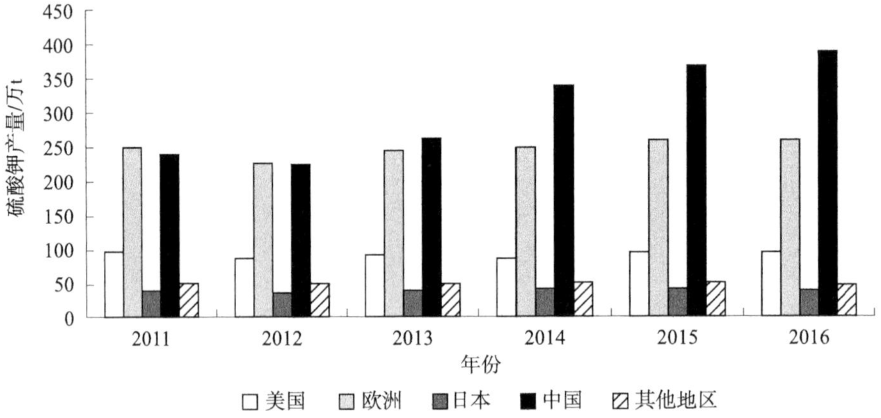

图3-3　2011—2016年全球不同地区硫酸钾产量

在市场需求的影响下，全球硫酸钾细分市场产量呈现波动性，2016年全球资源型硫酸钾产量为569.0万t，加工型硫酸钾产量为272.7万t（见图3-4）。

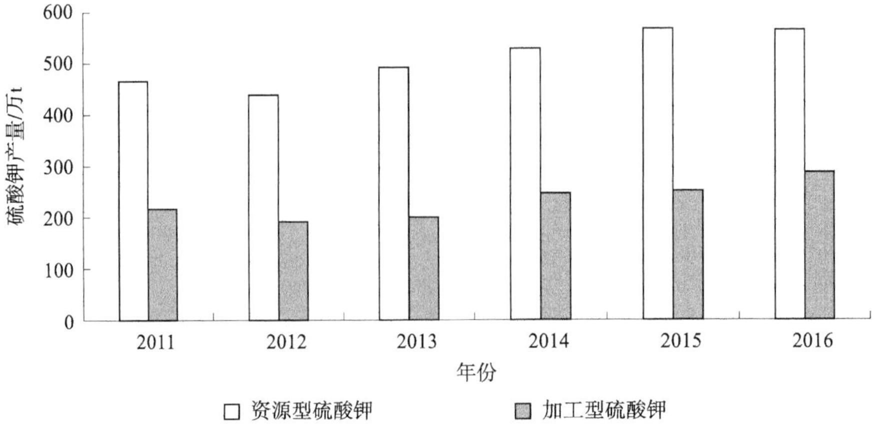

图3-4　2011—2016年全球不同类型硫酸钾产量

2011 年全球硫酸钾消费量为 681.4 万 t，2016 年增长至 840.6 万 t（见图 3－5）。其中化肥行业是主要的消费市场，2016 年化肥行业硫酸钾消费量为 791.87 万 t。

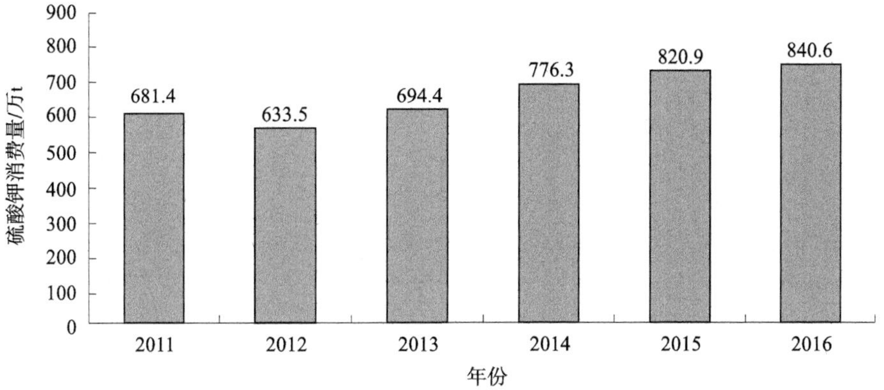

图 3－5　2011—2016 年全球硫酸钾消费量

3.1.1.4　硫酸钾镁肥

据联合国粮农组织提供的统计资料，全球性的土壤缺镁不容忽视，农业耕作补镁已成为当务之急。

作物缺镁易引起多种病，镁对作物营养和增产方面的功能性作用以及钾镁协同作用以更好地发挥肥效等诸多方面都是近年来国际农学界普遍关注的问题。

鉴于硫酸钾镁肥既能同时提供硫镁两种中量元素又能补充大量钾元素，因此在众多的含硫含镁肥料中是一个比较理想的品种。称之为“黄金搭档”不无道理。加之，在具有硫酸钾镁组成的天然矿物中，既有无水钾镁矾（$K_2SO_4 \cdot 2Mg_5O_4$），又有软钾镁矾［$K_2Mg(SO_4)_2 \cdot 6H_2O$］和钾镁矾［$K_2Mg(SO_4)_2 \cdot 4H_2O$］，同时还有从硫酸和硫酸镁复配的品种，这就为人们根据具体情况应用合适的肥料品种提供了较为宽广的选择余地。硫酸钾镁肥在世界上只有美国、德国、中国等少数国家生产。德国硫酸钾镁肥资源储量不清，但从生产规模来看，其储量巨大。美国 Carlsbad 硫酸钾镁资源距地表 330m，储量在 10 亿 t 以上。

在美国硫酸钾镁肥每年用量在几十万吨，除直接施用外还大量用于配制复合肥，根据各个农场的土壤质量及作物状况配制专用肥。硫酸钾镁肥在世界范围内已被广泛应用，美国硫酸钾镁肥品牌“施宝密”总产量的 30% 销往墨西哥、哥斯达黎加、哥伦比亚、巴西、委内瑞拉、厄瓜多尔、秘鲁、澳大利亚、日本、韩国、菲律宾、马来西亚、泰国及欧洲一些地区，硫酸镁在美洲、澳洲等地主要用于果树、蔬菜及油料等作物，在韩国、日本、马来西亚等亚洲国家进口量在不断上升。日本是销售“施宝密”的最大市场，年销售量在 7 万 t 左右，韩国近年来“施宝密”的进口量呈持续上升趋势。与传统硫酸钾产品相比，硫酸钾镁肥增加了镁中量元素，为作物提供更全面均衡的养分。硫酸钾镁肥的生产原料主要为盐湖钾混盐矿，其生产技术在中国已开发成功。硫酸钾镁肥在生产过程中不添加任何化学添加剂，因此是一种纯天然绿色肥料，可广泛施用于粮食和经济作物，尤其适宜蔬菜、果树、烟草、茶叶和花卉等经济作物施用，受到广大农民的青睐。

世界上共有大型硫酸钾镁肥生产企业6家，总生产能力超过4550kt/年，具体见表3-2。

表3-2　世界硫酸钾镁肥生产企业

公司名称	所在地	生产能力/(万t/年)
德国钾盐公司	Hattorf	220
	Werra	
美国环球国际矿物化学公司	Carlsbad	90
美国西方农用矿物公司	Carlsbad	15
美国大盐湖公司	Ogden	15
Mosaic Inc.	Carlsbad	45
青海中信国安科技发展有限公司	青海西台吉乃尔盐湖	30

3.1.1.5　硝酸钾

硝酸钾是重要的基础化工原料，在农业、化工、医药、军工等行业都有着广泛应用。主要用于生产特种玻璃、黑色火药、烟花爆竹、火柴、药物等，也可用于制造陶瓷彩釉剂、化学工业催化剂、食品防腐剂，还用于选矿、金属热处理的盐浴等。农用硝酸钾中的钾离子和氮离子都可以被植物利用，是一种优质的氮钾二元复合肥，养分总含量近60%，适用于任何农作物。特别适用于喜钾忌氯的经济作物，是优质的无氯钾肥，可明显提高烟草、甜菜、柑橘、茶树等经济作物的产量和品质，是烟草专用肥的主要原料。

2000年世界硝酸钾生产能力达到181万t。我国硝酸钾还需要大量进口。而2019年世界硝酸钾的年生产能力超过了400万t，主要生产国有以色列、智利、中国、美国等。在国际硝酸钾市场，约70%用于农业施肥。我国硝酸钾生产企业有50家以上，硝酸钾的年生产能力超过了200万t。

在我国约50%的硝酸钾用于农业化肥，约5%用于电视玻璃壳及特种玻璃制品，其余部分用于其他工业行业，主要是炸药烟花、食品防腐、药物、低温储能熔盐、太阳能储能等领域。

近年来，全球钾肥产能过剩，加之企业装置不断产出、库存无力排放、需求动能不足等因素，钾肥市场运行疲乏。市场变化促进了企业转型升级，众多企业已经开始优化装置、提升产品质量和硝酸钾规格要求，以提高产品竞争力。但是相较于高纯级的硝酸钾，普通硝酸钾市场仍供过于求。国内硝酸钾生产企业仍需要提升技术水平。

理论上硝酸钾生产方法有合成法、复分解法、吸收法、离子交换法、转化法、萃取法等，但是需要根据自然条件和成本进行优化组合使用。例如，智利化学矿业公司（SQM）主要利用钠硝石（硝取钠）矿和氯化钾采用转化法合成硝酸钾，以色列采用硝酸—氯化钾萃取法制取硝酸钾，国内采用的方法有氯化钾—硝酸盐转化法、离子交换法、复分解法等。

3.1.2　中国钾肥行业发展状况

3.1.2.1　钾自然资源分布情况

钾盐在我国属战略性紧缺矿产品种。探明的钾盐储量主要分布在现代盐湖中，截至 2017 年年底，我国钾盐累计查明资源储量 10.27 亿 t，其中基础储量为 5.62 亿 t，我国钾盐资源发展现状见表 3－3。查明矿产地 40 余处，矿床类型以现代盐湖为主，查明储量主要分布在青海省的柴达木盆地和格尔木地区。2012 年，青海省已探明钾盐储量约占全国总储量的 80%，其次是新疆罗布泊（约占 15%），其余分布在西藏、云南、四川、山东及甘肃等地区。我国盐湖钾盐以含钾卤水为主，固液共存，卤水成分有氯化物型和硫酸盐型，另有少量碳酸盐型，并有钠、镁、锂、硼、芒硝等共伴生，可供综合利用。另外，滇西、塔里木、四川及鄂尔多斯盆地具有良好的钾盐找矿前景，但我国钾盐资源尚不能满足国内生产需求。

我国 98% 的钾盐矿属于第四纪盐湖类型，开采成本低，技术上易开采，但盐湖地质地理生态系统中脆弱易变化和自然条件极差地区，多数大型钾盐矿山远离我国农业缺钾地区，受到长途运输条件的制约，我国钾盐资源的开发已偏离可持续发展模式，主要表现为卤水钾盐矿资源品位急速下降、开采深度不断加深，卤水资源自然修复短期内不可能实现等。

表 3－3　我国钾盐资源储量/资源量（以 K_2O 计）

地区	基础储量/万 t	储量/万 t	资源量/万 t	查明资源量/万 t
山东	—	—	81	81
四川	—	—	277	277
云南	—	—	1029	1028
西藏	—	—	965	1383
甘肃	418	—	16	16
青海	24553	3949	26043	50595
新疆	8729	786	1225	9954
全国	33700	4735	29636	63334

表 3－3 可以看出，我国钾盐资源主要分布在青海省，占全国的 79.89%，其次是新疆，占全国的 15.72%，两地合计占全国的 95.61%；西藏和云南有一些资源，分别占全国的 2.18% 和 1.62%，四川、山东和甘肃也探明有少量钾盐资源。

3.1.2.2　国内钾肥供应情况

我国作为全球最大的钾盐和钾肥需求国，钾肥消费量一直大于生产量。受国内钾肥需求增长以及国际高价格的刺激，我国钾肥产量增势明显。根据中国无机盐工业协会钾盐（肥）分会统计数据，我国2015年产量（以KCl计）是952万t，2016年产量（以KCl计）是938万t，2017年产量（以KCl计）是968万t（见表3-4）。

表3-4 2016—2017年全国钾肥情况汇总（以KCl计）

年份	产量/万t	产能/万t	进口量/万t	出口量/万t	供应量/万t	表观消费量/万t	自给率/%
2016	938	1335	682	29.4	2090	1541	60.9
2017	968	1596	761	46.5	2298	1952	49.6

2000年以前，我国钾肥需求主要依赖进口，对外依存度高达90%以上；其后，随着国内钾肥产量的提高，加上盐湖资源开采技术成熟、投资风险小、生产成本低、利润空间大，集体和私营资本也积极开发盐湖钾盐资源，使得对外依存度不断降低。我国已成为世界钾肥生产大国，自给能力也在不断提高。

从地域分布来看，对于资源型钾肥，约86%的产能分布在青海，约13%的产能分布在新疆，其余1%分布在云南、山东和江苏。对于加工型钾肥，分布比较广泛，其中硫酸钾主要分布在山东、广东、河北、重庆、吉林、辽宁等地；硝酸钾主要分布在山东、青海、湖南、江西、山西等地；磷酸二氢钾主要分布在湖北、四川、云南、重庆等地。

从生产厂家来看，我国从事钾肥开发生产的企业规模差距较大。国内钾肥生产集中度较高，2017年青海盐湖工业股份有限公司、藏格控股股份有限公司氯化钾生产占总氯化钾的81%，国投新疆罗布泊钾盐有限责任公司资源型硫酸钾产能占资源型硫酸钾的40%，由于资源枯竭、钾矿品位下降导致环保成本攀升以及钾肥价格低迷导致的经营困难，部分中小企业处于停产或减产状态。2017年国内氯化钾和硫酸钾产能情况分别如图3-6和图3-7所示。

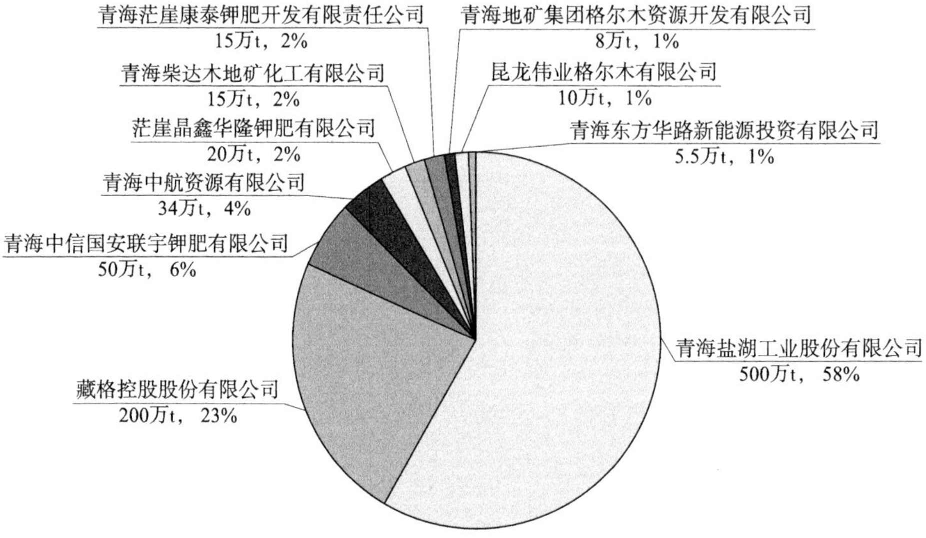

图3-6 2017年国内氯化钾产能情况

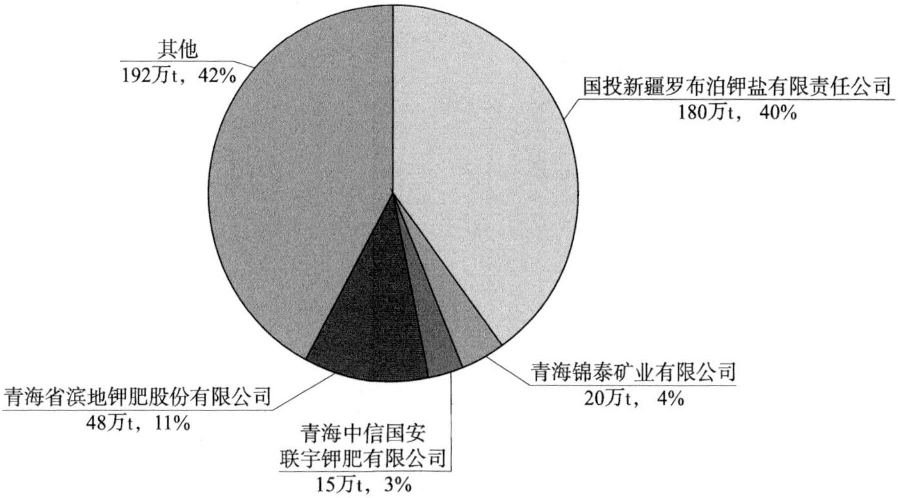

图 3－7　2017 年国内硫酸钾产能情况

3.2　青海省钾产业资源

3.2.1　青海盐湖钾盐资源分布

青海省共有盐湖 71 个，盐湖总面积 18986.38km²，占全国盐湖总面积的 47.82%。青海盐湖主要分布在柴达木盆地，共有盐湖（含干盐湖）28 个，其中，表面卤水总面积约 1000km²，“干盐滩”总面积约 10000km²，居国内之首。青海盐湖开发利用从无到有，盐湖钾资源开发带动了中国钾肥工业的建立，并实现了规模化开发。2014 年中国钾盐、钾肥总产量中，青海占 79%。截至 2015 年，青海柴达木盆地的盐湖矿区共计 27 个，其中大中型盐湖 12 个，分别为别勒滩、察尔汗、大浪滩、大盐滩、马海、东台吉乃尔、西台吉乃尔、一里坪、尕斯库勒、双泉、察尔汗拉图和冷湖俄博滩。

盐湖钾资源固液相共存，以含钾卤水为主，卤水化学类型主要为氯化物型，其次为硫酸盐型，少量为碳酸盐型，并伴生丰富的氯化钠、氯化镁、锂、硼、芒硝等可共综合利用的资源。根据盐湖富集情况，柴达木盐湖的分布大致又划分为察尔汗钾镁锂硼盐聚集区、东西台一里坪钾锂镁盐聚集区、大小柴旦钾硼锂镁盐聚集区、昆特依－马海钾镁盐聚集区、大浪滩钾镁盐聚集区、尕斯库勒钾镁锂盐聚集区等区块。资源量方面，基础储量 40460.06 万 t（以 KCl 计），查明资源储量 83698.26 万 t（以 KCl 计）。

据统计，青海省钾肥产能为 800 万 t，主要品种有氯化钾和硫酸钾镁肥，产能分别为 650 万 t 和 150 万 t。柴达木盆地已探明的保有氯化钾资源储量为 7.06 亿 t，其中，保有基础储量 24510.5 万 t，按青海年产氯化钾 500 万 t 计算，柴达木盆地基础储量可保证服务年限21.6年。

3.2.2 青海省钾产业政策资源

青海省作为全国最大的钾盐生产基地，一直致力于建立特色鲜明的盐湖化工产业体系。作为青海省国民经济发展的重点支柱产业，盐湖化工尤其是钾肥产业一直以来备受关注。

国家对于青海省钾产业的支持由来已久，1963年原国家科委设立盐湖专业组与原化学工业部制定了“盐湖科技发展十年规划”，提出在青海察尔汗建立年产10万t钾肥工厂构想。“七五”期间国家提出“青海盐湖提钾和综合利用”科技攻关项目与重组化学工业部计划建成年产20万t的青海钾肥厂，其中一些主要项目持续到了“八五”“九五”期间。“十五”以来，国家发展改革委积极推动了三大钾肥工程的建设，其中两大工程在青海完成。一是青海盐湖集团100万t氯化钾（折氧化钾60万t）工程，该项目经国务院批准被列入2000年西部大开发十大工程之一，2003年年底工程建成投产，经过两年的试生产，2006年实现了达产达标。二是青海中信国安100万t钾镁肥（折氧化钾34万t）工程，2005年工程开工建设，2008年已经形成30万t钾镁肥生产能力，全部工程于2009年建成。“十二五”期间，我国政府面对国内钾矿资源紧缺、进口依赖性较高的现实，提出了钾肥工业国内生产、海外建厂和外贸进口“三管齐下”的工作思路。据此，青海盐湖工业股份有限公司启动新增100万t氯化钾项目建设，氯化钾年产量达到350万t。除了加大国内钾肥开发与利用之外，我国的“走出去”战略也取得一定进展，中川国际公司巨资收购了加拿大优质钾矿资源KP－488和KP－385区块，2011年的地质勘查表明，总资源量由9.03亿t增加到11亿t氯化钾，其中可控资源量由3.8亿t增加到5.8亿t氯化钾；兖州煤业公司旗下的加拿大资源有限公司出资2.6亿美元，收购了加拿大萨斯喀彻温省19项钾矿资源探矿权；春和集团收购了加拿大MagIndustries Corp公司的控股权，总计花费了1.15亿加元；中资太极资源公司在加拿大萨斯喀彻温省拥有3块钾矿勘探许可，KP460、KP461和KP465，它们位于该省钾盐沉积区南部，全部处于初步勘探阶段。另外，中农矿产资源勘探有限公司、云南中寮矿业开发投资有限公司、四川开元集团、中国水电矿业（老挝）钾盐有限公司，以及青海中航资源有限公司在老挝投资开发钾盐开采项目。

在钾肥征税及交通运输等方面国家也有相关的优惠政策，财政部、国家税务总局《关于国家计划内安排进口钾肥、复合肥免征进口增值税的通知》（〔2001〕76号）规定，自2001年1月1日起，对国家计划内安排进口的钾肥、复合肥，继续执行免征进口环节增值税政策。2004年6月30日，国家发展和改革委员会及铁道部联合发文，明确了化肥运输优惠政策，其中钾肥包括在内。财政部和国家税务总局的财税〔2004〕197号文件，内容如下：“自2004年12月1日起，对化肥生产企业生产销售的钾肥，由免征增值税改为实行先征后返。具体返还由财政部按照（94）财预字第55号文件的规定办理。”以上政策和法规对我国氯化钾肥进口及国内生产企业经营都起到了积极的作用。

进入“十三五”时期，青海省政府以资源精深加工和智能制造为方向，提高传统产业产品技术、工艺装备、能效环保等水平，推进产业链延伸和产业融合，实现传统产业高端化、高质化、高新化发展。在盐湖化工方面以盐湖钾、钠、镁、锂、硼等特色优势资源开发为主线，重点构建以钾盐为核心的化肥工业、镁钠资源综合利用和盐湖卤水深度加工循环经济产业链；推动盐湖化工与其他产业的有机结合，形成以盐湖化工为核心，石油天然气化工、煤化工、有色金属、建材等产业相互融合、循环闭合的循环经济产业体系，巩固全国最大盐湖化工基地的地位。“十三五”期间，规划项目 31 个，总投资 615 亿元。在控制钾肥总产能基础上，走挖潜改造、资源高附加值利用之路，重点发展碳酸钾、氢氧化钾、硝酸钾、硫酸钾、硫酸钾镁肥、复合肥，积极发展高纯工业氯化钾、硝酸钾、甲酸钾、腐植酸钾、碳酸氢钾及食品级和医药级氯化钾等产品。同时，青海省政府提出了在盐湖化工产业的重点建设项目，包括碳酸钾及氢氧化钾项目，主要内容为建设 25 万 t 碳酸钾及 25 万 t 氢氧化钾生产装置，建设 20 万 t 硝酸钾生产装置。

3.2.3　青海省已有钾肥生产技术路线

国内以盐湖含钾矿物资源为原料生产氯化钾的工艺主要有三大类：浮选工艺、兑卤盐析工艺及热溶冷结晶工艺。根据选出矿物是否为目的矿又分为正浮选工艺和反浮选工艺两个类别。正浮选工艺即以氯化钾为浮选目的矿的工艺，选出矿物直接为氯化钾。正浮选工艺是国内钾肥生产行业元老级工艺，早在 20 世纪 60 年代就已投入生产，现在正浮选工艺在国内钾肥生产行业仍占主导地位。青海盐湖工业集团股份有限公司下属的元通钾肥有限公司及三元钾肥有限公司主要采用正浮选工艺生产氯化钾，总生产能力达到 6×10^5t/年。此外，柴达木盆地的许多小企业基本都采用正浮选工艺生产氯化钾，在柴达木盆地，除盐湖集团下属公司外的其他中小企业正浮选法生产氯化钾的总生产能力约为 5×10^5t/年。盐湖工业集团正浮选氯化钾生产工艺的技术及装备水平在国内居于领先地位。

反浮选－冷结晶工艺是先将氯化钠与光卤石分离，得到低钠光卤石矿，低钠光卤石矿冷分解结晶氯化钾的工艺。盐湖工业集团有两套生产装置，一套为青海盐湖发展有限公司百万吨钾肥生产线，另一套为盐湖集团钾肥公司 5×10^5t/年生产线，总生产能力达到 115×10^6t/年。盐湖集团反浮选－冷结晶工艺的技术及装备水平代表了国内乃至国际反浮选氯化钠－冷分解结晶氯化钾工艺的最高水平。

即以蒸发至对光卤石刚饱和氯化物型盐湖卤水及氯化镁饱和溶液为原料，在一定温度范围内两种液相兑盐析结晶析出低钠光卤石，低钠光卤石冷分解结晶析出氯化钾的工艺。此工艺在青海省由盐湖集团科技开发公司和东方优质氯化钾生产实验厂使用。盐湖集团科技开发公司此工艺氯化钾的生产能力约为 410×10^4t/年，东方优质氯化钾生产实验厂的生产能力为 110×10^4t/年。

热溶冷结晶工艺是以钾石盐为原料，依据氯化钠与氯化钾在高低温状态下溶解度的不同，在高温状态下分离氯化钠，低温冷析结晶氯化钾的工艺。此工艺曾在马海盐湖使用，主要通过加工高品位地表钾石盐矿生产氯化钾。随着高品位地表矿的枯竭，该工艺也就逐步停止了使用。2008 年，青海盐湖集团有限公司下属三元公司为提高钾资源的资源利用率，解决加工厂排出的尾盐液相和固相中氯化钾含量较高的问题，重新对热溶冷结晶工艺进行研究，将尾盐固相通过溶解转化生产钾石盐，再利用热溶法提取氯化钾，生产优质钾肥。正在建设年产 1×10^5t/年氯化钾热溶装置，可大大提高卤水中钾资源的利用率，基本上可将卤水中的钾离子提取干净。

硫酸钾镁肥作为近几年在国内被大量使用的新兴化肥品种，主要有两种生产方法，即两段转化机械筛分除钠法和一段转化－浮选法。两段转化机械筛分除钠法由青海中信国安科技发展有限公司发明，在 3×10^4t/年工业试验装置试产成功后，建成了 310×10^5t/年的工业生产装置，进行钾镁肥的生产。

以含钾硫酸盐型盐湖卤水盐田日晒含钾硫酸盐混矿为原料采用转化－浮选法生产硫酸钾镁肥工艺，现在正被青海柴达木盆地盐湖的一些生产企业采用。

3.3 盐湖提钾产业重点技术专利分析

3.3.1 盐湖提钾整体分析

3.3.1.1 盐湖卤水提钾技术

我国钾资源短缺，约占世界钾资源基础储量总量的 2.8%，其中以卤水状态赋存的钾资源储量占我国钾资源总储量的 98%，以固体状态赋存的钾资源仅占 2%，且地质品位不高，可供直接开采利用的固体钾资源只占 2.6%。因此，我国钾资源的开发利用对象主要为卤水钾资源，由于盐湖卤水组成复杂，一般均含有大量 Na、K、B、Mg、Ca、Li 等离子的氯化物、硫酸盐、碳酸盐及硼酸盐，且不同盐湖的组成有很大差异，因而各盐湖提钾所采用的生产工艺也不同。国内外工业生产氯化钾的方法主要有：冷分解－浮选法、冷结晶－浮选法、反浮选－冷结晶法、热溶法、兑卤法等；硫酸钾生产领域已形成规模生产能力的硫酸钾生产方法主要有三大类：第一类是利用硫酸或硫酸盐与氯化钾转化制取硫酸钾；第二类是利用硫酸盐矿或多组分的钾盐矿制取硫酸钾；第三类是利用盐湖卤水及地下卤水制取硫酸钾。

下面对这两种钾盐生产方法进行详细介绍。

1. 氯化钾生产方法

（1）冷分解－浮选法

光卤石冷分解－浮选法生产氯化钾是在常温下加水，使光卤石分解，尽可能使氯化镁全部转入液相并使氯化钾溶解最少，然后用浮选药剂将氯化钾从氯化钾和氯化钠的混合物中分离出来。该工艺的优点是工艺流程简单，易操作，由于该工艺开发应用较早，所以在技术上相当成熟；缺点是产品粒度细，产品质量不易提高，系统回收率较低。其生产工艺流程如图3-8所示。

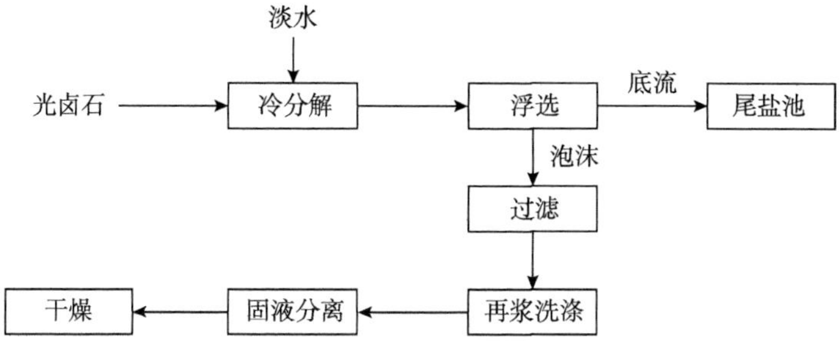

图3-8 冷分解-浮选法生产工艺流程图

（2）冷结晶-浮选法

该工艺是青海盐湖工业股份有限公司自主研发的，该技术利用控制光卤石分解体系的过饱和度，实现常温条件下使氯化钾晶体颗粒长大的目的。其主要工艺流程为：光卤石原料进入冷结晶器，并在其中分解，继而结晶出较大颗粒的氯化钾晶体，从沉降区排出的细晶经洗涤、溶解后，母液返回结晶器作为分解液，粗粒部分即为粗钾。粗钾进入浮选系统，浮选后精矿加淡水洗涤、过滤、干燥，得氯化钾成品。该工艺产品平均粒度在0.25mm左右，纯度为95%左右，回收率超过60%，较冷分解-浮选法有明显的优势。其生产工艺流程如图3-9所示。

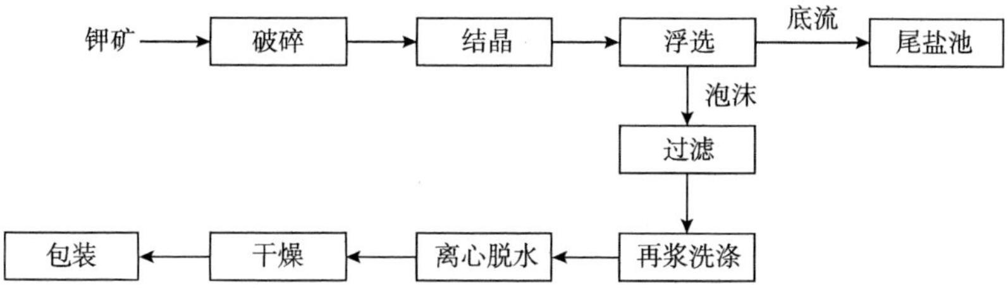

图3-9 冷结晶-浮选法生产工艺流程图

（3）反浮选-冷结晶法

反浮选指的是浮选产物不是有用矿物而是无用矿物，与正浮选刚好相反，故称反浮选。其生产工艺流程为：将深水盐田光卤石经水采管输至加工厂，加入钠浮选剂，将光卤石提纯，经分离将氯化钠含量低于6%的光卤石在结晶器中控速分解，得到的粗钾经洗涤分离干燥后得精钾产品。该工艺在浮选过程中不仅能浮选出大部分氯化钠，还能选出部分水不溶物，提高了氯化钾的回收率和质量，生产的氯化钾产品含量高、粒径大、水分低。该方法的优点在于产品粒度大，易于干燥，外观好，而且提高了系统回收率。缺点是工艺流程复杂，操作控制等不方便，在浮选及结晶的操作过程中精度要求较高。其生产工艺流程如图 3－10 所示。

（4）热溶法

热溶法主要是依据光卤石混合液中钾、钠、镁的溶解度随着温度变化而变化，从而将各组分分离得到目标产物氯化钾。该工艺主要流程为先对矿物进行加热溶解，使其中氯化钾转入液相，再对液相进行冷却，使氯化钾结晶析出。由青海盐湖工业股份有限公司自主研发的热溶－真空结晶生产工艺较为成功，年产能在 15 万 t 左右。其生产工艺流程如图 3－11 所示。

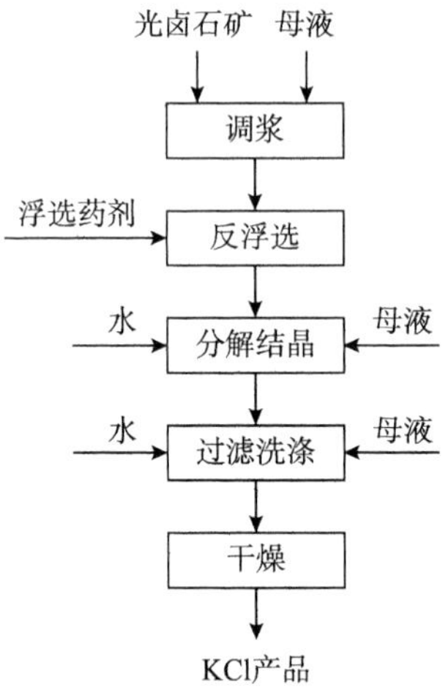

图 3－10　反浮选－冷结晶生产工艺流程图

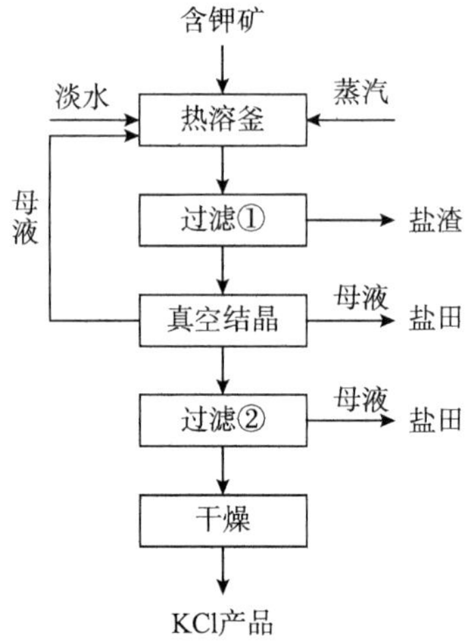

图 3－11　热溶法生产工艺流程图

（5）兑卤法

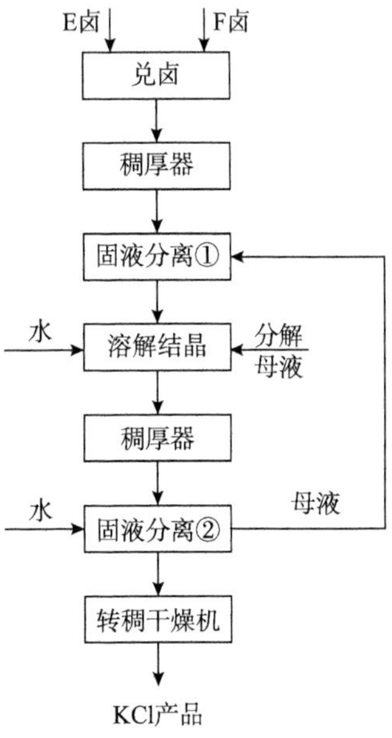

图 3－12　兑卤法生产工艺流程图

该工艺是将浮选厂产生的氯化钾、氯化钠、光卤石共饱和的母液混合。由于钾、镁的过饱和而析出低钠卤石，经浓缩脱液后进入分解器，加淡水分解结晶后得到高品位氯化钾。其生产工艺流程如图 3－12 所示。

（6）其他氯化钾生产方法

除上述几种已经工业化的工艺外，氯化钾生产工艺还有重力选法和静电分离法。

重力选法是利用矿石中各组分密度的不同，在一定密度的重介质中进行分离。重介质可采用重液，重液是利用密度大的有机溶剂配成。如将二溴乙烷（相对密度为 2.49）和三氯乙烯（相对密度为 1.456）配成相对密度为 2.05 的重液，而纯氯化钾和氯化钠的相对密度分别为 1.99 和 2.17，则氯化钾上浮于重液表面而氯化钠则下沉至底部，因此氯化钾和氯化钠得以分离。此法需大量有机溶剂循环使用，回收工艺较为复杂，尚处于试验阶段。

静电分离法是将破碎到一定粒度的钾石盐加热到45℃左右，在冷却时，其中氯化钾和氯化钠的晶体表面即产生异性电荷，前者带正电，后者带负电。如果将这些带有电荷的矿粒通过高压的静电场，氯化钾和氯化钠即向与其电荷相反的电极方向移动，由此即产生分离。本工艺可制得纯度为93%的氯化钾，钾的提取率可达70%，但矿泥的存在是静电分离过程的难点。

2. 硫酸钾生产方法

（1）利用硫酸（盐）与氯化钾转化制取硫酸钾

1）曼海姆法。曼海姆法是将氯化钾和硫酸置于高温曼海姆炉内，首先反应生成硫酸氢钾，再在500～600℃高温下继续与氯化钾反应生成硫酸钾，反应产物经冷却、粉碎、部分中和后即得产品，副产品氯化氢经洗涤吸收得到35%的盐酸。

2）硫酸镁转化法。硫酸镁转化法是以硫酸镁和氯化钾为原料，采用两步法生产硫酸钾。硫酸镁和氯化钾先在第一级反应器中进行反应，生成软钾镁矾和氯化镁，生成物在转鼓式过滤机中分离；软钾镁矾送入第二级反应器与氯化钾进一步反应，生成的氯化镁溶液排放到地下矿区，硫酸钾与硫酸镁溶液在转鼓式分离机中分离，硫酸钾经洗涤、脱水、干燥后作为成品。

3）芒硝转化法。芒硝转化法是以 Na^+、$K^+//Cl^-$、$SO_4^{2-}-H_2O$ 不同温度相图为基础，利用芒硝和氯化钾反应制取硫酸钾，同时副产氯化钠。第一步在25℃下反应生成钾芒硝；第二步在60～100℃下，钾芒硝再与 KCl 转化生成硫酸钾。

（2）利用硫酸盐矿制取硫酸钾

1）杂卤石转化法。杂卤石（$K_2SO_4 \cdot MgSO_4 \cdot 2CaSO_4 \cdot 2H_2O$）的理论含钾（$K_2SO_4$）质量分数达28%，是一种重要的可溶性硫酸盐型钾矿。杂卤石生产硫酸钾的方法有两种：一种是以 $Ca(OH)_2$ 或者 CaO 为溶浸剂，保持固液质量体积比为1：4g/mL，在70℃下搅拌浸出 K^+，将浸出液进行蒸发结晶制备 K_2SO_4。另一种是杂卤石焙烧后以水为溶浸剂，保持固液质量体积比为1：6g/mL，在70℃下搅拌浸出 K^+，在浸出液中加入氢氧化钾和碳酸钾的混合溶液以除去 Ca^{2+}、Mg^{2+} 等杂质，固液分离后蒸发结晶得到 K_2SO_4。

2）软钾镁矾转化法。钾镁矾产于盐湖，与石盐、无水钠镁矾、钾芒硝等共生。其生产硫酸钾的工艺为先在石盐池晒出氯化钠后得到钾盐镁矾混盐，采用浮选法制得软钾镁矾（$K_2SO_4 \cdot MgSO_4 \cdot 6H_2O$），自然界也存在天然软钾镁矾矿床，以 K^+、$Mg^{2+}//SO_4^{2-}$、$Cl^- - H_2O$ 的四元体系为基础，将软钾镁矾和氯化钾加到水中搅拌、分解、浸取制得硫酸钾产品。

3）明矾转化法。由于可溶性钾盐矿的缺乏，不溶性钾资源的开发利用受到重视。以明矾为原料制备硫酸钾可以采用水化学法和还原热解法两种。水化学法的过程为：矿石经粗碎、细碎、筛选后进入浸出器，在一定温度下用烧碱溶液循环浸出，浸出液经蒸发浓缩、结晶后分离出含硫酸钾和硫酸钠的粗钾盐。还原热解法采用焙烧－浸出－结晶的工艺路线制备氧化铝和硫酸钾。

(3) 利用硫酸盐型盐湖卤水制取硫酸钾

以硫酸盐型卤水生产硫酸钾，国内外均是把卤水蒸发生产的盐田钾混盐，进而加工成硫酸钾。技术关键是如何除去钾混盐中的氯化钠，根据除钠技术不同，通常使用的方法有以下几种：

1) 反浮选法。以盐田钾混盐为原料采取浮选除钠的方法，制取低钠的钾混盐，再转化成软钾镁矾，最后加入氯化钾和水复分解生产硫酸钾。该方法在美国大盐湖中已成功使用。

2) 浮选法。以盐田钾混盐和光卤石为原料，钾混盐加水分解形成软钾镁矾和石盐料浆进而浮选得到软钾镁矾，再加氯化钾和水复分解生产硫酸钾，光卤石加软钾母液和水分解，分解料浆浮选得到氯化钾进入复分解工序。罗布泊钾盐公司采用此方法生产硫酸钾。

3) 分解转化法。以盐田钾混盐为原料，加水和硫酸钾母液转化为软钾镁矾和氯化钾的混合物，再加氯化钾和水复分解生产硫酸钾，也可以采用三段分解转化法生产硫酸钾。分解转化法是把氯化钠溶解进入液相达到去除钾混盐中的氯化钠的目的。

4) 盐田法生产硫酸钾技术。以硫酸盐型卤水为原料，首先在盐田中生产钾混盐，加水溶解钾混盐生成钾混盐溶解液，蒸发结晶产生软钾镁矾和氯化钾的混合物，再加水溶解和重结晶产出硫酸钾。该方法也是把氯化钠溶解进入液相达到除去氯化钠的目的。

利用盐湖卤水生产硫酸钾不需要另外添加任何原料，并充分利用太阳能，该方法具有操作简单、成本低、投资少、腐蚀小、无污染等特点。国投新疆罗布泊钾盐有限责任公司以罗布泊盐湖卤水为资源已经建成了世界上最大的硫酸钾生产基地，前景可观。

3.3.1.2 国内外盐湖提钾的企业

国外盐湖钾盐开发企业以跨国型企业、大型联合体形式存在多年，其主要产品同样以钾肥为主（见表3-5）。逐步形成了以加拿大 PotashCorp 公司为首的国际盐湖开发钾肥生产体系。但是，近年来受粮食价格下滑、供应量过剩、农业需求降低以及持续低位运行等影响，全球钾肥市场走势低迷，部分钾肥装置被迫停工。Mosaic 卡尔斯巴德和赫西矿、Intrepid PotashCorp 卡尔斯巴德东矿和 PotashCorp 在 Penobsquis 和 Picadilly 装置等高于成本线的设施均已经关闭。仅 2016 年共计 310 万 t 氯化钾产能退出。受此影响，各个国际巨头选择不同的发展道路，显然合并改革成为新的风潮。2016 年 9 月 12 日，PotashCorp 和 Agrium 宣布，两家公司将合并组建世界最大的作物营养公司，总市值 360 亿美元。PotashCorp 和 Agrium 皆为加拿大公司，PotashCorp 钾肥产能占全球 20% 左右，2018 年新产能上线后扩张至约 40%，而 Agrium 的钾肥产能虽然只占全球总产能的 3%，但它是全球最大的化肥零售商。2018 年 1 月 2 日，化肥新巨头 Nutrien 宣布 Agrium 和 PotashCorp 合并交易已经完成。两家公司表示，随着合并后的第一年产生 2.5 亿美元的协同效应收益，后续将产生 5 亿美元的年运营协同效应。

表 3-5　国外盐湖提钾的企业

产能归属	盐湖矿山	自产/外购	2018 年产能/万 t
PotashCorp	加拿大 Patience，Cory，Allan，Rocanville	自产	1500
Mosaic	加拿大萨斯喀彻温省，美国新墨西哥州	自产	1000
Agrium	加拿大 Vanscoy	自产	200
Canpotex		外购	
Yara	挪威	自产	1200
K+S	德国	自产	可行性研究阶段
Belamskali	白俄罗斯	自产	1000
Urakkali	俄罗斯	自产	1080
ICL	以色列死海	自产	
APC	约旦	自产	

2013 年 Urakkali 宣布退出由白俄罗斯钾肥公司 Belamskali 和俄罗斯钾肥巨头 Urakkali 共同组建的销售公司 BPC，这使得全球七大主要的钾肥生产商的市值总额蒸发了 200 亿美元。Urakkali 钾肥公司钾肥价格也下跌了 25%。面对 BPC 的解体，Belamskali 和 Urakkali 也开始寻求新的发展模式，中国是世界上最大的化肥消费国，因此，两公司也积极寻求与中方合作，2016 年 8 月，Urakkali 钾肥与中国和印度签署肥料供应协议，同意向中国和印度的钾肥进口公司分别提供 60 万 t 和 65 万 t 钾肥。白俄罗斯钾肥企业为与中方更好地建立合作关系，还积极筹备与中国公司合作开发新型肥料，以丰富产品种类，提升利润。

国内钾肥主要生产企业见表 3-6。

表 3-6　国内钾肥主要生产企业

产能归属	盐湖矿山	自产/外购	2018 年产能/万 t
青海盐湖工业股份有限公司	青海察尔汗	自产	550
藏格控股股份有限公司	青海察尔汗	自产	200
国投新疆罗布泊钾盐有限责任公司	新疆罗布泊	自产	180
米高集团	广东	自产硫酸钾，外购氯化钾加工	140
青海中信国安科技发展有限公司	青海西台吉乃尔	自产	50
青上化工	广东	自产硫酸钾，外购氯化钾加工	41
合计			1161

中国钾盐资源稀缺，且大部分分布在青海和新疆地区，其中盐湖股份以 550 万 t 产能居首，藏格控股股份有限公司钾肥合计产能 200 万 t，国投新疆罗布泊钾盐有限责任公司主要生产硫酸钾产品，产能为 180 万 t。

藏格控股股份有限公司成立于 1996 年 6 月 25 日。2017 年 6 月 13 日经国家工商总局核准，青海省工商行政管理局批准由原公司名称“金谷源控股股份有限公司”更名为“藏格控股股份有限公司”。公司注册资本 19.94 亿元人民币，公司位于青海省格尔木市昆仑南路 15-02 号。下属全资子公司格尔木藏格钾肥有限公司主要从事氯化钾的生产和销售，公司拥有察尔汗盐湖开采面积 724.3493km^2，年生产能力达 200 万 t。子公司现已发展成为国内氯化钾行业第二大生产企业，青海省 30 家重点企业之一，氯化钾产品国家标准起草单位之一，国家绿色矿山试点单位之一。

米高集团是一家生产专业钾肥（硝酸钾、硫酸钾）的大型海外上市公司。集团下设六个工厂：四川米高、广东米高、上海米高、长春米高、遵义米高和云南米高。米高集团生产的高品质钾肥主要用于高品质水果、蔬菜、烟草等。公司产品促进了平衡施肥，大部分也被客户用于生产高效的氮磷钾复合肥。年产量 140 万 t。

青海中信国安科技发展有限公司于 2003 年 3 月在青海格尔木市昆仑经济开发区注册成立，公司隶属于中信国安集团公司，主要从事西台吉乃尔盐湖钾、锂、硼、镁等资源产品的开发、生产、销售业务，是一家高科技的新兴材料企业。经过多年努力，公司成功研制开发了硫酸钾镁肥、氯化钾、碳酸锂、硼酸、氯化镁等多种产品，公司盐湖资源综合开发项目已建成了 80km^2 盐田；年产 30 万 t 硫酸钾镁肥，20 万 t 氯化钾，公司参与制定了硫酸钾镁肥和碳酸锂的国家标准。公司生产的硫酸钾镁肥荣获“中国肥料十佳名优品牌”。

青上化工集团总部设在我国台湾，公司创立至今已有约 40 年的历史，专门从事硫酸钾的研制、生产与销售。我国是世界上硫酸钾消耗量最大的国家，然而 20 世纪 90 年代初，我国还没有一条具有工业化生产规模的硫酸钾厂，硫酸钾肥的需求完全依赖进口，青上化工总公司在大陆的投资改变了这种面貌。1993 年，青上化工在大陆成立集团公司，总部设在上海，至今已在天津、厦门、广州、株洲等地建立起了十余家独资和合资企业，总投资 8000 万美元。其硫酸钾生产能力以达到 41 万 t/年，大约取代了 30% 的进口量，为国家节约了大量外汇，缓解了供需矛盾。青上化工集团准备扩产到硫酸钾年产量 60 万 t，基本满足市场的需要。同时，副产品盐酸是重要的化工原料，广泛应用于化工、轻工等行业。

3.3.1.3 钾提取专利申请趋势分析

本小节收集国内外钾提取相关专利申请信息，分析数据来源于七国两组织专利数据库，利用 Innojoy 专利信息创新平台对国内外专利申请情况进行分析。检索截止时间为最晚公开日 2018 年 7 月。

国外最早申请钾盐提取专利可以追溯到 1918 年，显然该领域开发远早于中国。而我国是农业大国，且土地资源中缺钾是普遍共性问题，自新中国成立以来，我国就开始了钾资源开发利用的工作，较早地组建了专业的研发团队并开展了钾肥生产技术攻关，但是由于中国专利法实施较晚（于 1985 年 4 月 1 日起施行），因此在这一特殊领域中，中国国内专利数据并不能完全代表我国钾盐开发的实际进程。但是，国内专利申请年份分布图仍然能够表现近30年来我国技术发展态势。国内在钾盐提取领域的专利从1986年就有申请，说明我国在盐湖钾资源开发领域有一定的技术积累。但与国外相比，国内起步较晚，这是不争的事实，对比国内外年度申请量可以发现，两者的发展趋势比较类似，都是经历了技术萌芽期和波动增长期。

对于中国钾盐提取领域来说，1986—1998年为专利技术发展的萌芽期，因青海盐湖众多，且国家对发展钾盐产业支持由来已久，因此早期青海盐湖所在盐湖提钾领域内申请的专利较多，且起步也较早，这一时期钾盐制备方法多为盐田法，产品多以软钾镁矾和氯化钾为主。

2000年以后进入盐湖提钾技术的波动增长期，这个时期盐湖卤水矿床相继投产，钾盐产品由最初的氯化钾和软钾镁矾发展到硫酸钾、硝酸钾等产品，盐湖提钾方法也不断创新，“十五”期间，受国际市场影响，国内市场钾肥供给货紧价扬，供需矛盾比较尖锐，为提高钾肥产能，增加国内供给，降低对外依存度，国家发展改革委积极推动了三大钾肥工程的建设。一是青海盐湖集团100万t氯化钾（折氧化钾60万t）工程，二是青海中信国安科技发展有限公司100万t钾镁肥（折氧化钾34万t）工程，三是国投新疆罗布泊钾盐有限责任公司120万t硫酸钾（折氧化钾60万t）工程。2013年由白俄罗斯钾肥公司Belamskali和俄罗斯钾肥巨头Urakkali共同组建的销售公司BPC解体，全球钾肥市场也因此受到冲击，我国政府面对国内钾矿资源紧缺、进口依赖性较高的现实，提出了钾肥工业国内生产、海外建厂和外贸进口“三管齐下”的工作思路。据此，青海盐湖工业股份有限公司启动新增100万t氯化钾项目建设，建成投产后氯化钾年产量会由250万t提高到350万t。在这几年中，盐湖提钾专利申请量呈现高速增长的态势，国内专利在2017年达到了最高值22项（见图3－13），国外专利在2013年达到了最高值16项（见图3－14）。国外专利申请量在2014年之后呈现下降趋势，而国内呈上升的趋势，说明我国在盐湖提钾方面的研发投入增大，盐湖资源开发提速，促进了相关技术的发展。

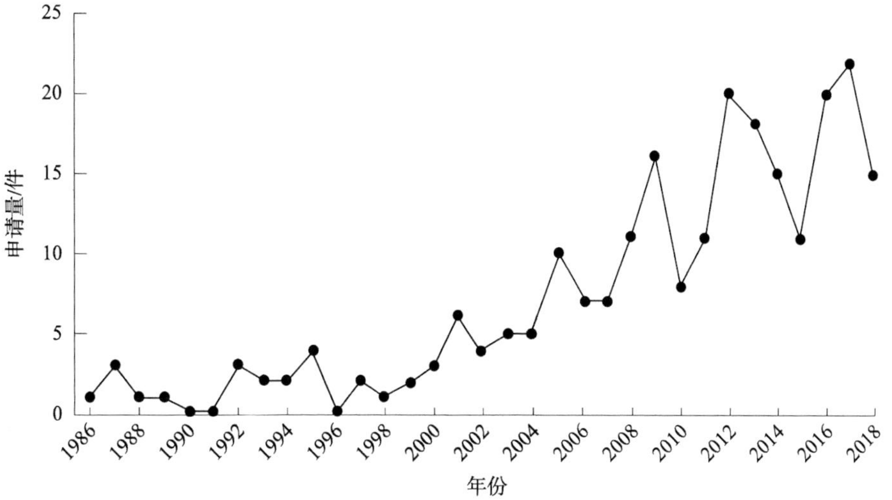

图3－13　中国专利年度申请趋势

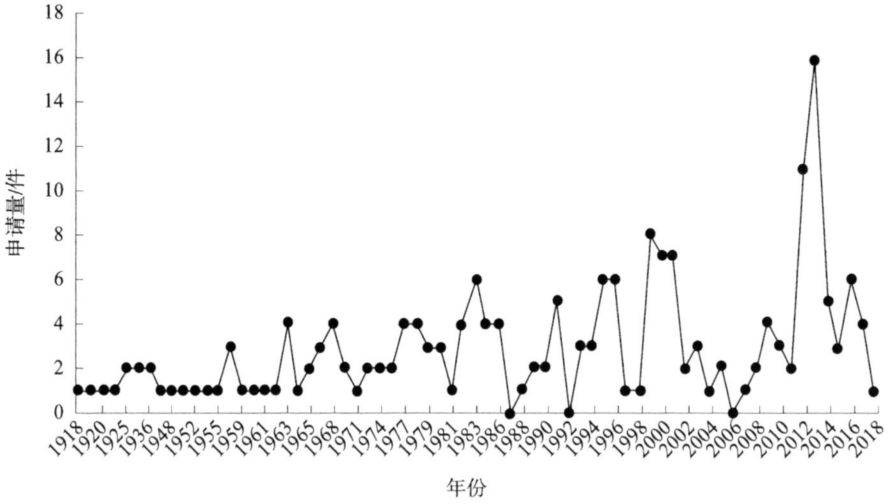

图 3-14　盐湖提钾领域全球专利申请量年度分布

3.3.1.4　区域专利布局分析

1. 全球范围内区域专利申请分析

为了解钾盐提取全球专利申请的区域分布状况，对采集到的全球钾盐提取专利数据样本按国家和地区进行统计，从而反映出各个国家和地区在钾盐提取领域的技术活跃度和研发实力。由图 3-15 可以看出，中国在盐湖提钾领域的专利申请量为 235 件，是申请量最多的国家。中国是钾盐提取领域较为活跃的国家，其次为美国，专利申请量为 51 件。加拿大、俄罗斯以及世界知识产权局分别居第三、四、五位，专利申请量分别为 27 件、18 件、17 件。

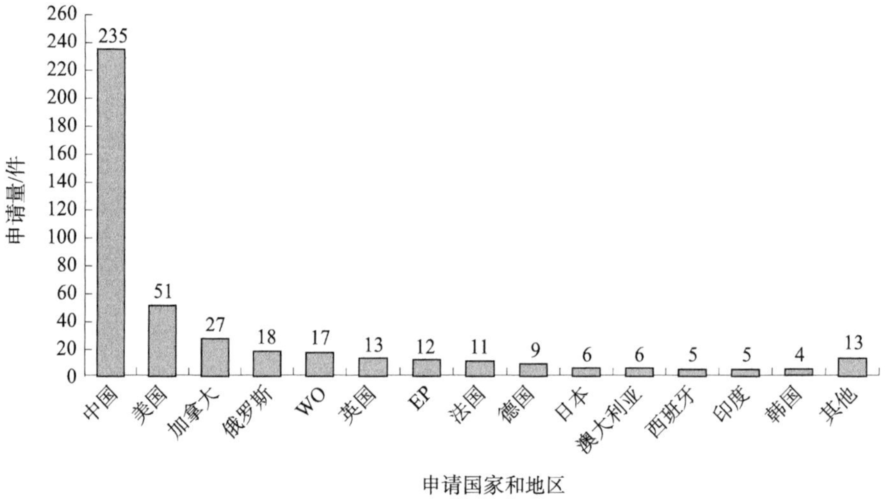

图 3-15　全球钾提取国专利申请分析

注：检索截止时间为最晚公开日 2018 年 7 月。

图 3－16 为各国的专利年度申请量趋势分析，从图中可以看出，美国、英国、法国是早期钾盐提取领域申请的先驱者，美国自 1918 年就有相关的专利申请，英国和法国在 1925 年开始出现钾盐提取领域的专利申请，随后近 30 年期间都没有其他国家申请专利，直到 20 世纪六七十年代才相继有国家在该领域有专利申请。就专利申请连续性来看，美国自开始有专利申请起，之后连续多年都有专利申请，说明其在钾盐提取领域研发投入较为持续。而英国、法国，虽然在早期有相关专利申请，但其申请并不连续，两国分别在 1985 年和 1991 年终止在该领域的专利申请。加拿大和俄罗斯作为全球钾资源储量前两位的国家，两国在该领域的专利申请起步较早，且专利申请量也比较稳定。中国在盐湖提钾领域起步较晚，但发展较快，自 1986 年开始有专利申请，专利申请量逐年升高，逐渐取代了美国在该领域排名第一的地位，但美国在该领域的专利申请量一直比较稳定。

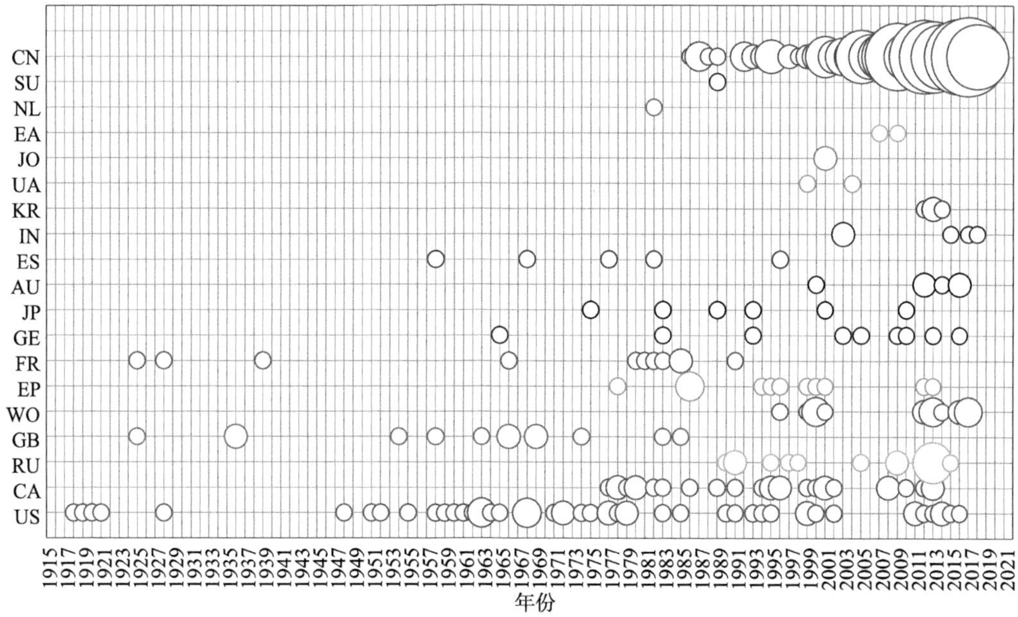

图 3－16　全球专利年度申请量趋势分析

从申请总量和年申请量变化趋势方面进行如下分析：

首先，地域性、资源型是该行业最明显的特点，而美国、加拿大、俄罗斯是钾资源输出地，自然拥有更多技术积累。且根据企业及矿藏开采进程及特点不断地丰富技术内容，展现出专利申请的延续性。

其次，中国由于钾肥短缺，需要提升技术并尽快提高产业能力，发掘资源潜力，而经过几年努力中国在盐湖提钾技术领域具有一定的研发实力和专利基础，同时成为盐湖提钾发展较快、较为活跃的地区。

2. 国内区域专利布局分析

国内申请量排名前 10 位的省区市的申请量为 202 件，占全国总申请量（235 件）

的86%，说明我国专利申请地域差异明显，专利的地域集中度较高。具体区域专利分布情况如图3－17所示。

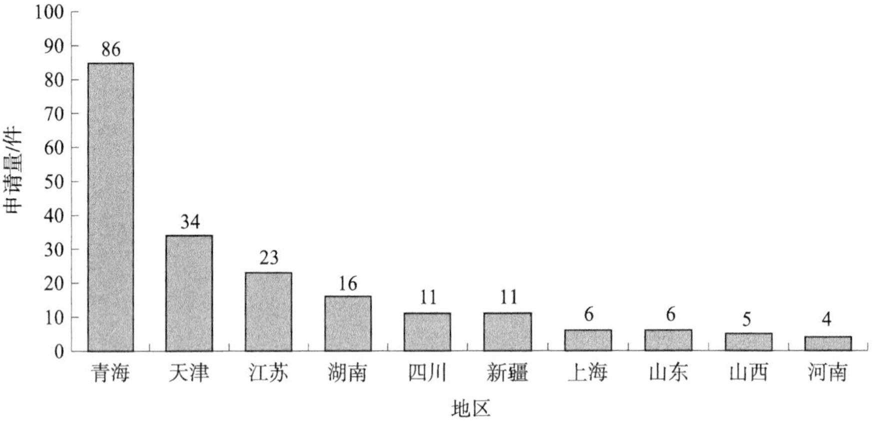

图3－17　钾盐提取技术国内专利申请区域分布情况

从图3－17中可以看出，排名前三位的分别为青海、天津、江苏，其申请量分别为86件、34件、23件，占全国申请总量的37%、14%和10%。其中青海在所有省区市中盐湖提钾的专利申请量排名第一，占据了全国近四成的专利申请，这与青海省独特的地理优势和自然资源有密不可分的关系，同时国家对钾盐相关政策的支持也促进了青海省盐湖提钾技术的发展。

图3－18是各省区市年度专利申请趋势图，从图中可以看出，天津是最早在钾盐提取领域有专利申请的地区，该专利申请号为CN86107909的专利，申请人为个人，其发明内容主要是在废液卤水中回收包括钾盐在内的不同成分的过程，技术也较早，严格意义上讲并不属于盐湖卤水钾开发的范畴，但仍然是较早的开创性工作。由于天津并没有相关资源作为支撑，也没有后续研发单位进入，因此天津虽然是最早有专利的地区，但其申请并不连续，自第一件专利申请之后，专利申请量一直较少，偶尔有专利申请，在20世纪90年代有几件专利申请，直到2007年之后申请才呈连续上升趋势，但是2013年之后专利申请又出现下降。技术方面，天津市在钾盐提取领域专利多以海水或苦卤为生产原料，产品则以氯化钾和硫酸钾为主，另外，其专利多以钾产品相关装置设备为主。

青海省在盐湖提钾方面虽然不是最早申请专利的省份，但其申请相对较为连续，申请趋势前期处于不断波动的状态，但总体呈现上升趋势，特别是2011年以后，其专利申请呈现迅猛增长的趋势，其专利大多以盐湖卤水为原料，产品涉及氯化钾、硫酸钾、硫酸钾镁肥、光卤石等多个品种。江苏省在钾盐提取领域专利申请始于1992年，但其研发热情并不高，每年专利申请基本徘徊在1～2件，并且在2015年之后就没有相关专利的申请，其专利申请主要是以盐湖卤水为原料提取氯化钾、硫酸钾以及软钾镁矾，硫酸钾镁肥等农业肥料为主。

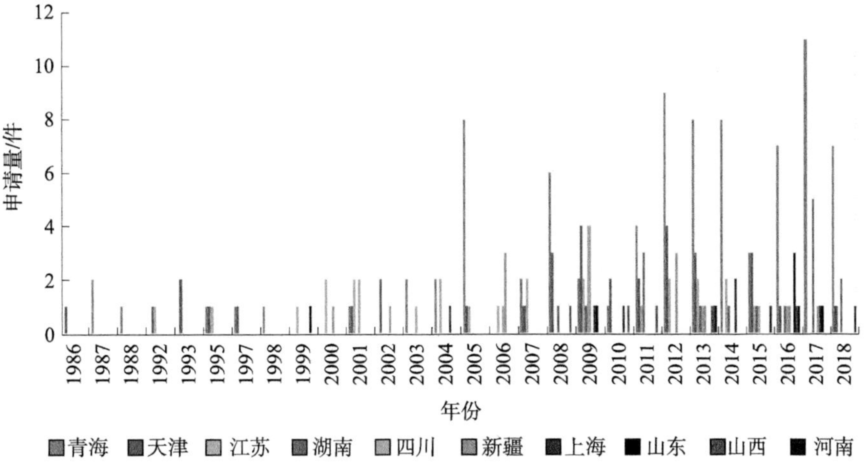

图 3－18　各省区市年度专利申请趋势

3.3.2　重点技术主题专利分析

3.3.2.1　技术分类分析

为方便比较分析，根据盐湖提钾技术特点，本报告将钾盐提取技术领域分为以下几个一级分类，具体见表 3－7。各分类占比如图 3－19 所示。

表 3－7　钾盐提取技术分类专利申请量

专利类别	申请量/件
钾盐提取与制备	136
富钾	25
回收	18
转化	3
综合利用	33
装置设备	18
其他	2
总计	235

从表 3－7 和图 3－19 可以看出，钾盐提取与制备相关专利共 136 件，占专利总量的 57.9%；盐湖卤水的综合利用相关专利 33 件，占专利总量的 14.0%；富钾相关专利 25 件，占专利总量的 10.6%；钾回收和装置设备相关专利均为 18 件，均占专利总量的 7.7%；钾盐转化相关专利 3 件，占专利总量的 1.3%。

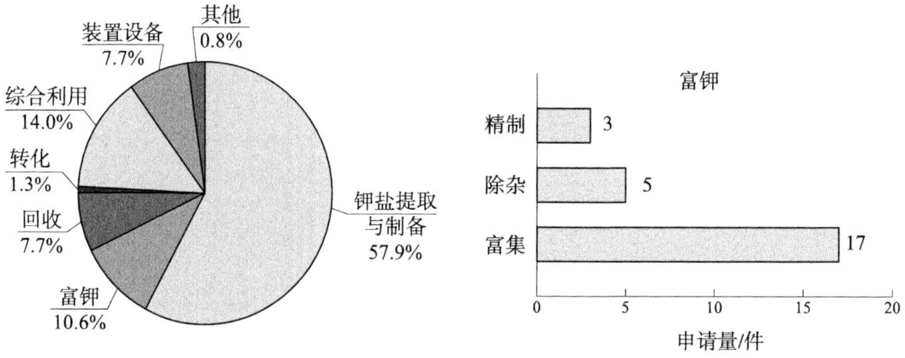

图3-19　各分类占比

我国钾产业起步较早，早期行业关注重点主要在资源开发利用方面，专利申请数量最多、时间最早且一直延续至今的即盐湖资源开发、产品生产技术相关专利，这点从钾盐提取与制备的专利申请数量可见一斑。

盐湖卤水富含多种元素，随着对盐湖资源的不断开发，人们意识到单从盐湖卤水中提取钾元素会造成资源的严重浪费，因此，盐湖卤水的综合利用受到了广泛关注，因此这方面专利数量也不断增加。

图3-19同时给出了富钾的二级技术分类和相应专利数量。从图中可以看出，富钾主要包括富集、除杂和精制三个技术分支。富集是指将目标钾盐从较低浓度（含量）提升至较高浓度（含量）的过程，是钾盐生产过程中较为基础的工序，富钾对于提取纯度较高的钾盐产品有至关重要的作用，因此，许多申请人对这一技术单独申请了保护。钾盐除杂是以钾盐为目标去除其他盐的过程，分析过程中没有具体区分在获得粗钾盐前还是获得粗钾盐后，因此具体可以是提取钾盐前去除相关杂质，以便使钾盐提取更加容易，也可以是去除钾盐粗产品中相关杂质。钾盐精制是从盐湖卤水中制得钾盐产品之后进一步提高产品纯度，除去少量杂质的过程。

3.3.2.2　钾盐提取产业链分析

根据所得产品不同，将钾盐产业链分为上游、中游、下游三部分，产业链上游产品主要为光卤石、钾石盐、钾混盐等上游原料，中游产品主要为氯化钾、硫酸钾、硝酸钾等钾盐产品，下游产品主要为硫酸钾镁肥、软钾镁矾或其他农用肥料产品。产业链分布及专利所属技术分类如图3-20所示。

从图3-20可以看出，钾盐产业专利申请大多分布在产业链中游，专利申请量为150件，占专利总量的63.8%，产业链上游和产业链下游专利申请量旗鼓相当，分别为46件和39件，分别占专利总量的19.6%和16.6%。钾盐产业主要集中在氯化钾、硫酸钾、硝酸钾等钾盐工业品的生产上，对光卤石等上游原料的生产和硫酸钾镁肥等农业产品的关注度则相对较低。另外，从图3-20中可以发现产业链上游覆盖的技术分类主要以富钾、钾盐提取与制备为主，两者占上游专利总量的76.1%，钾回收、盐湖卤水的综合利用和装置设备也有少量专利分布在产业链上游。产业链中游的专利申请技术分类主要为钾盐提取与制备，其申请量达到了 107 件，占中游专利总申请量的 71.3%；盐湖卤水的综合利用在产业链中游有 24 件专利申请，占中游专利申请量的 16%；钾回收相关专利分布在中游的有 10 件，占比 6.7%；另外，富钾、装置设备和转化有少量专利申请。产业链下游主要以钾盐提取与制备以及相关装置设备为主，两者总和占下游专利申请总量的 64.1%。从以上分析可以看出，钾盐提取与制备涵盖了整个产业链，富钾专利主要集中在产业链上游。

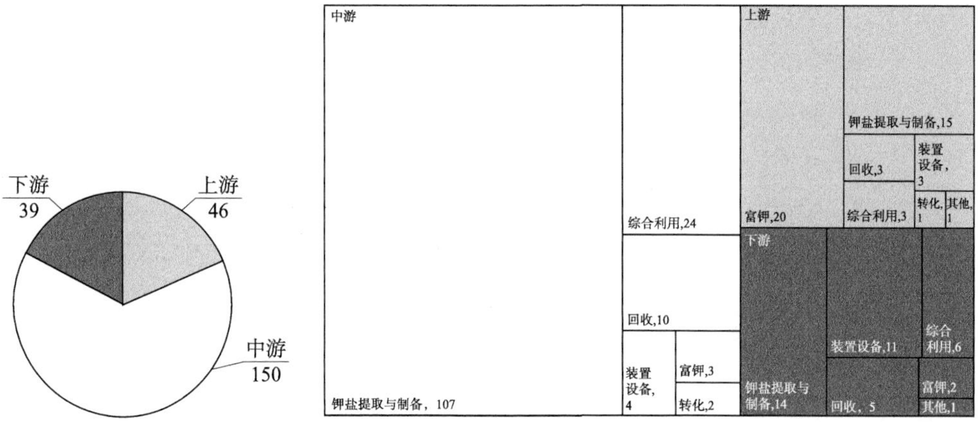

图 3－20　产业链分布及专利所属技术分类

3.3.2.3　技术主题年度申请量分析

图 3－21 是钾盐提取领域技术主题年度申请量分析图，从图中可以看出，钾盐提取与制备起步较早，并且申请较为连续，在 2016 年达到了年度申请的最大值，12 件，2016 年是“十三五”规划的开局之年，也是钾盐钾肥行业发展创新的关键一年，面对我国经济发展进入新常态，钾盐钾肥行业利润大幅下滑，钾盐钾肥相关企业纷纷加快创新行业发展模式，对钾盐开发投入力度也有所加大。钾盐钾肥行业申请年限最早的是 1986 年申请综合利用的相关专利，专利申请号为 CN86107909，该专利的申请人和发明人都是徐贵义，专利保护的是盐和纯碱联合生产的方法，申请人徐贵义被誉为“中国盐藻之父”，其主要研究方向也是盐碱的联合生产。综合利用类专利自 1986 年之后近十年都没有专利申请，直到 1995 年，才有专利申请，但之后又出现了断档，2008 年之后综合利用类专利开始有连续申请，2013 年达到了专利申请的最大值，7 件。早期人们对盐湖资源的开发只注重一种元素的提取，从而造成严重的资源浪费，盐湖不仅富含钾资源，同时镁锂资源同样丰富，近年来，青海省致力于在充分利用钾资源的同时，延伸镁产业链，优化盐湖提锂技术，综合利用硼、铷、溴等盐湖优势资源产品，因此相关综合利用类专利在 2008 年之后申请量呈现增长趋势，且申请较为连续。富钾类专利起步相对较晚，2001 年才开始有专利申请，之后几乎每年都有专利申请，但申请量都不超过 3 件。装置设备类专利 1989 年就有专利申请，但此后 20 年间都没有专利

申请，直到2009年才有专利申请，但之后专利申请也并不连续，且年度申请量不超过3件。钾资源回收利用类专利最早申请于1994年，专利申请号为CN94107372.6，但该专利主要是利用火电厂的粉煤灰与盐湖钾制备粉煤灰硅钾肥，严格意义上说并不是盐湖提钾后的废液利用，2006年之后专利申请则是回收盐湖提钾后废液中的钾，这部分专利近年申请量呈上升趋势。

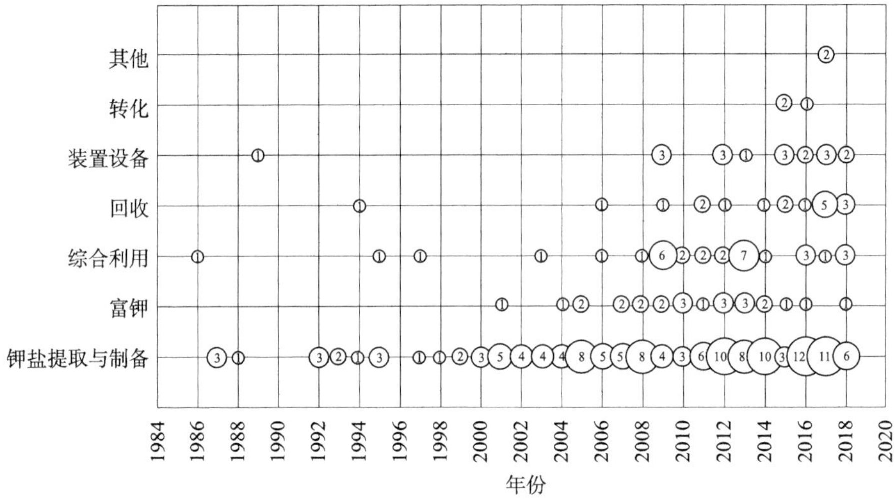

图3-21 技术主题年度申请量分析

3.3.2.4 钾产品及来源分析

1. 钾提取来源分析

钾盐提取来源有矿石、盐湖卤水、海水等多种，本部分选取一级技术分类中钾盐提取与制备、富钾、综合利用三个技术分类的专利进行分析。由于精制、除杂主要针对半成品或产品钾盐进行深加工，为了避免影响分析结果，这两个方面专利不在分析范围内。最终选取186件专利作为样本对钾盐提取来源进行分析。

从表3-8和图3-22可以看出，相关专利中钾的主要来源是盐湖卤水、光卤石、海水、苦卤以及钾混盐，少数来自钾石盐、钾芒硝。其中盐湖卤水提钾的专利申请量最多，有98件；光卤石提钾次之，有21件。列第三位的为海水，申请量为13件。需要注意的是，光卤石一般为盐湖卤水制得，再经分解制备氯化钾产品，苦卤是指海水或盐湖水经蒸发浓缩析出氯化钠的母液。

我国是一个可溶性钾资源贫乏的国家，钾资源的基础储量只占世界的2.5%，并且我国钾矿以卤水钾矿为主，固体钾盐少。同时，我国也是世界主要的钾肥消费国，因此，掌握更多更先进的卤水提钾技术对钾的产业扩大化至关重要。我国对钾资源的开发主要还是盐湖卤水，且主要以青海柴达木盆地、新疆罗布泊的钾资源为主，云南江城县勐野钾盐矿，是我国发现较早的唯一固体古生代钾盐矿床，由于资源限制，现在虽然具备固体钾盐矿的开发能力，但大规模生产还很困难。我国历来高度重视海水钾资源的开发，我国海水及资源的开发技术主要集中在海盐苦卤综合利用提钾和海水直接提钾两个方面。

表 3－8　钾盐来源

来源	申请量/件
盐湖卤水	98
光卤石	21
钾混盐	9
苦卤	11
海水	13
钾石盐	4
钾芒硝	3
其他	27
合计	186

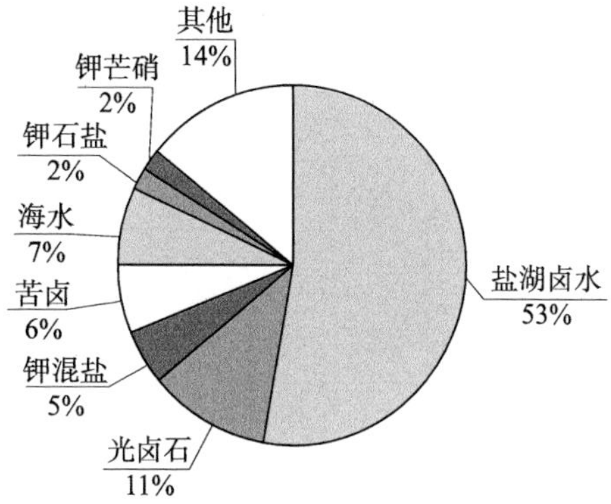

图 3－22　钾盐来源

2. 钾盐产品分析

钾盐产品种类多样，但主要以氯化钾、硫酸钾以及软钾镁矾为主，本部分选取钾盐提取与制备的 136 件专利对钾盐提取产品进行分析。

图 3－23 是钾盐提取主要产品分布图，从图中可以看出，氯化钾作为钾肥主要品种以及生产硫酸钾产品的原料，其申请量也最多，达到了 55 件。硫酸钾作为一种无氯、优质的高效钾肥，在烟草、葡萄、甜菜、茶树、马铃薯、亚麻及各种果树等忌氯作物的种植业中，是不可缺少的重要肥料，其申请量居第二位，申请件数为 42 件。排名第三的钾盐产品为软钾镁矾，其申请量为 12 件，软钾镁矾是一种重要的钾肥品种，可作为含钾、镁的化学品和钾肥的原料，主要制备技术以两段转化法和转化浮选法为主。除上述三种产品外，钾盐产品还包括硫酸钾镁肥、光卤石和硝酸钾等，另外，还有 5 件专利无法进行归类，详细信息见表 3－9。

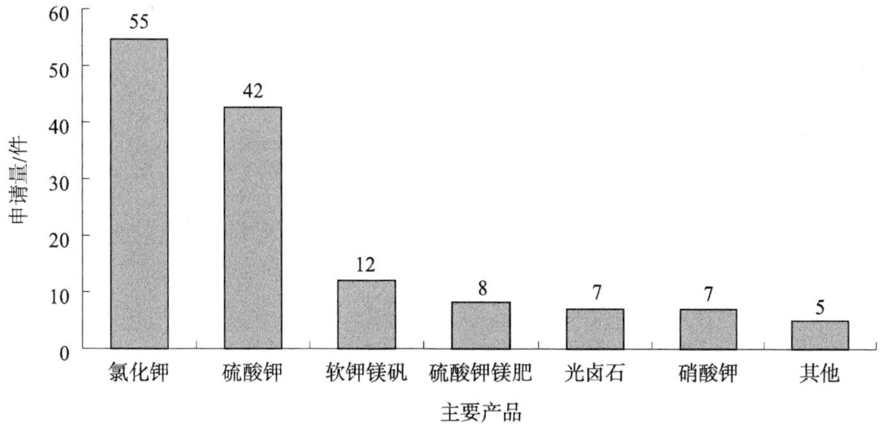

图 3－23　钾盐提取主要产品

表 3-9 其他钾盐产品专利信息

专利申请号	专利名称	专利权人	申请日	专利保护点
CN200810031777.3	一种低品位含钾混合盐提钾生产工艺	化工部长沙设计研究院	2008.07.16	低品位含钾混盐，采用浮选法将钾分选出来，对浮选方法采用一次粗选、一次扫选、二至四次精选，主要是对浮选工艺的改进
CN200910068030.5	用海水制取氯化钾铵的方法	河北工业大学	2010.09.08	装填改性沸石的离子交换柱吸附海水，用含有氯化铵的溶液对吸附物进行洗脱；得富钾液，经蒸发去除其中的盐分，所得蒸发完成液经冷却后，再进行固液分离得到成品氯化钾铵
CN201310573838.5	利用自然能从混合卤水中制备钾石盐矿的方法	中国科学院青海盐湖研究所、西藏国能矿业发展有限公司	2014.01.29	利用自然能从处理过的碳酸盐型和硫酸盐型混合盐湖卤水中制取钾石盐矿
CN201510079608.2	一种用硫酸盐型卤水制备钾盐镁矾矿的方法	中国科学院青海盐湖研究所	2015.05.20	利用太阳能从硫酸盐型卤水中制备钾盐镁矾矿
CN201710593282.4	一种碳酸钾的制备方法	台山市化工厂有限公司	2017.09.08	以自然矿物钾盐为原料制备碳酸钾产品

3.3.3 盐湖卤水提钾技术分析

本部分主要选取盐湖卤水钾盐提取与制备、盐湖卤水钾富集、盐湖卤水钾回收、盐湖卤水综合利用等技术分类的相关专利进行分析。对于具体钾产品，按产品类型进行分析，另外针对富集、综合利用等技术点单独进行分析。

3.3.3.1 盐湖卤水提取氯化钾

本部分共检索氯化钾提取相关专利 55 件，现对 55 件专利进行详细分析。

1. 氯化钾提取专利申请趋势（见图 3-24）

从图 3-24 可以看出，氯化钾提取专利申请趋势主要分为三个阶段，1987—1999 年为专利申请的萌芽期，这阶段只有少量的专利申请，且专利年申请量不超过 2 件。2001—2013 年为氯化钾专利申请的不断波动期，该阶段氯化钾的专利申请呈现不断波动的趋势，但总体上专利申请是呈上升趋势的，并且在 2012 年专利申请量达到了最大值 7 件。2014 年之后为氯化钾专利申请的衰退期，这期间专利申请量出现了下降，年平均申请量不超过3件。

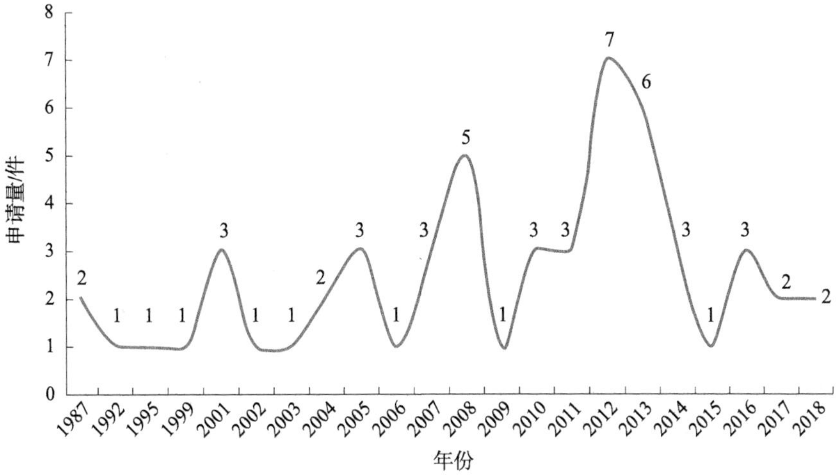

图3－24　氯化钾提取专利申请趋势

2. 氯化钾提取来源分析（见图3－25）

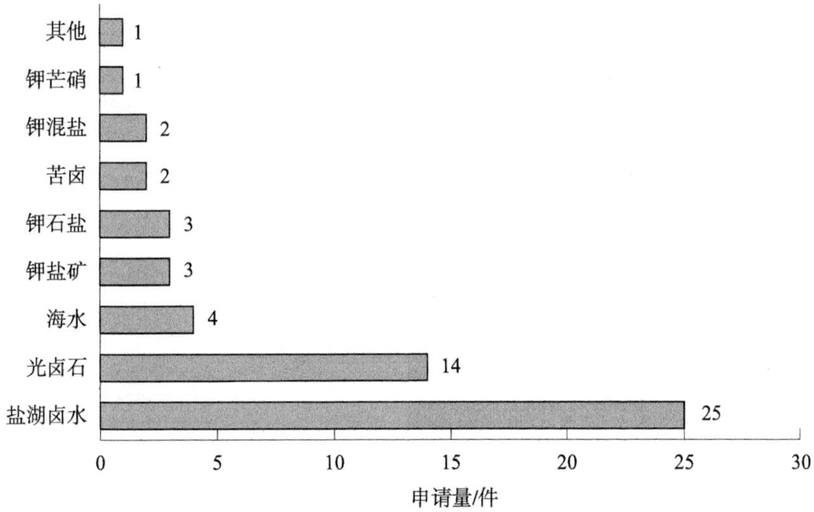

图3－25　氯化钾提取来源分析

从图3－25可以看出，氯化钾提取主要来源是盐湖卤水，其申请量为25件，占整个氯化钾提取来源申请量的45.5%。其次是光卤石，其申请量为14件，占氯化钾提取总申请量的25.5%，值得注意的是，14件专利中，只有专利号为CN201010504249.8的专利，光卤石来源为地下开采的光卤石矿，其余13件光卤石都是来自于盐湖卤水，因此这13件也应归属于盐湖卤水提取氯化钾范围。钾石盐3件专利中，只有专利CN201310123329.2是原生钾石盐矿，其余2件钾石盐均来自盐田，因此也纳入盐湖卤水提钾范围。钾混盐2件专利中，专利CN200710134473.0钾混盐来自硫酸盐型盐湖卤水，因此也纳入盐湖卤水提钾范围。钾芒硝一般为盐湖沉积物，因此也纳入盐湖卤水提钾范围。苦卤分为海水苦卤和盐湖卤水苦卤，本次检索中，专利 CN200810053857.4 的来源为盐湖卤水苦卤，因此纳入盐湖卤水提钾范围。

3. 盐湖卤水提取氯化钾方法分析

根据氯化钾来源分析结果，将来源为盐湖卤水的 25 件专利、光卤石相关专利 13 件、钾石盐相关专利 2 件、钾混盐专利 1 件、钾芒硝专利 1 件、苦卤专利 1 件共计 43 件专利涉及的盐湖卤水提取氯化钾方法进行分析。

表 3－10 和图 3－26 是盐湖卤水提取氯化钾方法分布，从图和表中可以看出，盐湖卤水提取氯化钾方法申请量居前三位的是冷分解－正浮选法、兑卤法、反浮选－冷结晶法，其申请量分别占氯化钾总申请量的 26%、26%、14%。热溶结晶法相关专利 5 件，占专利总量的 12%；盐田法是指利用自然能从盐湖卤水中直接提取氯化钾，这部分专利 3 件。另外，还有 7 件专利无法归类，详细信息见表 3－11。

表 3－10　氯化钾提取方法

提取方法	申请量/件
冷分解－正浮选法	11
兑卤法	11
反浮选－冷结晶法	6
热溶结晶法	5
盐田法	3
其他	7
总计	43

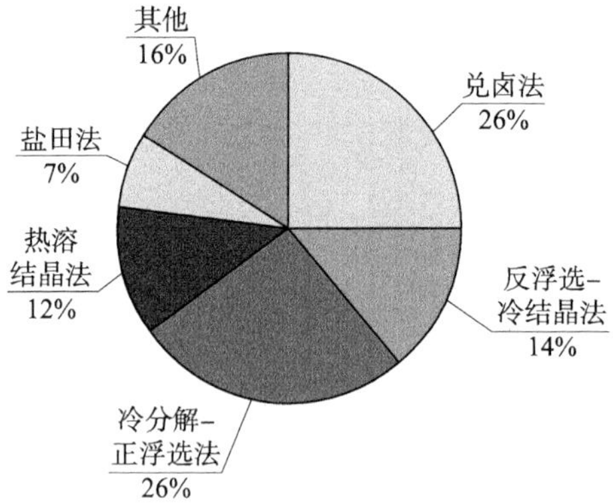

图 3－26　氯化钾提取方法分析

表 3－11　其他方法提取氯化钾

专利申请号	专利名称	专利权人	专利保护技术点
CN87105820.0	从光卤石矿中制取氯化钾与低钠盐的方法	青海省地质中心实验室	利用粒度学，按光卤石矿中各种组分的晶体粒度大小不同进行机械筛分，可除去 60%～80% 的 NaCl 杂质，而光卤石矿中的 KCl 含量得到有效提高，再采用冷分解，第二次筛分除去部分 NaCl 颗粒，再经蒸发浓缩、过滤等工序就可得到精制的 KCl 产品
CN01108228.3	用“分解分离”法制取氯化钾的生产工艺	陈兆华	加水去除光卤石中的氯化镁，筛分分离氯化钠和氯化钾制得粗钾，实现氯化钾和氯化钠由于粒径不同而得以分离
CN02133916.3	固体矿溶浸开采——多元结晶制取氯化钾	李晓明、程忠	从固体钾盐矿石中采出富含氯化钾的卤液，并直接通过结晶工艺一步获取高品质氯化钾

续表

专利申请号	专利名称	专利权人	专利保护技术点
CN200410025015. X	低硫酸钙含量的氯化钾生产方法	华东理工大学、青海盐湖工业集团有限公司	发明人通过研究硫酸钙在光卤石矿中的存在状态，发现95%以上硫酸钙主要以粒径100μm以下的颗粒存在，在饱和卤水介质中分离除去粒径小于100μm的光卤石颗粒，提出了分级—冷分解—正浮选或分级—反浮选—冷结晶法
CN200710134473. 0	利用硫酸盐型卤水生产的钾混盐和老卤生产氯化钾的工艺	陈兆华、吴盘平	钾混盐和老卤进行高温转化；将高温转化完成的料浆进行固液分离，得清液；将清液冷却，结晶出光卤石；将光卤石分解洗涤，得产品氯化钾，解决了国内外钾混盐不能生产氯化钾的难题
CN201410229013. 6	从低品位硫酸盐亚型含钾尾矿中制备氯化钾的方法	中国科学院青海盐湖研究所、茫崖兴元钾肥有限责任公司	将低品位硫酸盐亚型含钾尾矿采用10～60目的筛子筛分，获得含钾品位较高的尾矿；将老卤与淡水按质量比为3：1～1：5的比例混合，获得浸取剂；采用浸取剂溶解筛分后的低品位硫酸盐亚型含钾尾矿，其中，含钾尾矿与浸取剂的质量比为3：1～1：3，获得五元体系的富钾卤水；向五元体系的富钾卤水中加入$CaCl_2$水溶液，沉淀并过滤，去除硫酸根得四元体系；在简化后的四元体系的富钾卤水中制备得到氯化钾
CN201610552310. 3	利用太阳热能从卤水中提取高纯氯化钾的装置与方法	山西大学	提供一种利用太阳热能从卤水中提取高纯氯化钾的装置与方法，能从卤水中直接提取高纯的氯化钾，并且省略浮选和重结晶环节

表3－11中的7件专利，4件专利是比较重要的专利。专利CN87105820.0是主要针对现有技术中浮选药剂价格昂贵、氯化钾回收率低、浮选药剂污染环境、氯化钾产品中含有浮选药剂等缺点提出的一种新的工艺，该专利分两次去除NaCl杂质，首先利用粒度学，按光卤石矿中各种组分的晶体粒度大小不同进行机械筛分，可除去60%～80%的NaCl杂质，再采用冷分解，第二次筛分除去部分NaCl颗粒，再经蒸发浓缩、过滤等工序就可得到精制的KCl产品。

专利CN01108228.3的主要目的在于改变我国现有氯化钾生产不能满足工农业生产的现状提出的符合我国盐湖资源条件的用“分解分离”法制取氯化钾，该发明以盐湖光卤石为原料，不需要浮选、反浮选，只需要两道工序，首先加水分解光卤石，去除氯化镁，再利用氯化钾和氯化钠粒径不同进行筛分，去除氯化钠即得到高质量的粗钾。该专利的申请人为陈兆华，通过查阅资料了解，陈兆华为格尔木科一晶钾公司的董事，该公司目前营业状态为吊销，而该专利也因未缴年费在2010年专利权终止。另外，该专利权人还有一件专利CN200710134473.0，该专利弥补了国内尚不能以钾混盐为原料生产氯化钾的空白，该专利通过高温转化将钾混盐转化为光卤石，再将光卤石加水分解洗涤再得氯化钾。

专利 CN200410025015. X 是主要针对现有技术对光卤石中硫酸钙的脱除问题不能很好地解决提出的新的方案，发明人通过研究发现 95% 以上硫酸钙主要以粒径 100μm 以下的颗粒存在，其中粒径在 70μm 以下的占 78. 23%。研究还发现硫酸钙在光卤石矿中以小粒子单独存在，而包裹在氯化钠和精光卤石颗粒中的硫酸钙仅占 5% 或更少。据此，发明人先分离除去粒径小于 100μm 的光卤石颗粒，再进行正浮选或反浮选制得氯化钾产品。该专利由华东理工大学与青海盐湖工业集团有限公司联合申请。

4. 盐湖卤水提取氯化钾企业专利实力

为了解盐湖提取氯化钾领域主要有哪些单位申请专利，对排名前十位的申请人进行统计，从图 3 - 27 中可以看出，排名前三位的分别为中国科学院青海盐湖研究所、中蓝连海设计研究院、青海盐湖工业股份有限公司。从申请人类型来看，申请人主要以大学、科研院所和企业为主，因此，我国在此技术领域应进一步加强产学研的结合，促进理论技术的应用。

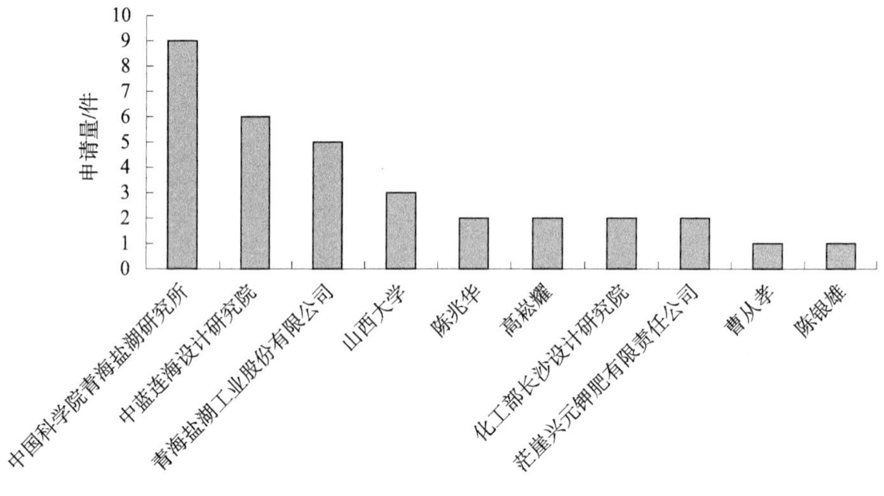

图 3 - 27　盐湖卤水提取氯化钾排名前十位的申请人

中国科学院青海盐湖研究所在盐湖卤水提取氯化钾领域申请量最大，有 9 件专利申请，其氯化钾提取方法以冷分解 - 正浮选法、热溶结晶法以及兑卤法为主，发明人则以李海民和张志宏为代表，9 件专利中有 2 件是合作申请，专利 CN201310131305. 1 为中国科学院青海盐湖研究所和茫崖兴元钾肥有限责任公司以及大柴旦清达钾肥有限责任公司的合作申请，该专利采用反浮选 - 冷结晶法制取氯化钾，加盐来源为含低品位钾的硫酸盐亚型盐湖矿。专利 CN201410229013. 6 为中国科学院青海盐湖研究所和茫崖兴元钾肥有限责任公司的合作申请，该专利主要是从低品位硫酸盐亚型含钾尾矿中提取氯化钾，其创新点在于采用氯化钙溶液通过沉淀法去除硫酸根，去除效果良好，且成本较低。

中蓝连海设计研究院选矿药剂开发、钾系列化工产品的开发在国内处于领先地位，其在氯化钾提取领域有 6 件专利申请，其氯化钾提取方法以冷分解 - 正浮选法、冷结晶-正浮选法为主，氯化钾提取的来源主要以光卤石矿、钾石盐、钾混盐为主，6件专利中2件为合作申请，专利CN201310123329.2专利权人为中蓝连海设计研究院和中信建设有限公司，该专利以钾石盐为原料采用冷结晶-正浮选法提取氯化钾。专利CN201310046820.X专利权人为五矿盐湖有限公司和中蓝连海设计研究院，该专利是通过冷分解-正浮选法从硫酸镁亚型或硫酸盐过渡型含钾盐湖卤水中提取氯化钾。

排名第三位的是青海盐湖工业股份有限公司（1996年曾更名为“青海盐湖工业集团有限公司”），申请量为5件，氯化钾提取的方法主要是其自主研发的反浮选-冷结晶法，氯化钾来源为盐湖卤水和光卤石，其中专利CN200410025015.X为华东理工大学和青海盐湖工业集团有限公司的合作申请。

3.3.3.2　盐湖卤水提取硫酸钾

本部分共检索硫酸钾提取相关专利42件，现对这42件专利进行分析。

1. 硫酸钾提取来源

图3-28是国内硫酸钾提取的主要来源，从图中可以看出，国内硫酸钾提取的主要来源为盐湖卤水，这部分申请量为23件，占硫酸钾提取总申请量的55%。除盐湖卤水外，光卤石、钾混盐、钾芒硝均来自于盐湖。苦卤制备硫酸钾相关专利5件，其中，专利CN92110336.0、CN93105556.3和CN201611079674.0为盐湖苦卤，另外2件为海水苦卤。另外，还有4件专利无法进行归类，详细信息见表3-12。

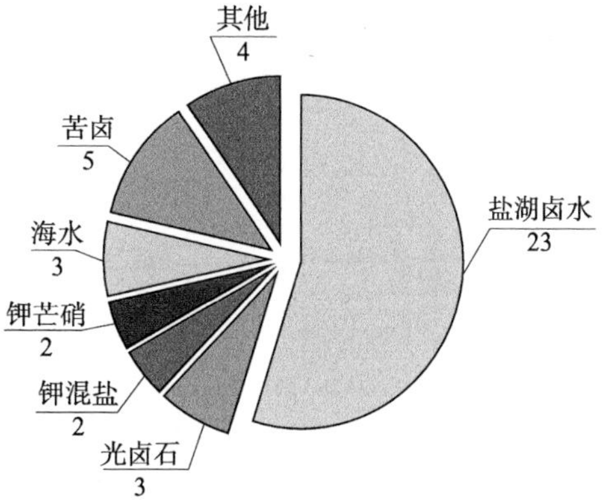

图3-28　硫酸钾提取来源

表3-12　4件专利详细信息

专利申请号	专利名称	专利权人	专利保护点
CN99112051.5	氨/水介质中复分解制取硫酸钾的新方法	青岛化工学院	以含钾离子和硫酸根离子的混合物料为原料，以氨/水为介质，采用复分解法制备硫酸钾
CN201610667990.3	一种全水溶晶体硫酸钾生产工艺	四川蓥峰实业有限公司	以采用硫酸钾矿或含钾卤水制得的硫酸钾和曼海姆法制得的硫酸钾为原料制备全水溶性硫酸钾
CN201680075261.7	在高环境温度从含钾矿制备硫酸钾中控制形成硫酸盐的化合物的方法	雅拉达洛尔有限公司	该专利通过形成白钠镁矾来控制硫酸盐的总浓度，从而可以在高于35℃的条件下进行，解决了现有技术对温度的控制要求，从而节约了水电资源，且能够在不同的钾沉积物或其混合物中应用
CN201710726592.9	一种全溶性、颗粒级农业用硫酸钾的制取工艺	茫崖兴元钾肥有限责任公司	盐湖产硫酸钾为原料经破碎，过筛，与母液、淡水混合加热，再经冷析结晶得全溶性、颗粒级硫酸钾

2. 盐湖卤水提取硫酸钾方法分析

根据前文中硫酸钾提取方法的分类，将来源为盐湖卤水 23 件专利、光卤石 3 件专利、钾混盐 2 件专利、钾芒硝 2 件专利、苦卤中的 3 件专利，共计 33 件盐湖卤水提取硫酸钾专利进行分析（见图 3－29）。

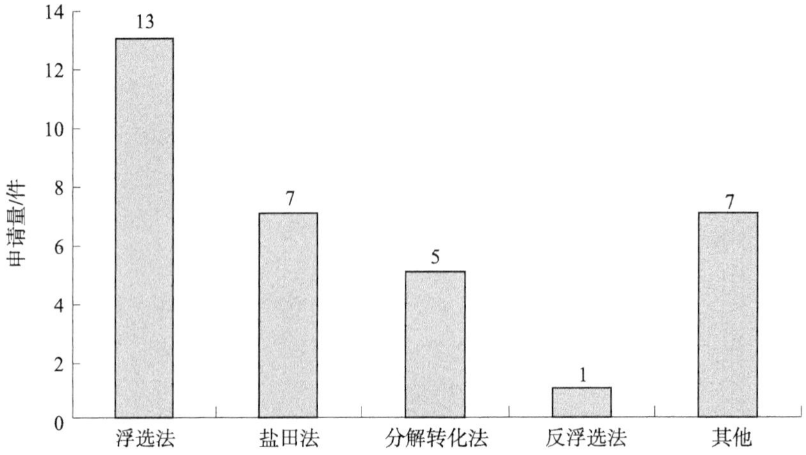

图 3－29　硫酸钾提取方法

从图 3－29 中可以看出，盐湖卤水提取硫酸钾方法申请量最多的是浮选法，其申请量为 13 件，占盐湖卤水提取硫酸钾专利总量的 39.4%。盐田法居第二位，申请量为 7 件，占专利总量的 21.2%。分解转化法的申请量为 5 件，占专利申请总量的 15.2%。反浮选法只有 1 件专利申请。另外，还有 7 件专利无法进行归类，详细信息见表 3－13。

表 3－13　其他方法提取硫酸钾

专利申请号	专利名称	申请人	专利保护点
CN200510091868.8	以盐田钾混盐为原料生产硫酸钾的方法	青海中信国安科技发展有限公司	以钾混盐为原料，采用机械方法除去氯化钠，解决现有技术中浮选法、反浮选法存在药剂，分解转化法对钾混盐原料要求高，盐田法对自然条件要求高的缺点
CN200510091865.4	以钾混盐和光卤石为原料生产硫酸钾的方法	青海中信国安科技发展有限公司	采用机械法除去氯化钠与 CN200510091868.8 的区别在于原料不同，该发明原料为钾混盐和光卤石
CN201410270699.3	一种与硫酸钾生产相结合的制取氯化钾方法	冷湖滨地钾肥有限责任公司	将硫酸钾生产与氯化钾生产相结合，使硫酸钾转化母液作为低钠光卤石的分解液，制得氯化钾产品，免去了浮选工艺，降低了生产成本；同时氯化钾产品可作为硫酸钾生产的原料

续表

专利申请号	专利名称	申请人	专利保护点
CN201610122909.3	一种硫酸镁转化法生产硫酸钾及镁资源的综合利用方法	南阳东方应用化工研究所	该发明属于硫酸镁转化法，同时副产氢氧化镁
CN201610296061.6	一种以卤水为原料制备硫酸钾的方法	辽宁工程技术大学	该发明以氟硼酸盐作为化学沉淀剂沉淀出钾
CN201711091151.2	一种芒硝制备硫酸钾的方法	石河子大学	以芒硝和氯化钾为原料，以水－醇体系为溶剂，纯硫酸钾晶体诱导结晶，得到纯度为98.5%以上的硫酸钾
CN201711257511.1	一种利用低品位钾矿生产硫酸钾水溶肥的方法	青海中航资源有限公司	利用低品位钾矿生产水溶硫酸钾，该发明通过分别精制氯化钾和钾镁肥，提高原料品质，提高钾回收率

3. 盐湖卤水提取硫酸钾单位专利实力

图3－30是盐湖卤水提取硫酸钾排名前十位的申请人申请情况，从图中可以看出，中国科学院青海盐湖研究所在该领域有9件专利申请，提取方法以浮选法和盐田法为主，发明人以李海民为代表，其中专利CN201610244215.7为中国科学院青海盐湖研究所和冷湖滨地钾肥有限责任公司的合作申请，该专利以杂卤石矿为原料采用盐田法制备硫酸钾。排名第二位的为化工部长沙设计研究院，其申请量为5件，专利所涉及的方法包括浮选法和盐田法，发明人以汤建良为代表，其中专利CN02143641.X为新疆罗布泊钾盐科技开发有限责任公司和化工部长沙设计研究院的合作申请，该专利以含钾硫酸镁亚型卤水为原料利用盐田法制取硫酸钾。除以上两个主要专利申请人外，冷湖滨地钾肥有限责任公司、化学工业部连云港设计研究院和青海中信国安科技发展有限公司也有少量申请，值得注意的是，青海中信国安科技发展有限公司的两件专利申请，采用的是机械除钠，改变了现有技术中的除钠方式，两件专利的申请号分别为CN200510091868.8和CN200510091865.4，其中专利CN200510091868.8的法律状态为

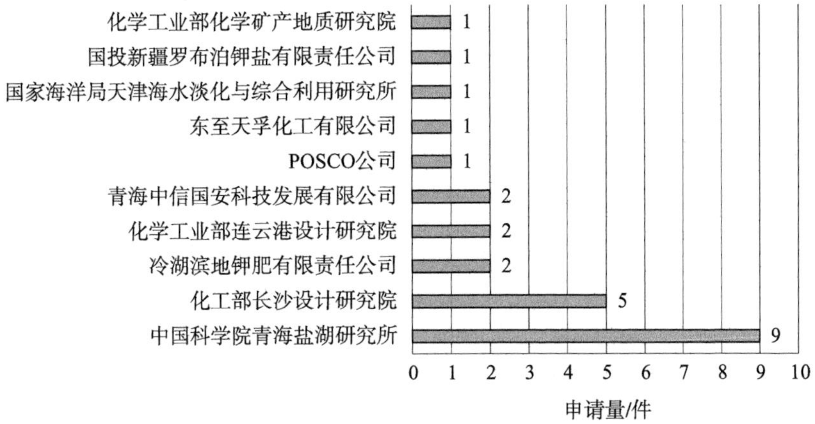

图3－30 盐湖卤水提取硫酸钾企业申请情况

授权，且该专利有专利权转让情况，由青海中信国安科技发展有限公司转让给青海中信国安锂业发展有限公司，专利 CN200510091865.4 于2006年8月16日公开，2006年10月11日实质审查生效，2008年7月9日被驳回。

3.3.3.3 盐湖卤水提取其他钾盐

根据本部分检索结果及相关技术分类，除氯化钾和硫酸钾两种钾肥外，钾肥品种还有光卤石、硝酸钾、软钾镁矾和硫酸钾镁肥等，由于专利申请量较小，不适于按方法分类。因此，对这几种钾盐所涉及的专利分别进行分析。其中，软钾镁矾相关专利12件，硫酸钾镁肥相关专利8件，光卤石相关专利7件，硝酸钾相关专利7件，另有5件专利无法进行归类，现对上述39件专利进行分析。

1. 盐湖卤水提取光卤石

国内外从氯化物型盐湖卤水中制取氯化钾都是先制取光卤石矿，再对光卤石进行加工获得氯化钾，光卤石质量的优劣对制取的氯化钾回收率与质量有很大的影响。光卤石矿的主要生产方法有两种：一种是用氯化物型含钾卤水通过盐田滩晒的方法制备；另一种是用容器兑卤方法生产。本部分共检索盐湖卤水提取光卤石专利7件，具体信息见表3-14。

表3-14 盐湖卤水提取光卤石

专利申请号	专利名称	专利权人	专利保护点
CN00112360.2	可直接制取低钠、优质光卤石的方法	宋侑霖	解决现有技术中不能直接制取光卤石的现状，该专利常温常压下采用波美度比重计测定卤水波美度的方法控制定量的固体水氯镁石加入到定量的光卤石点卤水中，经定时搅拌后，即进行液固分离，其所得的固相即是低钠光卤石、优质光卤石，排出的液相为老卤
CN200410079398.9	以硫酸镁亚型含钾卤水为原料制取光卤石矿的方法	张仲轩	解决现有技术中硫酸镁亚型含钾卤水只能用盐田滩晒法生产光卤石的现状，该专利以硫酸镁亚型含钾卤水为原料通过两段兑卤制备光卤石，该方法生产氯化钾回收率高、不含任何药剂，硫酸镁含量低
CN201410191606.8	一种光卤石矿的制备方法	中国科学院青海盐湖研究所	针对现有技术中制备光卤石矿周期长、质量差等缺点，利用水氯镁石固矿较大的溶解性，使其溶解于钾盐饱和卤水中，通过盐析作用将钾饱和卤水中钾离子以光卤石形式析出，从而快速从钾饱和卤水中获得光卤石矿
CN201410493375.6	一种从固体钾矿制备光卤石原料的方法	格尔木藏格钾肥股份有限公司、中国科学院青海盐湖研究所	为了克服现有技术中无法开采超低品位钾矿的缺陷，根据吸收-蒸发原理综合利用超低品位固体钾矿和尾卤制备光卤石

续表

专利申请号	专利名称	专利权人	专利保护点
CN201410781060.1	一种利用钾混盐低温冷冻制取光卤石矿的方法	中国科学院青海盐湖研究所	以钾混盐为原料，与老卤兑卤，经蒸发、低温冷冻制取光卤石
CN201510287316.8	一种利用软钾镁矾矿和高镁溶液转化制取光卤石的方法	中国科学院青海盐湖研究所	针对盐田中软钾镁矾等不易直接利用的钾矿，利用高镁溶液和软钾镁矾矿转化制取光卤石
CN201611004778.5	一种利用晶间卤水制备光卤石矿的方法	中国科学院青海盐湖研究所	主要以一里坪盐湖卤水为原料，在不加入任何化学试剂的条件下充分利用资源地冷能、太阳能、风能等自然能源，实现从硫酸镁亚型盐湖卤水中得到钾混盐矿、光卤石等含钾矿物

表3－14所列的7件专利中，5件专利权人为中国科学院青海盐湖研究所，分析这5件专利可以发现，中国科学院青海盐湖研究所对该领域的主要关注点有两个方面：一是利用不同原料制备光卤石；二是缩短光卤石生产周期，解决盐田光卤石矿的质量和产量受自然因素影响大的现状。另外2件专利为个人申请，其中，专利CN200410079398.9的专利权人为张仲轩，该专利采用两段兑卤法生产光卤石，改变了只能用盐田滩晒法生产光卤石的现状，为光卤石制备提供了新的思路。专利CN00112360.2的专利权人为宋侑霖，该专利在常温常压下采用波美度比重计测定卤水波美度的方法控制定量的固体水氯镁石加入到定量的光卤石点卤水中制备光卤石，解决了现有技术中不能直接制取光卤石的现状。

2. 盐湖卤水提取软钾镁矾

软钾镁矾是生产硫酸钾的中间原料，也是一种优质无氯硫酸钾镁复合肥，而硫、镁等中量元素的短缺又是世界农业生产中普遍存在的问题，田间应用研究结果表明施用硫酸钾镁肥可显著提高水稻、蔬菜、烟草、水果等经济作物的产量和品质，被喻为作物施肥“黄金搭档”，具有广阔的市场应用前景。软钾镁矾制备技术主要以两段转化法和转化浮选法为主。本次共检索到盐湖提取软钾镁矾专利12件，具体信息见表3－15。

表3－15　盐湖卤水提取软钾镁矾

专利申请号	专利名称	专利权人	专利保护点
CN87103934	软钾镁矾或软钾镁矾与氯化钾混合物的生产方法	中国科学院青海盐湖研究所	盐湖卤水经过自然蒸发去除氯化钠晶体、七水硫酸镁晶体得到两段钾混盐，两段钾混盐混合加水回溶，自然蒸发去水，得到高品位软钾镁矾或软钾镁矾和氯化钾的混合物，克服现有技术不能直接从盐湖卤水中生产软钾镁矾的缺点

续表

专利申请号	专利名称	专利权人	专利保护点
CN88103389.8	冷法、热法制取高品位软钾镁矾的方法	中国科学院青海盐湖研究所	利用生产钾镁肥或硫酸钾过程中排放的混合尾矿低品位含钾混盐综合利用提钾的生产工艺，解决现有技术在生产钾镁肥或硫酸钾过程中直接丢弃钾离子含量高的尾矿，造成严重的资源浪费，也间接加大了企业生产成本的问题
CN98108686.1	一种制取软钾镁矾的新方法	中国科学院青海盐湖研究所	本发明采用将含钾、镁、硫酸根、钠、氯离子的矿物原料与水混合，控制混合物料中钾、镁、硫酸根和水的质量比在一定温度下发生热溶反应，之后固液分离得到软钾镁矾，解决现有技术工艺复杂、生产周期长、产品纯度不高等问题
CN200510085831.4	软钾镁矾的生产方法	青海中信国安科技发展有限公司	对专利 ZL03157856.X 的进一步改进，采用机械分离氯化钠，两段转化生产软钾镁矾，但较已有专利的不同之处在于一段分离氯化钠后的矿浆不需过滤直接进入二段转化，减少了设备投资，降低了生产成本
CN200610041071.1	一种从卤水直接制备钾镁肥的方法	中蓝连海设计研究院	向反应器匀速加入钾饱和卤水、老卤、芒硝和钾混盐，并进行全混流连续搅拌，进行充分反应，反应器下方的含钾盐镁矾晶体的料浆从反应器的下部出口放出，脱去母液，得到钾盐镁矾固体，解决了现有技术中不能在车间直接进行生产的从卤水直接制备钾镁肥的方法
CN200710034292.0	热溶结晶法从钾混盐生产大颗粒高品位软钾镁矾新工艺	潘向东、李正华	采用结晶的方法，液相脱除氯化镁，固相筛分去除钠盐，解决现有技术软钾镁矾都是细粉状的产品，粒度小，品位一般不超过98%，杂质较多，钾的一次性回收率低的问题
CN200910042726.0	一种低品位钾混盐提取钾肥的生产工艺	化工部长沙设计研究院	使用若干种 C8～C18 不同链长的阳离子捕收剂单一药剂或组合药剂浮选 K^+ 品位很低的钾混盐提钾，浮选后的钾盐精矿转化为软钾镁矾，充分利用了各浮选厂排放的废弃尾矿，避免了资源浪费，同时间接节约了成本

续表

专利申请号	专利名称	专利权人	专利保护点
CN201210323040.0	不饱和卤水为浮选介质生产硫酸钾镁肥的方法	青海中信国安科技发展有限公司、青海省化工设计研究院有限公司	配料工段采用 $40g/L \leqslant Mg^{2+} \leqslant 60g/L$ 的不饱和卤水作为浮选介质调配液，不但可以有效降低浮选后产物低钠钾镁混盐中氯化钠含量，还可以减少反应时间，尤其是转化反应在常温下即可完成，与“转化－浮选法”相比，该工艺具有产品结晶度好、生产工艺简单、能耗少、成本低、钾回收率高等优点
CN201410021722.5	一种用含钾七水泻利盐粗产品制备钾盐镁矾的工艺	化工部长沙设计研究院	该发明回收了泻利盐粗产品中的钾离子，解决了现有技术中不能直接得到钾盐的缺点，与现有技术相比该发明采用的方法钾离子回收率高，能耗低，环境污染小
CN201710548076.1	一种用含硫酸镁的光卤石矿提取软钾镁钒的方法	化工部长沙设计研究院	以含硫酸镁的光卤石为原料，通过分解－脱卤－转化－浮选－洗涤的工艺制得高品质软钾镁钒产品，解决了含硫酸镁光卤石矿钾离子和硫酸根离子的综合利用问题
CN201710630398.0	基于兑卤法的软钾镁矾的制备方法	中国科学院青海盐湖研究所	该发明以柯柯盐湖提氯化钠后的废弃卤水为原料，通过一次晒盐及两次兑卤，即可利用该复体点在芒硝区的卤水资源，改变了柯柯盐湖只生产氯化钠的现状，解决了柯柯盐湖开发利用中废弃卤水占地面积大、污染环境、资源浪费等问题
CN201811402876.3	软钾镁矾的制备方法和软钾镁矾饲料	青海蓝湖善成生物技术有限公司	原料卤水经多温动态蒸发，得到硫酸盐段矿和光卤石段矿，再经混合球磨得到软钾镁矾粗矿，粗矿经浮选得到软钾镁矾精矿，再用所得软钾镁矾精矿制得软钾镁矾饲料

从表3－15可以看出，利用盐湖卤水制备软钾镁矾的专利申请起步较早，最早利用盐湖卤水制备软钾镁矾的申请人为中国科学院青海盐湖研究所，其在1987年就有专利申请，同时，其在软钾镁矾提取领域专利申请量也最多，从其申请专利内容可以发现其早期关注点在从盐湖卤水中直接提取软钾镁矾、软钾镁矾生产工艺改进、简化等方面，后期专利申请的关注点则主要在盐湖尾矿、弃卤中钾回收方面；化工部长沙设计院申请主要关注点在对废弃尾矿、泻利盐和含杂质光卤石中提取软钾镁矾，其申请起步较晚，申请的保护范围也集中周边，布局策略为包围式布局；青海中信国安科技发展有限公司在软钾镁矾提取方面属于后起之秀，其专利申请关注点在对现有技术的改进方面。

3. 盐湖卤水提取硫酸钾镁肥

硫酸钾镁肥是多元素硫酸钾的系列产品之一，是一种非常重要的肥料，不仅能给植物提供镁及硫元素，而且能疏松土壤，促进植物的叶、枝及根系的生长发育，使植物根系庞大，同时能促使植物加快吸收土壤中氮、磷等元素，增强植物抵抗疾病的能力，它被称为“植物生长和高产的营养剂”。植物缺镁不能正常生长，因此要提高生产率和农业产量必须及时补充镁。镁元素是叶绿素的重要成分，对于光合作用是不可缺少的，是许多酶的活化剂，能促进碳水化合物的新陈代谢、核酸的合成、磷酸盐的转化等。

本次共检索到盐湖提取硫酸钾镁肥相关专利8件，具体信息见表3－16。

表3－16　盐湖卤水提取硫酸钾镁肥

专利申请号	专利名称	专利权人	专利保护点
CN200610008786.7	用含钾硫酸镁亚型卤水制备硫酸钾镁肥的方法	新疆新雅泰化工有限公司	将含钾硫酸镁亚型卤水自然滩晒成钾混盐，调整钾混盐浓度，进行浮选，加入淡水或微咸水进行转化得湿软钾镁矾，经干燥得精制硫酸钾镁肥
CN200610008787.1	改进的用含钾硫酸镁亚型卤水制备硫酸钾镁肥的方法	新疆新雅泰化工有限公司	对专利CN200610008786.7不是针对水采法采矿的问题的进一步改进
CN200810150357.2	利用含钾硫酸盐矿制备硫酸钾镁肥的方法	中国科学院青海盐湖研究所	以硫酸盐型盐湖含钾卤水盐田日晒所得含钾硫酸盐矿为原料，通过破碎、磨矿、分解转化、浮选分离、再浆洗涤等工艺过程，得到符合国家硫酸钾镁肥产品标准的硫酸钾镁肥产品
CN200810232285.6	利用含钾固矿分离提取硫酸钾镁肥的方法	中国科学院青海盐湖研究所	以用含钾硫酸盐型盐湖卤水盐田日晒蒸发所得含钾硫酸盐矿和氯化镁刚饱和卤水为原料，通过氯化镁卤水盐析浸取含钾硫酸盐矿中的钾得到钾饱和液；钾饱和液兑卤盐田蒸发制得低钠硫酸镁、光卤石混矿；低钠硫酸镁、光卤石混矿分解转化得到硫酸钾镁肥
CN200910054108.8	一种生产硫酸钾镁肥的方法	雅泰实业集团有限公司	以天然钾长石为原料，将其粉碎细磨，过150目筛；加入适量盐湖提钾废弃物中以水氯镁石为主的盐湖高温盐，在HCl保护气氛或密闭条件下，中温焙烧2～3h；水淬溶浸后，往过滤得到的溶液中添加盐湖提钾废弃物泻利盐，经蒸发浓缩结晶、洗涤干燥，得到硫酸钾镁肥
CN201110420163.1	利用含泥钾混盐矿制取硫酸钾镁肥的工艺	中蓝连海设计研究院	将原生的钾混盐矿采出后，破碎，在常温条件下洗矿，矿浆用60～200目振动筛筛分；筛上物磨矿；将磨矿处理后的钾混盐先加入细泥抑制剂，然后再加入捕收剂，将含钾矿物软钾镁矾浮选富集，所得精矿即粗钾镁肥；将浮选所得的粗钾镁肥经过加适量淡水洗涤；固液分离，即得湿钾镁肥，再经过烘干即得成品硫酸钾镁肥

续表

专利申请号	专利名称	专利权人	专利保护点
CN201710726063.9	一种全溶性、颗粒级硫酸钾镁肥的制取工艺	茫崖兴元钾肥有限责任公司	盐湖产硫酸钾为原料，经破碎、过筛、加热、冷析结晶、淋洗得全溶性、颗粒级硫酸钾镁肥产品
CN201810726960.4	一种制备钾镁肥的方法	郑州科技学院	以杂卤石和钾长石为原料，粉碎成粉末，再补充硫酸镁，通过焙烧、水浸、过滤和蒸发，制备得到钾镁肥

从表 3－16 可以看出，硫酸钾镁肥的专利权人主要以中国科学院青海盐湖研究所和新疆新雅泰化工有限公司为主，研究方向主要有两个：一是盐湖卤水提取硫酸钾镁肥；二是以硫酸钾为原料，制备硫酸钾镁肥。

4. 盐湖卤水提取硝酸钾

从表 3－17 可以看出，我国盐湖卤水提取硝酸钾发展至今也只有 20 年的时间，主要专利权人以新疆安华矿业投资有限公司为代表，生产方法主要以盐田法为主。

表 3－17　盐湖卤水提取硝酸钾

专利申请号	专利名称	专利权人	专利保护点
CN00118905.0	用硝酸盐型固液体矿生产硝酸钾硝酸钠的方法	鄯善常拓建化有限公司	原卤在一级盐田滩晒蒸发，结晶去除钠盐，进入二级盐田继续滩晒蒸发析出钠混盐后转入三级盐田继续蒸发得硝酸根离子含量大于 50% 的半成品硝酸盐，残卤回收进入二级盐田；二级盐田产生的钠混盐加热浮选去除硫酸根离子；溶液进入三级盐田，半成品精制产出硝酸钾或硝酸钠
CN01115275.3	利用盐湖钾资源和钠硝石制取硝酸钾的新方法	中国科学院青海盐湖研究所	将盐湖钾资源矿与天然钠硝石与水和/或硝酸钾母液一起混合，调节混合物中的钾、硝酸根和水的质量比，使混合物料进行热溶解转化反应，反应后形成固液混合料浆，分离得热溶饱和清液；将热溶饱和清液经冷却至室温，析出硝酸钾然后将硝酸钾母液返回热溶阶段配料
CN201110287634.6	利用复杂硝酸盐型卤水直接生产成品硝酸钾的方法	化工部长沙设计研究院	以复杂硝酸盐型卤水为原料，经冻硝池、一级钠盐池、二级钠盐池，盐田成卤，烧碱和纯碱分别沉淀卤水中钙、镁杂质，除杂后析出钾，加入氯化钾得转化母液，转化母液与冷析液混合，兑卤除钠，真空结晶得硝酸钾

续表

专利申请号	专利名称	专利权人	专利保护点
CN201210377336.0	利用盐湖卤水以除镁方式生产硝酸钾的方法	新疆安华矿业投资有限公司	将原料原卤、氯化钾、生石灰经制备熟石灰、制备石灰料浆、除镁、制备成卤、制备混合液、高温蒸发、一次分离、二次分离、制备高温盐洗涤液、制备蒸发母液、制备配钾母液、制备高温母液、冷析结晶、淋洗、干燥15个步骤，制得硝酸钾干产品
CN201210377338.X	利用盐湖卤水以兑卤方式生产硝酸钾的方法	新疆安华矿业投资有限公司	将原料成卤、氯化钾、无水硫酸钠，经制备混合液、高温蒸发、一次分离、制备综合液、二次分离、三次分离、制备高温盐洗涤液、制备蒸发母液、制备兑卤母液、一段高温蒸发、一段分离、制备配钾母液、二段分离、三段分离、淋洗、干燥15个步骤，制得硝酸钾干产品
CN201310274201.6	利用含硝酸盐的硫酸镁亚型卤水制取钾混盐矿及生产硝酸钾的方法	新疆安华矿业投资有限公司	六元体系晶间卤水通过自然蒸发、兑卤等工序晒制硝酸钾含量较高的钾混盐矿、生产硝酸钾的方法
CN201611058700.1	一种兑卤法生产米粒状结晶硝酸钾的工艺	浙江联大化工股份有限公司	以硝酸、氧化镁、氯化钾为原料进行反应，冷却结晶得到硝酸钾粗品，再通过兑卤法，即将硝酸钾的高温溶液和低温溶液按一定比例混合，同时加入硝酸钾晶种，控制混合液温度和搅拌速度，结晶得到米粒状的硝酸钾晶体

3.3.3.4 盐湖卤水综合利用

除钾盐提取之外，一部分专利是关于综合利用方面的保护，本次共检索到综合利用方面专利33件。本小节将对这33件专利进行筛选，重点分析26件盐湖卤水综合利用相关专利。盐湖卤水综合利用类26件相关专利具体信息见表3－18。

表3－18 盐湖卤水综合利用

专利申请号	专利名称	专利权人	专利工艺路线
CN95117917.9	一种含有硫酸盐的卤水全卤制碱并制取硫酸钾的方法	邓天洲	硫酸盐卤水经两次除钙、镁，得低硫酸钠卤水和硫酸钠水合物；硫酸钠水合物与氯化钾进行二段反应制取硫酸钾，为降低成本，提高钾回收率，钾芒硝母液先经冷却析出芒硝，再经蒸发析出食盐得到蒸发完成液回头参与一段反应

续表

专利申请号	专利名称	专利权人	专利工艺路线
CN200380110956.7	同时回收氯化钾和富含 KCl 的食用盐	科学与工业研究委员会	氯化钙对盐卤脱硫得光卤石，光卤石水分解制得氯化钾和剩余盐卤，剩余盐卤再经水分解得氯化钠，分解液再经石灰处理得氢氧化镁
CN200910059490.1	一种卤水制取氯化钠与氯化钾的方法	邛崃市鸿丰钾矿肥有限责任公司	过滤卤水中机械杂质后预热卤水，加入盐析剂，控制卤水温度 70 ~ 110℃ 析出氯化钠，卤水冷却至室温，过滤卤水析出氯化钾
CN200910069449.2	氯化钠、硫酸镁、氯化钾的联产方法	天津长芦汉沽盐场有限责任公司	卤水常压蒸发析出氯化钠，分离母液冷冻至 0℃ 制七水硫酸镁，回收母液再经二次蒸发得光卤石，光卤石加水分解得氯化钾
CN200910164355.3	一种用 CO_2 气体解吸被氢氧化镁沉淀吸附的钾、钠、锂、硼的方法	达州市恒成能源（集团）有限责任公司	卤水提镁工序中氢氧化镁沉淀会吸附卤水中较多的钾、钠、锂、硼等贵重物质，该发明将氢氧化镁经调浆，通入 CO_2，搅拌，再经固液分离解吸氢氧化镁沉淀吸附的钾、钠、锂、硼
CN200910164354.9	一种用碳酸氢盐解吸被氢氧化镁沉淀吸附的钾、钠、锂、硼的方法	达州市恒成能源（集团）有限责任公司	与专利 CN200910164355.3 的区别是用碳酸盐对氢氧化镁沉淀进行解吸
CN200910167837.4	一种卤水综合利用的方法	达州市恒成能源（集团）有限责任公司	卤水脱硫化氢、沉镁、沉钙并制取碳酸钙、一段制氯化钠、二段制钾钠混盐、浮选氯化钾、酸化提硼、树脂吸附提碘、蒸馏提溴、树脂吸附分离铷铯并制氯化铷、氯化铯
CN201010147943.9	利用盐湖混合盐矿制取氯化钠、氯化钾、氯化镁及硫酸镁的方法	格尔木同兴盐化有限公司	盐湖混合盐矿与工艺产生的浓厚卤分解液、回收液混合加热经沉降、真空结晶、固液分离得光卤石和液相浓厚卤，光卤石加水分解制氯化钾，高温盐制氯化钠和氯化镁
CN201010222353.8	钾石盐卤水蒸发法联产氯化钾和氯化钠的工艺	中国中轻国际工程有限公司	井下钾石盐卤水经逆流多效蒸发得氯化钠和制盐母液，制盐母液经逆流多效蒸发、固液分离得氯化钾
CN201110034801.6	钾盐矿快速制取工业盐的方法和装置	山西大学	溶采钾盐矿并抽取卤水，对溶采卤水加温，蒸发浓缩、固液分离得到氯化钠、氯化钾和软钾镁矾的混合物，继续浓缩并固液分离得到水氯镁石和泻利盐为主的混合物

续表

专利申请号	专利名称	专利权人	专利工艺路线
CN201110433253.4	利用光卤石矿井采卤水生产氯化钾、氯化钠及镁片的方法	化工部长沙设计研究院	经光卤石分解、蒸发浓缩、光卤石分离、井采注剂配制、热溶结晶等过程得氯化钾。经洗盐及干燥得氯化钠，最后制备镁片，综合利用光卤石中的钾和镁资源
CN201210365639.0	一种碳酸盐型盐湖中用浮选法提取钾芒硝和氯化钾的方法	中国科学院青海盐湖研究所	碳酸盐型盐湖原矿经破碎混合，加入浮选药剂经粗选和两次精选提取钾芒硝和氯化钾
CN201210591008.0	分离碳酸盐型含锂、钾卤水中碳酸根及制备钾石盐矿、碳酸锂精矿的方法	西藏旭升矿业开发有限公司	碳酸盐型原卤经预晒池蒸发水、冷冻池得硝碱混盐，碳酸根沉淀去除碳酸盐，经氯化钠池蒸发水得氯化钠，钾石盐池蒸发得钾石盐和富锂卤水，富锂卤水经车间生产得碳酸锂精矿
CN201310124971.2	采用自然能富集分离硫酸盐型盐湖卤水中有益元素的方法	中国科学院青海盐湖研究所、西藏阿里旭升盐湖资源开发有限公司	硫酸盐型盐湖卤水导入预晒池，调节钠离子至氯化钠饱和状态，导入芒硝池冬季析出芒硝，夏季析出氯化钠，之后进行除钾处理，除钾后卤水析出泻利盐得高氯化镁含量卤水，高氯化镁卤水与芒硝混合析出钠盐和镁盐，除镁卤水蒸发后与水反应析出硼矿，析出硼矿的卤水蒸发析出锂盐
CN201310376026.1	地下富含氯化钾卤水综合利用生产方法	中盐制盐工程技术研究院	地下卤水进入氯化钠提取装置提取氯化钠，之后进入氯化钾装置蒸发浓缩得到钾石盐，钾石盐经分解得氯化钾产品，经酸化制备单质碘，再进入制溴装置制备溴素产品，最后进入氯化钙装置得氯化钙产品
CN201310452762.0	氯化物型含钾地下卤水联合提取钾、硼、锂的方法	中国地质科学院郑州矿产综合利用研究所	氯化物型含钾卤水经蒸发工艺得氯化钠，离子交换法提取硼酸，吸附后液用芒硝沉淀钙，沉钙母液经高温蒸发析出钠盐，低温冷却结晶析出钾盐，沉淀法提取碳酸锂
CN201310572377.X	利用自然能从混合卤水中提取 Mg、K、B、Li 的方法	中国科学院青海盐湖研究所、西藏国能矿业发展有限公司	碳酸盐卤水蒸发、冷冻，经冻硝得氯化钠、经蒸发得钾石盐，与高镁卤水混合的钾石盐矿，蒸发析出硼矿，经蒸发得锂盐矿，最后对卤水回兑回收锂、硼
CN201310572330.3	利用自然能从混合卤水中提取 Mg、K、B、Li 的方法	中国科学院青海盐湖研究所、西藏国能矿业发展有限公司	碳酸盐型盐湖卤水经蒸发、冷冻、蒸发得卤水 A，硫酸盐型盐湖卤水经蒸发、冷冻、蒸发得卤水 B，再将两种卤水混合冻硝、蒸发析出钾石盐，再经冻硝，导入降温池析出硼砂

续表

专利申请号	专利名称	专利权人	专利工艺路线
CN201310572237.2	利用自然能从混合卤水中制备光卤石矿的方法	中国科学院青海盐湖研究所、西藏国能矿业发展有限公司	碳酸盐型卤水经处理再经冻硝蒸发，与高镁卤水混合蒸发析出光卤石矿
CN201310606558.X	一种杂卤石－石盐伴生矿床的开采利用方法	达州市恒成能源（集团）有限责任公司	杂卤石－石盐伴生矿床注入淡水浸出卤水原液，与石灰乳液反应，过滤加入碳酸钠得净化卤水再经蒸发浓缩经冷冻得粗硝和冻硝母液，冻硝母液经真空蒸发浓缩得粗氯化钠和制盐母液，制盐母液降温冷却得粗氯化钾
CN201410308930.3	用光卤石制取氯化钾和软钾镁矾的方法	陈兆华、陈默	含钾卤水对光卤石进行不完全分解，经固液分离得一次中间产物，加入硫酸钠和水经转化反应、浮选洗涤固液分离得软钾镁矾，一次分解中间产物经完全分解、浮选、洗涤、固液分离得氯化钾
CN201610416617.0	利用光卤石生产硫酸钾肥金属镁PVC和液氯盐酸的方法	古舜起	光卤石经水溶解将氯化钾与六水氯化镁分开纯化，六水氯化镁用诺斯克法电解制造金属镁和氯气，氯化钾溶液与浓硫酸在加热条件下进行化学反应制得硫酸钾肥和氯化氢
CN201611004896.6	一种硫酸盐型卤水的综合利用方法	中国科学院青海盐湖研究所	晶间卤水经盐田冷冻蒸发机内氯化钠池蒸发得第一浓缩卤水和石盐，第一浓缩卤水注入钾混盐池蒸发得第二浓缩卤水和钾混盐矿，第二浓缩卤水注入光卤石池中蒸发得光卤石矿和老卤
CN201810315041.8	一种用含锂的纳滤产水制取碳酸锂和盐钾联产的工艺	中蓝长化工程科技有限公司	硫酸镁亚型盐湖卤水经纳滤膜分离得含锂的纳滤产水，将含锂的纳滤产水蒸发结晶，得成品卤水；成品卤水经强碱性阴离子交换树脂吸附除杂，得净化卤水，净化卤水蒸发水分，得氯化钠精制盐和盐钾共饱卤水，将盐钾共饱卤水冷却结晶，得到工业级氯化钾和富锂卤水，富锂卤水中加入碳酸盐溶液，在80～100℃沉淀结晶，得成品工业级碳酸锂

续表

专利申请号	专利名称	专利权人	专利工艺路线
CN201810524402. X	一种从油田卤水中综合提取锂钾硼的方法	中国地质科学院矿产资源研究所	预处理、经蒸发结晶析出钠盐得到提钠母液，提钠母液经蒸发结晶析出钾盐得到提钾母液，提钾母液经石灰乳和芒硝除杂得到除杂后的提钾母液，向除杂后的提钾母液中加入盐酸或硫酸得到粗硼酸和粗含锂母液，粗含锂母液蒸发浓缩并经螯合或吸附净化除杂得到精制富锂母液，向精制富锂母液中加碱沉淀洗涤得到粗碳酸锂
CN201811147143. X	一种碳酸盐型盐湖卤水富集锂盐同时提取钾盐的方法	吉林大学	常压下对碳酸盐型盐湖卤水进行等温蒸发浓缩，直至出现碳酸锂；然后采用高压 CO_2 对盐湖卤水进行碳化处理，碳酸锂转化为碳酸氢锂溶于样液，并析出部分 $KHCO_3$，对该体系进行固液分离，剩余溶液重复上述操作，直至不再析出 $KHCO_3$ 固体；剩余液相放入恒温箱中等温蒸发浓缩，$KHCO_3$ 持续析出，Li^+ 以 $LiHCO_3$ 形式存在于溶液中，从而使得 Li^+ 浓度从原始的 0.3 ~ 0.7g/L 富集至 30g/L 以上

根据表 3－18，对盐湖卤水综合利用提取元素进行总结，其分布如图 3－31 所示。

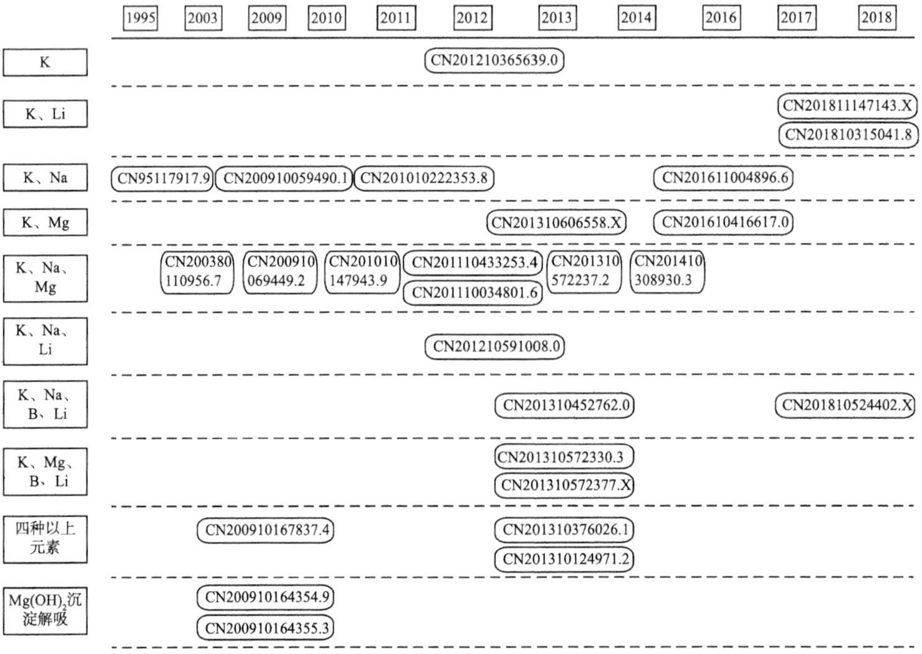

图 3－31　盐湖卤水综合利用分类

从图3-31可以看出，盐湖卤水综合利用专利最早是由邓天洲于1995年申请的，该专利以硫酸盐卤水为原料，经两次除钙、镁，得低硫酸钠卤水和硫酸钠水合物；硫酸钠水合物与氯化钾进行二段反应制取硫酸钾，实现了由全卤卤水制碱并制备硫酸钠；2013年盐湖卤水综合利用类专利申请量达到最大，这一年申请的专利提取元素覆盖盐湖提取钾、钠、镁，盐湖提取钾镁，盐湖提取钾镁硼锂，盐湖提取钾钠硼锂和盐湖提取多种元素，从图中还可以发现，盐湖卤水综合利用涉及最多的是盐湖提取钾、钠、镁的相关专利。除盐湖卤水综合利用相关专利以外，还有两件专利保护的是解吸从卤水提镁工序中氢氧化镁沉淀吸附卤水中的钾、钠、锂、硼等贵重物质，其中专利CN200910164355.3是向氢氧化镁沉淀中通入二氧化碳达到解吸目的，专利CN200910164354.9则是利用碳酸盐对氢氧化镁沉淀进行解吸，两件专利申请人均为达州市恒成能源（集团）有限责任公司，并且均因未缴年费而导致专利失效。盐湖卤水综合利用领域专利申请量最多的是中国科学院青海盐湖研究所，共有6件申请，其中专利CN201310572377.X、CN201310572330.3和CN201310572237.2均为与西藏国能矿业发展有限公司的合作申请。

3.3.3.5 盐湖卤水富钾

为提取品位更高的钾盐产品，人们会在提取前对钾元素进行富集，富钾专利包括三个方面：一是钾盐富集类专利，17件专利；二是钾盐除杂类专利，5件专利；三是钾盐精制类专利，3件专利。三类专利共计25件，现对25件专利进行梳理分析。

1. 钾盐富集

在钾盐富集类专利中，17件专利可以明确钾盐来源，具体情况如图3-32所示。

富钾来源最多的为盐湖卤水，有10件专利申请，其次是光卤石，有2件专利申请，余下的钾混盐、苦卤、海水均只有1件专利申请，另外2件专利比较特殊划入其他。

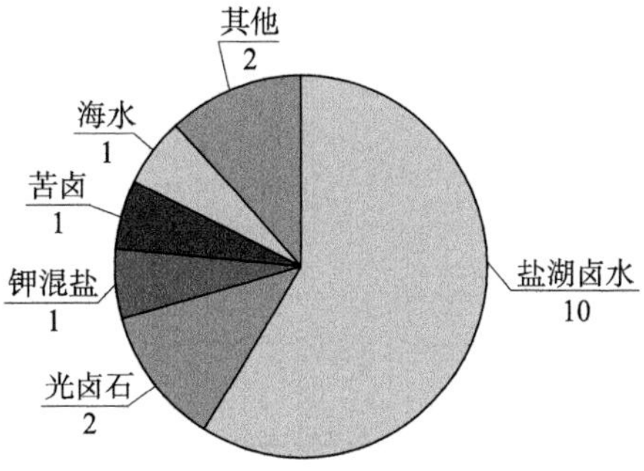

图3-32　富钾来源分布

具体分类内容如下：

光卤石：包括专利CN200710203104.2和专利CN201811037768.0。专利CN200710203104.2以盐田光卤石为原料，将其与循环母液混合经加热搅拌，结晶出大部分氯化钠，得到人造含钠量低的钾光卤石，从而提升氯化钾的品位。专利CN201811037768.0以光卤石分解母液为原料，经蒸发、结晶、过滤，再经热分解、脱卤得固体钾石盐，实现了资源的再利用，避免了资源的浪费。

钾混盐：专利CN201510254037.1主要保护的是浓盐水中钾钠盐的分离工艺，在高温状态下析出氯化钠，低温状态下析出氯化钾，从而实现浓盐水中的钾钠盐分离。

卤水苦卤：专利CN200910244937.2主要保护的是去除卤水中硫酸根离子的方法，使苦卤的组成简单化，便于苦卤中氯化钠、氯化钾、氯化镁等盐类的提取。

海水：专利 CN200710057730.5，重点利用沉淀法除去其中的钙、镁等二价离子。

其他：包括专利 CN201010231272.4 和专利 CN201210245534.1。专利 CN201010231272.4 提供了一种从锂云母处理液中分离钾铷的方法，其主要目的是析出锂云母处理液中绝大部分的钾铷，使母液能够达到沉淀碳酸锂的 K、Rb 浓度要求。专利 CN201210245534.1 提供了一种从浓盐水中除钾制备精制浓盐水的方法，浓盐水通过装填改性沸石的离子交换柱吸附钾离子，再对其进行解吸，得到富钾溶液。

通过以上分析可以发现钾盐富集过程中即使原料为固体盐，也是在水相中实现的，即通过中间卤水实现钾盐富集。因此在比较分析时可以将盐湖卤水富钾和中间卤水富钾视为一类技术，在开发新技术路线时一并作为参考。

2. 钾盐除杂

钾盐除杂专利共计 5 件，详细信息见表 3－19。

表 3－19　钾盐除杂

专利申请号	专利名称	专利权人	专利保护点
CN01128817.5	用物理法从含高钠的钾镁混盐中脱除氯化钠的方法	中信国安锂业科技有限责任公司	盐湖卤水钾镁混盐脱除氯化钠
CN200510079884.5	一种分离光卤石浮选中的硫酸钙方法	魏学民	将原光卤石浮选机组的粗选、第一精选、第二精选各过程的矿浆泡沫槽替换为发明的钾钙分离槽，从而分离光卤石浮选中的硫酸钙
CN201310016251.4	一种吸附氯化钾生产外排尾液中十八胺的方法	山西大学	盐湖地区的矿泥、少量金属化合物与水混合，经过滤、洗涤干燥处理，再与生产氯化钾的外排尾液混合，常温反应去除外排尾液中的浮选药剂十八胺
CN201410568274.0	一种氯化钾盐水中硫酸根离子的去除工艺	上海力脉环保设备有限公司	采用纳滤膜对氯化钾盐水进行浓缩，然后向浓缩盐水中投加氯化钙形成硫酸钙结晶，再经沉降和过滤，即可脱除盐水中硫酸根离子
CN201410828379.5	环保经济的去除氯化钾盐水系统中硫酸根的方法	上海氯德新材料科技有限公司	氯化钾盐水通过纳滤膜单元浓缩硫酸根，得硝盐水 B 和贫硝盐水 C，将富硝盐水与精制剂氯化钙溶液反应得硫酸钙与氯化钾浆状物料，将反应生成的硫酸钙与氯化钾浆状物料固液分离，获得硫酸钙湿料和低硫酸钾的淡盐水，所述的富硝盐水中，硫酸钾的去除率达到了 80% 以上

从表 3－19 可以看出，钾盐除杂专利主要涉及两个方面：一是钾盐中钠离子、硫酸根离子去除的保护；二是对废液进行除杂，以便其可以再回收利用。

3. 钾盐精制

钾盐精制相关专利共 3 件，专利 CN200910180244.1 以盐湖地区资源氯化物型和硫酸镁亚型光卤石、钾石盐、低品位的劣质矿或氯化钾成品为原料，将其与水混合经高温加热、沉淀、固液分离、结晶等步骤可以将原料氯化钾 95% 以上提炼出来并且产品的纯度在 97% 以上，得到食品级氯化钾。专利 CN201010533173. 1 将含量为 90% 的氯化钾加入到氯化钾饱和溶液中，形成过饱和溶液，再经过滤、真空冷结晶，离心机脱水，干燥后得精制食品级氯化钾，其含量可高达 97%。专利 CN201010553545. 7 通过细晶溶解强化设备，对氯化钾细晶进行强化，可以显著提高氯化钾产品粒度，使最终得到的氯化钾平均粒度提高到 0. 3 ～ 0. 7mm，且大于 0. 2mm 的粒子体积达到 90% 以上。

3. 3. 3. 6　废液回收

图 3 – 33 是钾回收专利分布，从图中可以看出，钾回收专利中，主要以浮选尾矿和盐湖废矿/液为主，其中浮选尾矿主要是浮选 KCl 之后的废液，专利 CN201410241330. X 则是转化法生产硫酸钾后尾液中钾离子的回收。从申请年份来看，钾回收专利开始于 1994 年，但早期专利保护的是粉煤灰与氧化钾经焙烧制备硅钾肥的工艺，严格来说是粉煤灰中硅元素的回收利用；2006 年开始，该领域陆续有专利申请，但申请量都不大；2017 年该领域专利申请量达到最大，钾回收涉及了浮选尾矿、盐湖废矿/液和煤化工等领域。

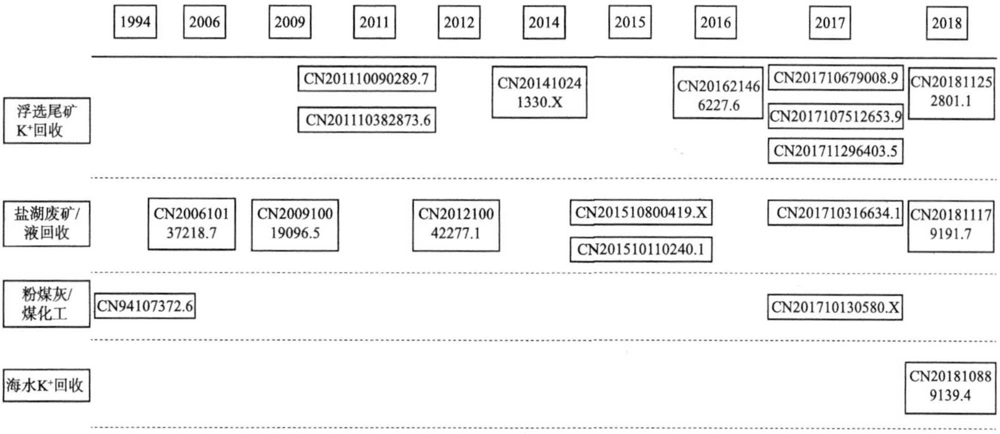

图 3 – 33　钾回收专利分布

3. 3. 3. 7　装置设备类专利

本部分共检索钾盐生产装置设备类专利 18 件，具体应用和产业链分布见表 3 – 20。

表 3 – 20　钾盐装置设备专利信息

专利申请号	专利名称	专利权人	应用方向
CN89104904. 5	食盐氯化钾联产工艺及设备	大连皮子窝化工厂	氯化钾
CN200920044239. 3	生产氯化钾用母液沉降器	祁洪波	氯化钾
CN200920272605. 0	生产钾盐的组合式设备	茫崖兴元钾肥有限责任公司、中国科学院青海盐湖研究所、青海省安全生产科学技术中心	氯化钾

续表

专利申请号	专利名称	专利权人	应用方向
CN200910253728.4	生产钾盐的组合式设备	茫崖兴元钾肥有限责任公司、中国科学院青海盐湖研究所、青海省安全生产科学技术中心	氯化钾
CN201220163552.0	一种提取盐湖矿区深层晶间卤水的系统	茫崖兴元钾肥有限责任公司、大柴旦清达钾肥有限责任公司、青海民族大学	低品位钾的开发/废液回收利用
CN201210113176.9	一种提取盐湖矿区深层晶间卤水的系统	茫崖兴元钾肥有限责任公司、大柴旦清达钾肥有限责任公司、青海民族大学	废液回收利用
CN201220736236.8	一种制盐母液不兑卤生产氯化钾的装置	中盐制盐工程技术研究院	氯化钾
CN201380056997.6	加工硫酸钾和硫酸镁溶液的方法、生产硫酸钾的方法和相关系统	洲际钾肥公司（美国）	硫酸钾、硫酸镁
CN201510025337.2	兑卤法生产氯化钾联产硫酸镁的装置及方法	李树生	氯化钾
CN201510873068.5	十一效联合制钠钾装置	中盐工程技术研究院有限公司	氯化钾、氯化钠
CN201520987135.1	十一效联合制钠钾装置	中盐工程技术研究院有限公司	氯化钾、氯化钠
CN201610451552.3	一种氯化钾生产中蒸发冷凝水输送方法	天津长芦汉沽盐场有限责任公司	氯化钾
CN201621442766.6	一种连续储热并富集钾的太阳池装置	临沂大学	富钾
CN201720027636.4	一种硫酸盐型低品位钾矿提钾的组合式设备	临沂大学	钾盐提取
CN201720359633.0	一种制备大颗粒食品级氯化钾的装置	上海新增鼎工业科技有限公司	食用级氯化钾
CN201721070735.7	氯化钾进料处理装置	衡阳旭光锌锗科技有限公司	氯化钾
CN201820405563.2	一种生产氢氧化钾的两次盐水精制系统	内蒙古瑞达泰丰化工有限责任公司	氢氧化钾
CN201810973746.9	一种盐、钾固体分离用化工系统	中盐工程技术研究院有限公司	氯化钾

从表3-20可以看出，钾盐装置设备类专利中，氯化钾提取装置设备相关专利申请量最大，达到10件，其中专利CN201720359633.0保护的是食品级氯化钾的装置设备，其余9件均为氯化钾肥料的相关装置设备。专利CN201220163552.0和专利CN201210113176.9保护的是低品位钾矿或提钾尾矿中钾离子提取的相关装置设备。还有3件专利保护的是盐湖卤水综合利用的相关装置设备，其中，专利CN201380056997.6的申请人是美国洲际钾肥公司，专利主要保护加工硫酸钾和硫酸镁的系统；专利CN201510873068.5和专利CN201520987135.1的申请人均为中盐工程技术研究院有限公司，两件专利保护的是联

合制取钠钾装置，该装置由万吨级四效真空蒸发制取氯化钠装置、万吨级四效真空蒸发进一步制取氯化钠装置和三效氯化钾装置串联，使母液本身能量可以回收利用，节约蒸汽能耗，同时节约复晒盐池的面积。

3.3.4　重点专利分析

本部分将专利按重要程度分为基础性专利、支撑性专利和互补性专利三个等级。

基础性专利：这类专利主要是指盐湖提钾过程中涉及的新的方法、结构或体系，这些专利技术不仅是技术的突破点和重要改进点，也是生产相关产品时很难绕开的技术点，发挥了对技术成果最基础、最重要的保护和控制作用。

支撑性专利：这类专利是指核心或基本方案的具体实施起到配套、支撑作用的相关技术的专利，例如方案相关的上下游技术的专利。

互补性专利：这类专利主要是围绕核心或基本方案衍生出的各类改进型方案的专利，包括技术本身的优化、改进方案，与各种产品结合时产生的具体应用方案等。

本小节选取盐湖卤水富钾 25 件专利、盐湖卤水钾盐提取与制备 110 件专利、盐湖卤水综合利用 26 件专利，共计 161 件专利进行分析，161 件专利重要程度分布见表 3 - 21。

表 3 - 21　盐湖钾资源相关专利重要程度分布　（单位：件）

技术分布	产品	提取方法	基础性专利	互补性专利	支撑性专利	合计
富钾			7	15	3	25
钾盐提取与制备	氯化钾	冷分解 - 正浮选法	3	8	0	11
		兑卤法	3	8	0	11
		反浮选 - 冷结晶法	1	5	0	6
		热溶结晶法	2	3	0	5
		盐田法	3	0	0	3
		其他	4	3	0	7
	硫酸钾	浮选法	2	11	0	13
		盐田法	3	4	0	7
		分解转化法	1	4	0	5
		反浮选法	0	1	0	1
		其他	2	5	0	7
	光卤石		4	3	0	7
	软钾镁矾		4	8	0	12
	硫酸钾镁矾		0	8	0	8
	硝酸钾		4	3	0	7
综合利用			2	22	2	26
合计			45	111	5	161

从专利重要程度分布来看，盐湖钾资源相关专利中基础性专利 45 件，支撑性专利 5 件，互补性专利 111 件，支撑性专利和基础性专利相对数量较少，互补性专利占专利总量的 68.9%。

从技术分布来看，盐湖富钾基础性专利 7 件，占该领域专利总量的 28%，且其专利布局相对较为完善。钾盐提取与制备中，提取氯化钾的专利申请量为 43 件，是盐湖卤水制备产品中专利量最多的，其基础性专利有 16 件，占该领域专利总量的 37%。综合利用类专利共计 26 件，但其基础性专利只有 2 件。

从钾盐提取方法来看，几种产品的提取方法专利中缺乏支撑性专利的布局，大部分专利为互补性专利，氯化钾提取专利中基础性专利主要以冷分解 - 正浮选法、兑卤法为主。硫酸钾提取专利中基础性专利主要以浮选法和盐田法为主，且其利用反浮选法制备硫酸钾只有 1 件衍生专利。

3.3.5 青海省专利储备

检索青海省 1985—2018 年的专利并进行汇总，见表 3 - 22。

表 3 - 22 青海省 1985—2018 年专利汇总 （单位：件）

年份	申请量	发明	实用新型	外观设计	授权量	发明	实用新型	外观设计
1985	13	8	5	0	8	4	4	0
1986	42	14	27	1	29	1	27	1
1987	75	21	51	3	51	11	38	2
1988	76	22	54	0	41	5	36	0
1989	68	15	52	1	49	3	45	1
1990	97	23	72	2	59	5	53	1
1991	82	15	64	3	55	4	48	3
1992	79	13	64	2	62	1	59	2
1993	114	38	75	1	84	8	75	1
1994	91	26	62	3	72	7	62	3
1995	81	23	51	7	64	6	51	7
1996	61	18	32	11	49	6	32	11
1997	95	24	60	11	84	13	60	11
1998	116	30	66	20	98	12	66	20
1999	127	33	55	39	111	17	55	39
2000	137	36	66	35	114	13	66	35
2001	99	31	50	18	82	14	50	18
2002	114	42	43	29	95	23	43	29
2003	131	58	41	32	109	36	41	32
2004	94	46	31	17	63	15	31	17

续表

年份	申请量	发明	实用新型	外观设计	授权量	发明	实用新型	外观设计
2005	171	93	53	25	118	40	53	25
2006	263	68	68	127	216	21	68	127
2007	296	79	84	133	253	36	84	133
2008	315	120	85	110	241	46	85	110
2009	431	164	121	146	330	63	121	146
2010	527	172	104	251	439	84	104	251
2011	593	173	191	229	494	74	191	229
2012	689	286	251	152	502	100	251	151
2013	844	447	256	141	626	230	256	140
2014	1268	601	436	231	939	272	436	231
2015	2028	967	847	214	1343	282	847	214
2016	2441	1149	1039	253	1429	137	1039	253
2017	3170	961	1942	267	2265	54	1944	267
2018	1368	605	668	95	796	0	698	98

从表 3－22 中可以看出，青海省的专利申请量在 1985—2017 年呈现出不断上升的趋势，1985 年青海省专利申请量仅有 13 件，到了 2017 年，专利申请量已经达到了 3170 件，说明青海省的专利意识在不断加强；从授权量来看，1985—2017 年，随着专利申请量的增多，专利的授权量也在不断增多，说明青海省的创新活力与能力相匹配；从专利类型上来看，发明和实用新型的专利申请量较多。

图 3－34 是青海省 30 多年来钾产业相关专利的申请趋势，可以看出，1985—2002 年处于技术的萌芽阶段，该阶段青海省钾产业的相关专利申请量一直维持在每年 5 件以下。2003—2011 年处于技术的缓慢发展阶段，该阶段专利申请量虽然有小幅波动，

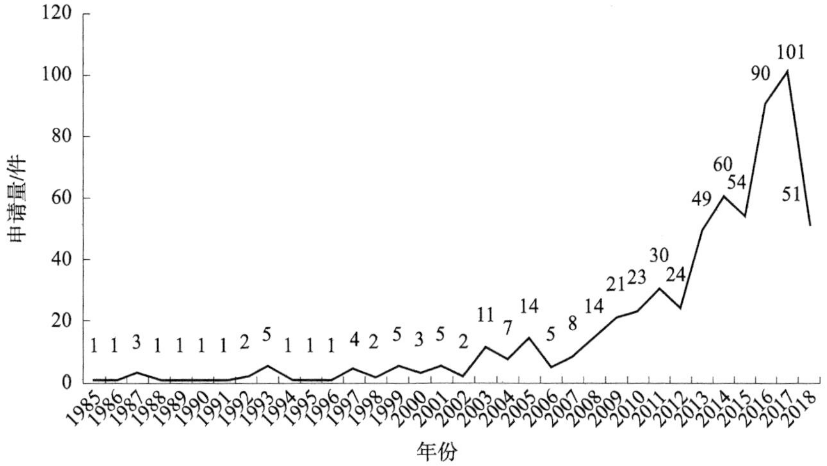

图 3－34　青海省钾产业专利年度申请趋势

但总体处于上升趋势。2012—2017 年属于技术快速增长阶段，2012 年，青海省钾产业相关专利申请量为 24 件，到 2017 年钾产业相关专利申请量已经达到了 101 件。作为青海省的支柱产业，青海省政府利用国家的产业政策推进产业链延伸和产业融合，实现传统产业高端化、高质化、高新化发展，巩固全国最大盐湖化工基地的地位，促进钾产业相关专利申请量的增加。

青海省钾产业相关专利申请中，34% 的专利申请处于实质审查状态，31% 处于授权状态，权利终止和驳回状态均占专利总数的 11%，撤回状态占专利总数的 10%，公开状态占专利总数的 3%（见图 3-35）。可以看出，青海省有权专利占专利总数的 31%，无权专利占专利总数的 32%，两者比例旗鼓相当。

图 3-36 是青海省钾产业专利申请人的类型构成，可以看出，青海省钾产业相关专利主要由科研单位申请，其专利申请量占专利申请总量的 44%，其次是企业，占专利申请总量的 37%。其中，科研单位以中国科学院青海盐湖研究所为代表，其申请比例占科研单位相关专利申请总量的 87%；而企业中占据前三位的为青海盐湖工业股份有限公司、茫崖兴元钾肥有限责任公司和青海中信国安科技发展有限公司，三家企业的申请量占企业相关专利申请总量的 33%。

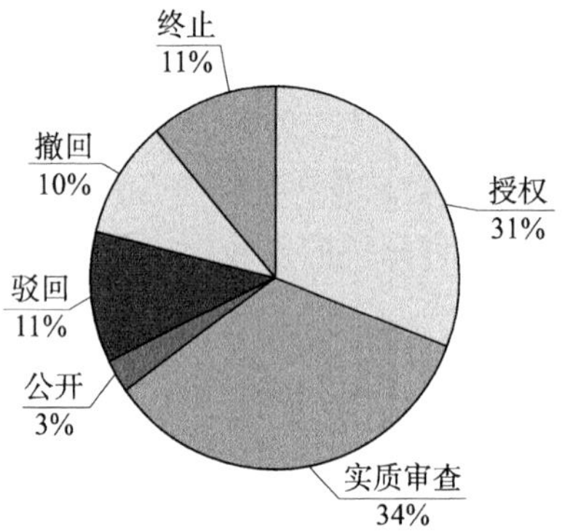

图 3-35 青海省钾产业相关专利法律状态

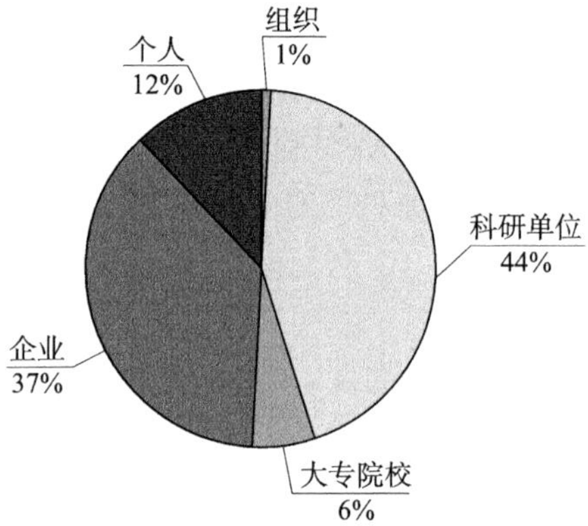

图 3-36 青海省钾产业专利申请人类型构成

3.3.6 钾肥领域创新主体专利申请情况

3.3.6.1 高校

青海民族大学是青藏高原上最早建立的高校，是新中国建校最早的民族院校之一，是青海省人民政府与国家民委共建高校，入选“中西部高校基础能力建设工程”。2012 年教育部确定天津大学对口支援青海民族大学。2017 年，厦门大学对口支援青海民族大学。

青海民族大学有 2 件钾产业相关的专利申请。

2件专利均是与茫崖兴元钾肥有限责任公司、大柴旦清达钾肥有限责任公司共同申请的。

CN103373736B一种提取盐湖矿区深层晶间卤水的系统，公开了一种提取盐湖矿区深层晶间卤水的系统结构，目的在于提供一种提高回采率的提取盐湖矿区深层晶间卤水的系统。

CN102659139B一种提取盐湖矿区深层晶间卤水的方法，公开了一种提取盐湖矿区深层晶间卤水的方法，该专利采用压缩空气将晶间卤水以及深层卤水压出，实现资源的充分利用。

3.3.6.2　企业

1. 青海盐湖工业股份有限公司

青海盐湖工业股份有限公司位于中国最大的干涸内陆盐湖——察尔汗盐湖，是青海省四大优势资源型企业之一，也是柴达木循环经济试验区内龙头骨干企业。1996年盐湖集团研制成功了反浮选－冷结晶技术，1996年实施了40万t扩能改造，使盐湖集团氯化钾生产能力达到50万t，实现了盐湖集团发展的第一次飞跃。2000年青海100万t钾肥项目被列为国家西部大开发的首批十大项目之一，也是十大项目中唯一一个产业化的项目。

截至2018年，青海盐湖工业股份有限公司共有24件专利，主要发明人为唐海英、李树民、王兴富等。青海盐湖工业股份有限公司的技术申请趋势见表3－23。

表3－23　青海盐湖工业股份有限公司技术申请趋势　（单位：件）

技术分类	2013年	2014年	2015年	2016年	2017年	2018年
氯化钾肥料	0	2	0	1	1	7
硝酸钾制备	1	0	0	0	1	0
废液（料）回收	0	0	1	0	1	1
光卤石生产	0	0	0	0	0	1
食品级氯化钾	0	0	0	0	0	1
装置设备	1	0	2	0	2	0
氢氧化钾	0	0	0	0	1	0

从表3－23中可以看出，青海盐湖工业股份有限公司专利申请起步较晚，自2013年才有专利申请，2018年申请的专利数量最多，其技术主要集中在氯化钾肥料、硝酸钾制备、废液回收、氯化钾生产装置设备等，说明青海盐湖工业股份有限公司的技术主要关注在氯化钾肥料的生产。青海盐湖工业股份有限公司氯化钾生产相关专利如下。

CN104058427A公开了一种高品位氯化钾生产系统及方法，该专利针对现有技术状况，优化原有技术，采取了自动加药、自动加水以及脱卤设备选用螺旋筛网式离心机代替水平带式过滤机等工艺改进，使氯化钾品位从95%提高到98%，且系统采用堆滤工艺使烘干系统节约天然气用量，而且生产操作方便，设备运行稳定。

CN104058428A 公开了一种新型光卤石生产氯化钾生产系统及方法，该专利使用青海盐湖工业股份有限公司发明的一种新型结晶器代替原有的冷分解－正浮选工艺的光卤石分解设备，改善了正浮选工艺的生产工艺条件，氯化钾回收率提高到60%，消除了纯度为90%的氯化钾产品，将氯化钾产品纯度提高到93%～95%，产品粒度增大，能耗降低。

CN107954452A 公开了一种氯化钾生产装置母液在低温下的兑卤工艺，是以成矿卤水F点卤水和“反浮选－冷结晶”生产氯化钾装置产生的结晶器溢流液、粗钾浓密机溢流液和精钾浓密机溢流液为原料，低温下在兑卤器中进行相互兑卤生产品位较高的低钠光卤石和氯化钾半成品，以提高“反浮选－冷结晶”生产工艺加工系统回收率。

CN108862328A 公开了一种利用光卤石矿生产氯化钾的工艺，该专利在利用光卤石矿生产氯化钾的工艺中采用两段结晶器串联对经浮选后的低钠光卤石实现结晶处理，不仅保证了在结晶工艺中低钠光卤石的完全分解，而且从根本上降低了结晶过程中溢流液中的氯化钾含量，使氯化钾回收率提高至75%以上。

CN108658097A 公开了一种利用光卤石矿制取氯化钾的方法，该专利将光卤石矿进行筛分分离，得到第一筛上物和第一筛下物，第一筛下物经反浮选制取低钠光卤石，之后第一筛上物与低钠光卤石混合加入淡水进行分解、筛分，得到低品位氯化钾。该专利提供的利用光卤石矿制取氯化钾的方法，不需要复杂的机械设备，能耗低，操作方便，易制取品位在98%以上的氯化钾产品，因此具有广泛的应用前景。

2. 国投新疆罗布泊钾盐有限责任公司

国投新疆罗布泊钾盐有限责任公司成立于2000年9月，由中国国家开发投资公司控股，以开发罗布泊天然卤水资源制取硫酸钾为主业。罗布泊盐湖总面积10350km^2，地下蕴藏丰富的含钾硫酸镁亚型卤水，已探明储量数亿吨，是生产纯天然硫酸钾的理想原料。公司自成立以来开发出了具有自主知识产权的“罗布泊硫酸镁亚型卤水制取硫酸钾”工艺技术，该技术获2004年度国家科学技术进步一等奖。现已建成10万t/年硫酸钾工业试验厂，产品各项指标达到和超过行业标准优等品标准，且产品不含游离酸，具有纯天然、绿色、高品质的特点。2016年12月11日，国投新疆罗布泊钾盐有限责任公司的新疆罗布泊钾肥基地年产120万t硫酸钾项目获得第四届中国工业大奖。

截至2018年，国投新疆罗布泊钾盐有限责任公司共有17件相关专利申请，主要发明人为李守江、李浩、谭昌晶等人。国投新疆罗布泊钾盐有限责任公司的技术申请趋势见表3－24。

表3－24　国投新疆罗布泊钾盐有限责任公司专利技术申请趋势　（单位：件）

技术分类	2004年	2007年	2010年	2012年	2014年	2015年	2016年	2018年
硫酸钾肥料	1	0	1	0	2	0	0	2
硫酸钾镁肥	0	0	0	0	0	1	0	5
钾盐镁矾	0	1	0	0	0	0	0	0
化肥包装袋	0	0	0	3	0	0	1	0

从表3－24中可以看出，国投新疆罗布泊钾盐有限责任公司主要技术集中在硫酸钾肥料、硫酸钾镁肥、钾盐镁矾和化肥包装袋几个方面。国投新疆罗布泊钾盐有限责任公司硫酸钾肥料制备的相关专利如下。

CN103896683A公开了一种水溶性速溶硫酸钾肥料的制备方法，通过采用“热溶解－冷结晶”的重结晶工艺提纯农用硫酸钾、去除水不溶物，得到高纯度结晶硫酸钾，该方法的目的在于降低水不溶物含量，快速提高溶解速度。该发明的产品可广泛应用于叶面喷施、滴灌、喷灌等水肥一体化的农业设施。

CN104529563A公开了一种利用光卤石制备硫酸钾肥料的制备工艺，其主要目的在于克服传统工艺的不足，制得比农业用粉末状硫酸钾优等品更优质的产品，该发明的有益效果主要表现在反应过程全部在pH偏中性条件下进行，与应用最广泛的曼哈姆法、缔置法制备过程中使用硫酸，反应环境pH＝3.5～5.5相比，本发明所述方法对设备无腐蚀，设备选型材质要求不高；传统工艺中将在其过程中产生的尾矿外排，造成资源浪费，产率为27%～28%，本发明中将尾矿重新利用，产率达40%，较传统工艺产率提高了12%～13%；在分解浮选和转化浮选工艺中，分别选用盐酸十八胺和十二烷基磺酸钠作为浮选药剂，选择性高，可以提高产率。

CN1696059A公开了一种用钾混盐制取硫酸钾的方法，其主要过程为采用盐湖地区人工盐田滩晒得到的钾混盐为原料，在不同温度下，通过两段转化法制取硫酸钾。该发明的钾混盐原料在不同温度转化时，既不产生氯化钾，也不需要加入氯化钾，便可直接制取硫酸钾，具有原料单一、工艺流程短、设备简单、易操作、投资少、充分利用盐湖资源和环境条件等优势，且在加工过程中无“三废”产生，不污染环境。

CN108715558A公开了一种硫酸钾球形造粒的方法，该发明所涉及的方法由国投新疆罗布泊钾盐有限责任公司于2015年与法国SC公司进行合作研发，主要工艺流程为上料、混料、挤压机、筛分、烘干、颗粒成品。该发明不仅物料挤压效果好，而且颗粒强度、成新率、耐磨损率更高。

3. 四川米高化肥有限公司

四川米高化肥有限公司是一家集产供销为一体的新兴独资企业，地处成都平原，交通便利。公司毗邻四川省属大型化肥企业——川化股份有限公司，原料之一的硝铵来源充足便利；另外一种主要原料氯化钾则由主营国际化肥贸易的总公司米高集团直接从俄罗斯进口，由陆口岸发往公司仓库，原料优势十分明显。四川米高化肥有限公司采用先进的液相复分解工艺生产农用硝酸钾（二元复合肥）农用氯化铵，装置规模为年产8万t农用硝酸钾（二元复合肥）、4.4万t农用氯化铵，技术先进，工艺可靠，无“三废”污染。

截至2018年，四川米高化肥有限公司共有3件专利申请，主要发明人为刘国才、李俭等，其主要技术为硝酸钾的制备，3件专利详细信息如下。

CN103771461A公开了一种以硝酸铵和氯化钾为原料的复分解法制备硝酸钾的方法，该发明的目的在于解决由于原料氯化钾带入氯化钠、氯化镁等杂质，母液在长期循环中存在杂质的累积和处理问题，发明提供脱除循环母液钠镁杂质方法，盐析剂六水氯化镁和沉淀剂碳酸氢铵来源容易，价格低廉，除杂成本低。

CN10477783A 公开了一种以硝酸钾粗品为原料的重结晶法制备工业硝酸钾的方法，该发明提出了 2 ～ 5 级连续结晶工艺，分别提出了 2、3、4、5 级连续结晶工艺参数和运行结果，所得硝酸钾结晶颗粒大于 0.2mm 的分数，2、3、4、5 级连续结晶工艺可以分别达到 80%、85%、89%、92% 以上，执行国家标准 GB 1918—2011《工业硝酸钾》，生产工业硝酸钾优等品和一等品。

CN1891629A 公开了一种以氯化钾和硝酸铵为原料采用复分解法制备硝酸钾和氯化铵的方法，该发明针对现有专利蒸发方法的不足进行改进，该发明中硝酸钾母液与硝酸铵的混合液中水的蒸发和氯化铵的结晶分别在两个工序中完成。前一个工序为混合液的蒸发工序，后一个工序为蒸发完成的混合液 - 氯化铵结晶介质的冷却结晶工序。在蒸发工序中，混合液在连续蒸发器中完成蒸发。待蒸发的混合液连续进入蒸发器，氯化铵结晶介质连续从蒸发器引出，进入氯化铵冷却结晶器，在 60℃左右完成氯化铵结晶。

4. 茫崖兴元钾肥有限责任公司

茫崖兴元钾肥有限责任公司成立于 2001 年 3 月，位于青海省海西州茫崖行委花土沟镇，地处柴达木盆地西北边缘，与新疆维吾尔自治区毗邻。2007 年年底，与中农集团组建股份公司，中农集团占股 60%，茫崖兴元钾肥有限责任公司成为其旗下控股公司。

茫崖兴元钾肥有限责任公司现阶段以氯化钾产品生产为主，并逐渐形成以普通氯化钾、优质氯化钾、硫酸钾镁肥和硫酸钾为主的循环经济产业链。截至 2010 年 5 月，厂区已建成 45 万 t/年浮选氯化钾装置和 6 万 t/年精钾装置。

截至 2018 年，茫崖兴元钾肥有限责任公司共有 17 件相关专利申请，其中 7 件为合作申请，剩余 10 件为自主申请，主要发明人为聂景新、韩仁建、陈高琪等，茫崖兴元钾肥有限责任公司的专利技术申请趋势见表 3 - 25。

表 3 - 25　茫崖兴元钾肥有限责任公司专利技术申请趋势　（单位：件）

技术分类	2009 年	2012 年	2013 年	2014 年	2015 年	2017 年	2018 年
氯化钾制备	0	0	1	1	0	0	1
硫酸钾制备	0	0	0	0	1	1	1
硫酸（软）钾镁肥制备	0	0	0	0	2	1	0
晶间卤水提取	0	3	0	0	1	0	0
废液回收	0	0	0	0	1	0	0
设备、盐田建设	2	0	0	0	0	0	1

从表 3 - 25 中可以看出，茫崖兴元钾肥有限责任公司主要技术集中在氯化钾、硫酸钾及硫酸钾镁肥（或软钾镁肥）的制备，晶间卤水提取，钾盐生产设备、盐田建设和废液回收几个方面。茫崖兴元钾肥有限责任公司氯化钾、硫酸钾肥料制备的相关专

利如下。

CN103991884A 公开了一种从低品位硫酸盐亚型含钾尾矿中制备氯化钾的方法，首先使用采用10～60目的筛子筛分低品位硫酸盐亚型含钾尾矿，筛选后低品位尾矿中K的含量提高到50%以上。以老卤配制卤水，利用了在其他工艺中产生的尾卤（老卤），达到有效利用资源并防止污染环境的目的；并且，在一些实施例中，经过选择老卤与淡水的比例，溶解筛分后的尾矿时选择恰当的液固比例，使得尾矿中K的浸取率达到90%以上，提高了钾盐回收率。采用氯化钙溶液通过沉淀法去除硫酸根，去除效果良好，引入少量 Ca^{2+}，在该体系中可近似忽略，且无其他盐损失；每吨卤水仅需消耗50kg左右的 $CaCl_2$，成本较低。该专利为茫崖兴元钾肥有限责任公司与中国科学院青海盐湖研究所合作申请。

CN103204521A 公开了一种从含低品位钾的硫酸盐型盐湖固体矿中获得氯化钾的方法，该发明的主要目的在于解决盐田滩晒工艺完全依赖自然条件这一问题，该发明整个过程中做到了老卤、含钾低品位硫酸盐型盐湖矿、热量的综合利用，有效地提高了资源利用率；另外，该发明所用原料易得，工艺简单且过程控制不再完全依赖自然条件的限制即可快速获得氯化钾产品，同时，整个过程无废液排放，具有绿色工艺的特点。

CN108821312A 公开了一种利用卤水制备氯化钾的方法，该发明的目的在于解决现有盐田光卤石矿分解浮选法生产工艺过程中存在的 K^+ 回收率低的问题，该发明以一种特制的卤水替代传统分解浮选工艺中所用的分解液作为分解浮选介质，特制卤水在光卤石分解过程中析出部分氯化钾，可以大大提高光卤石矿中钾离子的回收率，比传统盐田光卤石矿浮选钾离子回收率提高了20%以上。

CN104692420A 公开了一种热溶、冷冻、复分解结晶法制取硫酸钾的方法，该发明解决了硫酸镁亚型盐湖卤水在传统工艺中原料一次性产率低的问题，解决了硫酸镁亚型含钾卤水制取硫酸钾除浮选工艺外，在卤水成矿时产生的硫酸镁或硫酸钠矿（含硫酸根资源）利用的问题，解决了浮选工艺中存在的一次性回收率低、产品附含有毒药剂、产品粒度细等问题，产品硫酸钾不含药剂为颗粒状产品，提升了硫酸钾产品的价值。另外，采用热溶、冷冻、复分解结晶法，冷、热源充分利用降低了生产成本，大大提升了能源综合利用，为硫酸镁亚型含钾卤水制取氯化钾脱硝提供可行性工艺路线。

CN107555452A 公开了一种全溶性、颗粒级农业用硫酸钾的制取工艺，该发明采用盐湖产硫酸钾为原料，经热溶、冷结晶、过滤、洗涤干燥等工序，使得硫酸钾各项指标均达到国家标准，解决了传统生产硫酸钾因原料带来的杂质和生产工艺无结晶工序，造成产品达不到全溶性、结晶粒度小的问题；同时，也更好地解决了硫酸钾产品颜色、水分超标的问题。

CN108863447A 公开了一种全溶性硫酸钾的制备方法，该发明的主要目的在于解决现有硫酸钾制备工艺复杂冗长、产率低、产品中含有浮选药剂等问题，该发明采用滩晒得到的硫酸盐型钾混盐为原料，加硫酸钾母液反应后固液分离，再将制备的软钾镁矾用水溶解，制备为软钾镁矾饱和溶液后，加入氯化钾反应，结晶后即得全溶性硫酸钾产品，中间产物软钾镁矾母液和硫酸钾母液分别返回盐田滩晒和软钾镁矾的制备。与现有技术相比，该发明提供的方法得到的全溶性硫酸钾产品不含添加剂，不含浮选/反浮选药剂，绿色、安全。既能满足水肥一体化的要求，也能满足叶面喷施的要求。

5. 青海中信国安科技发展有限公司

青海中信国安科技发展有限公司主要从事西台吉乃尔盐湖钾、锂、硼、镁等资源产品的开发、生产、销售业务，是一家高科技的新兴材料企业。

青海中信国安科技发展有限公司共有21件专利申请，其中盐湖钾资源相关专利9件，主要发明人为杨建元、夏康明、魏新俊等，青海中信国安科技发展有限公司专利技术申请趋势见表3-26。

表3-26 青海中信国安科技发展有限公司专利技术申请趋势 （单位：件）

技术分类	2004年	2006年	2008年	2012年
氯化钾制备	0	1	0	0
硫酸钾制备	1	2	0	0
硫酸钾镁肥制备	2	0	1	1
软钾镁矾制备	0	1	0	0

注：该公司2013—2018年未申请钾相关专利。

从表3-26中可以看出，青海中信国安科技发展有限公司专利技术涉及氯化钾、硫酸钾、硫酸钾镁肥和软钾镁矾制备，9件专利申请中关于硫酸钾镁肥的有4件，硫酸钾相关专利3件，说明青海中信国安科技发展有限公司的技术主要关注在这两个方面，青海中信国安科技发展有限公司关于硫酸钾镁肥和硫酸钾制备的相关专利如下。

CN1482102A公开了一种硫酸钾镁肥的生产工艺，该发明的目的在于该工艺的特征是采用两段转化法，第一段转化法为钾混盐加水转化反应、机械分离除去石盐和母液得钾镁混盐，第二段转化法为钾镁混盐加水转化反应、固液分离得硫酸钾镁肥，工艺条件为钾混盐加水转化反应工序，反应温度为常温至85℃，加水量按反应温度条件下钾混盐全部转化为钾镁混盐确定。此工艺具有原料回收率高、设备投资小、生产成本低、工艺易控、不需添加外来原料、可适应不同质量的钾混盐原料等优点。

CN1482101A公开了一种通过盐田生产硫酸钾镁肥的方法，该发明的主要目的在于解决现有硫酸钾镁肥生产方法投资大、生产成本高的缺陷，该发明将钾混盐加水溶解、蒸发结晶工序均在盐田中实现，这样可节省大量的机械设备，从而节约了投资和维护费用，另外，该发明蒸发结晶利用自然蒸发，这样也节约了大量的能源，并大幅度减少了生产费用。

CN10138844A公开了一种两段转化、浮选法生产硫酸钾镁肥的工艺，该工艺采用两段转化使得钾镁混盐中的含钾矿物在常温条件下充分转化成软钾镁矾，避免了钾元素因转化不完全而损失在尾矿中（尾矿中钾含量小于1.5%），二转母液循环利用，又降低了排放尾液中钾元素的损失，可以较大幅度提高钾元素的回收率，具有工艺流程短、节能、操作简单等优点。

CN102826784A公开了一种不饱和卤水为浮选介质生产硫酸钾镁肥的方法，该发明的主要目的在于解决在现有“转化-浮选法”能耗高、成本高以及产品结晶度不好等问题，该发明采用不饱和卤水作为浮选介质，提出了“先浮后转”的技术路线，即通过反浮选除钠纯化钾镁混盐矿，再经常温转化生产硫酸钾镁肥的工艺。不但可以有效降低浮选后产物低钠钾镁混盐中氯化钠含量，还可以减少反应时间，尤其是转化反应可以在常温下即可完成，与“转化-浮选法”相比，该工艺具有产品结晶度好、生产工艺简单、能耗少、成本低、钾回收率高等优点。

CN1482063A公开了一种硫酸钾的生产方法，该方法所有工序均可在盐田中进行，尤其是蒸发结晶的工序均是在盐田中利用自然能源蒸发，溶解也在盐田中进行，这样节省了大量设备投资和大量的能源，大大降低了生产成本，有较好的经济效益和社会效益。

CN1803616A公开了一种以盐田混盐为原料生产硫酸钾的方法，该方法的主要目的在于解决现有技术硫酸钾产品中存在浮选药剂、盐田管理工作复杂、生产成本高等问题。该发明工艺流程为转化筛分、过滤、硫酸钾合成、过滤干燥四个工序，该发明的特点在于采用机械方法除去氯化钠生产硫酸钾，一段转化所产软钾母液采用兑卤法生产低钠光卤石，用硫酸钾母液分解低钠光卤石生产氯化钾作为硫酸钾的生产原料。与现有技术相比，具有建厂投资少、生产成本低、原料利用率高的优点。

CN1817794A公开了一种以硫酸盐型卤水蒸发产出的盐田钾混盐和光卤石为原料生产硫酸钾的方法，该发明的目的在于解决现有技术硫酸钾产品中存在浮选药剂、盐田管理工作复杂、生产成本高等问题。该发明与CN1803616A的区别在于生产硫酸钾的原料不同，另外，其工艺流程为分解过滤、转化筛分、过滤、硫酸钾合成、过滤干燥五个工序。

3.3.6.3　科研院所

中国科学院青海盐湖研究所坐落于青海省省会西宁市，创建于1965年3月，在中国化学家柳大纲院士和地质学家袁见齐院士的带领下开始了柴达木盆地的系列勘察与研究，是中国唯一专门从事盐湖研究的科研机构。中国科学院青海盐湖研究所有省部级重点实验室4个，青海省级研究开发中心1个。中国科学院青海盐湖研究所共获国家级、省部级奖励50多项，其中国家自然科学奖二等奖两项，取得各项科研成果260多项。

截至2017年，中国科学院青海盐湖研究所共申请专利788件，其中盐湖钾资源相关专利共71件，相关专利申请趋势如图3-37所示。

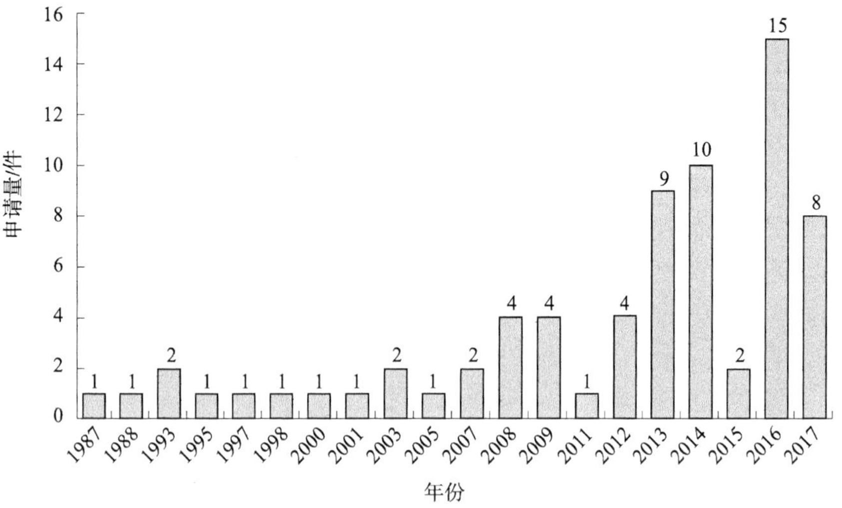

图 3－37　中国科学院青海盐湖研究所盐湖钾资源相关专利申请趋势

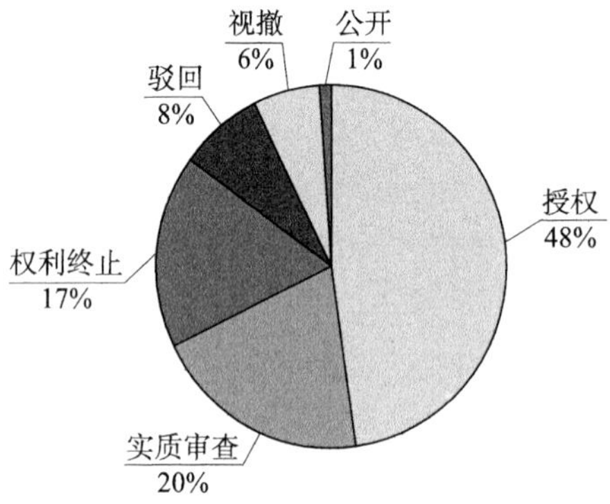

图 3－38　中国科学院青海盐湖研究所盐湖钾资源相关专利法律状态

从图 3－37 中可以看出，中国科学院青海盐湖研究所从 1987 年就有盐湖钾资源相关专利申请，1987—2012 年相关专利的申请量都在 5 件以下，2013 年相关专利申请量 9 件，2014 年专利申请量达到了 10 件，2015 年专利申请量又下降到 2 件，2016 年专利申请量最大，为 16 件，之后相关专利申请量又有所下降。

截至 2018 年 7 月，中国科学院青海盐湖研究所盐湖钾资源相关专利申请共计 71 件，其中授权 34 件、实质审查 14 件、权利终止 12 件、驳回 6 件、视撤 4 件及公开 1 件（见图 3－38）。

中国科学院青海盐湖研究所主要盐湖提钾专利见表 3－27。

表 3－27　中国科学院青海盐湖研究所主要盐湖提钾专利

技术主题	专利申请号	技术特点	法律状态
氯化钾制备	CN200710018654.7	硫酸盐型盐湖含钾卤水日晒得泻利盐混矿，一定浓度 $MgCl_2$ 卤水盐析氯化钠和硫酸镁，得到高饱和的含钾卤水，兑入饱和 $MgCl_2$ 析出高品位光卤石，光卤石分解得氯化钾	无效
硫酸钾制备	CN200710017628.2	硫酸镁亚型含钾卤水自然蒸发析出含钾的硫酸盐和含硫酸根的光卤石，含钾的硫酸盐经磨矿、分解转化、浮选得到软钾镁矾；含硫酸根的光卤石经分解转化、浮选得粗制氯化钾；再将软钾镁矾与粗制氯化钾用硫酸钾母液调浆洗涤，过滤、分解转化、过滤分离制得硫酸钾	无效

续表

技术主题	专利申请号	技术特点	法律状态
硫酸钾镁肥	CN200810150357.2	以硫酸盐型盐湖含钾卤水盐田日晒所得含钾硫酸盐矿为原料，通过破碎、磨矿、分解转化、浮选分离、再浆洗涤等工艺过程，得到符合国家硫酸钾镁肥产品标准的硫酸钾镁肥产品	无效
磷酸二氢钾	CN201710817913.6	钾盐、磷酸二氢铵、磷酸与水混合反应经转化和混合，得磷酸二氢钾产品	公开
硝酸钾	CN01115275.3	盐湖钾资源矿与天然钠硝石与水和/或硝酸钾母液一起混合，调节混合物中的钾、硝酸根和水的质量比，使混合物料进行热溶解转化反应，反应后形成固液混合料浆，分离得热溶饱和清液；将热溶饱和清液经冷却至室温，析出硝酸钾	无效
碳酸钾	CN201610598875.5	无机基底盐与附加岩石混合并粉碎研磨，经加热、保温、搅拌获得滤渣和滤液，将滤液经蒸发、高温脱钠、冷析、分离获得碳酸钾	有效
钾肥联产	CN87103934	盐湖卤水自然蒸发，析出 NaCl 晶体，再与饱和氯化镁混合，盐析出 NaCl 晶体，再经蒸发析出高品位软钾镁矾或软钾镁矾和氯化钾的混合物	无效
钾镁肥	CN201410495431.X	氯化钾、芒硝和高镁盐湖卤水按比例混合，搅拌，加入浮选药剂，经浮选分离、洗涤得到高品位钾镁肥	有效
废液回收	CN201711296403.5	含钾工业尾液蒸发得含钾铵镁固体矿，钾铵镁固体矿经破碎、筛分得筛下物，筛下物经浮选、分离、干燥得氯化钾产品	公开
上游产品	CN201310573838.5	碳酸盐型盐湖卤水处理得到卤水 A，卤水 A 中 Li 不会以碳酸锂形式大量析出，或者 Li 含量小于或等于 2.5g/L；硫酸盐型盐湖卤水处理得到卤水 B，卤水 B 中 Mg 含量大于或等于 10g/L；将卤水 A、卤水 B 混合反应后，固液分离得卤水 C；将卤水 C 自然蒸发，固液分离得到卤水 D；将卤水 D 冷冻处理，固液分离得到卤水 E；将卤水 E 自然蒸发，固液分离得到卤水 F；将卤水 F 自然蒸发析出钾石盐	有效
设备	CN200910253728.4	该设备由两个原矿仓及上料系统、两个磨矿分级系统、浮选系统、药剂制备系统、精矿浓密及分离系统、粗钾过滤及洗涤系统和干燥包装系统组成	有效
综合利用	CN201310572330.3	碳酸盐型盐湖卤水经蒸发、冷冻、蒸发处理，依次导入冻硝池、钠盐池、钾盐池提取混合卤水中的 Mg、K、B、Li 元素	有效

3.4 盐湖钾资源开发专利分析主要结论与建议

我国是人口大国，粮食问题一直是关系国计民生的头等大事，农业无小事。而我国土地钾缺乏是长期存在的普遍问题，同时也很难弥补，从较长的时期来看，钾肥需求只能不断增加，而不会缓解和消失，这为青海省开发盐湖钾盐资源，开展大规模长期性投资创造了条件。

我国钾资源大部分都在青海省并以盐湖资源形式存在，为青海省大规模开发钾资源打下资源基础，同时我国早期的钾盐开发技术也来自青海，经过多年的努力，青海省有了一批优秀的科研单位、企业，积累了丰富的产业化技术、工艺开发经验。青海省在钾盐生产，乃至建立钾肥产业有得天独厚的优势。经过专利分析可知青海省确实有较多的积累。

3.4.1 产品方面

在本次检索分析的样本中，青海省在钾盐提取方面专利申请量在全国名列前茅，共搜集到86件专利申请信息，占全国在该领域专利申请量的37%。从钾盐产品方面来看，青海省的专利申请覆盖了光卤石、钾石盐等上游原料，氯化钾、硫酸钾、硝酸钾等中游产品，以及硫酸钾镁肥、软钾镁矾等下游产品，具体如图3－39所示。

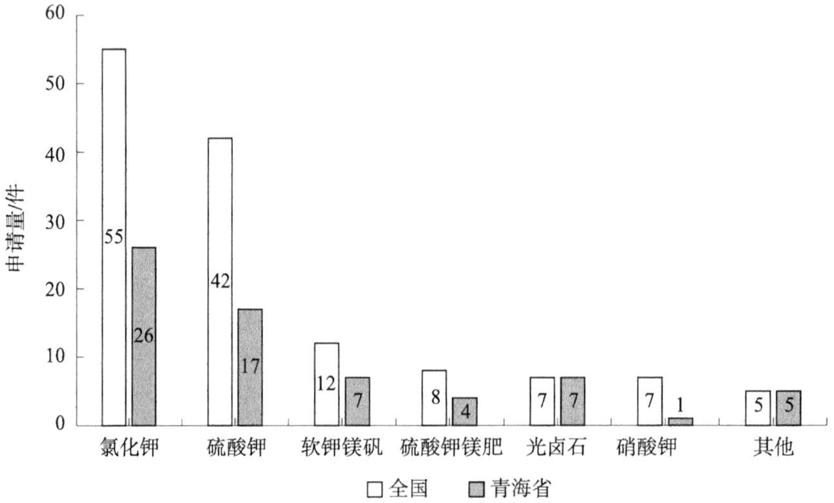

图3－39 全国及青海省各产品专利申请分布情况

从图3－39中可以看出，青海省在各产品全国专利申请中占比均较大，其中青海省在氯化钾提取方面相关专利申请起步较早，自1989年便有专利申请，已有26件专利申请。氯化钾提取来源主要为盐湖卤水和光卤石等含钾固体矿，其中盐湖卤水提取氯化钾专利申请占申请总量的47%，盐湖卤水提取氯化钾方法覆盖了冷分解－正浮选法、兑卤法、冷结晶－正浮选法、盐田法以及反浮选－冷结晶法，专利申请量居前三位的制备方法为冷分解－正浮选法、兑卤法以及反浮选－冷结晶法，三者专利申请量之和占青海省氯化钾提取专利总量的62%，但2014年之后，青海省在氯化钾提取方面专利申请量呈下降趋势。

青海省近几年技术研发方向集中在两个方面：一方面继续优化工艺，提高产品回收率，降低生产成本，专利CN201610395231.6为针对浮选泡沫中包含的氯化钾分离的方法，该方法使得浮选泡沫中的固体氯化钾得到溶解，氯化钠固体颗粒实现沉降，从而实现对反浮选泡沫中氯化钾的高效提取，比传统反浮选泡沫中氯化钾回收方法的效率更高、流程更短、成本更低，淡水消耗量也更少；另一方面针对尾矿、尾盐、回水等原料再加工，实现资源充分利用，专利CN201711296403.5为针对含钾工业尾液制订的盐田蒸发—分解—筛分—浮选的工艺制备氯化钾，有效提高了钾资源利用率。

我国在硫酸钾提取制备方面起步较晚，自1992年才开始有专利申请，共检索到相关专利申请42件。其中，青海省在硫酸钾提取制备方面专利申请量为17件，占硫酸钾专利申请总量的40%。检索到的青海省最早的专利申请是1995年提出的，其硫酸钾产品主要是以硫酸镁亚型卤水为原料生产的资源型硫酸钾。在17件专利申请中，有基础性专利4件。对专利公开技术信息进行分析可知，硫酸钾提取方法主要为分解转化法和浮选法，两种方法专利申请量之和占青海省在该领域专利申请总量的65%。

其他钾盐提取制备方面，盐湖卤水提取光卤石领域，中国科学院青海盐湖研究所拥有绝大部分专利，其技术关注点主要在两方面，一是利用不同原料制备光卤石，二是缩短光卤石生产周期，解决盐田光卤石矿的质量和产量受自然因素影响大的问题。盐湖卤水提取制备软钾镁矾方面，青海省在该领域最早申请专利，申请人为中国科学院青海盐湖研究所，纵观其在软钾镁矾方面专利申请，早期其关注点在从盐湖卤水中直接提取软钾镁矾、软钾镁矾生产工艺改进、简化等方面，后期专利申请的关注点则主要在盐湖尾矿、弃卤中钾回收方面。另外，青海中信国安科技发展有限公司近几年在软甲镁矾提取方面专利申请量较多，其技术主要保护对现有技术的改进。在盐湖卤水提取硫酸钾镁肥领域，我国起步较晚，自2006年才开始有相关专利申请，从全国范围来看，主要申请人包括中国科学院青海盐湖研究所和新疆新雅泰化工有限公司，从青海省范围来看，专利权人以中国科学院青海盐湖研究所和茫崖兴元钾肥有限责任公司为主，其中，茫崖兴元钾肥有限责任公司专利申请主要保护以盐湖产硫酸钾为原料制备全溶性、颗粒级硫酸钾镁肥产品，属于下游产品的保护。

3.4.2 创新主体方面

青海省盐湖卤水提钾的专利权人类型分布情况如图3－40所示。

从图3－40可以看出，青海省专利权人主要以企业和科研院所为主，两者专利申请量分别占青海省专利申请总量的51%和40%，个人专利权人申请量较少。

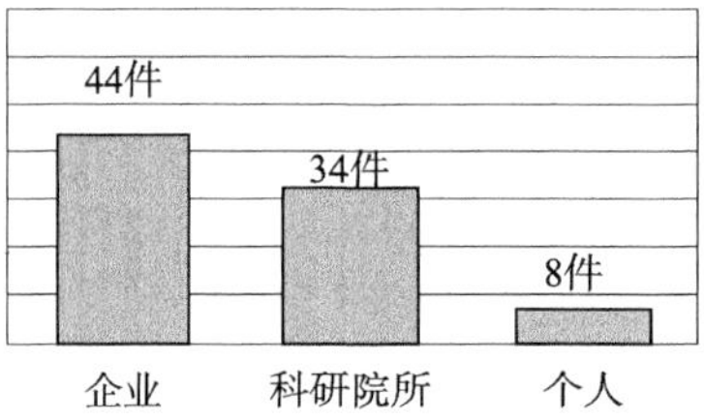

图3－40　青海省专利权人类型分布情况

从图3－41中可以看出，全国申请人在盐湖钾资源专利申请主要集中在钾盐提取与制备、综合利用及富钾上，涉及的专利申请量分别为136件、33件和25件。青海省在综合利用和富钾上稍有欠缺，两者分别占全国专利申请总量的21.2%和28%，主要还是集中在钾盐提取与制备上，其专利申请总量占全国专利申请总量的42.6%。这一点需要引起青海省相关企业的重视。

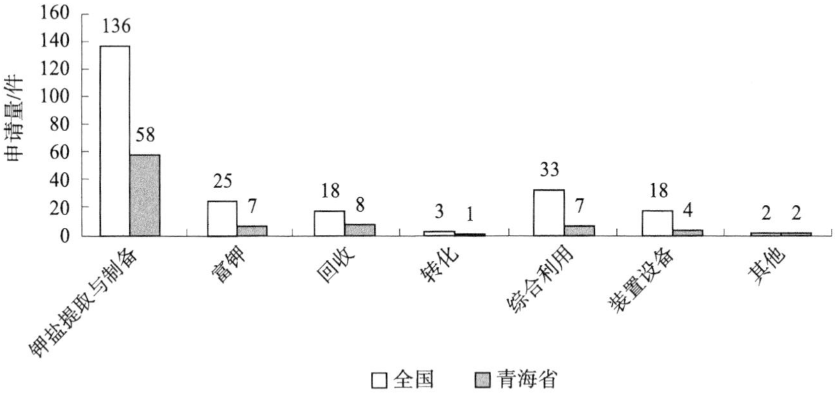

图3－41　全国及青海省专利技术分布对比情况

3.4.2.1　企业层面

1. 青海盐湖工业股份有限公司

青海盐湖工业股份有限公司的主要产品为氯化钾。本节重点分析了青海盐湖工业股份有限公司7件盐湖卤水提取氯化钾的专利信息，主要制备方法为兑卤法和反浮选－冷结晶法，其中反浮选－冷结晶法为其自主研发的制备氯化钾技术，并且该技术有1件基础性专利申请，其专利申请号为CN201610395231.6。从技术方面来看，盐湖工业技术主要集中在盐湖卤水钾盐富集以及盐湖卤水氯化钾的提取与制备方面，可以进一步在综合利用方面开展专利布局。

2. 茫崖兴元钾肥有限责任公司

茫崖兴元钾肥有限责任公司主要生产硫酸钾、钾镁肥、氯化钾。在盐湖钾资源方面共有12件专利申请，其中7件专利为合作申请，5件为独立申请。独立申请专利主要保护全水溶晶体硫酸钾镁肥，该产品为积极响应国家2020年化肥使用零增长的号召，适应水肥一体化发展趋势，在传统硫酸钾产品功能基础上增加镁元素，解决粉状硫酸钾镁肥难溶、板结的弊端。7件合作申请专利，主要保护钾盐生产设备和盐湖矿区深层晶间卤水的提取。由于钾肥产业相对成熟，茫崖兴元钾肥有限责任公司申请的专利以现有产品、工艺改进为主，缺少较为核心的基础性专利。建议茫崖兴元钾肥有限责任公司根据自身产品的特点，结合公司发展方向有针对性地制定专利布局策略，在关键产品技术节点挖掘专利，如针对水溶性钾肥和晶型工艺调控开展专利布局。

3. 青海中信国安科技发展有限公司

青海中信国安科技发展有限公司专利较多，涉及钾相关专利较少。其中专利CN200510091868.8采用了机械除钠方法实现产品纯化。该专利技术较为基础，是青海中信国安科技发展有限公司通过转让获得的。青海中信国安科技发展有限公司可以考虑以其为导向，沿该工艺路线挖掘专利技术，开展专利布局工作。

4. 冷湖滨地钾肥有限责任公司

冷湖滨地钾肥有限责任公司围绕盐湖钾资源开发单独申请1件专利。该专利技术以氯化钾为原料，与钾镁混盐或软钾镁矾混合，通过复分解反应制备硫酸钾。只通过1件专利很难实现该对技术的有效保护，知识产权风险较高，建议冷湖滨地钾肥有限责任公司围绕硫酸钾生产技术再多申请几件专利，以降低风险。

3.4.2.2　科研院所和高校

1. 中国科学院青海盐湖研究所

中国科学院青海盐湖研究所在盐湖钾资源领域共有71件专利申请，其中15件为合作申请，其余为自主申请。申请的专利中有14件基础性专利说明中国科学院青海盐湖研究所在该领域技术较为领先。但是，中国科学院青海盐湖研究所的部分基础性专利由于申请年份较早，已经放弃专利权，需要尽快围绕已放弃的专利进行技术优化和专利保护，以弥补由此产生的技术空白。

从技术角度来分析，中国科学院青海盐湖研究所专利申请覆盖钾盐富集、钾盐提取与制备以及盐湖卤水综合利用等方面；从钾肥产品来看，专利申请涉及氯化钾、硫酸钾、硝酸钾、软钾镁矾、光卤石等多种产品；从技术完整性角度来看，建议中国科学院青海盐湖研究所除保护工艺本身专利之外，还应该考虑申请周边技术，如专用设备、检测分析方法等，通过优化改进方案的保护进一步完善专利保护体系。

我国是钾资源缺乏地区，国家正在鼓励国内企业走出去，在国外争取更多的钾资源开发。建议在钾资源开发方面有着丰富技术积累的中国科学院青海盐湖研究所，能够与有志“走出去”的企业合作，共同参与国外钾资源的开发，在国内较为完善的专利保护体系的基础上，开展国外专利布局，为国内企业参与国际钾资源的市场竞争提供知识产权支撑。

2. 青海民族大学

青海民族大学在盐湖钾资源方面只有3件专利申请，且3件专利均为合作申请，3件专利主要保护盐湖矿去晶间卤水的提取方法，建议其增加自主知识产权申请，为企业提供更好的技术支持。

综上所述，青海省已经拥有相对完善的从钾盐提取到钾肥生产，包括研发、设计、生产、应用产品开发的产业发展要素，并积累了较多的技术成果。只从资源竞争角度，其他省份就无法竞争。但是，我国钾资源缺乏仍是短期内无法回避的问题，需要大量进口国外钾肥产品；而为了解决钾肥缺口问题，降低钾肥对国外企业依赖程度，我国制定了“提高内供，外求合作”的模式，在国内提升钾肥生产水平和生产能力，在国外争取钾资源开采权。国外企业开发钾盐生产钾肥的历史已有百年，从资源角度、技术积累角度、市场运作能力方面都给国内企业带来巨大威胁，且国际钾肥市场已经成熟，并形成了跨国、垄断的钾肥国际体系。这要求我们必须提高内部技术积累，提升工艺水平，并有针对性地不断优化工艺路线，降低成本，才能在激烈的竞争中屹立不倒。政府在这一方面应起到更为积极的作用，推动“政用产学研”合作，实现多方共同发展，多方共赢。

本章参考文献

[1] 白仟，张寿庭，袁俊宏，等. 钾盐开采—加工技术及其对产业发展的影响［J］. 资源与产业，2015（3）：83－92.

[2] 鲍荣华. 世界钾盐行业垄断加剧 我国应采取多种对策［J］. 国土资源情报，2012（7）：26－28，22.

[3] 边绍菊. 从大柴旦盐湖卤水中结晶高品位钾、硼、锂矿［D］. 北京：中国科学院大学，2017.

[4] 常国权，李东星. 硫酸钾镁肥的生产、研发现状及发展前景［J］. 石河子科技，2012（3）：22－24.

[5] 常国权，李东星. 中国钾盐资源的开发利用现状综述［J］. 石河子科技，2012（3）：19－21.

[6] 常婷，程芳琴. 国内外氯化钾生产工艺分析比较［J］. 山西大学学报（自然科学版），2008，31（A02）：97－101.

[7] 陈代伟，郭亚飞，邓天龙. 硫酸钾生产工艺研究现状［J］. 无机盐工业，2010（4）：10－13.

[8] 陈丽. 2012 年钾肥行业盘点与 2013 年展望［J］. 中国石油和化工经济分析，2013（3）：36－38.

[9] 陈林章，张顺. 湟中县甘蓝硫酸钾镁肥肥效对比试验初报［J］. 青海农技推广，2015（3）：55－56.

[10] 陈永志，王弭力，杨志琛，等. 罗布泊硫酸镁亚型卤水制取钾混盐工艺试验研究［J］. 地球学报，2001，22（5）：82－87.

[11] 戴莉莉，李海涛，顾海燕，等. 特征优选下的遥感影像面向对象分类规则构建［J］. 测绘科学，2019，44（2）：26－32.

[12] 董广峰，李军亮. 试析硫酸钾镁肥生产现状与市场前景［J］. 科技创新导报，2011（11）：127.

[13] 董连福，刘长岩，李广林，等. 地下富含氯化钾卤水综合利用生产方法［J］. 无机盐工业，2014（9）：47.

[14] 费承鹏，赵谦义. 二氧化碳的研究与应用（Ⅰ）［J］. 川化，1995（2）：1－9.

[15] 冯厚军，张旖，吴国菊．国内海水卤水提取硫酸钾技术综述［J］．海湖盐与化工，2000，29（1）：26－28.

[16] 冯文贤．电渗析法分离卤水中镁锂的研究［D］．天津：河北工业大学，2016.

[17] 郭敏，封志芳，周园，等．混合醇萃取剂从浓缩盐湖卤水中萃取提硼的实验研究［J］．无机盐工业，2017，49（7）：12－16.

[18] 郭明强，牛之建，田兆雪．浅析我国钾盐现状与存在问题及应对措施［J］．中国矿业，2011（S1）：37－40.

[19] 郭如新．硫酸钾镁肥研发现状与发展前景［J］．硫磷设计与粉体工程，2009（5）：21－28，5.

[20] 何志强．浅议我国钾肥生产技术现状及未来展望［J］．盐业与化工，2018（8）：1－5.

[21] 华宗伟，钟宏，王帅，等．硫酸钾的生产工艺研究进展［J］．无机盐工业，2015，47（4）：1.

[22] 黄旺银．浅论盐湖镁资源的利用及高值化技术现状［J］．盐业与化工，2013，42（11）：12－15，18.

[23] 黄维农，孙之南，王学魁，等．盐湖提锂研究和工业化进展［J］．现代化工，2008，28（2）：14－17.

[24] 贾旭宏，李丽娟，曾忠明，等．盐湖锂资源分离提取方法研究进展［J］．广州化工，2010（10）：18－21，46.

[25] 钾盐海外基地矿产开发尚存难题［J］．化工矿物与加工，2013（2）：44.

[26] 李海民，谢玉龙．国内钾肥生产工艺及现状［J］．盐湖研究，2010（1）：70－72.

[27] 李浩．罗布泊盐湖卤水硫酸钾矿床特征及其化学工艺应用研究［D］．北京：中国矿业大学（北京），2011.

[28] 李康．罗布泊盐湖卤水提取硫酸钾技术工艺解析［J］．化工管理，2016（29）：260.

[29] 李陇岗，曾英，杨建元，等．钾镁混盐“反浮选－转化法”制取软钾镁矾的研究［J］．盐业与化工，2012，41（11）：11－13.

[30] 李腾飞，詹烨．SDN专利技术分析［J］．科技经济导刊，2018（18）：32.

[31] 李岩．立足青海特色，发展技术创新体系：浅析青海省技术创新中心的发展趋势［J］．青海科技，2012（5）：59－61.

[32] 李增强，邓天龙，郭亚飞．盐湖镁资源利用研究进展［J］．安徽化工，2010（1）：9－12.

[33] 李正山．青海锂矿资源可持续开发路径研究［D］．北京：中国地质大学（北京），2017.

[34] 吕立．青海盐湖镁业有限公司深入开展党的群众路线教育实践活动［J］．才智，2013（21）：250.

[35] 吕茂平．中药肿节风的发明专利申请现状分析［J］．亚太传统医药，2011，7（8）：3－4.

[36] 马万虎．柴达木地区盐湖矿产资源概况［J］．柴达木开发研究，1989（5）：57－60.

[37] 镁化合物专利集锦（下）［C］//2011年全国镁盐行业年会暨环保·阻燃·镁肥研讨会论文集，2011.

[38] 牛雪珂，王贇．二维码在支付中的应用专利分析［J］．电子世界，2018，545（11）：167，169.

[39] 潘海滨．回顾2008市场之TD－SCDMA，LTE时代中国有望实现突破［J］．通讯世界，2008（12）：47－48.

[40] 彭晓生，吴梅，张杰．硝酸钾的生产技术和市场现状［J］．川化，2008（1）：9－11.

[41] 亓昭英，屈小荣，马锁立，等．2018年我国钾肥行业运行报告及发展预测［J］．磷肥与复肥，2019，34（2）：8－11.

[42] 亓昭英，安超．2014年中国钾肥行业运行情况及发展预测［J］．中国石油和化工经济分析，

2015 (3): 32 - 35.
[43] 强化优势资源 促进经济发展: 青海中信国安科技发展有限公司 [J]. 青海国土经略, 2007 (5): I0004 - I0005.
[44] 苏静. 钾肥生产工艺及其发展 [J]. 化学工程与装备, 2012 (7): 134 - 135.
[45] 唐浩. 工业硫酸分解氯化钾制备硫酸氢钾的工艺研究 [D]. 昆明: 昆明理工大学, 2017.
[46] 唐尧. 我国钾盐资源概况及需求预测分析 [J]. 化肥工业, 2015, 42 (4): 91 - 94.
[47] 田凤, 周同永, 黄飞. 锂提取技术专利情报分析 [J]. 青海师范大学学报 (自然科学版), 2018, 34 (1): 32 - 37, 66.
[48] 汪家铭. 硫酸钾镁: 作物施肥 "黄金搭档" [J]. 化工管理, 2008 (10): 87 - 90.
[49] 汪家铭. 硫酸钾镁肥的生产现状与市场分析 [J]. 川化, 2009 (2): 1 - 5.
[50] 汪家铭. 钾肥新宠——硫酸钾镁肥 [J]. 中国石油和化工经济分析, 2008 (8): 23 - 24.
[51] 汪家铭. 中国硝酸钾发展概况与市场前景 [J]. 无机盐工业, 2008, 40 (12): 8 - 11.
[52] 王宝才, 侯军, 唐宏学. QHS 氯化钠浮选剂的研究进展及其在盐湖资源开发中的应用 [J]. 青海科技, 2002 (4): 24 - 26.
[53] 王石军. 光卤石矿类型对冷分解 - 浮选法生产氯化钾工艺的影响 [J]. 海湖盐与化工, 2000 (5): 3 - 6.
[54] 王学买. 浅谈青海卤水钾资源的开发 [J]. 化工矿物与加工, 2000 (9): 13 - 15, 27.
[55] 王亚利, 胡铁成, 朱萍, 等. 青海锂产业专利导航发展分析 [J]. 青海科技, 2017, 24 (3): 25 - 32.
[56] 王瑜, 倪颖, 孙雪婷, 等. 卤水锂资源提取技术中国专利分析 [J]. 盐湖研究, 2018, 26 (3): 82 - 86.
[57] 王章霞. 食品级氯化钾的生产工艺概述 [J]. 安徽化工, 2018, 44 (2): 18 - 19.
[58] 吴礼定, 曾波. 我国氯化钾生产工艺概述 [J]. 磷肥与复肥, 2012 (5): 56 - 59.
[59] 肖小玲, 戴志锋, 祝增虎, 等. 吸附法盐湖卤水提锂的研究进展 [J]. 盐湖研究, 2005 (2): 66 - 69.
[60] 谢绍雷, 张全有, 纪律, 等. -5℃下低品位钾硫酸镁亚型卤水的蒸发结晶规律 [J]. 化工矿物与加工, 2015 (10): 22 - 24.
[61] 杨林. 磁性金属离子印迹复合材料的制备及其在盐湖卤水中的应用 [D]. 西宁: 青海大学, 2017.
[62] 一种高品位氯化钾生产系统及其方法 [J]. 无机盐工业, 2014 (12): 71.
[63] 张罡. 我国农用硝酸钾市场前景与发展对策 [J]. 化肥设计, 2002 (5): 48 - 50.
[64] 张楠. 上市公司控股股东股权质押对公司价值的影响 [D]. 合肥: 安徽财经大学, 2015.
[65] 张生宝, 姜维帮, 李顺营. 盐湖卤水提硼技术 [J]. 河南化工, 2010 (20): 22 - 23, 53.
[66] 中国农业发展银行青海省分行课题组, 冉华. 金融支持青海省钾肥产业发展调查 [J]. 青海金融, 2012 (6): 19 - 22.
[67] 周和平. 虚虚实实看钾肥收购大战 [J]. 中国石油和化工经济分析, 2010 (11): 36 - 41.

第4章 盐湖硼资源开发专利分析

chapter Ⅳ

4.1 硼产业全球行业发展概况

4.1.1 硼资源的分布和特点

硼是亲氧元素，在自然界中没有游离形态，主要以硼酸和硼酸盐形式存在，在硼酸盐晶体中，硼主要以聚合硼氧配阴离子的形式存在。硼以分散的状态主要分布于地球的岩石圈和水圈中，在岩石、石油、盐湖、海水以及泉水中均含有硼，硼是地球地壳中最重要的元素之一。

世界硼矿资源丰富，根据美国地质调查局（USGS）数据显示，2020 年全球硼资源储量最多的国家是土耳其、美国、俄罗斯、智利、中国，该五国储量合计占世界总储量的 95% 以上。美国和土耳其是全球最主要的硼生产国，且硼矿石质量好，品位高；其次是阿根廷、智利、俄罗斯、秘鲁等国；我国硼资源主要为含铀铁硼矿，选矿难度较大。

世界硼矿集中分布在环太平洋和地中海构造带中，矿床类型主要有火山沉积型、古代盐湖沉积型和现代盐湖型。

由表 4－1 可以看出，土耳其的硼矿资源居世界第一位，集中分布在土耳其西北部小亚细亚半岛的安纳托利亚高原，其主要的硼矿产地有：比加迪奇（Bigadic）、埃默特（Emet）、苏丹泽里（Sultancayir）、凯斯特莱克（Kestelek）、柯卡（Kirka）。土耳其硼矿主要是硬硼钙石、天然硼砂、钠硼解石，属新第三纪构造火山沉积型矿物。其中柯卡地区主要产天然硼砂矿，埃默特、凯斯特莱克和比加迪奇（Bigadic）三地都埋藏有大量的硬硼钙石，比加迪奇还分布有钠硼解石。其中硬硼钙石有含砷较高和含砷较低的两类硼矿，前者主要产于中埃默特地区，用于生产硼酸；后者主要产于比加迪奇、穆斯塔法凯穆尔帕萨和科斯特雷克三地，可作为无碱玻璃纤维的原料。其高品位硼矿石 B_2O_3 质量分数可达 37%～42%，低品位硼矿石 B_2O_3 质量分数也可达 26%～27%。

表 4-1 世界硼矿储量

国家	储量/万 tB_2O_3
土耳其	110000
俄罗斯	4000
美国	4000
智利	3500
中国	2400
秘鲁	400

加利福尼亚南部是美国主要硼矿资源地，其中最有名的是加利福尼亚的克拉茂（Kramer），其含硼矿物主要为硼砂和四水硼砂，钠硼解石和硬硼钙石次之，矿石中 B_2O_3 品位达 25%；此外在西尔斯湖、大盐湖等也有分布。西尔斯湖矿床类型属第四纪盐湖型，与我国青藏地区盐湖硼矿类似，其卤水 B_2O_3 品位为 1.0%～1.2%。

俄罗斯的硼矿资源也很丰富，储量仅次于土耳其，储量集中分布在雅库特南部，矿床类型为镁矽卡岩和钙矽卡岩，塔约扎诺耶地区硼资源为太古代铁硼矿床，主要矿物是硼镁铁矿，矿石含硼（B_2O_3）达 34%。哈萨克斯坦硼资源分布在黑海北岸的因德尔坦城（Inderborskij）地区，矿石类型以硼镁石、水方硼石为主。塞尔维亚硼资源主要为南部皮斯勘加（Piskanja）矿床。

南美洲硼矿床主要分布在阿根廷、智利、波斯维亚和秘鲁等国的共同边界——安第斯山脉，以干盐湖型矿床为主，已发现大约 40 个硼矿床，这些矿床规模较小，主要矿物为钠硼解石和硼砂，其中阿根廷萨尔塔省的延克拉荣是世界较大的硼矿床之一。

我国硼矿资源丰富，硼矿种类多，储量较大，矿床类型主要为沉积改造型及现代盐湖型，多数产地和储量集中分布在辽宁、吉林、青海、西藏等省区，据预测我国硼总资源潜力约有 1 亿 t，四川盆地的地下卤水型也具一定规模。但我国硼矿质量远低于其他主要硼资源国，可利用的资源十分有限，大量优质硼资源集中分布在运输困难、开采条件差的青藏高原地区。

4.1.2 硼资源的开发

世界硼砂、硼酸生产国主要有土耳其、美国、中国、智利、俄罗斯等，其中美国和土耳其的硼酸盐产量占世界一半以上。

土耳其硼资源总量排在世界第一位，主要硼化工产品是硼砂和硼酸。埃蒂（ETI MADEN）硼公司负责管理土耳其的所有硼矿开采和加工，其总部设在土耳其首都安卡拉。在土耳其的班德尔玛、埃默特、比加迪奇、伊兹米、科斯特雷克和柯卡等地，埃蒂公司均建有工厂，其硼化物产量排在世界第一位，是世界第一大硼产品供应厂商。

埃蒂公司有 16 万 t/年的五水硼砂生产能力和 10 万 t/年的硼酸生产规模。主要生产无水、五水和十水硼砂。五水硼砂有普通粒径和特制粒径粗大的两大类产品，硼的纯度在 99.9% 以上。其他硼化物产品有过硼酸钠、八硼酸二钠、硼酸锌等，总的来看，土耳其硼的精细化工产品不多。

美国硼砂集团是英国力拓矿业集团（Rio Tinto Minerals）的全资子公司，是世界最大的精制硼酸盐生产商。在克拉茂矿附近，公司建有工厂加工矿石生产硼酸和硼砂，厂区内还生产无水硼酸钠和硼酐。硼酸生产线使用高品位的四水硼砂矿作为原料，采用硫酸分解的工艺生产，硼酸单套装置规模为 20 万 t/年。硼砂生产线使用高品位的硼砂矿和四水硼砂作为原料，采用简单的物理分离和纯化技术生产五水硼砂，单套装置规模达到 20 万 t/年以上。

Quiborax 公司是智利生产硼产品的公司，也是南美最大的硼酸盐生产厂家。采用硫酸分解的工艺，主要生产硼酸和农业化学品。硼回收率在 75% 左右，生产设备和工艺比较先进。

由于中国硼镁石资源主要是低品位硼镁矿，共生矿多为镁的硅酸盐或碳酸盐，因此基本上是以纤维硼镁石为原料采用碳碱法分解硼矿制造硼砂。碳碱法是用 Na_2CO_3 和 CO_2 反应剂在加压（0.6 ~ 1.0MPa）条件下于 130 ~ 140℃ 与硼矿粉反应，反应结果硼转化为 $Na_2B_4O_7$，矿石中可反应的镁转化为碳酸镁。其缺点是矿石需要焙烧，生产过程排出大量硼泥，反应时间较长。硼砂单套装置规模在 1 万 ~ 3 万 t/年。

中国的硼酸生产主要以高品位的辽宁和青藏硼镁矿为原料，采用硫酸分解的“一步法”生产。近些年来，在山东等地建设了一些单套装置规模为 2.5 万 t/年的“二步法”硼酸生产线，主要以进口的五水硼砂为原料，采用硝酸复分解反应生产硼酸和硝酸钠。

综上所述，国外硼矿资源品位高、资源优势明显、基础硼产品硼酸和硼砂的生产工艺先进、产品质量好、规模效益高，具有较强的市场竞争性。中国硼砂和硼酸的生产主要以品位较低的硼镁矿为原料，采用较为复杂的工艺和低效的设备进行生产。生产自动化程度低、工艺设备落后、工艺路线长、生产效率低、产品质量差，在市场竞争中处于劣势。

4.1.3　盐湖卤水提硼技术

国内外研究卤水提硼的方法很多，主要有：酸化法、沉淀法、萃取法、分级结晶法和吸附法（离子交换法）等。

4.1.3.1　酸化法

酸化法制取硼酸主要有盐酸酸化和硫酸酸化两种，主要应用于富硼溶液，一般硼含量高于 0.3% 时才可以采用该方法；该法工艺简单、成本低，但耗酸量大、产量不高、回收率低。酸化法提硼的工艺流程如图 4 -1 所示。

高世扬等曾以大柴旦盐湖卤水生产光卤石阶段最后排出的含 30g/L B_2O_3 的富硼氯化镁卤水为原料，得到硼酸产率 75% 的实验结果，每生产 1t 硼酸消耗盐酸量为 1.7t。中国科学院青海盐湖研究所在“七五”期间，对大柴旦盐湖浓缩盐卤开展了用浓盐酸酸化提硼的研究，进行了各项条件实验和全流程运转试验，生产出纯度为 99.5% 以上的硼酸产品，硼回收率达到 77.75%，生产成本比当时国内平均成本低 1000 元左右，该工艺因当时的设备腐蚀等问题未解决，没有进一步的产业化。

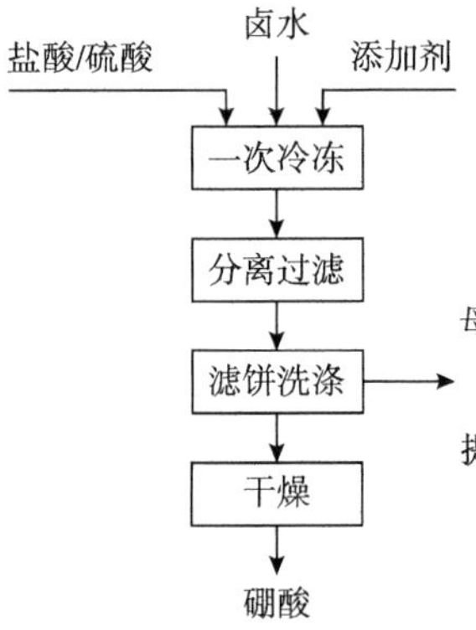

图 4 -1 酸化法提硼的工艺流程

4.1.3.2 沉淀法

沉淀法提硼是在蒸发浓缩后的含硼卤水中加入沉淀剂，使硼以硼酸盐形式析出，酸解冷却后结晶得到硼酸。常用的沉淀剂有活性氧化镁、石灰乳等。唐明林等研究了沉淀法对四川威远气田卤水盐后母液中硼的提取效果，并考察了卤水中 Mg^{2+}、Ca^{2+} 等共存离子对沉淀硼的影响，加入石灰乳得到二硼酸钙的沉淀产物（$CaO \cdot B_2O_3 \cdot 6H_2O$），再经盐酸酸化，可得到硼酸。结果表明：沉淀率在 70% 以上，硼总回收率达到 60%，Mg^{2+}、Ca^{2+} 等共存离子的存在会影响硼酸纯度。

沉淀法提硼的工艺技术简单、操作简便、所需原材料少，但该方法耗酸量大、产量低、成本较高，且硼酸盐在沉淀过程中易夹带杂质而影响硼酸纯度。该方法一般只适用于高硼、低镁钙的卤水体系。

4.1.3.3 萃取法

萃取法主要依据与水互不相溶的萃取剂与硼酸及其盐溶液相接触时，硼酸等按经典的分配定律被分配在两相间的原理进行硼酸的分离提取，一般需要盐析剂来辅助进行。该工艺的技术关键是萃取剂的选择，其工艺流程如图 4 -2 所示。

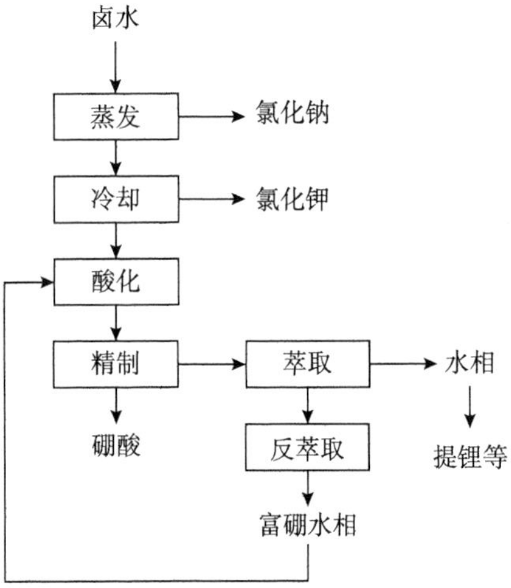

图 4 -2 萃取法制取硼酸的工艺流程

萃取和反萃取在混合澄清器中进行，根据实验测定的萃取体系平衡时间、澄清时间、搅拌强度、相比、料液密度、母液处理量等数据，可与酸化法连用，可设计混合澄清器的尺寸及各相口的位置和大小。负载有机相可根据卤水的实际情况，用热水或 NaOH 进行反萃取。萃余液中含有高浓度的 $MgSO_4$，可根据市场情况生产 $MgSO_4 \cdot 7H_2O$ 或 K_2SO_4 等产品。经过 9 级萃取，萃取率可达 80% 以上，萃余液中含硼质量浓度小于 3g/L，负载有机相经 3 级水萃或一级碱萃，反萃取率可达 90% 以上。该工艺的硼回收率较高，萃取剂可循环使用，原材料消耗少，成本低，具有较好的经济效益，可用于加工中低品位硼镁石矿及含硼卤水。

4.1.3.4　吸附法

吸附法提硼是采用对硼有特效选择性的吸附剂从卤水中富集硼，再用洗脱剂将硼从树脂上洗脱，得到硼酸产品。吸附剂主要有无机吸附剂和有机吸附剂两大类，常见的无机吸附剂包括金属氢氧化物、活性炭、纤维素衍生物、活性氧化铝等。有机吸附剂通常是离子交换树脂，也是现阶段研究较多的吸附剂。

由于树脂吸附容量有限，利用率较低，而洗脱液中硼浓度低，浓缩能耗大，生产成本高，因此仅适用于低硼体系中硼的脱除，可处理硼及硼化合物在生产和应用过程中产生的废水中的硼，或其他产品中杂质硼的脱除。吸附法工艺流程如图 4－3 所示。

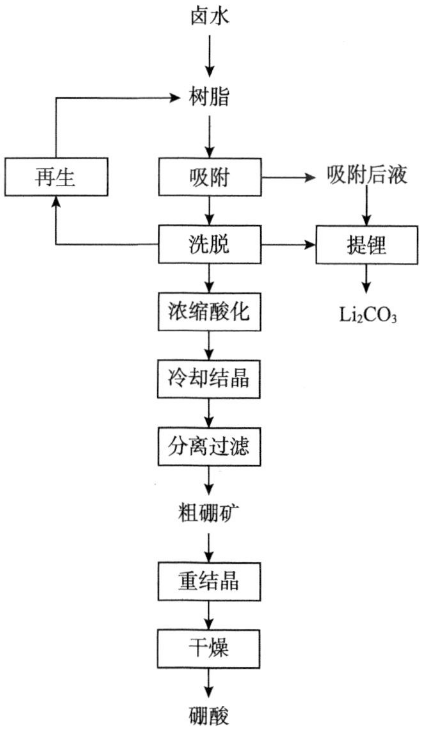

图 4－3　吸附法制取硼酸的工艺流程

4.1.3.5　分级结晶法

该法是利用硼酸及硼酸盐具有溶解度随温度变化较大的特点，主要应用于碳酸盐型盐湖提取硼砂，也可用重结晶法提纯硼酸。把盐湖卤水引入盐田中，利用太阳能强制蒸发，使不同盐类在某一温度范围内依次逐级结晶而分离，最后将硼含量高的母液冷冻，得到硼砂。也可以根据硼酸溶解度较低且随温度变化较大的特点，将高硼母液酸化、冷冻、结晶析出硼酸。美国凯尔马基化学公司就是利用此法从美国的西尔斯湖中提取硼砂，已形成年产 30 万 t 的规模。西尔斯湖上层卤水的加工就是采用强制蒸发将不同的盐类进行分离，分离出氯化钾后，再用氨冷冻法将其冷冻至 24℃，析出硼砂结晶，料浆经过滤、洗涤、干燥即可得到硼砂产品。硼砂根据需要也可加工成硼酸。下层卤水用热电厂排放的二氧化碳，使卤水中的碳酸钠以碳酸氢钠的形式析出，之后往母液中再加入新鲜卤水并调节其酸度，使其回到四水硼酸钠的碱度，然后将其冷冻，析出硼砂。唐明材等采用分级结晶法从西藏扎布耶卤水中制取五硼酸钾。

4.1.3.6 稀释成盐法

我国青藏高原拥有大量含有丰富卤水硼资源的盐湖，其类型主要为碳酸盐型、硫酸盐型和氯化物型三大类。其中，硫酸盐型卤水中的硼在蒸发过程中普遍存在过饱和溶解度现象，对此含硼卤水加水稀释可结晶析出不同种类的水合硼酸镁盐，称为“稀释成盐”现象。稀释成盐法提硼是基于“稀释成盐”现象而发明的一种盐湖提硼技术。由于该法提硼过程不引入外来化学试剂，不涉及大型工业设备，工艺流程简单，因此，是一种绿色、经济环保的分离技术，相关团队已经发表专业论文 20 余篇，为产业化开发打下了坚实的基础，其产业化开发也在进行中。有望应用于我国青藏高原盐湖硼资源综合开发利用中。

4.1.4 硼矿选矿方法

针对硅硼钙石型硼矿的特殊性，以破碎、磨矿、浮选进行选矿；粗选的过程中向矿浆依次加入调整剂、抑制剂和复合捕收剂，得到粗精矿和粗选尾矿。向粗精矿中加入抑制剂，得到硼精矿。该方法不仅可以显著提高 B_2O_3 含量，而且可以显著提高精矿产率及精矿回收率，降低尾矿品位。为有效合理地开发利用硅硼钙石硼矿资源提供技术依据，同时也可在一定程度上缓解现有硼矿资源紧张的问题。

4.1.5 硼矿加工工艺

4.1.5.1 碳碱法

碳碱法的工艺过程是：将硼镁矿粉加入碳酸钠溶液，通入石灰窑气（CO_2）进行碳解、过滤，滤液适度蒸发浓缩、冷却结晶、离心分离而得到硼砂。碳碱法制取硼砂工艺具有流程短、硼砂母液可循环套用、碱的利用率高、B_2O_3 回收率较高、设备和厂房需用量较少、节省基建投资等优点，特别是该法适合加工低品位硼镁矿，适合中国硼矿资源的特点，是广泛使用的方法。

碳碱法的反应方程式如下：

$$2Mg_2B_2O_3 + Na_2CO_3 + CO_2 + 2H_2O = Na_2B_4O_7 + 2MgCO_3 + 2Mg(OH)_2$$

当通入过量的 CO_2 时，反应就变成：

$$2Mg_2B_2O_3 + Na_2CO_3 + 3CO_2 = Na_2B_4O_7 + 4MgCO_3$$

碳解是硼砂生产过程中的重要一步，碳解率的高低直接影响硼砂的回收率，进而影响硼砂的生产成本。碳解率的主要影响因素有矿石焙烧质量、CO_2 浓度、反应温度、矿石品位等。刘雪艳等发现硼矿石焙烧活性大于85%、二氧化碳浓度大于29%、反应温度120～135℃为最佳反应条件。为了进一步发展和强化碳碱法制取硼砂工艺，解决硼砂生产大型化，给现有的生产硼砂厂家进行技术支持，辽宁省化工研究院通过试验并结合国内积累的高浓度 CO_2 碳解经验，认为应当采取高浓度 CO_2 碳解新技术改造现有的碳减法。辽宁省化工研究院已经设计出结果合理的新型碳解釜，选取了变压吸附法和BV热钾碱法提浓 CO_2，从而解决了国内碳碱法存在的反应时间长、设备利用率低、碳解率不高等技术问题。

4.1.5.2　硫酸法

硼矿加工工业早期采用硫酸一步法制取硼酸，其工艺过程是：将硼矿石破碎煅烧，结晶水蒸发后用硫酸使其酸化溶解生成硼酸，将反应后的产物过滤，滤液除去尾矿后经冷却结晶、离心分离、洗涤、脱水、干燥得到硼酸产品。该工艺生产技术成熟，流程简单，硼镁石不需要经过焙烧，直接用硫酸就可以分解，但生产过程中设备腐蚀比较严重，硼矿中 B_2O_3 回收率不高，一般仅为40%～50%。值得指出的是，该法对硼矿的品位要求较高，随着硼矿品位的逐年下降，这种缺陷变得更加严重。

4.1.5.3　硼砂中和法

硼砂中和法即两步法，是国内外传统的硼酸生产方法，其工艺过程是：硼矿先经碳酸化制得硼砂，再用硫酸或硝酸中和，经结晶、分离而得到硼酸及副产品硫酸钠或硝酸钠。该工艺基本原理是：硼酸是一种弱酸，当强酸与其盐类作用时，即可将硼酸置换出来。其反应式如下：$Na_2B_4O_7 \cdot 10H_2O + 2H^+ = 4H_3BO_3 + 2Na^+ + 5H_2O$。硼砂中和法具有原料易得、工艺流程短、设备简单、技术成熟、酸耗量低、工艺条件易于控制和产品质量稳定可靠等优点。龚殿婷等通过硫酸与盐酸硼砂酸化法制备硼酸的对比实验，得到的结果是盐酸酸化反应制得的硼酸纯度更高、质量更好，并且当盐酸中和反应的加酸温度为90℃，溶液pH为3～4，浸出温度保持在95～100℃，在8℃左右结晶10h时，制得硼酸产品纯度可达到99.7%。

4.1.5.4　碳氨法

碳氨法是以碳酸氢铵水溶液为浸取剂，处理硼镁石，将硼转化为溶于水的硼酸铵，而镁以碳酸镁的形式转化为沉淀，从而实现硼镁分离，再将硼酸铵热解，回收氨气得到硼酸。

浸取反应方程式：$Mg_2B_2O_3 + 2NH_4HCO_3 + H_2O \rightarrow 2NH_4H_2BO_3 + 2MgCO_3$

碳氨法工艺流程如图4－4所示。

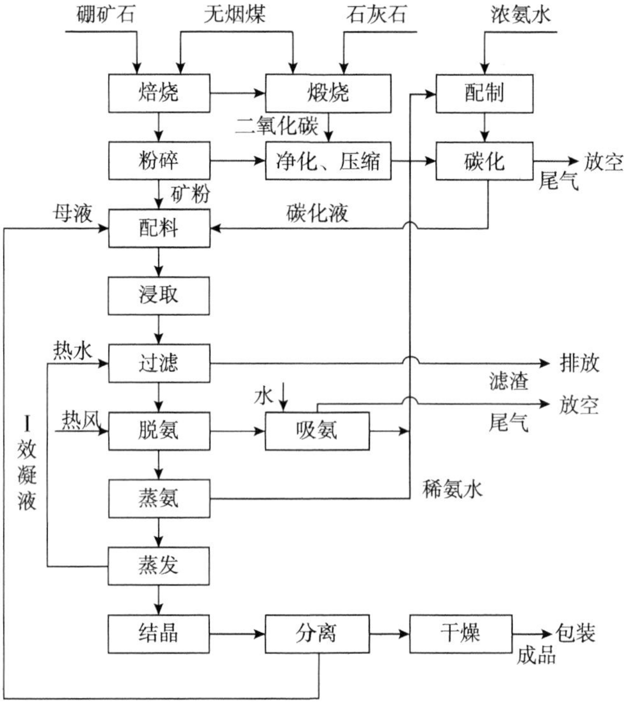

图4－4　碳氨法工艺流程

4.1.6　硼资源的应用

由于硼及其化合物具有独特的性质，被广泛地应用在国民经济的各个部门。硼化合物大多数耐高温、耐磨，具有错综复杂的结构，其中许多化合物具有独特的物理化学性质。国外含硼产品及硼精细化工产品品种十分齐全，如美国的含硼产品及硼精细化工产品的销售量和产量都居世界首位。

4.1.6.1　冶金工业

硼化物是冶金工业的添加剂、助溶剂，也是硼钛、硼钢的原料。硼化铁、硼化锂可使金属材料硬度大、耐磨性和耐热性好。硼砂作焊药可防止气焊时金属表面氧化。过硼酸钠是镀镍电解液的组分，可防止镀层起泡产生，提高镀件光亮度。硼化钛硬质合金阴极具有良好的导电性。

4.1.6.2　玻璃、陶瓷等工业

硼酸、硼砂、磷酸硼、硼酸钙等是搪瓷、陶瓷釉料的重要组分，在搪瓷单层膜静电作用中具有良好的耐热性、耐磨性，可增强光泽，提高表面的光洁度。在制造玻璃

时加入适量的硼酸氧化硼、硼酸、硼酸钙等，可使玻璃膨胀系数降低，提高其热稳定性和强度，增强光泽度和透明度，同时可缩短熔化时间，因此高级光学仪器玻璃等都含有硼。

4.1.6.3　阻燃剂

硼产品作为阻燃剂也是其重要应用领域。硼化合物本身具有一定的阻燃性能，但在阻燃剂中主要是利用了它们的协同阻燃作用。由于在火焰中熔融并包裹住物质表面使氧气不能与燃烧表面相接触，从而降低燃烧性能。

4.1.6.4　农业方面

硼及其化合物在应用于工业的同时，还应用到农业等领域，硼砂用作硼肥。如果土壤缺硼，棉花将会只开花不结果，严重减产。向日葵如果缺少硼，含油量下降。缺少硼，豆科植物的发育也会受到影响。国内外施用硼肥的结果表明，其对油菜、小麦、棉花、果树等都有明显的增产效果，严重缺硼的土壤，施用后产量能够成倍地增长。根据土壤成分不同选择适宜的硼肥，对促进农业高产将起到积极效果。

4.1.6.5　日用化工

硼酸作为杀菌剂可用于硼酸皂的生产，过硼酸钠作洗涤剂组成，可提高织物的洁白度和光泽度，也用于织物漂白。硼酸是高级香料的原料，硼酸、硼酸锌可用于防火纤维的绝缘材料和阻燃剂，还可用作漂洗剂、后整理剂。

4.1.6.6　原子能工业和国防工业

硼具有显著的吸收中子的作用，可用作原子反应堆中的控制棒及原子反应堆的结构材料。碳化硼具有高熔点、抗压强度大、防辐射和防化学腐蚀性能，因此，它是航空和装甲的理想防护材料。硼的某些化合物是制造火箭喷嘴、燃烧室内件及喷气发动机的部件。硼的氢化物是液体火箭推进剂中常用的燃烧剂等。

4.2　青海硼产业资源

4.2.1　青海硼资源

青藏高原的湖泊水化学类型齐全，在青藏高原盐湖的形成和发展过程中，沉积了丰富的盐类矿产资源，除富有巨量的石盐、芒硝、镁盐以及天然碱等的普通盐湖外，还有以富 K、B、Li、Cs 等元素为特征的特种盐湖等。

柴达木盆地位于青藏高原北部，是中国内陆大型的山间盆地之一，为中生代、新生代形成的大型断陷盆地。柴达木盆地有盐湖28个，其中有硼矿分布的盐湖有10个，且主要分布在青藏高原盐湖水化学分带中的硫酸镁亚型亚带。柴达木盆地盐湖湖相沉积固体硼矿主要分布在盆地北缘山间盆地的大柴旦盐湖和小柴旦盐湖，而盐湖液体硼矿平均含硼量在区域上呈明显的北高南低变化态势，由盆地最北缘的大柴旦盐湖和小柴旦盐湖湖区，至盆地中南部的一里坪盐湖、西台吉乃尔盐湖、东台吉乃尔盐湖及察尔汗盐湖，卤水平均含硼量呈降低趋势。该区由于火山热水通过洪水河和南祁连热泉期补给，形成了柴达木盆地独有的以大柴旦盐湖、小柴旦盐湖和东台吉乃尔盐湖、西台吉乃尔盐湖、一里坪盐湖等液态硼锂矿为南北对称的硼（锂）盐湖群。

青海省硼矿储量分布在柴达木盆地。柴达木盆地硼矿资源丰富，但是矿区较为分散，且多为中低品位硼矿。已探明 B_2O_3 储量1174.1万t，其中固体462.1万t，液体712万t；B_2O_3 保有储量1160.4万t（工业储量848.3万t），其中固体450.7万t，液体储量709.7万t。硼矿产地14处，其中固体产地6处（大型矿床1处，中型矿床1处，小型矿床1处，矿点3处），液体产地8处（大型5处，中型1处，小型2处）。

青藏高原盐湖的硼资源大规模开发始于20世纪50年代，1958—1963年，西藏地区班戈湖－杜佳里湖曾大量开采优质硼砂，累计产出天然富硼矿粗硼砂约15万t。1960年，西藏由于当地硼矿开发的收入，曾实现财政自给。西藏固体硼矿大量开采区主要集中在扎布耶、扎仓茶卡、聂尔错、基布茶卡等地。扎仓茶卡于20世纪80年代被发现，该矿为优质镁硼矿，开采 B_2O_3 品位≥30%，成为替代进口的硬硼钙石制作玻璃纤维的优质原料。

在我国青藏高原的盐湖区域，湖底或湖滨沉积有多种固体硼酸盐矿物，而盐湖卤水中硼的含量也很高。矿物中具有工业价值的主要是天然硼砂、钠硼解石、柱硼镁石和水硼镁石等。青藏高原盐湖常见的硼酸盐矿物见表4－2，其中三方硼镁石、章氏硼镁石、水碳硼石都是我国科技工作者在盐湖考察过程中发现，并经国际上确认的。

表4－2　青藏高原盐湖的硼酸盐矿物

名称	化学式	w（B_2O_3）/%	相对密度 dB/(kg/L)
硼砂	$Na_2B_4O_7 \cdot 10H_2O$	36.51	1.69～1.76
三方硼砂	$Na_2B_4O_7 \cdot 5H_2O$	47.8	1.83
斜方硼砂	$Na_2B_4O_7 \cdot 4H_2O$	51.02	1.91
钠硼解石	$NaCaB_5O_9 \cdot 8H_2O$	42.95	1.65～1.95
柱硼镁石	$MgB_2O_4 \cdot 3H_2O$	42.46	2.29
库水硼镁石	$Mg_2B_6O_{11} \cdot 15H_2O$	37.32	1.845
多水硼镁石	$Mg_2B_6O_{11} \cdot 15H_2O$	37.32	1.78～1.79
三方硼镁石	$MgB_6O_{10} \cdot 7.5H_2O$	54.36	1.85
章氏硼镁石	$MgB_4O_7 \cdot 9H_2O$	40.77	1.70～1.73
水方硼石	$CaMgB_6O_{11} \cdot 6H_2O$	50.53	1.90～2.17
水碳硼石	$CaMgB_2O_4(CO_3)_2 \cdot 8H_2O$	15.7	2.105
板硼石	$Ca_2B_6O_{11} \cdot 13H_2O$	37.62	1.88
诺硼钙石	$CaB_6O_{10} \cdot 4H_2O$	61.98	2.09
多水氯硼钙石	$Ca_4B_8O_{15}Cl_2 \cdot 21H_2O$	29.21	1.83

4.2.2 青海硼资源开发

4.2.2.1 硼砂产品的开发生产

1958 年，大柴旦硼砂厂以钠硼解石为原料，采用纯碱（或天然碱）分解钠硼解石工艺，经沉降、分离、结晶等工序生产硼砂。1959—1960 年，雅沙图、小柴旦、马海地区相继开始钠硼解石矿的开采，并用于硼砂生产。同期，西藏地区也进行了部分高品位硼矿的开采。当时，青海生产的硼砂产品和西藏地区采挖的硼矿，大部分用于出口。

1960 年以后，大柴旦化工厂利用大、小柴旦湖的硼矿资源生产硼砂产品。1981 年因富矿枯竭停产。1987 年，青海省化工设计研究院对西藏杜加里湖矿制取硼砂工艺进行了研究。1993 年中国科学院青海盐湖研究所接受委托，开发了大柴旦湖底低品位硼矿制取硼砂实用工艺，并于次年进行了工艺放大试验。

4.2.2.2 硼酸产品的开发生产

1959 年，青海化工厂进行了以硼砂为原料制备硼酸中间试验，1960 年投产，结束了青藏地区无硼酸生产的历史。1962 年，硼砂矿供应紧张。为解决硼酸生产原料问题，青海省化工设计研究院与青海化工厂协作，开发完成了以柴达木盆地柱硼镁石矿为原料，硫酸分解法制取硼酸工艺。投入工业化生产后，产品质量稳定，硼酸含量达 99% 以上，产品出口国际市场，总产量达 1.5 万 t，曾获青海省优质产品称号。1964 年，青海省化工设计研究院开发成功用碳酸氢铵分解柱硼镁石矿，然后用硫酸处理得到硼酸和硫酸铵的“铵法分解柱硼镁石制取硼酸工艺”。该工艺在开原化工厂进行中试并投入生产。20 世纪 90 年代，硼酸生产厂达 10 余家，带动了青藏地区硼资源开采和加工产业的发展。

1989 年，大柴旦化工厂建成硼酸车间，利用大柴旦湖底低品位柱硼镁石矿采用碳酸法生产硼酸，由于工艺中结垢问题一直无法解决，致使该装置始终未能正常生产。1995 年，中国科学院青海盐湖研究所有关科技人员在分析了大柴旦湖低品位硼矿的性质和特点后，提出了用硫酸直接分解硼矿制取硼酸的工艺。该工艺用硫酸分解硼矿，可提高硼矿分解率，降低液固比，滤液直接冷却后就可得到硼酸产品，同原来的 CO_2 分解法相比，硫酸法工艺省去了石灰窑、CO_2 净化及压缩工段，提高了分解液质量分数，解决了结垢问题，降低了硼酸生产成本。

青海地区硼酸的生产大都以硼镁矿为原料，采用硫酸工艺，该工艺回收率一般为 60% 左右，母液排出量大，生产 1t 硼酸，排放 4 ~ 5t 母液，既浪费资源，又污染环境。母液的回收利用成为困扰硼酸生产企业的一大难题。2001 年，青海利亚达化工厂开发出一条从硼酸母液中精制硫酸镁回收硼酸的新工艺，不仅使硼酸回收率由原来的 60% 提高到 90% 以上，而且副产硫酸镁产品。降低了生产成本，提高了经济效益，为硼矿资源的综合利用提供了一条新途径。

4.2.2.3 低品位硼矿的富集加工

青海大柴旦地区硼矿物累计探明储量（以 B_2O_3 计）约占全国探明储量的 14.6%，但多以贫矿为主（B_2O_3 含量在 10% 以下），其储量约占该地区总储量的 90% 以上。直接加工贫矿经济上不划算，技术难度也很大。寻找一条技术先进、经济合理的贫矿富集路线，已成为利用开发硼贫矿资源的关键。青海利亚达化工厂经过多年努力，开发出一条低品位贫矿的富集加工工艺，该工艺通过转化、浮选、分离工序对低品位硼矿进行富集加工，得到的精硼矿 B_2O_3 含量在40%左右，回收率80%以上。该工艺的实施可为同行业提供品质优良的硼矿，为青海低品位硼资源的利用解决了技术难题，对开发利用青海低品位硼矿资源具有重要意义。

4.3 硼产业重点技术专利分析

4.3.1 专利信息检索

本部分专利数据来源于国家知识产权局专利数据库，利用 PatSnap 专利情报平台，针对全球硼产业专利申请情况进行检索与分析。

4.3.1.1 检索时间

专利数据起始时间：国内最早申请日（或优先权日）为 1985 年 8 月 15 日，收录数据截止时间为 2019 年 8 月。

对在华专利申请，可以分为国内申请、通过《巴黎公约》的申请和 PCT 申请。其中国内申请在优先权日起 18 个月公开，因此国内申请在申请日起 18 个月基本上都已经公开；通过《巴黎公约》的申请通常会在进入中国 6 个月内公开，因此在申请日起 18 个月基本上都已经公开；通过 PCT 形式进入中国的申请通常自优先权日起 30 个月进入国家阶段，但大部分都要求了优先权，即大部分自申请日起 18 个月左右进入中国，多数 PCT 申请在申请日起 18 个月已经公开。综上所述，在华专利申请从提交申请到公开有 18 个月的时间延迟，本分析报告中 2018 年至 2019 年专利分析数据仅供参考。

4.3.1.2 数据检索

本专利分析报告采用关键词与 IPC 分类号相结合的检索方式。分别针对盐湖卤水提硼、硼砂和氮化硼三个领域展开专利检索分析。

针对盐湖卤水提硼领域，选取盐湖、卤水以及硼的提取作为关键词，共采集专利数据 507 件，国外专利 297 件，国内专利 210 件。人工筛选排除无关专利，针对国内

130件专利，聚焦于IPC分类C02F、C01D、C01B、C22B和C01F作为本专利分析报告的重点领域。

针对硼砂领域，选取硼砂、四硼酸钠及其同义词作为关键词进行检索，截至2019年7月24日，共采集到专利数据426676条，其中国内专利26469条。

针对氮化硼领域，选取氮化硼、BN作为关键词进行检索，聚焦在IPC分类C01B21方面，排除氮化硼应用方面的专利，截至2019年8月4日共采集到专利数据2133条，其中国内专利385条。通过人工筛选剔除无关专利，针对国内354件专利进行技术分类和重点分析。

4.3.2 盐湖提硼专利分析

4.3.2.1 全球盐湖提硼专利分析

图4-5中蓝线表示的是全球（包括中国）盐湖提硼专利年度申请量趋势情况，从1956年开始有盐湖提硼专利申请，检索到的最早专利是由苏联申请的从天然盐水中获得硼精矿的方法。在20世纪90年代之前有关盐湖提硼的专利增长速度较慢，年均申请量不超过5件，主要申请来自美国、德国、日本和阿根廷。在1996年出现了一个小的申请高峰，专利申请主要来自阿塔卡玛盐矿公司，该公司申请了一系列有关从天然或工业盐矿的盐水中提取硼的方法。从2003年开始专利申请量大幅增长，主要是因为随着人们对于硼资源需求量的增加，对硼矿的开采力度加大，全球硼产业的发展速度加快。由于中国专利制度建立于1985年，因此中国盐湖提硼相关专利申请从1986年开始出现，早期中国专利申请量相对较低，从2003年之后，越来越多的中国申请人进入该领域，专利申请量增长速度很快，在全球专利申请的比重越来越高，甚至能够影响全球专利整体趋势。2013年专利申请量到达了一个高峰，年申请量达到42件，之后专利申请量有所回落，随后在2017年又出现了一个高峰。

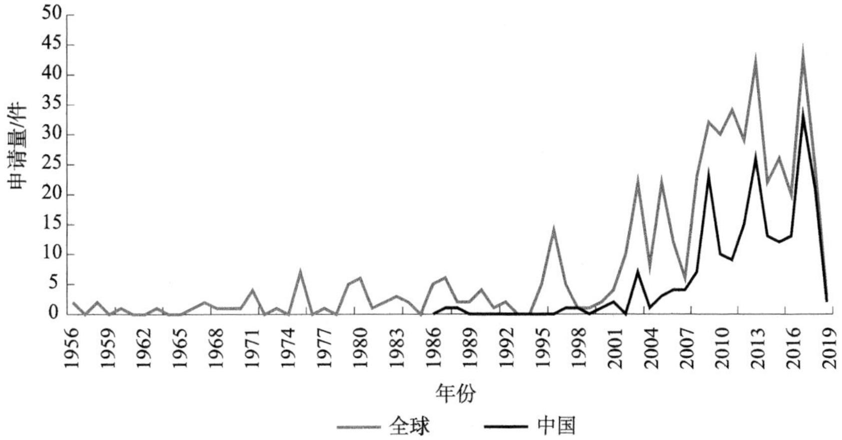

图4-5 盐湖提硼全球和中国专利年度申请量趋势

从专利类型上分析，盐湖提硼领域以发明专利为主。发明专利共502件，占总申请量的99%，而实用新型专利只有5件，都是来自中国申请人，主要涉及的是盐湖提硼装置。

从专利法律状态分析，目前有效的专利占30%，审中专利占16%，失效专利占41%，未确认状态的专利占13%。

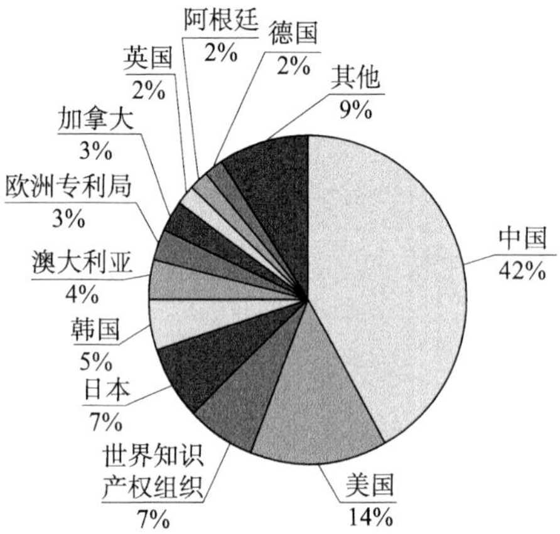

图4-6　盐湖提硼专利全球分布

图4-6所示为盐湖提硼领域专利全球分布情况，中国和美国是主要申请国，其中中国专利申请量占42%，排名第一，主要是因为我国的硼矿资源属于现代盐湖型，大多分布在青海和西藏，近年来我国政府对盐湖资源利用给予了大力支持，盐湖硼资源开发速度迅猛。美国专利申请量仅次于中国，占14%，美国是世界硼产品生产大国，其矿床类型主要为火山沉积型硼矿，位于西尔斯湖的矿床类型属于盐湖型。此外日本、韩国、澳大利亚和加拿大在该领域也有少量专利申请。

盐湖提硼领域的主要技术分类情况见表4-3，从IPC技术分布状况看，盐湖提硼技术主要集中在C01D15/08碳酸锂，C02F1/44渗析法、渗透法或反渗透法处理污水或废水，C01B35/10含硼和氧的化合物，B01D61/02利用半透膜分离的方法，反渗透、逆渗透，C22B26/12锂的提取，C01B35/12硼酸盐。其中涉及C01D15/08碳酸锂的专利最多，这主要是由盐湖的特点决定的，在高镁锂比盐湖卤水中，大多同时伴生硼、钠等阳离子和硫酸根阴离子。一方面，在获取目标产品的同时需要同时去除或收集其他高价值产品，以达到经济价值最大化。另一方面，对于某些产品生产过程中，去除其他离子的干扰是获得高纯度产品的前提，例如，为获得高纯度的锂盐产品，需要首先提取硼，由于硼自身的特性，它会伴随锂盐的结晶析出而分散析出，从而降低锂盐回收率。

表4-3　主要技术分类专利申请量分析

序号	IPC分类号	含义	申请量/件
1	C01D15/08	碳酸锂	93
2	C02F1/44	渗析法、渗透法或反渗透法处理污水或废水	89
3	C01B35/10	含硼和氧的化合物	70
4	B01D61/02	利用半透膜分离的方法，反渗透、逆渗透	46
5	C22B26/12	锂的提取	36
6	C01B35/12	硼酸盐	33
7	C02F1/00	水、废水或污水的处理	32
8	C02F1/42	离子交换法	32
9	C01D15/04	锂的卤化物	31
10	C01D3/06	用加工盐水、海水或废碱液制备碱金属的卤化物	30

表 4 -4 为 IPC 技术分类年度申请量分布情况，从表中可以看出 C01D15/08 碳酸锂、C22B26/12 锂的提取、C01B35/10 含硼和氧的化合物和 C01B35/12 硼酸盐技术在 2001—2008 年专利申请量很少，从 2008 年之后发展速度加快。C02F1/44 渗析法、渗透法或反渗透法处理污水或废水和 B01D61/02 利用半透膜分离的方法，反渗透、逆渗透技术的起步较早，尤其在 2002—2005 年技术活跃度较高，且技术延续性较好。C02F1/42 离子交换法和 C02F1/00 水、污水或废水的处理技术在 2001—2005 年是比较活跃的研究领域，之后专利申请量逐年下降，关注度减弱。

表 4 -4　IPC 技术分类年度申请量　　单位：件

IPC 分类号	申请年份																		
	2001	2002	2003	2004	2005	2006	2007	2008	2009	2010	2011	2012	2013	2014	2015	2016	2017	2018	2019
C01D15/08	1	0	1	0	0	0	1	0	10	4	20	9	9	3	6	6	11	6	1
C02F1/44	1	10	8	5	15	0	1	8	6	6	3	0	6	8	4	1	3	0	1
C01B35/10	0	0	1	0	2	1	1	1	6	2	3	1	11	2	2	5	6	6	1
B01D61/02	0	9	8	4	3	0	0	3	1	1	1	0	1	6	3	0	1	1	1
C22B26/12	0	0	0	0	0	0	0	0	0	1	7	8	6	0	2	1	4	6	0
C01D3/06	0	0	7	1	0	1	0	0	3	0	0	0	10	0	0	1	2	4	0
C02F1/42	1	0	8	3	4	1	1	0	3	2	0	0	2	1	1	0	1	0	0
C02F1/00	0	3	5	0	12	0	0	2	1	0	0	0	3	0	1	0	0	0	0
C02F103/08	0	0	0	0	3	2	2	3	3	6	0	0	0	2	1	2	3	0	0
C01B35/12	0	0	0	0	0	0	0	1	4	1	0	1	8	1	2	1	0	5	0

图 4 -7 所示为盐湖提硼技术的主要申请人的申请量情况。专利申请量排名前 10 位的专利申请人中，中国申请人 3 位，国外申请人 7 位。国内的申请人分别为中国科学院青海盐湖研究所、西藏国能矿业发展有限公司和中国科学院过程工程研究所，从申请人的类型分析，国内申请人以科研院所为主，企业申请人较少，唯一一个企业申请

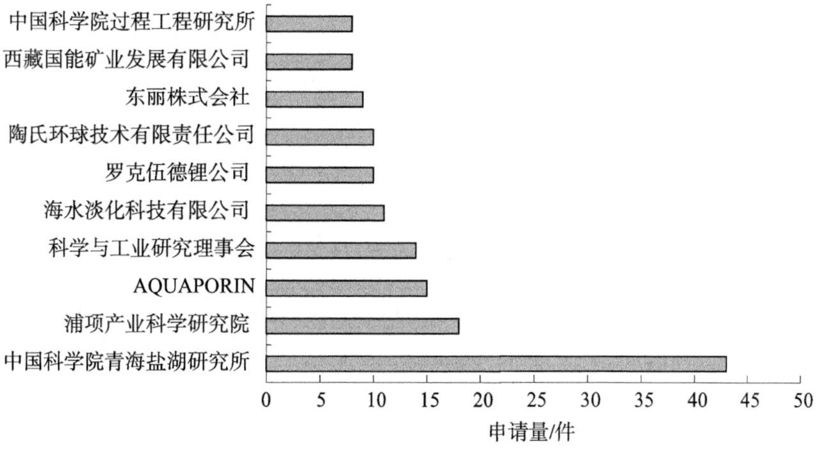

图 4 -7　主要申请人排名

人是西藏国能矿业发展有限公司，其专利都是和中国科学院青海盐湖研究所共同申请的，可以看出在盐湖提硼技术方面国内的科研院所具有一定优势，尤其是中国科学院青海盐湖研究所，在该领域共申请专利 43 件。

与国内申请人相比，国外申请人多数为大型高科技企业，排在前面的除韩国的浦项产业科学研究院和澳大利亚科学与工业研究理事会两家研究单位外，其他申请人均为企业，包括：美国的陶氏环球技术有限责任公司、罗克伍德锂公司，日本的东丽株式会社，以色列的海水淡化科技有限公司等。

图 4－8 所示为全球盐湖提硼专利主要申请人年度申请量分布情况，国内在该领域开展研究时间最早的是中国科学院青海盐湖研究所，从 2003 年开始有相关专利申请，中国科学院青海盐湖研究所早期主要研究的是盐湖卤水提锂方法，在提锂之前采用酸化法获得硼酸。2012 年之前中国科学院青海盐湖研究所的专利数量较少，从 2013 年开始专利申请数量增长加快，研究重点转移到从含硼卤水中提硼，从发展趋势看，卤水提硼技术是其重点研究方向。

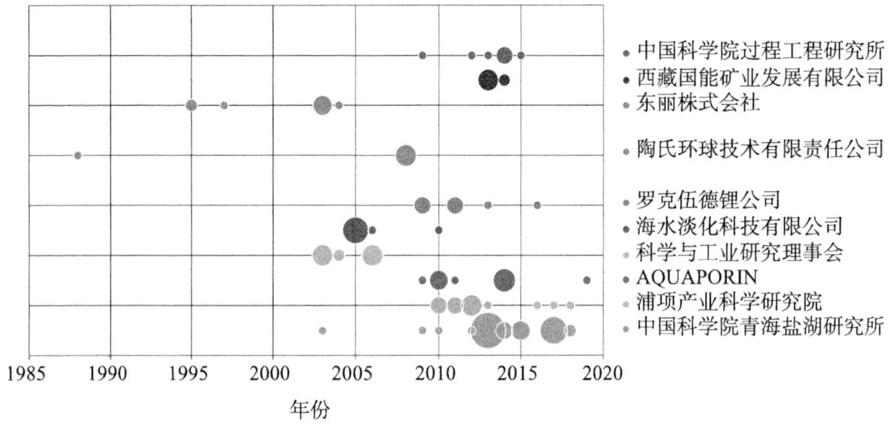

图 4－8　主要申请人年度申请量分布情况

国外在该领域开展研究较早的是美国的陶氏环球技术有限责任公司和日本的东丽株式会社，陶氏环球技术有限责任公司早在 1989 年就申请保护一种用于浮选硼的有机聚合物螯合剂，并开发了相应的工艺方法。东丽株式会社早期关注的是膜分离装置和分离高浓度溶液的方法，2000 年之后研究重点转向了水处理方法和水处理设备方面，尤其是采用反渗透膜技术分离硼，2004 年之后没有新专利申请。韩国的浦项产业科学研究院从 2010 年才进入该领域开展专利布局，其年度专利申请数量不多，但技术延续性较好，几乎每年都有相关专利申请。

图 4－9 所示为盐湖提硼专利主要申请人的主 IPC 技术分布情况。中国科学院青海盐湖研究所的技术集中在 C01B35/10 含硼和氧的化合物、C01B35/12 硼酸盐、C01D15/06 硫酸锂盐和 C01D15/08 碳酸锂。浦项产业科学研究院的技术主要涉及 C01D15/02 锂的氧化物、C22B3/38 从矿石或精矿提取含磷金属化合物、C01B25/30 碱金属磷酸盐和 C01D15/08 碳酸锂。AQUAPORIN 公司的技术集中在 B01D61/00 利用半透膜分离的方法、

B01D61/40 利用乳液型膜分离、B01D71/74 天然高分子材料及其衍生物用于半透膜。科学与工业研究理事会排在前三位的技术是 C01D3/06 用加工盐水、海水或废碱液制备碱金属的卤化物，C01F5/08 焙烧氢氧化镁法和 C01F1/00 制备金属铍、镁、铝、钙、锶、钡、镭、钍化合物的方法。海水淡化科技有限公司的研究都集中在 C02F 水、废水、污水或污泥的处理方面，主要做的是脱盐盐水溶液的装置。罗克伍德锂公司主要研究的是 C01D15/08 碳酸锂。从上述专利申请人 IPC 技术比较可以发现其研发方向侧重点有明显不同，中国科学院青海盐湖研究所专利重点在硼资源获取，浦项产业科学研究院重点开发锂电池用材料，AQUAPORIN 公司关注膜分离方法，科学与工业研究理事会、海水淡化科技有限公司的研究集中于水的循环利用。

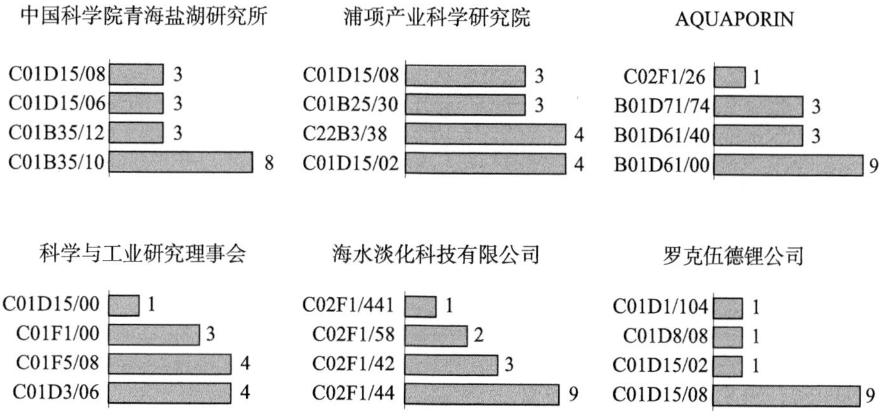

图 4-9　主要申请人的主 IPC 技术分布情况

4.3.2.2　国内盐湖提硼专利分析

本部分针对国内 210 件专利，制定技术分类表，进行人工去噪标引。聚焦于 IPC 分类为 C02F、C01D、C01B、C22B 和 C01F 的 130 件专利，并从多个维度进行重点分析，掌握国内本领域的发展现状，为下一阶段的专利布局提供基础。

图 4-10 所示为国内盐湖提硼专利年度申请量趋势，最早的专利是 1987 年由中国科学院青海盐湖研究所申请的，但此后较长时间内国内专利申请量仍然较少。从图中可以看出我国大规模开展盐湖提硼技术研究的时间较晚，2000 年之后专利申请量明显增加，虽然起步较晚，但是发展速度很快。分别在 2009 年、2013 年和 2017 年连续出现了三个专利申请高峰。2009 年的专利申请主要来自达州市恒成能源（集团）有限责任公司，其重点研究了在含硼的氯化钠饱和盐卤溶液中制取硼酸的技术，通过蒸发结晶、酸化提硼制得硼酸，具有产品成本低、能耗小、回收率高等优点。2013 年和 2017 年的专利申请主要来自中国科学院青海盐湖研究所，其技术主要集中在通过酸化法、萃取法、蒸发结晶法从盐湖卤水中提硼。

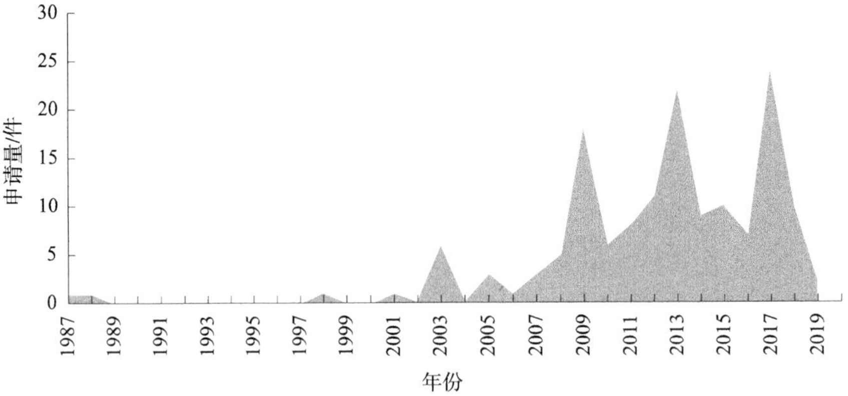

图 4－10　国内盐湖提硼专利年度申请量趋势

图 4－11 所示为国内盐湖提硼专利地域分布情况。青海省的专利申请量排在第一位，并且远远高于其他省份，占全国总申请量的 27%，主要是因为国内的盐湖分布主要集中在青藏高原，包括有大柴旦盐湖、小柴旦盐湖、一里坪盐湖、西台吉乃尔盐湖、察尔汗盐湖，在湖底沉积有多种固体硼酸盐矿物，盐湖卤水中硼的含量也很高。同时青海省对盐湖硼资源开发利用的开始时间在国内也是最早的。除了青海省之外，卤水提硼专利分布较多的地区还包括北京、四川、江苏、辽宁、西藏。

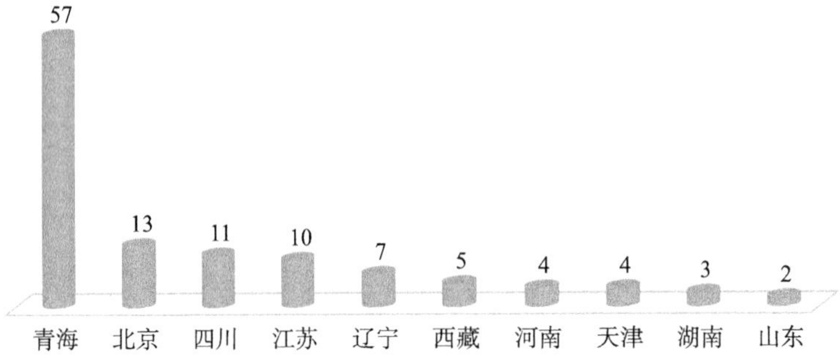

图 4－11　国内盐湖提硼专利地域分布

图 4－12 所示为国内盐湖提硼专利主要申请人排名情况，排名前 10 位的申请人中，国内申请人占 9 位，国外申请人占 1 位，国内盐湖提硼专利以国内申请人为主。国内申请人主要来自青海和西藏，其中来自青海的申请人有中国科学院青海盐湖研究所、青海锂业有限公司、青海盐湖工业股份有限公司，其中中国科学院青海盐湖研究所的专利申请量最多，排在第 1 位，远高于其他申请人。来自西藏的企业有 2 家，分别是西藏国能矿业发展有限公司和西藏阿里旭升盐湖资源开发有限公司。从申请人类型方面分析，其中国内企业申请占 5 位，科研院所和高校共 3 位。从专利申请数量上看，科研院所和高校的专利申请数量较多。

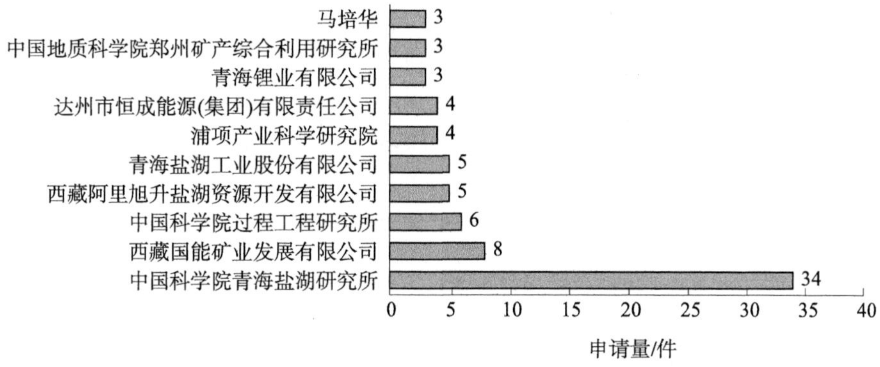

图 4-12　国内主要申请人排名

通过对专利申请 IPC 分类号进行统计分析，得到申请量排在前 10 位的主 IPC 分类号，见表 4-5。从 IPC 分类号可知盐湖提硼领域专利申请主要集中在 C01B35/10 含硼和氧的化合物、C01D15/08 碳酸锂、C01B35/12 硼酸盐、C01D15/04 锂的卤化物、C22B26/12 锂的提取。排名第 1 位、第 3 位属于 C01B35 硼的化合物，排名第 5 位、第 10 位属于 C22B 金属的生产或精炼，排名第 2 位、第 4 位属于 C01D15 锂的化合物，排名第 7 位、第 9 位属于 C02F9 水、废水、污水或污泥的处理。通过对主要技术专利申请量的统计发现盐湖提硼技术的研究主要集中在硼的氧化物、硼酸盐研究；同时在国内锂与硼属于伴生矿，在综合利用方面有重要的意义，成为重要的研究方向；除此之外，金属的生产或精炼方法以及分离过程中水的处理及综合利用同样是关注的重点。

表 4-5　IPC 技术分类专利申请量

序号	IPC 分类号	含义	专利申请量/件
1	C01B35/10	含硼和氧的化合物	28
2	C01D15/08	碳酸锂	25
3	C01B35/12	硼酸盐	7
4	C01D15/04	锂的卤化物	7
5	C22B26/12	锂的提取	7
6	C01D3/06	用加工盐水、海水或废碱液制备碱金属的卤化物	5
7	C02F9/04	水、废水或污水的化学处理步骤	5
8	C01F5/06	镁化合物的热分解法	4
9	C02F9/06	水、废水或污水的电化学处理	4
10	C22B3/24	通过固体物质上的吸附从矿石提取金属化合物，例如用固体树脂提取	4

4.3.2.3　国内盐湖提硼专利技术分析

为了深入分析盐湖提硼技术，本部分针对盐湖提硼技术进行人工分类标引。将专利按照硼资源来源、硼资源技术等进行分类。具体技术分类见表 4-6。根据专利保护特点，为便于专利分析制订该表，该表仅供技术人员参考。

根据硼资源的来源不同，将其分为盐湖卤水、盐湖硼矿。主要是因为我国的盐湖主要分布在青藏高原，盐湖卤水中硼的含量很高，同时在湖底沉积有多种固体硼酸盐矿物。通过对国内盐湖提硼领域的专利分析发现，盐湖卤水提硼方面的研究较多，占总申请量的90%。

表4-6　技术分类表

一级分类	二级分类	三级分类
硼资源来源	盐湖卤水	
	盐湖硼矿	
硼资源提取技术	盐湖提硼方法	酸化法
		沉淀法
		吸附法
		萃取法
		蒸发结晶法
		膜分离法
		电化学法
	综合利用	
	装置	

从技术保护的方面进行分析。如图4-13所示，硼资源研究技术主要分为以下几个方面。

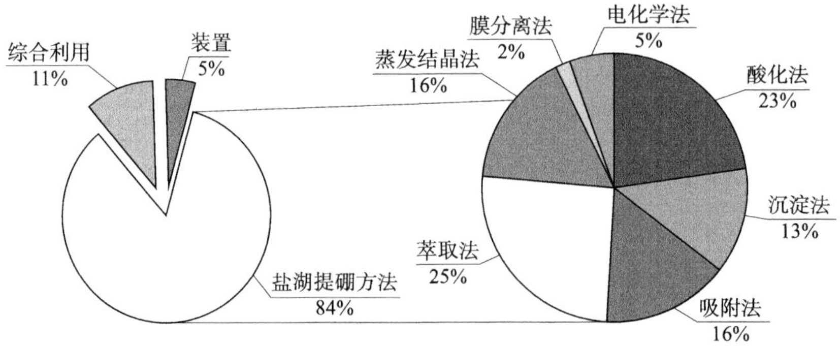

图4-13　硼资源技术

1）盐湖提硼方法。此类专利重点保护从盐湖中提取硼的方法，主要分为酸化法、沉淀法、吸附法、萃取法、蒸发结晶法、膜分离法和电化学法。

2）综合利用。同时提取多种物质的联合生产方法，卤水的综合利用方法。

3）装置。硼资源提取相关装置。

从盐湖资源技术方面分析，涉及盐湖提硼方法的专利最多，占总申请量的84%，其中萃取法专利技术最多，占25%。根据盐湖硼资源的来源不同，提硼的方式也不相同。如图 4－14 所示，在盐湖卤水提硼方法中采用萃取法的专利最为常见，其次是酸化法和吸附法。溶剂萃取法提硼具有选择性好、产品纯度高、回收率高、操作简便、设备简单等优点，而且萃取工艺操作成本低、原材料能耗少、无三废，与其他方法相比具有明显优势。在盐湖硼矿提硼方面主要采用的是酸化法，这与盐湖硼矿的类型有关，盐湖型硼矿主要用于生产硼酸，硼矿需要加入硫酸进行酸化。

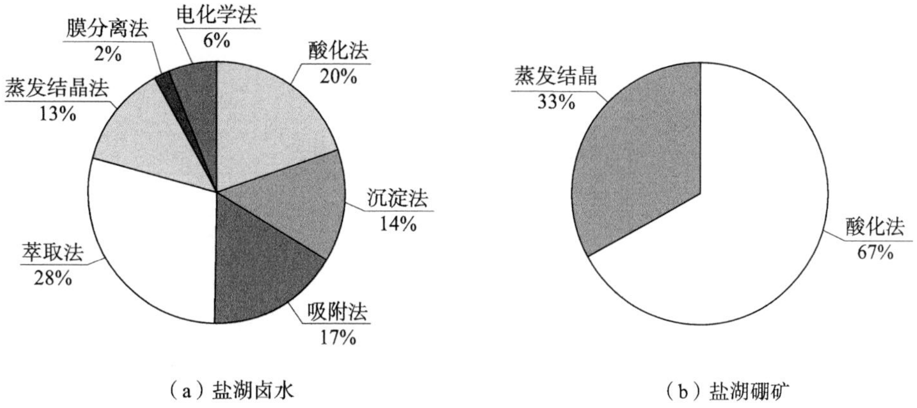

图 4－14　盐湖提硼方法

图 4－15 所示为盐湖卤水提硼方法专利年度申请量分布情况。2002 年之前主要采用沉淀法提硼，通过加入沉淀剂，从卤水中获得硼。2003—2011 年，采用萃取法、酸化法和吸附法提硼的三种技术同时涌现。这三种方法也是目前盐湖卤水中处理硼的主要方法，还有人采用酸化法和萃取法相结合的方式提硼。2012 年之后除了沉淀法、萃取法、酸化法和吸附法的技术持续发展外，开始出现蒸发结晶法提硼技术，国内主要是中国科学院青海盐湖研究所根据卤水构成特点，采用蒸发结晶法从混合卤水中制备硼矿。最近两年出现了膜分离法提硼，膜分离法早期应用于海水淡化领域，采用膜分离法从盐湖卤水中提硼技术的研究较少，2019 年青海启迪清源新材料有限公司发明了一种用纳滤法从含硼卤水中分离硼元素的方法，该方法应用范围广，硼去除率高，酸碱耗量低，成本低，安全环保，同时获得的富硼卤水可用于生产高纯度硼砂或硼酸。

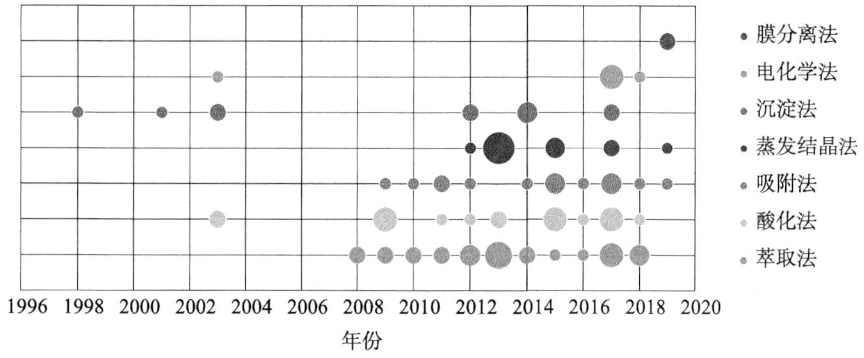

图 4－15　盐湖卤水提硼方法专利年度申请量分布

4.3.2.4 国内主要申请人分析

1. 中国科学院青海盐湖研究所

中国科学院青海盐湖研究所有关盐湖提硼领域专利申请共34件，其中授权专利23件，实审中专利申请6件，被驳回专利申请2件，未缴年费专利2件，撤回专利申请1件。中国科学院青海盐湖研究所非常注重和企业之间开展合作研究，在34件专利中，有5件是和西藏阿里旭升盐湖资源开发有限公司共同申请的，有8件是同西藏国能矿业发展有限公司共同申请的，合作专利情况见表4－7，合作的时间集中在2013年和2014年。

表4－7 合作企业专利情况列表

专利申请号	合作企业	标题	申请日
CN201310572377. X	西藏国能矿业发展有限公司	利用自然能从混合卤水中提取Mg、K、B、Li的方法	2013－11－15
CN201310571632. 9	西藏国能矿业发展有限公司	利用自然能从混合卤水中制备硼矿的方法	2013－11－15
CN201310573838. 5	西藏国能矿业发展有限公司	利用自然能从混合卤水中制备钾石盐矿的方法	2013－11－15
CN201310572330. 3	西藏国能矿业发展有限公司	利用自然能从混合卤水中提取Mg、K、B、Li的方法	2013－11－15
CN201310573923. 1	西藏国能矿业发展有限公司	利用自然能从混合卤水中制备硫酸锂盐矿的方法	2013－11－15
CN201310573972. 5	西藏国能矿业发展有限公司	利用自然能从混合卤水中制备锂硼盐矿的方法	2013－11－15
CN201410704599. 7	西藏国能矿业发展有限公司	一种利用碳酸镁粗矿制备高纯氯化镁的方法	2014－11－27
CN201410704667. X	西藏国能矿业发展有限公司	一种利用碳酸镁粗矿制备高纯氯化镁的方法	2014－11－27
CN201210397192. 5	西藏阿里旭升盐湖资源开发有限公司	高原硫酸盐型硼锂盐湖卤水的清洁生产工艺	2012－10－18
CN201310125330. 9	西藏阿里旭升盐湖资源开发有限公司	从硫酸盐型盐湖卤水中富集硼锂元素的方法	2013－04－11
CN201310124971. 2	西藏阿里旭升盐湖资源开发有限公司	采用自然能富集分离硫酸盐型盐湖卤水中有益元素的方法	2013－04－11
CN201310124579. 8	西藏阿里旭升盐湖资源开发有限公司	利用高原硫酸盐型盐湖卤水制备锂盐矿的方法	2013－04－11
CN201310125115. 9	西藏阿里旭升盐湖资源开发有限公司	利用高原硫酸盐型盐湖卤水制备硼矿的方法	2013－04－11

表 4－8 为中国科学院青海盐湖研究所的专利申请情况，从表中可以看出，中国科学院青海盐湖研究所的关注技术点较多集中于盐湖提硼方法，少量专利涉及盐湖资源的综合利用（盐湖提钾、提硼、提锂、提镁）和矿石提硼。在综合利用方面，提出一种利用自然能从混合卤水中提取 Mg、K、B、Li 的方法，该发明将长期以来人们所认为的高原盐湖地区的恶劣气候环境作为有利的自然条件加以利用，即利用海拔高，日照强，风速大，蒸发强烈，昼夜温差和年温差大，冬季寒冷干燥，夏季炎热有雨等自然条件；同时，通过将碳酸盐型盐湖卤水与其附近的硫酸盐型盐湖卤水进行混合开发，从而实现卤水中有益元素的高效富集分离。在矿石提硼方面，其公开了一种用于富集西藏低品位硼砂矿的方法及设备，通过利用水力旋流技术分离低品位硼砂矿中的杂质，通过针对性地设计富集工艺过程条件，实现对硼砂矿的有效富集。该方法工艺简单、环保、低成本，尤其适合矿区资源地的环境。

表 4－8　中国科学院青海盐湖研究所专利申请情况

专利申请号	标题	硼资源来源	硼资源技术
CN87103431. X	一种从含锂卤水中提取无水氯化锂的方法	盐湖，卤水	盐湖提硼方法
CN200310122238. 3	从盐湖卤水中分离镁和浓缩锂的方法	盐湖，卤水	盐湖提硼方法
CN200910117571. 2	利用高镁锂比盐湖卤水制备碳酸锂的方法	盐湖，卤水	盐湖提硼方法
CN201010539446. 3	一种氯化镁热解制备高纯氧化镁的方法	盐湖，卤水	盐湖提硼方法
CN201210397192. 5	高原硫酸盐型硼锂盐湖卤水的清洁生产工艺	盐湖，卤水	盐湖提硼方法
CN201310125330. 9	从硫酸盐型盐湖卤水中富集硼锂元素的方法	盐湖，卤水	盐湖提硼方法
CN201310124971. 2	采用自然能富集分离硫酸盐型盐湖卤水中有益元素的方法	盐湖，卤水	盐湖提硼方法
CN201310124579. 8	利用高原硫酸盐型盐湖卤水制备锂盐矿的方法	盐湖，卤水	盐湖提硼方法
CN201310125115. 9	利用高原硫酸盐型盐湖卤水制备硼矿的方法	盐湖，卤水	盐湖提硼方法
CN201310453067. 6	一种从含硼卤水中分离硼的方法	盐湖，卤水	盐湖提硼方法
CN201310453035. 6	一种从含硼卤水中分离硼的方法	盐湖，卤水	盐湖提硼方法
CN201310452804. 0	一种从含硼卤水中分离硼的方法	盐湖，卤水	盐湖提硼方法
CN201310452836. 0	一种从含硼卤水中分离硼的方法	盐湖，卤水	盐湖提硼方法
CN201310571755. 2	一种从高镁锂比盐湖卤水中精制锂的方法	盐湖，卤水	盐湖提硼方法
CN201310571632. 9	利用自然能从混合卤水中制备硼矿的方法	盐湖，卤水	盐湖提硼方法
CN201310573838. 5	利用自然能从混合卤水中制备钾石盐矿的方法	盐湖，卤水	盐湖提硼方法
CN201310573627. 1	一种从高镁锂比盐湖卤水中精制锂的方法	盐湖，卤水	盐湖提硼方法
CN201310573923. 1	利用自然能从混合卤水中制备硫酸锂盐矿的方法	盐湖，卤水	盐湖提硼方法
CN201310573972. 5	利用自然能从混合卤水中制备锂硼盐矿的方法	盐湖，卤水	盐湖提硼方法
CN201410704599. 7	一种利用碳酸镁粗矿制备高纯氧化镁的方法	盐湖，卤水	盐湖提硼方法
CN201410704667. X	一种利用碳酸镁粗矿制备高纯氧化镁的方法	盐湖，卤水	盐湖提硼方法
CN201510712033. 3	一种利用高镁锂比盐湖卤水制备碳酸锂的方法	盐湖，卤水	盐湖提硼方法
CN201510710663. 7	一种利用高镁锂比盐湖卤水制备氢氧化锂的方法	盐湖，卤水	盐湖提硼方法

续表

专利申请号	标题	硼资源来源	硼资源技术
CN201510711562.1	一种利用高镁锂比盐湖卤水制备镁基水滑石联产硼酸的方法	盐湖，卤水	盐湖提硼方法
CN201510813150.9	柱硼镁石的制备方法	盐湖，卤水	盐湖提硼方法
CN201710214734.3	一种盐湖含锂卤水中富集分离硼的方法	盐湖，卤水	盐湖提硼方法
CN201710861399.6	盐湖提锂副产氢氧化镁的综合利用方法	盐湖，卤水	盐湖提硼方法
CN201710860042.6	盐湖提锂副产氢氧化镁的综合利用方法	盐湖，卤水	盐湖提硼方法
CN201710972445.X	一种基于膜分离耦合法的电池级氢氧化锂制备方法	盐湖，卤水	盐湖提硼方法
CN201710972230.8	一种基于膜分离耦合法的电池级氢氧化锂制备方法	盐湖，卤水	盐湖提硼方法
CN201711296837.5	基于离心萃取器从盐湖卤水中萃取硼的工艺方法	盐湖，卤水	盐湖提硼方法
CN201310572377.X	利用自然能从混合卤水中提取 Mg、K、B、Li 的方法	盐湖，卤水	综合利用
CN201310572330.3	利用自然能从混合卤水中提取 Mg、K、B、Li 的方法	盐湖，卤水	综合利用
CN201410210168.5	低品位硼砂矿的富集方法及系统	盐湖，硼矿	矿石提硼，硼砂

图4－16所示为中国科学院青海盐湖研究所盐湖提硼领域专利的主IPC技术分布情况，从图中可以看出，专利的主IPC技术分类主要分布于C01B35/10含硼和氧的化合物方面，其次是C01D15/06硫酸锂、C01D15/08碳酸锂、C01F5/06镁化合物的热分解法、C22B7/00处理非矿石原材料和C22B26/12锂的提取。

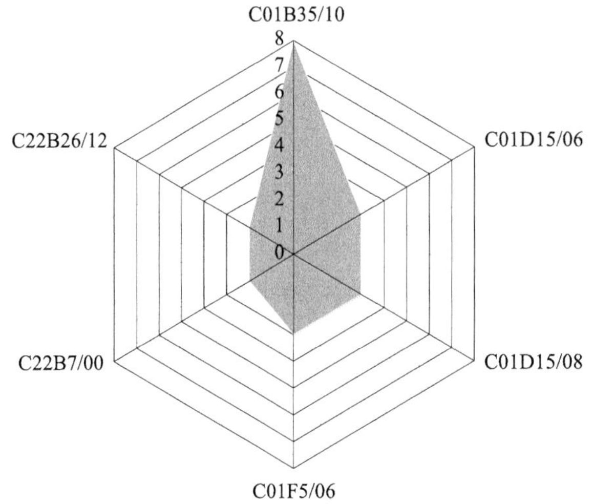

图4－16　中国科学院青海盐湖研究所主IPC技术分布情况

图 4－17 所示为中国科学院青海盐湖研究所盐湖提硼方法专利技术路线图。最早采用的是电化学法，提出一种从盐湖卤水中分离镁和浓缩锂的方法，通过盐湖卤水进行一级或多级离子交换膜电渗析，即将盐湖卤水送入电渗析器的淡化室，经过一价离子选择性电渗析，在电渗析器的浓缩室中得到浓缩的富锂卤水浓缩液，镁、硼酸根、硫酸根则滞留在淡化室中，实现镁、硼酸根、硫酸根与锂的分离。

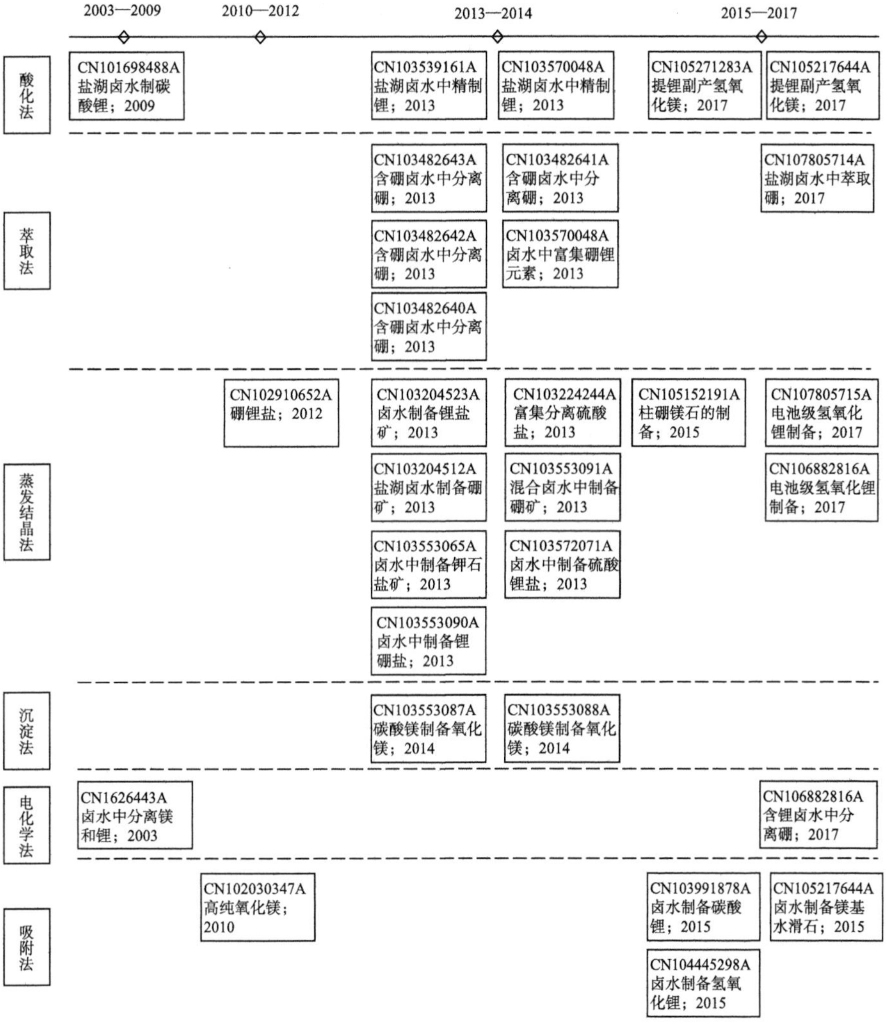

图 4－17　中国科学院青海盐湖研究所盐湖提硼方法专利技术路线图

2010—2012 年，出现了蒸发结晶法和吸附法提硼技术。在 2012 年提出一种高原硫酸盐型硼锂盐湖卤水的清洁生产工艺，该工艺包括以下步骤：①设置预晒池、芒硝池、NaCl 池、光卤石池、泻盐池Ⅰ、除镁池、泻盐池Ⅱ、硼池、锂池和老卤池；②控制高原硫酸盐型盐湖卤水钠离子浓度，利用冬季析出芒硝得到卤水 A；卤水 A 自然蒸发析盐得到卤水 B；③卤水 B 经自然蒸发依次析出钾石盐、光卤石，得到卤水 C；④卤水 C 自然蒸发析出泻盐并进行液固分离，得到卤水 D 和固体 A；⑤卤水 D 经芒硝回兑除镁得到卤水 E，卤水 E 自然蒸发得到卤水 F 和固体 B；⑥卤水 F 经水化反应、自然蒸发后析出库水/多水硼镁石和卤水 G；⑦卤水 G 经蒸发或冷冻析出硫酸锂，该硫酸锂加工成相应产品即可。该发明适用于世界高原型（青藏高原、安第斯高原等）硫酸盐型硼锂盐湖的清洁、无污染、低成本的综合利用。凡是利用自然条件实现硫酸盐型盐湖卤水有益元素清洁、无污染富集分离的工艺，均可采用该发明的工艺路线。

2013—2014 年，中国科学院青海盐湖研究所集中申请了大量专利，除了蒸发结晶法外，出现了酸化法、萃取法及沉淀法提硼技术。在酸化法方面，提出一种从高镁锂比盐湖卤水中精制锂的方法：①提钠、钾后的卤水经去除硫酸根，经蒸发得到富硼锂卤水；②富硼锂卤水经酸化得到硼酸以及富锂酸化液；③使用纳滤膜分离富锂酸化液，得到一次浓水和一次产水；④步骤③得到的一次产水经脱硼，得到无硼富锂产水；⑤无硼富锂产水经反渗透得到二次产水和淡水；⑥二次产水经除镁后进行蒸发，得到精制后的富锂卤水。该发明将盐田工艺和膜系统紧密结合在一起，充分利用太阳能、压力等能源动力，大大降低了能耗，并且工艺流程简单，提高了锂离子的回收率，降低了生产成本和安全系数。在萃取法方面，通过将萃取剂与稀释剂混合得到萃取有机相；萃取有机相萃取经 pH 调节后的含硼卤水，得到含硼有机相；用反萃剂反萃含硼有机相，得到有机相及水相；将水相经蒸发、浓缩、结晶后得到硼酸或硼酸盐。

2015 年之后，技术主要集中在酸化法、蒸发结晶法和吸附法方面。在 2015 年提出了一种柱硼镁石的制备方法，通过将富硼老卤恒温加热至有晶体析出，将具有晶体析出的富硼老卤恒温陈化，并固液分离得到滤饼和滤液，所述滤饼经洗涤、干燥得到柱硼镁石。在 2015 年还提出一种利用高镁锂比盐湖卤水制备镁基插层功能材料联产硼酸的方法，以高镁锂盐湖卤水为原料，加入一定的可溶性三价金属盐，通过合成镁基层状功能材料充分利用高镁锂比盐湖卤水中镁资源，之后利用低镁锂比的水滑石母液制备硼酸。该发明提供的镁基功能材料及硼酸的制备方法不仅能有效解决以往方法工艺复杂、成本高、盐湖资源利用率低，钾肥生产过程中形成的“镁害”问题，制备硼酸的成本也大大降低了，而且使废弃的镁资源得以充分利用，降低了镁基功能材料的生产成本，实现了盐湖镁硼资源高值化和综合利用，具有较好的产业化前景。

2. 西藏国能矿业发展有限公司

西藏国能矿业发展有限公司共有盐湖提硼领域专利 8 件，全部为发明专利，法律状态全部为有效。西藏国能矿业发展有限公司的专利都是和中国科学院青海盐湖研究所共同申请的。具体专利情况见表 4－9，其技术主要集中在盐湖提硼方法和综合利用方面，在盐湖提硼方面其主要应用的是蒸发结晶法。

表 4－9　西藏国能矿业发展有限公司专利申请情况

专利申请号	标题	硼资源来源	硼资源技术	提硼方法
CN201310572337. X	利用自然能从混合卤水中提取 Mg、K、B、Li 的方法	盐湖，卤水	综合利用	蒸发结晶法
CN201310571632. 9	利用自然能从混合卤水中制备硼矿的方法	盐湖，卤水	盐湖提硼方法	蒸发结晶法

续表

专利申请号	标题	硼资源来源	硼资源技术	提硼方法
CN201310573838.5	利用自然能从混合卤水中制备钾石盐矿的方法	盐湖，卤水	盐湖提硼方法	蒸发结晶法
CN201310572330.3	利用自然能从混合卤水中提取 Mg、K、B、Li 的方法	盐湖，卤水	综合利用	蒸发结晶法
CN201310573923.1	利用自然能从混合卤水中制备硫酸锂盐矿的方法	盐湖，卤水	盐湖提硼方法	蒸发结晶法
CN201310573972.5	利用自然能从混合卤水中制备锂硼盐矿的方法	盐湖，卤水	盐湖提硼方法	蒸发结晶法
CN201410704599.7	一种利用碳酸镁粗矿制备高纯氯化镁的方法	盐湖，卤水	盐湖提硼方法	沉淀法
CN201410704667.X	一种利用碳酸镁粗矿制备高纯氯化镁的方法	盐湖，卤水	盐湖提硼方法	沉淀法

西藏国能矿业发展有限公司在 2013 年申请了专利“利用自然能从混合卤水中制备硼矿的方法”，其工艺流程图如图 4－18 所示。该发明由于采用二次冷冻除去了卤水中大量硫酸根离子，因而在蒸发浓缩过程中锂不会以硫酸锂固体析出，从而有效提高了锂的回收率。另外，提硼锂后的卤水循环提硼锂，其硼锂的回收率更高，并且无环境污染，蒸发析出的固体物可综合利用。尤其是冬季气温低，夏季气候干燥，利用该方法进行二次盐田冷冻和蒸发，有较好的实用性和经济效益。

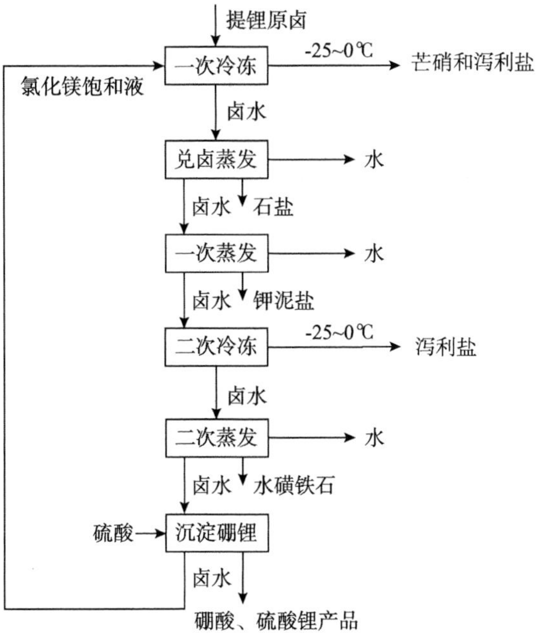

图 4－18　从混合卤水中制备硼矿工艺流程图

西藏国能矿业发展有限公司在2014年申请的两件专利都是有关利用碳酸镁粗矿制备高纯度氧化镁的方法。氧化镁中硼化合物杂质的存在会使氧化镁产生很强的助熔作用，导致耐火材料的高温强度急剧下降；此外，当达到一定温度时，B_2O_3 的汽化会造成镁砂气孔率增加，使耐火材料和熔融炉渣与钢水的耐腐蚀性降低。因此，在利用卤水制备高纯氧化镁的过程中需要去除硼化合物杂质，以提高氧化镁的高温性能。该方法通过加入碳酸氢盐作为除硼剂，并进行水热反应使存在于碳酸镁晶体间的不溶硼化合物转化为可溶物质，然后再经过洗涤去除硼杂质，最终制备得到的氧化镁的纯度高达98%以上。

3. 中国科学院过程工程研究所

中国科学院过程工程研究所有关盐湖提硼专利申请共6件，其中有效专利4件，失效专利1件，审中专利1件。其提硼的主要技术采用的是溶液萃取法和沉淀法。

2012年黄焜、刘会洲发明了一种液－液－液三相萃取预富集与分离盐湖卤水中锂和硼的方法，通过在盐湖浓缩卤水溶液中加入水溶性协萃剂，调节卤水 pH，然后加入水溶性高分子聚合物，室温下充分混合得到上下两层液相体系；然后加入有机萃取剂，混合后得到上、中、下三层液相体系。取三液相体系的上、中两相，分别反萃回收其中的锂和硼。该发明可实现从高镁锂比盐湖卤水中一步萃取即同时富集提取锂和硼，并与卤水中大量共存的镁、钙及其他杂质金属离子分离。锂和硼在三液相体系的上、中两相分别选择性富集，实现初步分离以便后续提纯精炼。三液相萃取可在中性或弱酸性条件下进行，适应性强。

2014年卢旭晨等发明了一种水体除硼方法（见图4－19），将氧化镁加入含硼水体中，加热搅拌以实现初步除硼，进一步将所得溶液过滤，向滤液中加入氧化剂，加热

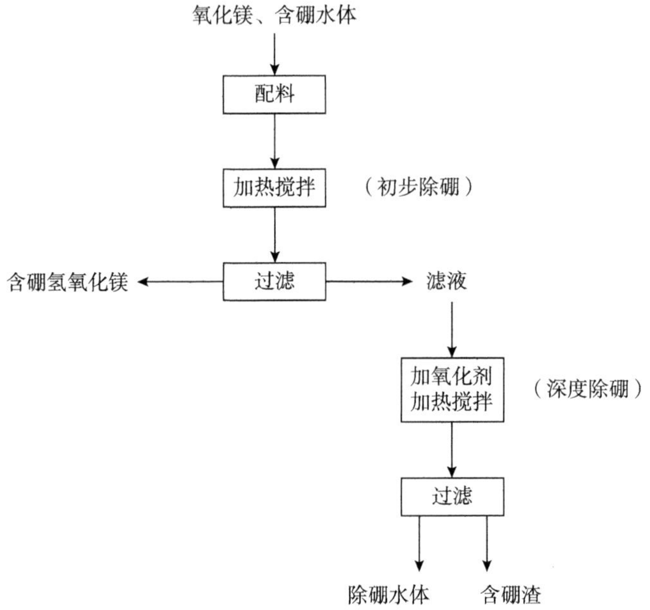

图4－19　水体除硼工艺流程图

搅拌以实现深度除硼。该发明采用了氧化剂，其作用如下：①在一定加热搅拌条件下，可将水体中对电解镁过程有害的铁、有机杂质等氧化，形成絮状沉淀。该絮状沉淀还可以吸附水体中微量的硼，实现硼、铁、有机杂质的同时脱除；②氧化剂在加热的条件下释放出氧气，可以改善加热搅拌的热力学条件，便于氢氧化镁析出和对硼的吸附。

中国科学院过程工程研究所专利申请情况见表 4－10。

表 4－10　中国科学院过程工程研究所专利申请情况

专利申请号	标题	硼资源来源	硼资源技术	提硼方法
CN200910076545. X	一种利用苦卤与碳酸盐制备氯化镁的方法	盐湖，卤水	盐湖提硼方法	沉淀法
CN201410101295. 1	一种气浮聚合物从盐湖卤水萃取提硼的方法和装置	盐湖，卤水	盐湖提硼方法	萃取法
CN201410255516. 0	一种水体除硼的方法	盐湖，卤水	盐湖提硼方法	吸附法
CN201410772723. 3	一种盐湖老卤中镁、锂、硼一体化分离的方法	盐湖，卤水	综合利用	萃取法
CN201210511479. 6	一种液－液－液三相萃取预富集与分离盐湖卤水中锂和硼的方法	盐湖，卤水	综合利用	萃取法

4. 青海盐湖工业股份有限公司

截至 2019 年 7 月 12 日，共检索到青海盐湖工业股份有限公司有关盐湖提硼专利申请 5 件，其中授权专利 2 件，实审状态专利 3 件。青海盐湖工业股份有限公司的技术关注重点在盐湖提硼方法（见表 4－11）。

表 4－11　青海盐湖工业股份有限公司专利申请情况

专利申请号	标题	硼资源来源	硼资源技术	提硼方法
CN201710076269. 1	一种氯化锂的生产工艺	盐湖，卤水	盐湖提硼方法	吸附法
CN201710164137. 4	一种金属镁的生产工艺	盐湖，卤水	盐湖提硼方法	吸附法
CN201710679004. 0	一种盐湖卤水生产高纯度氢氧化锂的新工艺	盐湖，卤水	盐湖提硼方法	电化学法
CN201710679007. 4	一种盐湖卤水生产高纯度氯化锂的新工艺	盐湖，卤水	盐湖提硼方法	电化学法
CN201810222685. 2	一种盐湖卤水制镁技术中的卤水精制装置及卤水精制工艺	盐湖，卤水	装置	

2017 年申请的专利主要采用的是吸附法和电化学法除硼。CN201710164137. 4 涉及一种金属镁的生产工艺，基于盐湖卤水和海水中含有大量的镁离子，国内外研究机构和冶金生产企业不断尝试从盐湖卤水和海水中提取 $MgCl_2$，从而采用电解的方法来制取金属镁，但是盐湖卤水和海水中的 SO_4^{2-}、B 元素难以有效去除，并且结晶水脱除困难，难以完成工业化试验。该专利将去除 SO_4^{2-} 的精制液通过硼吸附树脂，以去除所述精制液中的含硼物质，制得精制终液。

青海盐湖工业股份有限公司在2018年申请了一件有关盐湖卤水精制装置的专利，包括依次相连的氯化镁老卤收集系统、化盐系统、硫酸根去除系统和硼去除系统，其中，硫酸根去除系统包括反应单元和过滤单元，反应单元与氯化钡溶液桶相连，过滤单元包括陶瓷膜过滤器，硼去除系统包括吸附塔，吸附塔中设置有硼吸附树脂。该发明通过采用适合的硫酸根去除方法以及适合的硼去除方法，实现盐湖卤水的精制，得到满足要求的合格精制盐水，采用该合格精制盐水制镁，有利于金属镁品质和镁电解效率的提升，可有效降低电解槽材质腐蚀及钢阴极腐蚀。

青海盐湖工业股份有限公司有关盐湖提硼专利数量不多，涉及的内容主要是在盐湖提镁或盐湖提锂过程中的除硼技术。

4.3.3 硼砂专利分析

硼砂是非常重要的含硼矿物及硼化合物。通常为含有无色晶体的白色粉末，易溶于水。水溶液呈强碱性。硼砂在空气中可缓慢风化。熔融时成无色玻璃状物质，金属氧化物溶于该熔体内，显示出特征的颜色，在定性分析上用作硼砂珠试验。硼砂有广泛的用途，可用作清洁剂、化妆品、杀虫剂，也可用于配置缓冲溶液和制取其他硼化合物等。硼砂的制备工艺一般根据矿物原料的种类和品位而定。全世界硼砂集中在美国、土耳其、中国、俄罗斯、智利等地。

4.3.3.1 我国硼砂的发展现状

我国是世界上最早发现和使用硼砂的国家，古代中医就曾把天然硼砂作为药材使用（冰硼散）。1956年，我国第一套以硼镁矿为原料制取硼砂的生产装置在辽宁建成。60多年来，我国硼砂工业从无到有，发展迅速，已形成年产十水硼砂60万t的生产能力。

由于资源条件及历史原因，我国的硼砂生产企业主要分布在辽宁、吉林、西藏、青海等地，其中辽宁省的硼砂生产能力占我国硼砂生产总能力的90%以上（见表4－12）。

表4－12 我国硼工业主要企业列表

序号	企业名称	主要硼产品	硼化工生产规模
1	辽宁营口化工厂	五水硼砂、氮化硼	大型
2	辽宁营口501硼矿	硼矿石、硼砂	中型
3	辽宁营口分水化工总厂	硼砂	中型
4	辽宁丹东凤城硼矿	硼矿石、硼砂	大型
5	辽宁辽阳冶建化工厂	硼砂、硼酸	大型
6	辽宁铁岭市开原化工厂	硼砂	大型
7	辽宁宽甸硼矿	硼矿石、硼砂、硼酸	大型
8	辽宁宽甸县硼基团公司	硼矿石、硼砂、硼酸、五水硼砂	大型
9	吉林通化美达化工有限公司	硼砂、硼酸	中型
10	吉林集安硼矿	硼矿石、硼砂	中型

从产品结构情况看，我国硼砂工业的主体产品是十水硼砂，生产量占生产总量的97%以上。五水硼砂由于受资源及技术因素的限制，生产发展十分缓慢。

综上所述，我国硼砂工业发展迅速，有力地支持了国民经济建设。但由于多种因素的制约，我国硼砂工业依然以十水硼砂的生产为主，与各消费领域的新要求、新变化差距越来越大，这种状况已成为制约我国硼砂工业可持续发展的瓶颈。未来我国市场对五水硼砂的需求将长期处于增长状态，对硼砂产品在品种、品质等方面的要求也将越来越高，因此，瞄准市场需求，积极调整产品结构，对于我国硼砂行业的发展十分重要。

4.3.3.2　硼砂的生产方法

生产硼砂的方法有酸化法、水浸溶解法、碱法、碳碱法和含硼盐湖卤水法。

碳碱法是我国针对品位较低、活性较差的纤维硼镁矿而开发的一种具有独立自主知识产权的硼砂生产方法，有效地解决了品位较低的硼矿利用难题。该方法是 20 世纪 60 年代以来我国硼砂工业所采用的主体工艺，产能占我国硼砂生产总能力的 95% 以上。

水浸溶解法按渣液分离方式的不同，又可分为过滤分离法和沉降分离法，适宜处理天然硼砂矿。该工艺在 1996 年前后率先在河南南阳实现产业化，随后又发展到山东，并扩展到青海和西藏地区。

碱法又分为加压碱解法和常压碱解法。加压碱解法由于对设备条件要求较为苛刻，工艺流程长、设备多，而且不适宜加工品位低的硼矿，因此实际生产中几乎没有得到应用；常压碱解法是在常压条件下以碳酸钠或碳酸氢钠为分解剂并作为钠源制备硼砂的新工艺，适宜处理盐湖型硼镁矿。2002 年，赵龙涛等针对西藏硼镁矿品位高、杂质少、质地蓬松、比表面积大、活性度高、易加工等特点，提出了以碳酸钠、碳酸氢钠为分解剂处理西藏硼镁矿常压法制备硼砂的新工艺，并实现了年产 3 万 t 的生产能力。

4.3.3.3　硼砂的应用

硼砂主要用于玻璃和搪瓷行业。在玻璃制品中，硼砂可增强紫外线的透射率，提高玻璃的透明度及耐热性能。在搪瓷制品中，硼砂可使瓷釉不易脱落而使其具有光泽。硼砂在特种光学玻璃、玻璃纤维、有色金属的焊接剂、珠宝的黏结剂、印染、洗涤（丝和毛织品等）、金的精制、化妆品、农药、肥料、硼砂皂、防腐剂、防冻剂和医学用消毒剂等方面也有广泛的应用。

硼砂可以用作植物生长用肥料，是我国常用的补硼产品，国内使用的硼肥产品主要有：①十水硼砂，纯硼含量为 10.9% 左右，为无色透明结晶或者粉末，主要用作土壤基施，也有喷施；②硼镁混合肥料，可以有效纠正作物缺硼，改善土壤的含硼状况。

硼砂是制取含硼化合物的基本原料，几乎所有的含硼化物都可由硼砂制得，在冶金、钢铁、机械、军工、刀具、造纸、电子管、化工及纺织等领域都有着重要而广泛的用途。

在医学上，硼砂用于皮肤黏膜的消毒防腐、氟骨症、足癣、牙髓炎、霉菌性阴道炎、宫颈糜烂、褥疮、痤疮、外耳道湿疹、疱疹病毒性皮肤病、癫痫及肿瘤的治疗。在动物医学上，硼砂用于鸡喉气管炎、山羊传染性脓疱病、猪支原体肺炎、牛慢性黏液性子宫内膜炎的治疗。硼砂作为饲料添加剂也备受人们关注。

硼砂用于除草剂，可用于非耕作区灭生性除草，除单独使用外，同氯酸钠混用，可减弱氯酸钠的易燃性。

在工业上，硼砂是最重要的工业硼矿物。硼砂是硼最重要的化合物。硼在国外常被视为稀有元素，然而在我国却有丰富的硼砂矿，因此，硼在我国不是稀有元素，而是丰产元素。在工业上硼砂也作为固体润滑剂用于金属拉丝等方面。在电冰箱、电冰柜、空调等制冷设备的焊接维修中常作为（非活性）助焊剂用以净化金属表面，清除金属表面上的氧化物。在硼砂中加入一定比例的氯化钠、氟化钠、氯化钾等化合物即可作为活性助焊剂用于制冷设备中铜管和钢管、钢管与钢管之间的焊接。

4.3.3.4 全球硼砂专利分析

截至 2019 年 7 月 24 日，共采集到硼砂相关专利申请 426676 件，其中发明专利 426090 件，占专利申请总量的 99%，实用新型专利 569 件，外观设计专利 17 件，其中外观设计专利涉及的主要内容是装硼砂的包装袋。

图 4－20 所示为全球硼砂专利年度申请趋势情况。硼砂技术开展的时间较早，从 1920 年开始就有相关专利记载，早期专利申请量较少，处于技术发展初期，在 1950 年之前年均专利申请量不超过 100 件，1950 年之后专利申请量持续增长，进入 2000 年之后，进入快速增长阶段，尤其从 2007 年开始，专利申请量呈爆发式增长，当年有 708 件专利申请，2010 年专利申请量突破 1000 件，2013 年专利申请量突破 3000 件，2016 年专利申请量突破 4000 件。如此快速的增长，主要归功于中国专利申请量快速增长，例如 2017 年专利申请量达到了高峰，当年申请的 4557 件专利中有 4279 件中国专利申请。

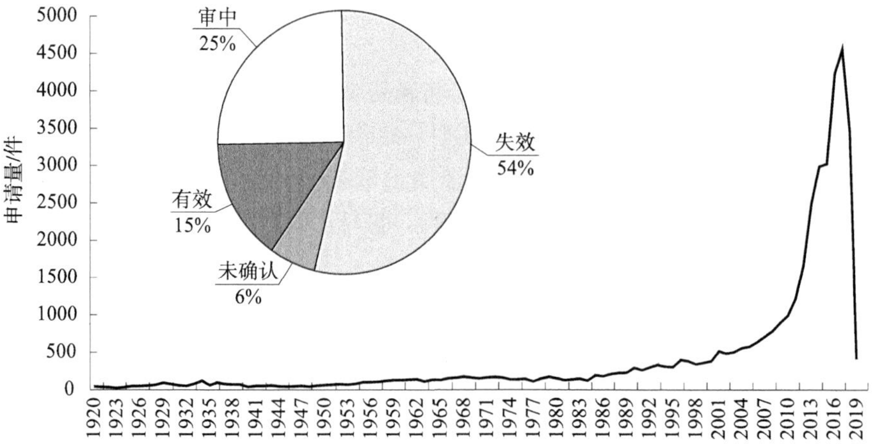

图 4－20 全球硼砂专利年度申请量趋势

从法律状态方面分析，其中有效专利占 15%，失效专利占 54%，很多早期申请的专利已经过了保护期限，审中专利占 25%，未确认状态专利占 6%。

图 4－21 所示为硼砂专利在全球各地区分布情况，其中图 4－21（a）为专利流入国/组织情况，中国知识产权局的专利受理量最多，共 26469 件，远超过其他国家/组织。其次是英国，专利受理量为 3066 件，英国专利局的专利受理数量较多的原因是除了其本国申请人外，还有来自美国和其他欧洲国家的申请人，尤其是美国的硼砂化学公司。排在第 3 位、第 4 位和第 5 位的分别为美国、韩国和日本，专利受理量分别为 1719 件、1570 件和 1540 件，全部为发达国家。图 4－21（b）所示为技术来源国情况，中国依然排在最前面，专利量为 26354 件，排在第 2 位的是美国，共计 2423 件，排在第 3 位和第 4 位的是韩国和日本。

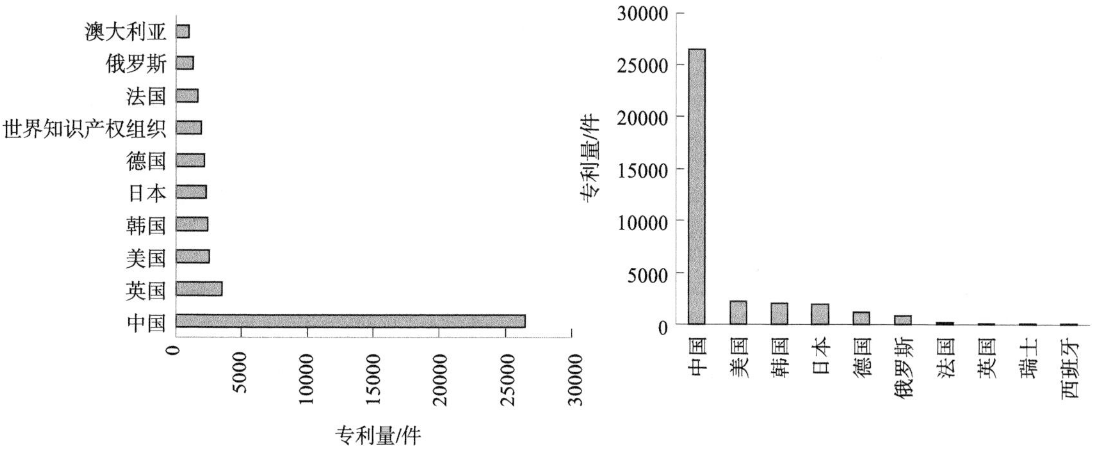

（a）专利流入国/组织　　（b）技术来源国

图 4－21　硼砂专利全球分布情况

表 4－13 列出的是硼砂领域专利的主要 IPC 技术分类情况，可以看出硼砂专利申请技术主要集中在 C05G、A61K、C04B、A01G、A61P、C08L、A01N、C03C。C01B 主要涉及的是硼砂的制备。

表 4－13　主要 IPC 技术分类情况

序号	IPC 分类号	分类号解释	申请量/件
1	C05G	肥料的混合物，由一种或多种肥料与无特殊肥效的物质	7423
2	A61K	医用、牙科用或梳妆用的配制品	3784
3	C04B	石灰，氧化镁，矿渣，水泥，其组合物，例如：砂浆、混凝土或类似的建筑材料，人造石，陶瓷，耐火材料	3528
4	A01G	园艺，蔬菜、花卉、稻、果树、葡萄、啤酒花或海菜的栽培，林业	2671
5	A61P	化合物或药物制剂的特定治疗活性	2385
6	C09K	不包含在其他类目中的各种应用材料，不包含在其他类目中的材料的各种应用	2217

续表

序号	IPC 分类号	分类号解释	申请量/件
7	C08L	高分子化合物的组合物	1976
8	A01N	人体、动植物体或其局部的保存，杀生剂，例如作为消毒剂、农药或作为除草剂，害虫驱避剂，植物生长调节剂	1941
9	C03C	玻璃、釉或搪瓷釉的化学成分，玻璃的表面处理，由玻璃、矿物或矿渣制成的纤维	1751
10	C08K	使用无机物或非高分子有机物作为配料	1698
11	C09D	涂料组合物，例如色漆、清漆或天然漆，填充浆料，化学涂料或油墨的去除剂	1664
12	A01C	种植，播种，施肥	1663
13	C09J	黏合剂，一般非机械方面的黏合方法	1459
14	C11D	洗涤剂组合物，用单一物质作为洗涤剂	1352
15	C01B	非金属元素，其化合物	1124

图 4 - 22 所示为近 40 年来硼砂专利技术分类年度申请量情况。C05G 涉及化肥方面专利数量最多，近 10 年来发展速度飞快，是目前的研究热点。A61K 医用、牙科用或梳妆用的配制品、A61P 化合物或药物制剂的特定治疗活性和 C04B 石灰、氧化镁、矿渣、水泥其组合物，从 2000 年至今一直在持续增多，表明该技术被持续关注和研究。A01G 园艺、蔬菜、花卉、稻、果树、葡萄、啤酒花或海菜的栽培和 C03C 玻璃、釉或搪瓷釉的化学成分，在 2010 年之前，几乎没有相关专利申请，从 2010 年后有大量专利涌现出来，是新的研究热点。

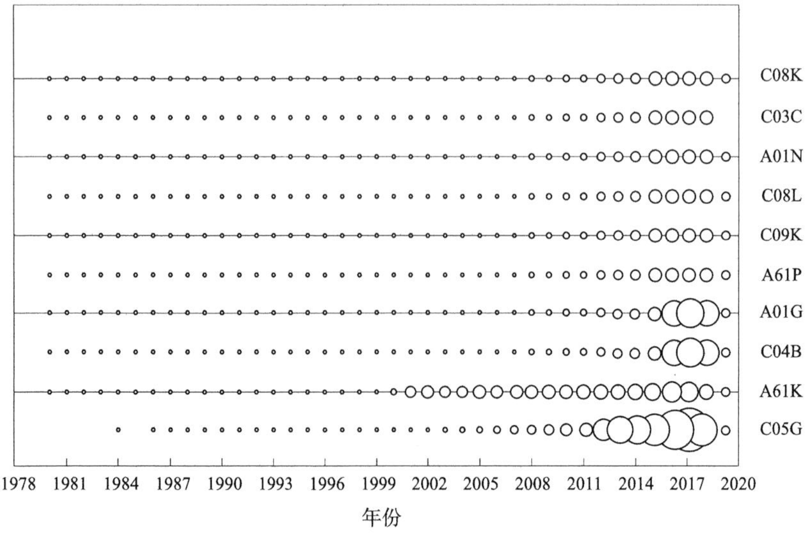

图 4 - 22　技术分类年度专利申请量趋势

图 4－23 所示为硼砂领域主要专利申请人排名情况，排在前 5 位的分别是美国硼砂化学公司、巴斯夫集团、中国石油化工股份有限公司、SHCHEPOCHKINA JULIJA ALEKSEEVNA 和宝洁公司。其中美国硼砂化学公司的专利申请量最多，共申请相关专利 169 件，该公司主要生产硼酸、硼砂、无水硼酸钠和硼酐，以四水硼砂为原料生产硼酸，以硼砂矿和四水硼砂作为原料生产硼砂，其产能占美国硼化合物生产总能力的七成。

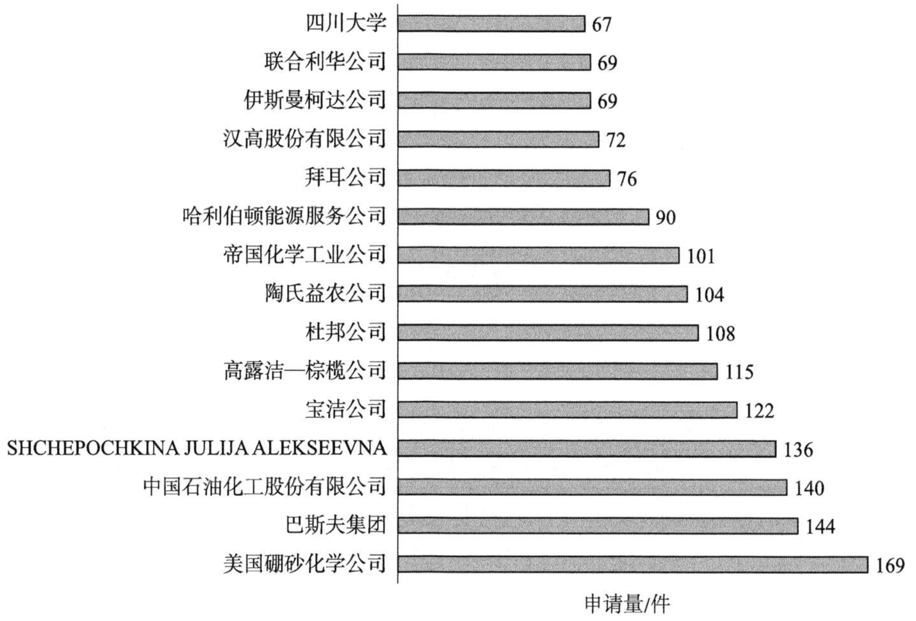

图 4－23　硼砂领域主要专利申请人排名情况

在排名前 15 位的申请人中，中国申请人占 2 位，分别是中国石油化工股份有限公司和四川大学。美国占 7 位，德国占 3 位，英国占 2 位，俄罗斯占 1 位。

图 4－24 所示为主要申请人技术分布情况，美国硼砂化学公司是全球最大的硼酸盐、农用硼肥生产商、供应商，从图中可以看出其技术主要集中在 C01B、A01N、C07D 和 C11D 四个方面，涉及含硼和氧的化合物、杀生剂、害虫驱避剂、杂环化合物、洗涤剂组合物。其核心专利技术主要是有关硼砂和氧化硼制备，有关硼砂制备方面的专利数量也是最多的。巴斯夫集团的技术涉猎范围较广，其中主要技术集中在 A01N、A01P 和 C09K。涉及的技术主要是硼砂的应用，尤其是在杀虫剂方面的应用。中国石油化工股份有限公司的技术集中在 C08L、C08J、C08K 和 C09K。涉及的技术是高分子化合物的组合物，加工、配料的一般工艺过程，使用无机物或非高分子有机物作为配料，传热、热交换或储热的材料。俄罗斯的 SHCHEPOCHKINA JULIJA ALEKSEEVNA 与其他申请人的技术关注点都不同，其研究集中在 C03C 和 C04B。宝洁公司和高露洁—棕榄公司的相同点是技术关注点都在 C11D 洗洁剂组合物方面。陶氏益农公司的技术关注点较多，其中最主要的是 A01N 和 C07D 两个方面。哈利伯顿能源服务公司

的技术关注点非常集中，主要涉及的是 C09K，尤其是 C09K8/00 用于钻井或钻孔的组合物。

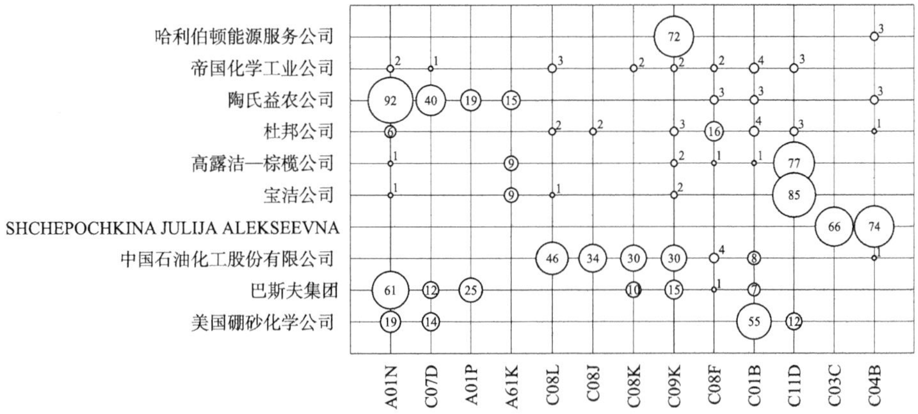

图 4-24　主要申请人技术分布

4.3.3.5　中国硼砂专利分析

截至 2019 年 7 月 24 日，共采集到国内硼砂相关专利申请 26469 件，其中发明专利 26155 件，实用新型专利 307 件，外观设计专利 7 件。从法律状态方面分析，有效状态专利 4754 件，占申请量的 18%，失效专利占 42%，审中状态专利占 40%。

图 4-25 所示为国内硼砂专利年度申请趋势情况，国内有关硼砂及其应用的开发和研究时间与其他国家相比起步较晚。从 1985 年开始有相关专利申请出现，早期主要是研究硼砂在肥料、医疗用品和玻璃方面的应用，专利申请量较少，技术发展速度缓慢。在 2002 年之后，随着技术的发展，硼砂的应用范围越来越广，尤其是在园艺、蔬菜、花卉和种植方面的专利申请量增长速度明显，使得硼砂相关专利总体申请量大幅增长，在 2017 年专利申请量达到了最高峰，年申请量达到 4052 件。

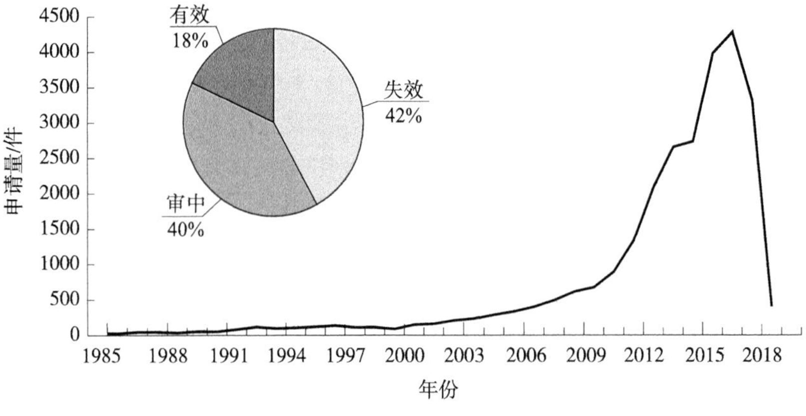

图 4-25　国内硼砂专利年度申请量趋势

表4－14 列出的是国内硼砂领域专利排名靠前的IPC 技术分类情况，可见技术主要集中在 C05G、A01G、A61K、C04B、A61P、A01C、C08L、C03C，覆盖了农业、医疗、化工等多个领域。

表4－14　IPC 技术分类情况

序号	IPC 分类号	分类号解释	申请量/件
1	C05G	肥料的混合物，由一种或多种肥料与无特殊肥效的物质	7321
2	A01G	园艺，蔬菜、花卉、稻、果树、葡萄、啤酒花或海菜的栽培，林业	2600
3	A61K	医用、牙科用或梳妆用的配制品	2598
4	C04B	石灰，氧化镁，矿渣，水泥，其组合物，例如：砂浆、混凝土或类似的建筑材料，人造石，陶瓷，耐火材料	2282
5	A61P	化合物或药物制剂的特定治疗活性	2101
6	A01C	种植，播种，施肥	1641
7	C08L	高分子化合物的组合物	1197
8	C03C	玻璃、釉或搪瓷釉的化学成分，玻璃的表面处理，由玻璃、矿物或矿渣制成的纤维	1196
9	A01N	人体、动植物体或其局部的保存，杀生剂，例如作为消毒剂、农药或作为除草剂、害虫驱避剂、植物生长调节剂	1136
10	C08K	使用无机物或非高分子有机物作为配料	1109
11	C09K	不包含在其他类目中的各种应用材料，不包含在其他类目中的材料的各种应用	1107
12	C09D	涂料组合物，例如色漆、清漆或天然漆，填充浆料，化学涂料或油墨的去除剂	1084
13	C09J	黏合剂，一般非机械方面的黏合方法	1055
14	C05F	有机肥料，如用废物或垃圾制成的肥料	1043
15	A01P	化学化合物或制剂的杀生、害虫驱避、害虫引诱或植物生长调节活性	915

图4－26 所示为国内硼砂专利地域分布情况。安徽省的专利申请量排名第一位，技术主要涉及硼砂在肥料方面的应用。其次是江苏省和山东省，专利申请量分别为3367 件和2732 件，其中江苏省主要研究的是硼砂在肥料和黏合剂方面的应用，山东省主要研究的是医用、牙科用或梳妆用的配制品和肥料。除此之外，广东、广西、浙江、北京等地在硼砂领域的研究较多。

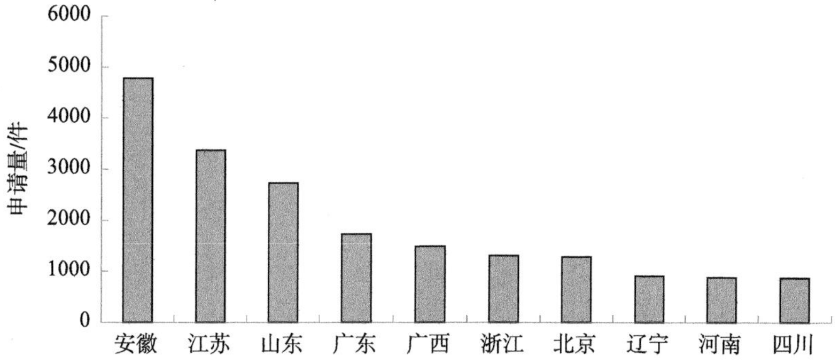

图4－26　国内硼砂专利地域分布情况

从国内硼砂领域主要申请人排名看（见图4－27），其中专利申请量最多的是中国石油化工股份有限公司，共申请相关专利138件，远超出其他申请人。排在第2至第4位的分别是四川大学、贵州大学和武汉理工大学。从申请人的类型方面分析，在排名前10位的申请人中，公司申请人占4位，科研院所和大专院校占6位，在硼砂及其应用的研究方面以科研院所和大专院校为主导。

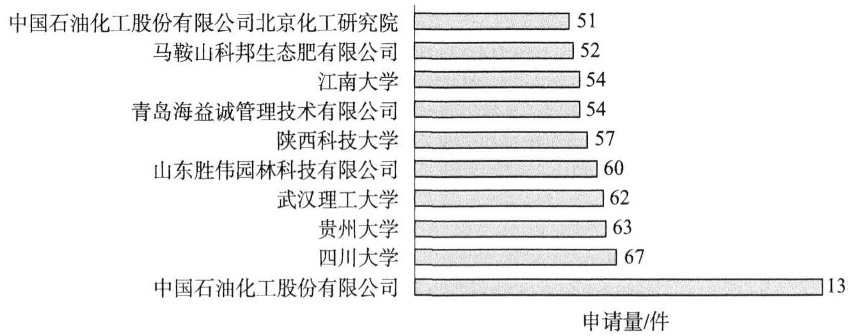

图4－27　国内主要申请人排名情况

图4－28所示为国内主要申请人年度申请量的分布情况。中国石油化工股份有限公司是国内较早开始从事硼砂领域研究的企业，从2001年开始有相关专利申请，早期其主要将硼砂应用在润滑剂和肥料方面，专利申请数量不多，2010年之后专利申请数量迅速增长，近年来在聚丙烯发泡材料、压裂用交联剂等方面研究较多。四川大学在硼砂应用领域方面研究的起步较早，几乎每年都有相关专利申请，技术持续性较好。贵州大学是技术的后入者，近五年来开始有相关专利申请，发展速度很快。其主要研究的是植物生长用肥料的生产方法。武汉理工大学在硼砂领域的专利申请量呈逐年增长的趋势，近期主要研究的是硼砂在玻璃陶瓷材料和有机无机复混肥料方面的应用。山东胜伟园林科技有限公司和青岛海益诚管理技术有限公司的专利申请时间都很集中，山东胜伟园林科技有限公司的专利申请几乎都集中在2016年，申请的专利主要是有关

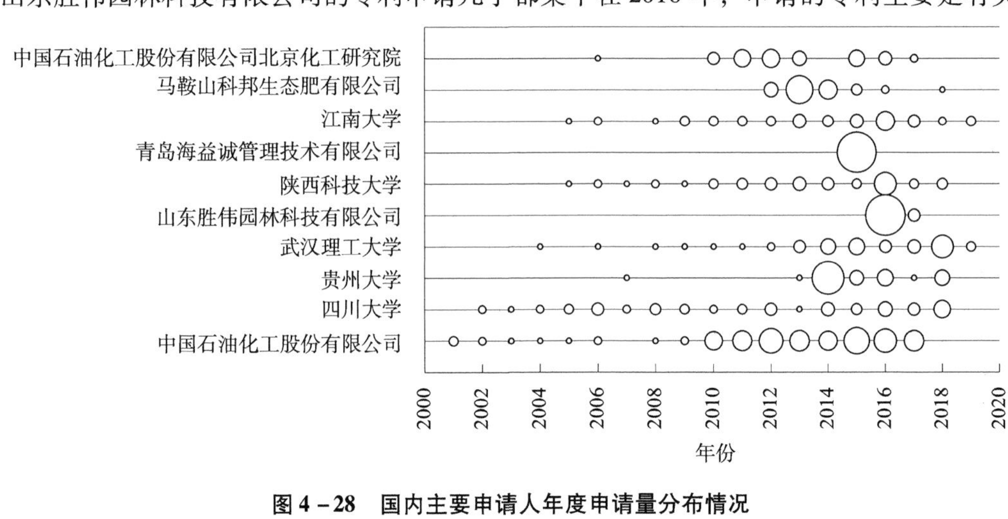

图4－28　国内主要申请人年度申请量分布情况

植物生长用肥料。青岛海益诚管理技术有限公司的专利都是在 2015 年集中申请的，之后几年没有相关专利申请，技术延续性不好。江南大学和陕西科技大学都是从 2005 年开始进行专利申请的，技术发展速度不是很快，但技术延续性较好。

图 4－29 所示为国内硼砂领域主要申请人技术分布情况。中国石油化工股份有限公司的技术涉及范围很广，主要集中在 C08L、C08J、C08K、C09K、C02F 方面，涉及高分子化合物的组合物、加工、配料的一般工艺过程，使用无机物或非高分子有机物作为配料、传热、热交换或储热的材料，废水、污水或污泥的处理。四川大学的技术除了同中国石油化工股份有限公司相同集中在 C08L、C08J、C08K 方面外，还涉及 C05G 肥料的混合物。贵州大学的技术相对比较集中，主要涉及 C01B 磷酸肥料的生产方法和 C05G 肥料的混合物两个方面。武汉理工大学的技术主要集中在 C03C 和 C04B，涉及玻璃、釉或搪瓷釉的化学成分和石灰、氧化镁、矿渣、水泥、其组合物。山东胜伟园林科技有限公司的技术主要集中在 C05G 肥料的混合物和 A01B 农业或林业的整地两个方面。青岛海益诚管理技术有限公司和马鞍山科邦生态肥有限公司的技术相对单一，都集中在 C05G 肥料的混合物方面。中国石油化工股份有限公司北京化工研究院的技术涉猎较广，主要涉及 C08L 高分子化合物的组合物，C08J 加工、配料的一般工艺过程，C08K 使用无机物或非高分子有机物作为配料，C02F 废水、污水或污泥的处理和 C08F 仅用碳－碳不饱和键反应得到的高分子化合物五个方面。

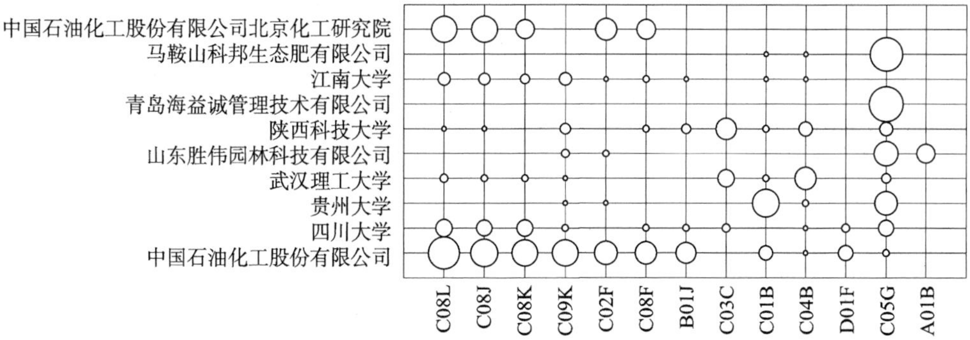

图 4－29　国内主要申请人技术分布情况

国内的主要申请人的技术分布情况和国外主要申请人的技术分布情况相比较，技术分类集中度较高，技术特点不够明显。

4.3.4　氮化硼专利分析

氮化硼，化学式为 BN，是一种性能优异并有很大发展潜力的新型陶瓷材料，具有四种不同的变体：六方氮化硼（HBN）、菱方氮化硼（RBN）、立方氮化硼（CBN）和纤锌矿氮化硼（WBN）。

4.3.4.1 氮化硼的性能及应用

1. 六方氮化硼

六方氮化硼是一种人工合成的新型无机材料，具有多种优良性能，越来越广泛应用于各种新技术、新产品当中，提高了当代工业的技术水平，推动了新材料产业向更深、更广的领域发展。六方氮化硼俗称“白石墨”，系白色粉末，具有同石墨相同的六方层状晶体结构。在高压氮气中熔点为3000℃，在常压下加热至2500℃时升华并部分分解，理论密度为2.37g/cm^3。六方氮化硼是热的良导体，电的绝缘体，并具有优良的化学稳定性，对大多数金属熔体，如钢、不锈钢、铝、铁及铜等，既不润湿又不发生作用，并具有良好的润滑性能。因此，六方氮化硼被广泛应用于陶瓷制造业，如坩埚、镀铝用蒸发舟、电路板基片及高温润滑剂行业，还可用作原子反应堆的结构材料和火箭发动机组。

2. 立方氮化硼

立方氮化硼具有优异的物理化学性能，硬度仅次于金刚石，另外还具有很高的强度，在许多领域中有应用前景。由于技术水平的限制，立方氮化硼主要用作超硬磨损材料，这是利用了其高硬度、高热稳定性和高温化学惰性。由于立方氮化硼磨具的磨削性能十分优异，不仅能胜任难磨材料的加工、提高生产率、有利于严格控制工件的形状和尺寸，还能有效提高工件磨损质量，显著提高磨后工件的表面完整性，因而提高了零件的疲劳强度，延长了使用寿命，增加了可靠性。此外，立方氮化硼磨具生产过程在减少能源消耗和环境污染方面比普通磨料好，所以扩大氮化硼磨料磨具的生产和应用是机械工业发展的必然趋势。这些特征使立方氮化硼成为加工含有铁元素的硬韧金属及其合金的最佳磨削材料。

此外，立方氮化硼还具有高导热性和良好的半导体特性等，是使用温度最高的半导体材料，这些特性使其在光电子、微电子等领域有广阔的应用前景。

3. 氮化硼材料主要应用

1）氮化硼具有多种优良性能，广泛应用于高压高频电及等离子弧的绝缘体、自动焊接耐高温架的涂层、高频感应电炉的材料、半导体的固相掺合料、原子反应堆的结构材料、防止中子辐射的包装材料、雷达的传递窗、雷达天线的介质和火箭发动机的组成物等。由于具有优良的润滑性能，氮化硼常用作高温润滑剂和多种模型的脱模剂。模压的氮化硼可制造耐高温坩埚和其他制品。可作超硬材料，适用于地质勘探、石油钻探的钻头和高速切削工具。也可用作金属加工研磨材料，具有加工表面温度低、部件表面缺陷少的特点。氮化硼还可用作各种材料的添加剂。由氮化硼加工制成的氮化硼纤维，为中模数高功能纤维，是一种无机合成工程材料，可广泛应用于化学工业、纺织工业、宇航技术和其他尖端工业部门。

2）由于热稳定性和耐磨性好以及化学稳定性强，氮化硼可用作温度传感器套，制造高温物件，如火箭、燃烧室内衬和等离子体喷射炉材料，还可用作高温润滑剂、脱模剂、高频绝缘材料和半导体的固相掺杂材料等。六方氮化硼转化立方体，粉状可转化纤维状，使其用途更加广泛，氮化硼纤维可用作超硬材料，用于电绝缘器、天线窗、防护服、重返大气层的降落伞以及火箭喷管鼻锥等。

4.3.4.2　氮化硼的制备方法

用于制备氮化硼的方法很多，有机械剥离法、反应烧结法、气相沉积法、电弧放电法、苯热合成法、水热合成法、高温高压合成法、碳热合成法、球磨－退火法、模板法、氯化铵－硼砂法、硼酸－三聚氰胺法等。

1. 机械剥离法

氮化硼最早采用机械剥离的方法来制备。由于BN的宽带隙和层片之间的弱离子键作用，在固态下机械剥离比较困难，所有，一般在溶液中会借助超声波或球磨等外力场的作用。Sokolowska A. 等在极性溶剂中外电场作用下通过液相剥离法制备氮化硼纳米片，这种方法比超声辅助强化法更加节能；Fan D. L. 等在次氯酸钠水溶液中采用球磨辅助法制备出氮化硼纳米片，片层材料平均得率达到21%，次氯酸钠水溶液中六方氮化硼与OH^-发生反应，降低了机械剪切力，该方法简易，成本低，容易实现量化制备。

2. 反应烧结法

以无定形硼粉、硝酸铁和尿素为原料，使其在去离子水中反应、老化、沉淀、生产中间体硼氢氧化铁，然后，把该硼氢氧化中间体在氮气气氛下加热至1200℃，通过氨气反应3h，在氮气气氛下自然冷却至室温，得到竹节形氮化硼纳米管。

3. 气相沉积法

该方法主要是将BCl_3或B_2H_4与NH_3的混合气体在耐热石英管中加热，使得气体在高温表面分解沉积成膜。钱琼丽以BCl_3、NH_3、H_2、N_2等混合气体为气源，在硅基体上通过化学气相沉积合成了二维氮化硼纳米片。利用硼与二氧化硅或氧化铁发生氧化还原反应，以生成的氧化硼为前躯体，以氨气作为载气，氮化硼纳米管的产率达到40%。利用化学气相沉积法合成氮化硼纳米材料时需要高温，合成的氮化硼杂质含量高。因此，人们希望在低温下合成高纯度BNNTs。通过控制催化剂的厚度、激光能量密度和基体直流偏压，可调节BNNTs的生长位置，晶粒直径在20～40nm，剥离后可加工用于器件。

4. 电弧放电法

电弧放电法是最早获得氮化硼纳米纤维的方法，其具有设备成本较低、获得的氮化硼纳米纤维结晶质量好等特点，仍然是近年来氮化硼纳米纤维制备方法研究中的主要方向。由于氮化硼是一种绝缘体，不能直接作为电极用于电弧放电。因此，电弧放电法一般是采用硼的导电化合物，如硼化铪、硼化锆等作为阳极放电，以氮气作为工作气体，在放电产物中获得氮化硼纳米纤维或纳米颗粒。该方法的缺点是电极制造昂贵，获得的氮化硼纳米纤维产量少，反应控制较为困难，混杂其中的金属杂质难以去除等。

5. 苯热合成法

作为近几年来兴起的一种低温纳米材料合成方法，苯热合成法受到广泛关注。苯由于其稳定的共轭结构，是热合成的优良溶剂。苯热合成技术可以在相对低的温度和压力下制备出通常在极端条件下才能制得的，在超高压下才能存在的亚稳相。这种方法实现了低温低压制备立方氮化硼，是一种很有应用潜力的合成方法。

6. 水热合成法

水热合成法是在高压釜里的高温、高压反应环境中，采用水作为反应介质，使得通常难溶或者不溶的物质溶解，反应还可进行重结晶。水热合成法具有两个特点：一是其相对低的温度；二是在密闭容器中进行，避免了组分挥发。作为一种低温低压合成方法，用于在低温下合成立方氮化硼。

7. 高温高压合成法

1957 年美国的 R. H. 温托夫首先研制出立方氮化硼，在温度接近或高于 1700℃、最低压强为 11 ～ 12Pa 时，由纯六方氮化硼直接转变成立方氮化硼。随后人们发现使用催化剂可大幅降低转变温度和压力。常用的催化剂为：碱和碱土金属、碱土氮化物、碱土氟代化物、硼酸铵盐和无机氟化物等。其中以硼酸铵盐作催化剂所需的温度和压力最低，在 1500℃时所需的压力为 50Pa，而在压力为 60Pa 时温度区间为 600 ～ 700℃。由此可见，虽然加催化剂可大大降低转变温度和压力，但所需的温度和压力还是很高，因此其制备设备复杂、成本高。

8. 碳热合成法

碳热合成法是指在碳化硅表面，以硼酸为原料，碳为还原剂，氨气氮化得到氮化硼的方法。该法所得产物纯度很高，对于复合材料的制备具有很大的应用价值。

9. 球磨 - 退火法

球磨 - 退火法是制备氮化硼纳米管的有效方法之一，特点是组分简单、工艺简便、成本低、易于放大。该方法的关键之处在于将硼源在氮气或氨气保护下长时间球磨以产生机械合金化的作用。在某些情况下，在机械合金化过程中就已经能够产生少量的氮化硼纳米管。然而球磨过程通常需要 100h 以上，因而会引入大量的杂质，并且使反应物结构无序化，增加副反应。该法所得的产物杂质量大，纳米管表面缺陷较多，管径不易控制。

10. 模板法

模板法是指选用具有特定结构的物质来引导纳米材料的制备与组装，从而把模板的结构复制到产物中去的过程。利用模板法合成六方氮化硼的方法主要分为硬模板法和软模板法。硬模板法是指利用中孔炭、沸石分子筛、多孔二氧化硅等为模板，所提供的硼、氮源在模板内进行化学反应，通过控制反应时间，除去模板后即可得到多孔的六方氮化硼。该方法制备的六方氮化硼比表面积一般为 300 ～ 600m^2/g。硬模板法合成六方氮化硼后期一般需用强酸、强碱或有机溶剂除去模板，不仅工艺流程较复杂，而且较易破坏模板内的纳米结构。软模板法是指利用表面活性剂达到临界胶束浓度后自发排布为规则胶束形成模板后制备六方氮化硼的方法，应用较少。

11. 氯化铵 - 硼砂法

氯化铵 - 硼砂法采用传统的合成路线，一般使用管式炉，在 1000℃于氨气保护下反应，反应式为：$Na_2B_4O_7 + 2NH_4Cl + 2NH_3 = 4BN + 2NaCl + 7H_2O$，氨气的使用对生产设备要求较高，而且也很难进行大规模生产，制备的六方氮化硼纯度较低，BN 含量≤98%，B_2O_3 含量<1%，且粒径较小（$D50 \leqslant 1\mu m$）。

12. 硼酸－三聚氰胺法

硼酸与三聚氰胺进行反应，制得氮化硼，其反应式为：$3H_3BO_3 + C_3N_3(NH_2)_3 = 3BN + 3CO_2 + 3NH_3 + 3H_2O$。该工艺以水为主要介质，将硼酸和三聚氰胺（可加入适量的结晶助剂）在 40～95℃进行反应，生成氮化硼前驱体即 $H_3BO_3 \cdot C_3N_6H_6$，将干燥后的氮化硼前驱体结晶用加热炉加热至 1600～2000℃，保温时间为 8～10h，得到高纯度、大结晶六方氮化硼。

4.3.4.3　全球氮化硼专利分析

截至 2019 年 8 月 4 日，共采集到氮化硼相关专利 2133 条，其中发明专利 2092 件，占专利申请总量的 98%，实用新型专利 41 件。从法律状态方面分析，目前有效状态专利占申请量的 18%，失效专利占 55%，审中状态专利占 12%。

图 4－30 所示为全球氮化硼专利年度申请趋势情况。从 1952 年开始有氮化硼制备方法的专利申请，1952—1970 年氮化硼的专利申请量不多，主要申请人多为美国企业，在氮化硼方面研究较多的是美国的联合碳化公司和通用电气公司。1970—2000 年，专利申请呈小幅增长，在此期间日本申请人大批涌入该领域，技术发展速度加快。2000 年之后专利申请量呈较快的增长趋势，这主要是中国申请人开始重视在该领域的技术研发，有大量中国申请人加入氮化硼的研究。同时在 2004 年随着石墨烯的发现，作为等电子、同构型的类似物氮化硼再次受到研究人员的关注，成为研究热点。

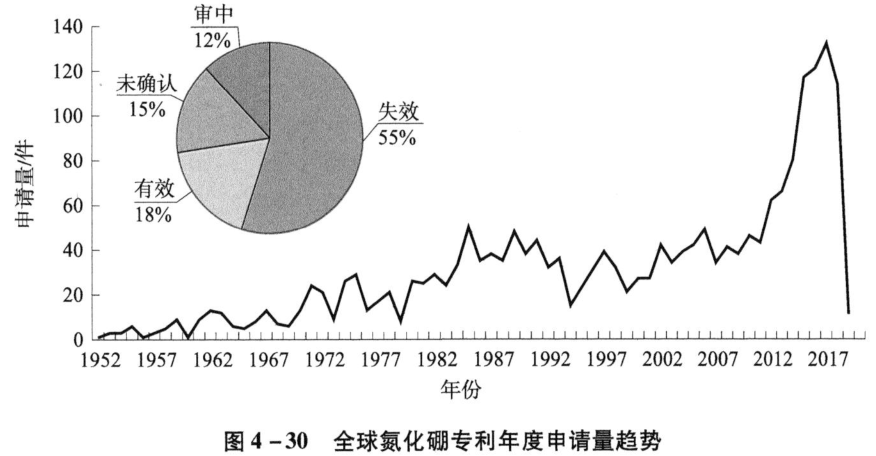

图 4－30　全球氮化硼专利年度申请量趋势

图 4－31 所示为氮化硼专利全球分布情况。对专利流入国/组织情况进行分析，如图 4－31（a）所示，日本的专利申请量遥遥领先，截至检索日期，共申请专利 670 件。中国和美国居第 2 位和第 3 位，专利申请量分别为 385 件和 221 件。

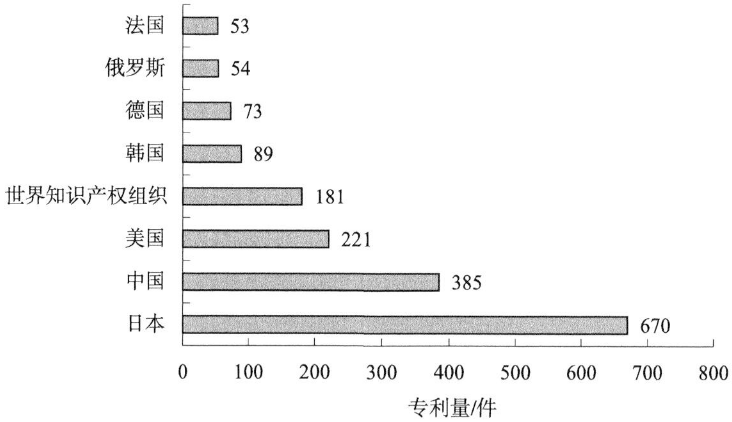

（a）专利流入国/组织

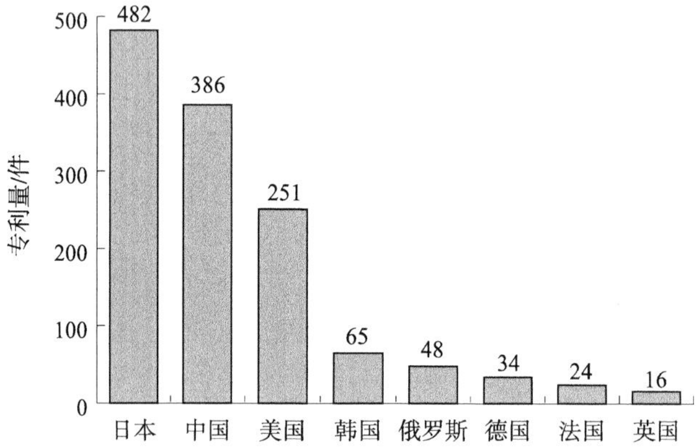

（b）技术来源国

图 4－31　氮化硼专利全球分布情况

从技术来源国情况看，如图 4－31（b）所示，日本还是排在第 1 位，可以看出日本领域的技术在全球处于领先地位。其次是中国和美国。从技术来源国数据可以看出，美国的专利申请量比流入美国的专利数多，这主要是因为美国的国际专利申请量较多。相反，日本的技术来源国专利申请量比流入日本的专利数少，这是由于很多日本专利申请来自美国、欧洲、俄罗斯、韩国等国家和地区。中国的专利申请量变化不大，是因为中国的国际专利申请量较少。

通过对专利申请 IPC 分类号进行统计分析，得到专利申请量排在前 10 位的 IPC 分类号见表 4－15，可以看出，在氮化硼领域中，排在前 10 位的国际分类号主要集中在 C01B21/064、C01B21/06、C04B35/583、B01J3/06、C01B21/00、C04B35/58、C04B35/5831。其中 C01B21/064、C01B21/06、C01B21/00 涉及的都是氮及其化合物；C04B35/583、C04B35/58、C04B35/5831 都与陶瓷成型制品相关，这与氮化硼稳定的化学性质密切相关。

表 4－15　IPC 技术分类专利申请量情况

序号	IPC 分类号	分类号解释	申请量/件
1	C01B21/064	氮与硼的二元化合物	1731
2	C01B21/06	氮与金属、硅或硼的二元化合物	313
3	C04B35/583	以氮化硼为基料的陶瓷成型制品	257
4	B01J3/06	应用超高压方法使物质发生化学或物理变化的方法，其有关设备	230
5	C01B21/00	氮，其化合物	183
6	C04B35/58	以硼化物、氮化物或硅化物为基料的陶瓷成型制品	183
7	C04B35/5831	以立方氮化硼为基料的陶瓷成型制品	168
8	B82Y40/00	纳米结构的制造或处理	136
9	C08K3/38	使用含硼化合物作为配料	124
10	C01B21/072	氮与铝的二元化合物	114

在氮化硼领域申请量排名前 10 位的申请人情况如图 4－32 所示，分别为电气化学工业株式会社、昭和电工株式会社、通用电气公司、独立行政法人物质・材料研究机构、信越化学工业株式会社、住友电气工业株式会社、科学技术厅无机材质研究所、川崎制铁株式会社、山东大学和三菱化学株式会社。

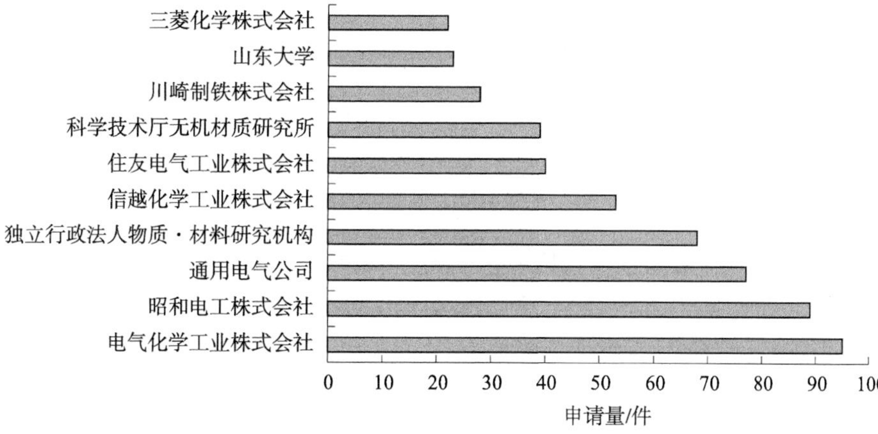

图 4－32　专利申请人排名情况

在排名前 10 位的申请人中日本申请人占 8 位，美国申请人 1 位，中国申请人 1 位。可以看出日本申请人占了大多数席位，这反映了日本在氮化硼领域的技术优势。虽然我国在氮化硼领域的总体专利申请量已经位于世界前列，但缺乏领军型企业，在主要申请人排名中，只有山东大学排在第 9 位，没有中国企业上榜。说明我国企业在氮化硼的研究方面与日本还存在很大差距。

图 4－33 所示为主要申请人的年度申请量分布情况。电气化学工业株式会社从 1985 年开始有关于氮化硼专利的申请，早期专利申请量较多，之后几年专利申请速度放缓，其技术延续性较好，一直到近 5 年持续在氮化硼方面有技术创新。昭和电工株式会社在该领域的技术研发投入时间较早，1980—2006 年申请了大量专利，2006 年之

后有近10年其没有相关专利申请，到了2015年又重新进入该领域。通用电气公司在氮化硼制备方面的研究时间在全球属于最早的，从专利申请趋势上看，2007年之后没有了相关专利申请，说明其已减少在该领域的研究投入。独立行政法人物质·材料研究机构进入该领域的时间较晚，但发展速度很快。住友电气工业株式会社、科学技术厅无机材质研究所和川崎制铁株式会社，开展专利申请的时间都是1980—2000年，是其技术发展的主要阶段，2000年之后它们都退出了在该领域的研究。2010年之后仍有专利申请的国外企业有：电气化学工业株式会社、昭和电工株式会社、独立行政法人物质·材料研究机构、信越化学工业株式会社。山东大学与其他国外企业相比技术起步较晚，2000年之后才开始进行相关研究，但技术发展速度很快，技术延续性较好。

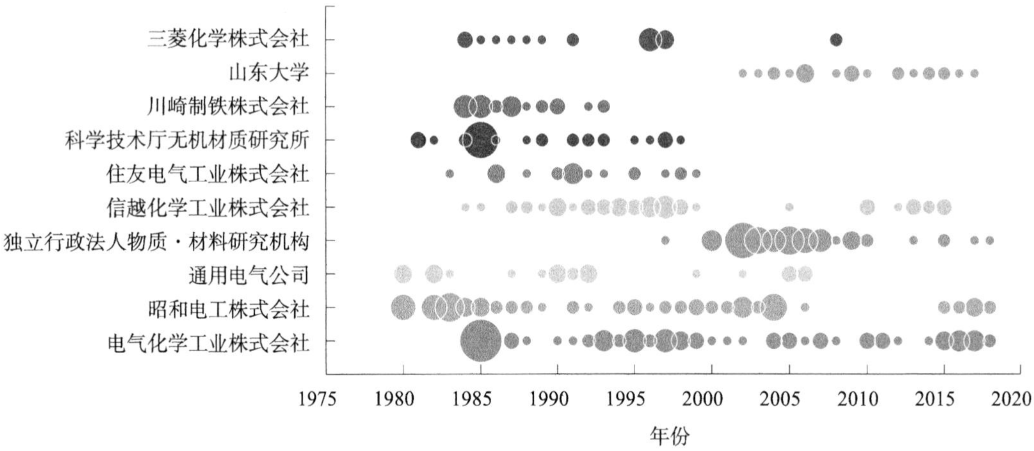

图4-33　专利申请人年度申请量分布情况

图4-34所示为主要申请人的技术分布情况，电气化学工业株式会社和昭和电工株式会社的技术分布比较相似，涉及领域广泛，主要集中在C01B21/064、C04B35/583、

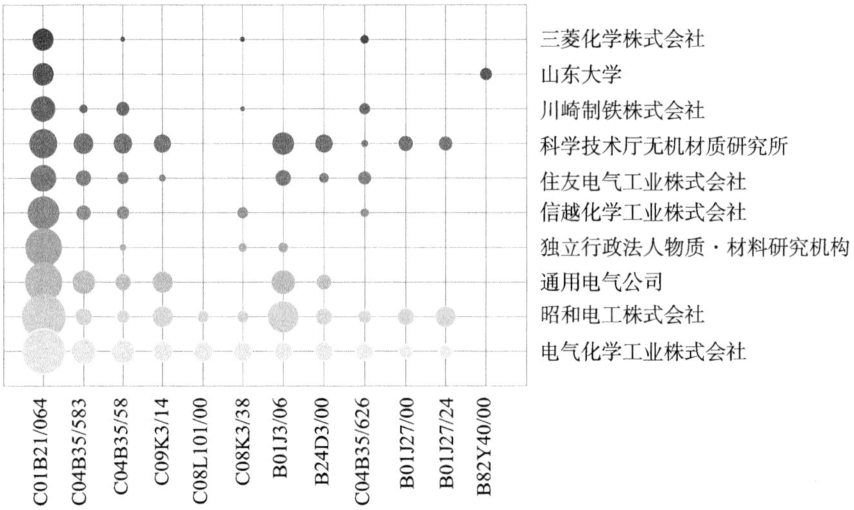

图4-34　主要申请人技术分布情况

C04B35/58、C09K3/14、B01J3/06方面。通用电气公司的技术主要涉及C01B21/064、C04B35/583、C09K3/14、B01J3/06四个方面。独立行政法人物质·材料研究机构和三菱化学株式会社的技术相对集中，都集中在C01B21/064领域。信越化学工业株式会社和住友电气工业株式会社的相同点是技术都主要涉及C01B21/064、C04B35/583和C04B35/58方面，不同的是住友电气工业株式会社在B01J3/06和C04B35/626方面也有一定量的专利布局。山东大学的技术主要集中在C01B21/064和B82Y40/00方面。从总体技术分布情况看，涉及C01B21/064的申请人最多，在B82Y40/00方面的申请人最少，只有山东大学，这是我们今后可以重点研究的方向。

4.3.4.4 国内氮化硼专利分析

截至2019年8月4日共采集到国内专利数据385条。通过人工筛选剔除无关专利，针对国内354件专利进行技术分类和重点分析。从法律状态方面分析，目前有效状态专利占申请量的28%，失效专利占34%，审中状态专利占38%。

国内氮化硼专利的年度专利申请趋势情况如图4-35所示。我国从事氮化硼研究的时间较晚，从1987年开始才有少量申请，2000年之前专利申请量很少，属于技术起步阶段；2000年之后专利申请量增长速度加快，2001—2011年属于稳定发展阶段。2012—2018年，专利申请量出现爆发式增长。2017年专利申请量达到了62件。主要原因是，随着科学技术的飞速发展，国防工业、航空航天技术的发展，对于氮化硼的需求增加，对于材料的热稳定性和耐磨性能要求更高，激发了研究人员的研究热情，使得相关专利申请量大幅增长。

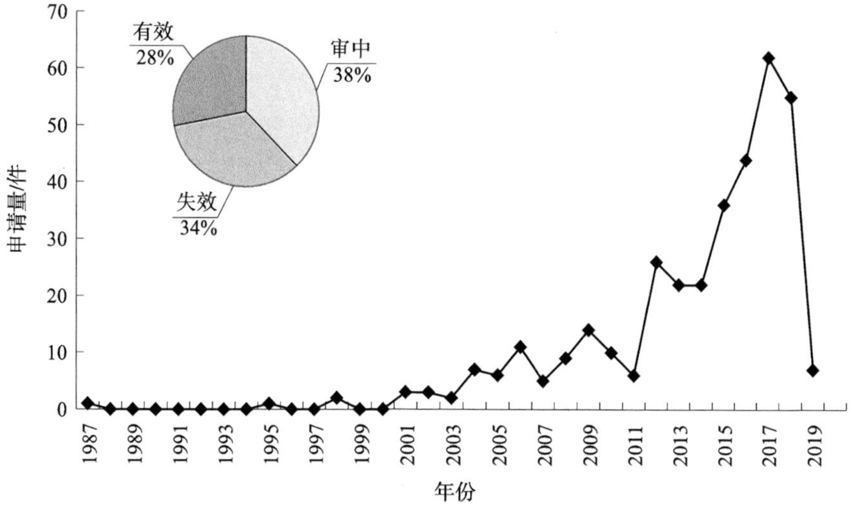

图4-35 国内氮化硼专利年度申请量趋势

图4-36所示为国内氮化硼专利地域分布情况。从图中可以看出专利申请量最多的是江苏省，主要是因为江苏省集中了国内很多知名的大学和纳米材料研究机构，同时也聚集了大量精细化工企业。其次是河南省、山东省、广东省、北京市和湖北省。

在辽宁省、天津市、浙江省和上海市也有一定比例的专利申请。

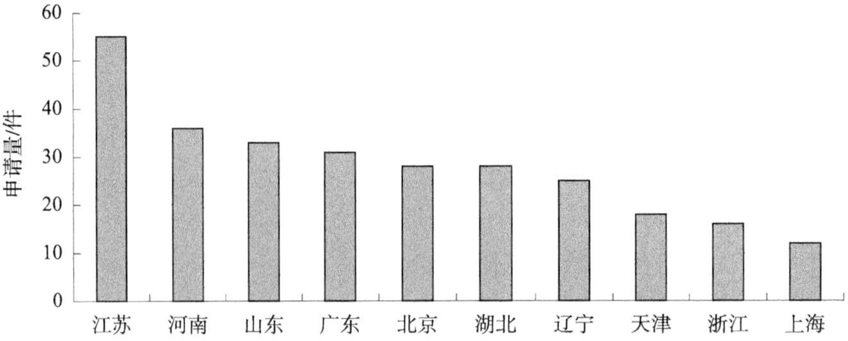

图4-36 国内氮化硼专利地域分布情况

图4-37所示的地域IPC技术分布情况可以看出，各个地区专利保护的侧重点略有不同。从总体趋势看，各省研究主要都集中在C01B21/064方面，即氮化硼材料的研究方面。除此之外，河南省在B01J3/06和C01B31/06方面有所涉及。山东省有少量技术分布在C01B31/04、C01B31/06、C01B21/06等方面。

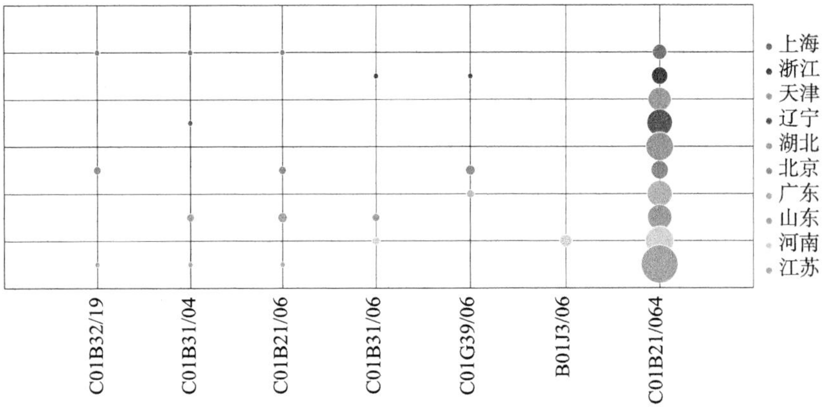

图4-37 地域IPC技术分布情况

表4-16列出的是国内氮化硼专利的IPC技术分布情况，技术主要集中在C01B21/064、B82Y40/00、B82Y30/00、B01J3/06、C01B32/19。对比全球氮化硼专利的IPC技术分布情况，国内氮化硼技术更加注重氮化硼纳米材料结构的制造或处理。

表4-16 IPC技术分类专利申请量情况

序号	IPC分类号	分类号解释	申请量/件
1	C01B21/064	氮与硼的二元化合物	364
2	B82Y40/00	纳米结构的制造或处理	108
3	B82Y30/00	用于材料和表面科学的纳米技术，如纳米复合材料	83
4	B01J3/06	应用超高压方法使物质发生化学或物理变化的方法，其有关设备	18
5	C01B32/19	石墨烯的剥离制备	18

续表

序号	IPC 分类号	分类号解释	申请量/件
6	C01B21/06	氮与金属、硅或硼的二元化合物	16
7	C01G41/00	钨的化合物	15
8	C01B21/082	含氮和非金属的化合物	14
9	C01B31/04	石墨的制备	14
10	C23C16/34	氮化物沉淀化合物	12

图 4－38 所示为国内氮化硼专利申请人的排名情况，排在前 10 位的都是中国申请人，从申请人的类型方面分析，以大学和科研院所为主，其中大学申请人有 6 位，分别是山东大学、河北工业大学、盐城师范学院、武汉工程大学、哈尔滨工业大学、吉林大学，科研院所占 2 位，分别是中国科学院苏州纳米技术与纳米仿生研究所和中国科学院金属研究所。企业申请人只有 2 位，分别是郑州中南杰特超硬材料有限公司和北京博宇半导体工艺器皿技术有限公司。从主要申请人的排名情况可以看出，在氮化硼的制备方面国内的技术还主要集中在大学和科研院所。国内企业在氮化硼的研究方面实力相对较弱，今后应该加大研发投入，同时可以同大学和科研院所开展技术合作。

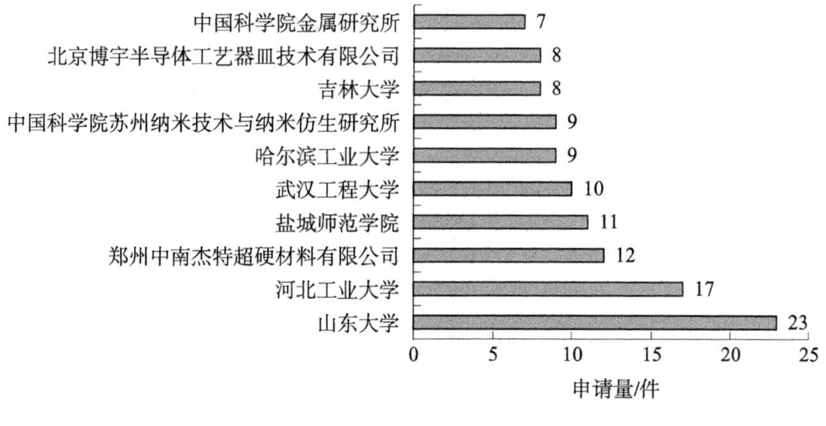

图 4－38　国内氮化硼专利申请人排名

图 4－39 所示为国内主要申请人的年度专利申请量分布情况。山东大学是国内较早开始氮化硼研究的申请人，在国内的专利申请量最多，技术延续性较好。河北工业大学研究起步时间较晚，从 2013 年开始进入该领域，但发展速度很快。吉林大学和中国科学院金属研究所是国内最早一批开展氮化硼研究的专利权人，在 2000 年之前就有相关技术专利申请，其研究发展过程时断时续，从近两年的申请情况看，在该领域还有新的研究成果出现。郑州中南杰特超硬材料有限公司在 2007 年前后开始有相关专利申请，其主要研究的是生产氮化硼的相关装置。中国科学院苏州纳米技术与纳米仿生研究所和盐城师范学院都属于该领域的后进入者，中国科学院苏州纳米技术与纳米仿生研究所于 2015 年进入该领域。盐城师范学院早期没有氮化硼的相关研究，在 2018 年由苗中正课题组集中申请了 11 件与氮化硼有关的专利。北京博宇半导体工艺器皿技术

有限公司，分别在2009年和2012年共申请了8件涉及氮化硼热解装置的专利，在2012年之后没有相关专利申请。

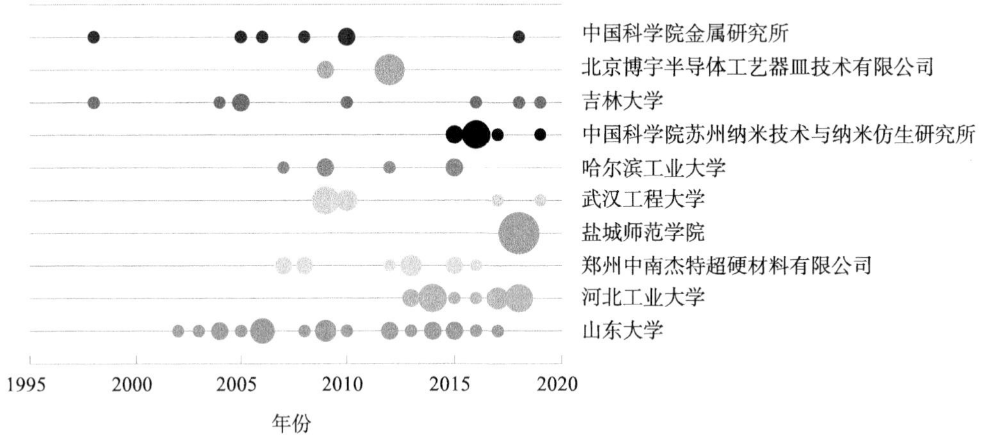

图4－39　国内主要申请人年度专利申请量分布

4.3.4.5　国内氮化硼专利技术分析

本小节针对氮化硼技术进行人工分类标引。将专利按照氮化硼的制备方法、改性、提纯和装置进行分类。具体技术分类见表4－17。根据专利保护特点，为便于专利分析制订该表，该表内容仅供技术人员参考。

表4－17　氮化硼技术分类表

技术分类	一级分类	二级分类
氮化硼	制备方法	剥离法
		化学气相沉淀法
		高温高压合成法
		球磨－退火法
		模板法
		反应烧结法
		溶剂热合成法
		电弧放电法
氮化硼	制备方法	水热法
		前驱体烧结法
		硼酸－尿素法
		硼酸－三聚氰胺法
		硼化物－氯化铵法
		超声法
		其他

续表

技术分类	一级分类	二级分类
氮化硼	改性	炭包覆
		石墨烯复合
		掺氧
		导电聚合物
		官能团改性
		掺金属氮化物
		掺金属氧化物
	提纯	
	装置	

图4－40所示为氮化硼领域专利的技术分布情况。从图中可以看出有关氮化硼制备方法方面的专利数量最多，占总申请量的69%。其次是改性和装置方面，分别占16%和12%。涉及氮化硼提纯方面的申请数量较少，占3%。有关氮化硼制备方法的种类繁多，其中应用较多的是剥离法、球磨－退火法、前驱体烧结法、化学气相沉淀法和高温高压合成法。目前采用水热法、硼酸－尿素法、模板法、溶剂热合成法、硼酸－三聚氰胺法、超声法和电弧放电法的专利数量相对较少。在氮化硼改性方面主要采用的技术是炭包覆、氮化硼和石墨烯复合以及官能团改性。采用炭包覆可以提高材料的比表面积，采用氮化硼和石墨烯复合可以提高材料的热稳定性及热导率。从总体情况看，涉及氮化硼的专利申请量不多，虽然研究人员对于材料的制备方法方面研究较多，但很多制备方法都处于基础研发阶段，没有形成各项条件都成熟的主流生产方法。

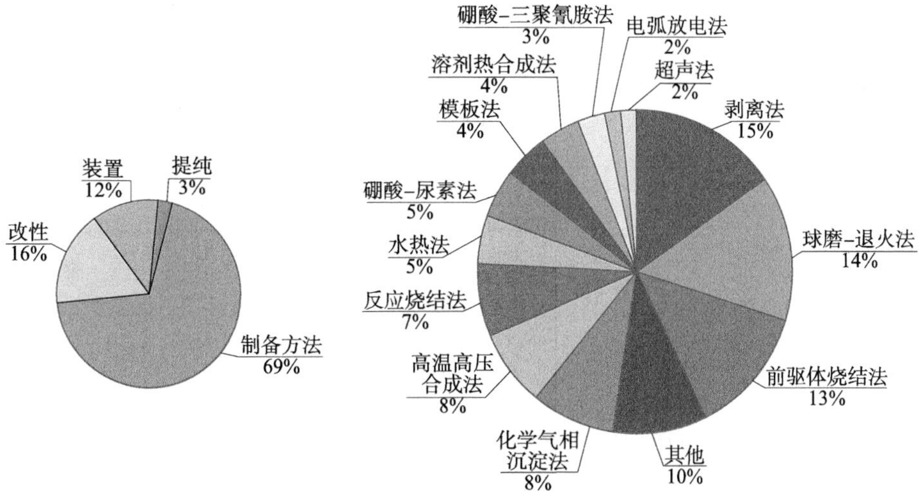

图4－40　氮化硼技术分布情况

图4－41所示为国内主要申请人的技术分布情况。在氮化硼制备方法方面研究较多的是大学和科研院所，其中比较突出的是山东大学、河北工业大学和中国科学院苏州纳米技术与纳米仿生研究所。山东大学主要研究的是采用水热法制备氮化硼技术，提出了一种在水热条件下多步原位反应合成氮化物微晶和体块晶体的方法，实现氮化物微晶和体块晶体材料的低成本大批量生产。河北工业大学主要是通过采用模板法和前驱体煅烧法制备氮化硼。中国科学院苏州纳米技术与纳米仿生研究所主要研究的是化学气相沉淀法制备氮化硼，通过将硼粉与过渡金属氧化物和稀土金属氧化物均匀混合后置入化学气相沉积设备中，并在保护性气氛中加热，之后通入反应气体，保温反应0.5h以上，获得高品质氮化硼纳米管。

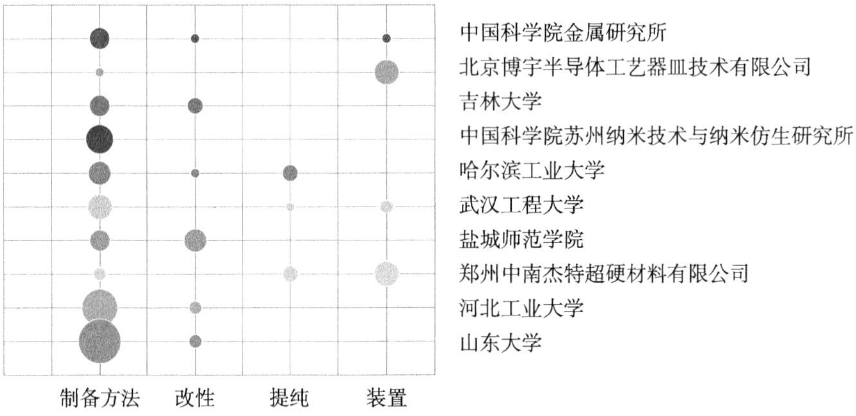

图4－41 国内主要申请人技术分布情况

在氮化硼改性方面研究较多的是盐城师范学院和吉林大学。盐城师范学院主要研究的是羟基化改性的氮化硼，提出二维羟基化氮化硼的一步制备方法。以六方氮化硼为原材料，分散在碱性溶液中，放入超声波高温高压恒温反应釜中反应，一步制备二维羟基化氮化硼。吉林大学最新研究的是 NaN_3@BNNTs限域纳米复合材料，叠氮化钠被限域于氮化硼纳米管中，所述叠氮化钠与氮化硼纳米管之间具有微弱的相互作用，使叠氮化钠能够稳定存在。

提纯方面的申请人较少，主要是哈尔滨工业大学和郑州中南杰特超硬材料有限公司。其中，哈尔滨工业大学提出一种纳米管的提纯方法，解决了套娃状氮化硼纳米管中金属催化剂粒子通常被包覆在氮化硼管的内部，不容易被除去的问题。郑州中南杰特超硬材料有限公司提出一种回收提纯立方氮化硼合成尾料中六方氮化硼的工艺，利用立方氮化硼合成尾料，工艺参数达到最优，工艺步骤简洁，工艺设备投资和消耗较少，回收的提纯的六方氮化硼纯度较高，达到96%以上。

在氮化硼制备装置方面研究较多的是企业申请人，其中比较突出的是北京博宇半导体工艺器皿技术有限公司和郑州中南杰特超硬材料有限公司。北京博宇半导体工艺器皿技术有限公司主要研究的是热解氮化硼的装置，如热解氮化硼制品用的具有相变保温层的气相沉积炉、热解氮化硼细颈蒸发坩埚。郑州中南杰特超硬材料有限公司主要研发的是六方氮化硼粉末柱成型用橡胶模具和立方氮化硼提纯设备。

图 4－42 所示为氮化硼技术分支的年度专利申请量情况。在制备方法方面，与其他技术分支相比起步较早，专利申请量呈现快速增长势头，尤其是国内的大学和科研院所在该领域的技术投入力度逐年递增。在氮化硼改性方面起步相对较晚，从 2007 年开始有相关专利申请，不过发展速度很快，通过对氮化硼材料进行改性和复合，能够将材料的综合性能显著提升并广泛应用于各个工业领域，使得氮化硼材料具有更加优异的耐高温、高导热率、耐辐射、耐腐蚀、高温润滑、低介电或绝缘性能，是今后应该重点关注的方向。在提纯方面研究的较少，开展研究的时间也很晚，未来可以在该方面进行专利布局。在氮化硼生产装置方面，从 2001 年开始有专利申请，早期主要研究的是立方氮化硼的加热装置，之后几年研究中断，2007 年又开始有专利申请，近年来涉及立方氮化硼粉末净化处理装置的研究较多。

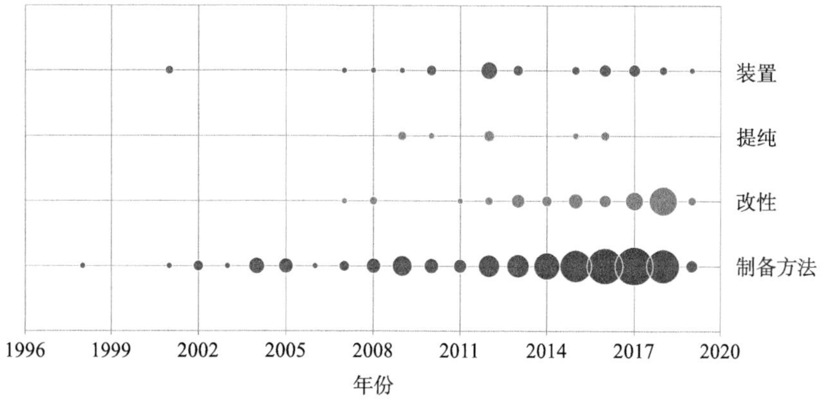

图 4－42　氮化硼技术分支年度专利申请量情况

4.4　盐湖硼产业发展结论与建议

4.4.1　明确定位，有序发展

中国是少数拥有较为丰富的硼矿资源的国家，但是我国硼资源品位不高。以土耳其为例，其硼矿平均品位可以达到 25%，而我国硼矿品位平均只有 10% 左右。低品位导致我国硼资源早期开发陷入了恶性循环，首先资源的分散性导致企业规模偏小，虽然低人工成本、低利润也能维持较快增长，但是技术开发动力不足、设备更新较慢、生产技术落后等一系列问题的出现，进一步压低了我国硼产业在国际竞争中的生存空间。同时低技术开发也使得矿产利用率低，开采成本不断升高。我国基础硼产品（硼砂和硼酸）的市场份额逐年下降，生产举步维艰。我国已经从硼初级产品输出国转变为硼产品进口国。

从价格和环保角度来讲，进口初级产品并不是坏事，进口可以保证足够多的供应渠道、畅通的运输路线以及相对稳定的下游市场，但更重要的是保证一定规模的生产能力来平衡对外来市场的依赖程度。

近些年来的无规划开采，高品位硼矿资源的大量减少，为液体矿的开采提供了机会。基于之前开采的问题，政府应该在现阶段针对矿产资源进行整体规划布局，一方面对资源进行整合，鼓励大规模的资源开发设施建设，鼓励新技术开发和应用，建立高效、绿色的生产能力。

4.4.2 鼓励绿色提硼技术

在国家多年的政策引导与支持下，我国盐湖卤水硼资源的开发技术正在逐步走向成熟。该领域专利已经涵盖了盐湖硼资源提取的大部分技术方法路线，并仍在继续筛选与优化。其中，萃取法发展较快，专利申请量最多。

酸化法仍然是近几年专利申请量较多的技术方向，大部分专利权人仍然以酸化法为基本的生产工艺，并在其基础上进行改造。但是传统酸化法生产工艺的硼回收率相对较低，母液不能直接循环使用，回收再利用难度较大，母液直接排到自然界，不仅污染环境，也造成大量硼资源的浪费。应积极发展绿色硼化工技术，改善提硼技术，如采用萃取法、蒸发结晶法等方法提硼。中国科学院青海盐湖研究所在提硼技术方面的研究较多，其研发的利用自然能从混合卤水中制备硼矿的方法，在整个工艺流程中没有额外引入任何化学物质，完全利用高原盐湖地区自然的温度条件，根据相分离原理，将卤水中的有益元素进行逐步分离。其绿色环保技术值得发展和推广。

山东等地采用硝酸“两步法”硼酸生产路线，具有一定的竞争力。另外，中国科学院青海盐湖研究所、中国科学院过程工程研究所拥有较多的专利技术积累，可以作为潜在的合作对象。其中，中国科学院青海盐湖研究所在盐湖卤水开发方面有多年的研究积累，提出了多种分离富集方法，在提硼领域申请较多专利，并且就利用自然能从混合卤水中制备硼矿的技术与西藏国能矿业有限公司开展过合作研发，有一定的产学研合作经验，是较好的合作对象。中国科学院过程工程研究所在用萃取法分离盐湖卤水中的镁、锂、硼方面有一定的技术积累，其专利技术与青海盐湖工业股份有限公司具有较强的相关性，同样有较好的合作基础。

4.4.3 鼓励硼资源的综合利用

天然硼资源都是多种资源复合而成的，例如低品位的硼镁矿，为硅酸镁和碳酸镁共生，需要实现镁硼分离。分离成本实际上由两种半生资源的价格决定。而这种现象在液体矿方面更加明显。正是由于开采收益由多种矿产综合价格决定，也在一定程度上提升了盐湖卤水硼资源开发的竞争力。

在锂、钾等高价值资源开发的同时，富集硼镁资源，可以在很大程度上降低硼镁开发成本，从而实现资源的综合开发，降低开采过程中对环境的影响，提高资源利用率。如硼砂在生产中排出的废渣可加工利用生产轻质碳酸镁，在硼酸生产中排出的母液可加工生产硼镁肥，具有较好的市场前景。在锂提取过程中，提取纯度较高的硼等。

在综合利用方面，同样可以选择中国科学院青海盐湖研究所作为合作伙伴，该研究所在盐湖卤水开发领域有多年积累，尤其在 2010 年以后，申请了一系列的多种方法结合开发盐湖资源的专利，并且在开发过程中更为关注多种资源综合开发工艺的专利保护，可以作为技术开发的参考资料。

4.4.4　推动硼资源的产业延伸

鉴于硼自然资源的限制，中国在硼矿开采领域不占优势。虽然技术革新是提高硼资源开发和利用能力的重要途径，但是绝不是唯一的解决方式。通过硼下游产品开发，延伸整个产业链条，提高附加值，以整体竞争克服局部的不利地位也是不错的选择。

除了矿产资源品位的限制，青海、西藏地区还存在产品运输的问题，运输成本同样吞噬了初级产品有限的利润空间。政府应该通过产业规划，逐步建立硼资源深加工产品目录，结合自身条件不断引进、研究目录产品本地化。更多硼产品在资源丰富地区的落地不仅能够抵消运输成本的缺陷，同时，延伸的产业链条将带来更多的就业机会，创造更多的资源红利。从城市发展角度考虑，更多就业岗位产生的集中效应会进一步降低人力成本，从而有利于资源开发。从整体上更有利于实现地方的经济转型。

横向对比，美国含硼原料品种超过 150 种，即使硼资源匮乏的日本，含硼原料品种也接近 100 种，可以针对这方面开展专门的调查研究，有计划分步骤地在青海省落地实施，由浅入深，从资源配套少、技术门槛相对较低的项目起步，逐步建立以资源为基础、以市场为导向、以科技为支撑的高端硼产品的产业链条。

目前，青海省的硼化工企业主要集中在发展硼砂、硼酸、硼矿方面，属于硼粗加工领域。如果只将矿区作为原料产地，对外输出初级品，运输成本高，竞争力十分有限。硼酸、硼砂等产品专利数量非常庞大，国内专利申请都在万件以上。这说明中游产业竞争已经非常激烈，以硼酸为例，该领域专利申请量超过 4 万件，主要专利权人是国外大型跨国企业，不仅拥有雄厚的财力，能够调配更多的资源，专利申请量也超过百件，处于行业强势地位。在该领域的投资或扩产行为需要谨慎。

对照美、日硼产品的发展模式，制定硼产品发展战略，有计划、分步骤地引入硼高端产品项目，将硼资源生产基地转型为硼化工基地、硼产品开发生产基地。相比硼资源拮据，在高端硼产品领域仍有一席之地的日本，中国应该有信心在硼行业有所作为。

青海省的硼资源储量居全国第二位，累计探明氧化硼储量为 1174.1 万 t，其中固体矿为 462.1 万 t，液体矿为 712 万 t。大柴旦湖硼矿床是青海最大的硼矿床，累计探明储量（以 B_2O_3计）在 630 万 t 以上，其 B_2O_3质量分数为 9%～14%，最高达 31%。

虽然大柴旦湖具有丰富的硼矿资源，可开采矿石品位也较高，但是如何通过规划更好地发挥资源优势，仍然是当地政府重要的课题。

建议开展布局的技术如下：

（1）核能硼酸。核能是未来新能源重要发展领域，中国核能发展已经处于世界前列，核能硼酸被俄罗斯和意大利控制。自然核能硼酸已经成为国家迫切需要解决的高端硼材料问题。

（2）氮化硼超硬材料。立方氮化硼具有高密度特性，硬度接近钻石，是机械加工领域重要核心材料，标志着国家紧密机械加工的水平。中国已经拥有相对成熟的技术，可以尝试需求合作，进一步开发更高级的产品。

（3）钕铁硼材料。钕铁硼材料是稀土永磁行业主要产品，发展快、应用广，早期为国外垄断，但是目前国内已经能够大批量生产，在未找到明确优势定位时，不建议进入。

（4）有机硼试剂。有机硼试剂是一类重要的精细化学品，是构建碳－碳结构的重要偶连试剂，也是化学合成重要试剂和中间体，广泛应用于有机合成过程中，附加值高。由于品种众多，定位较为困难，需要在相对完善的硼化工基础上发展。因此，建议不急于建设，保持跟踪调研，待有一定硼化工基础后再开始建设，分批引进。

表4－18列出了硼产业中的重要企业与科研单位。

表4－18　硼产业链中重要企业与科研单位

上游	企业	中游	生产企业	下游	合作对象
盐湖提硼	中国科学院青海盐湖研究所	硼酸	青海利亚达化工厂	氮化硼	山东大学
					河北工业大学
	青海盐湖工业股份有限公司		新疆叶城华峰化工有限公司	碳化硼	大连金玛硼业科技集团有限公司
硼矿	辽宁翁泉硼镁股份有限公司	硼砂	中国石油化工股份有限公司		中国科学院上海硅酸研究所
				钕铁硼	北京中科三环高技术股份有限公司
	金玛（宽甸）硼矿有限公司		辽宁凤城化工集团有限公司	硼铁合金	辽宁国际硼铁合金有限公司

4.4.5　加强产学研合作

从专利权人构成分析，无论是专利权人数量还是专利申请量，国内明显多于国外。说明我国在专利技术方面具有较强的竞争力，但由于专利覆盖的技术面较广，涉及不同的技术方案、工艺路线等，聚焦到单一方法上拥有专利的绝对数量便捉襟见肘了。且大部分专利技术都集中在科研单位，大量专利技术需要与企业对接，开展更为深入的产业化技术开发。

盐湖资源开发是典型的资源型行业，生产建设周期长、投入大，受地域环境、下游产业等诸多因素影响，尤其受国家政策影响较大。目前国内资源型产业仍然以国有企业为主，在这一领域国外企业不具备竞争优势，较少涉足。随着我国对外开放程度的不断提高，硼资源及其下游产品正面对国际市场竞争。借助国内研发机构多年的技术积累，快速提升企业技术水平的确是较优的选择。

通过产学研合作，可以整合现有的科技资源，实现资源的高效利用，充分利用现有的资源，不断创造新的资源，实现更大的价值。产学研合作可以增加高校和科研院所与企业之间的相互交流沟通，共同解决现有技术问题，促进技术创新。

根据前期对于硼产业专利的分析，建议选择中国科学院青海盐湖研究所、西藏国能矿业发展有限公司、中国科学院过程工程研究所、青海盐湖工业股份有限公司和中国石油化工股份有限公司。中国科学院青海盐湖研究所在盐湖卤水提硼方法、盐湖资源综合利用方面都有大量研究。青海盐湖研究所非常重视与企业的合作，已经和西藏国能矿业发展有限公司开展合作研发，共同研发了利用自然能从混合卤水中制备硼矿的技术。今后应该持续开展合作，共同开发经济环保的提硼方法。中国科学院过程工程研究所在萃取法分离盐湖卤水中的镁、锂、硼方面技术比较成熟，青海盐湖工业股份有限公司可以同中国科学院过程工程研究所进行合作研究，共同开发盐湖资源。中国石油化工股份有限公司在硼砂应用方面技术经验丰富，尤其在肥料、润滑剂、聚丙烯发泡材料等方面。青海省生产硼酸硼砂的企业很多，但产品结构单一，可以在硼砂产品的应用方面与中国石油化工股份有限公司开展合作，发展高附加值产品。

对于硼资源下游产业，可关注的科研单位或企业有：中国科学院上海硅酸盐研究所在碳化硼复合材料方面的制备和应用方面具有多年的研究经验。山东大学在氮化硼的制备方面具有很强的实力。北京中科三环高技术股份有限公司在烧结钕铁硼和粘结钕铁硼方面具有自主研发的产品，并应用在汽车、风力发电、家用电器等多个领域。

加强优秀人才引进，尤其是硼产业领域有丰富经验的技术人才，设立人才引进计划，为优秀技术人才提供安居房和科研经费，鼓励优秀人才加入重点企业和高校，同时鼓励有能力的创新团队进行创业，政府提供税收上的优惠政策。

专利申请人构成以科研院所、国有企业为主，市场参与者组成单一，也使得技术竞争有限，技术开发、优化、升级较慢，这也体现为专利申请量较少。在此条件下，政府尤其应秉承市场导向的原则，引入更多“活水”，鼓励更多类型企业参与到硼资源开发中，激活市场竞争态势，从而优化产业技术和环境，促进技术的优胜劣汰，更新迭代。

4.4.6　专利技术开发建议

盐湖卤水中开发硼方法主要分为萃取法、吸附法、沉淀法、酸化法、蒸发结晶法、电化学法和膜分离法。其中，萃取法、酸化法和吸附法是近几年发展较快，专利申请量较多的方法。溶剂萃取法提硼具有选择性好、产品纯度高、回收率高、操作简便、设备简单等优点，而且萃取工艺操作成本低、原材料能耗少、无三废，与其他方法相比具有明显优势。

中国科学院青海盐湖研究所的盐湖提硼技术在青海的企业和研究所中综合实力最强，专利申请量最多。该所的关注技术点主要集中在盐湖提硼方法的研究，近几年针对盐湖资源的综合利用、多种盐湖提硼方法并用开展专利布局。相对于其他国内企业，其专利申请的时间较早，申请授权量最多，专利维护时间较长，技术保护领域全面。西藏国能矿业发展有限公司的专利全部为授权发明专利，主要涉及的是从混合卤水中提硼技术，主要采用的是蒸发结晶法，专利撰写质量较高。中国科学院过程工程研究所的技术主要涉及从水体中除硼的方法、盐湖卤水综合利用方法以及盐湖卤水提硼装置，涵盖的技术面较广。青海盐湖工业股份有限公司的技术主要包括盐湖提硼方法和盐湖卤水精制装置。青海锂业有限公司研究的是利用盐湖提锂母液制取硼酸的方法。

在硼资源开发技术逐步走向成熟的条件下，企业与科研单位进行强强联合，整合技术资源，在提升企业资源开发能力的同时，提升企业技术“内能”，在引进科研单位新技术的过程中，建立自己的研发团队，培养技术整合、吸收、再创造的能力。将硼矿的资源优势转化为资源开发技术成熟、工艺开发能力强的软实力，从而更好地开发国外资源与市场，参与国际市场竞争。

本章参考文献

[1] BI X F, YIN Y C, LI J B, et al. A Co-precipitation and Annealing Route to the Large-quantity Synthesis of Boron Nitride Nanotubes [J]. Solid State Sciences, 2013, 25 (6): 39 - 44.

[2] BOUGUERRA W, MNIF A, HAMROUNI B, et al. Boron Removal by Adsorption onto Activated Alumina and by Reverse Osmosis [J]. Desalination, 2008, 223 (1): 31 - 37.

[3] CELIK Z C, CAN B Z, KOCAKERIM M M. Boron Removal from Aqueoussolutions by Activated Carbon Impregnated with Salicylic Acid [J]. Journal of Hazardous Materials, 2008, 152 (1): 415 - 422.

[4] FENG P X, SAJJAD M. Few-atomic-layer Boron Nitride Sheets Syntheses and Applications for Semiconductor Diodes [J]. Materials Letters, 2012, 89 (24): 206 - 208.

[5] GARCIA-SOTO M F, CAMACHO E M. Boron Removal by Means of Adsorption with Magnesium Oxide [J]. Separation & Purification Technology, 2006, 48 (1): 36 - 44.

[6] LI J, LIN H, CHEN Y J, et al. The Effect of Iron Oxide on the Formation of Boron Nitride Nanotubes [J]. Chemical Engineering Journal, 2011, 174 (2 - 3): 687 - 692.

[7] LIN Z Y, MCNAMARA A, LIU Y, et al. Exfoliated Hexagonal Boron Nitride - based Polymer Nanocomposite with Enhanced Thermal Conductivity for Electronic Encapsulation [J]. Composites Science and Technology, 2014, 90 (2): 123 - 128.

[8] MARCO, CONNOR T, 林亚松. 欧洲专利申请程序及途径介析 [J]. 知识产权, 2007, 17 (4): 72 - 81.

[9] SOKOLOWSKA A, RUDNICKI J, KOSTECKI M, et al. Electric Field Used as the Substitute for Ultra-

sounds in the Liquid Exfoliation of Hexagonal Boron Nitride [J]. Microelectronic Engineering, 2014 (126): 124 - 128.

[10] THIEME, POURRAHIMI, SCHWARTZ, et al. Nb - Al Powder Metallurgy Processed Multifilamentary Wire [J]. IEEE Transactions on Magnetics, 1985, 21 (2): 756 - 759.

[11] YAO Y G, LIN Z Y, LI Z, et al. Largy-scale Production of Two-dimensional Nanosheets [J]. Journal of Materials Chemistry, 2012, 22 (27): 13494 - 13499.

[12] 陈德皓，徐常登，刘子立，等. 功能分子在贵金属纳米晶催化剂形状控制合成中的作用机理 [J]. 化学进展，2013，25 (10): 1667 - 1680.

[13] 陈婷，闫书一，康自华. 我国盐湖卤水提锂的研究进展 [J]. 盐业与化工，2007 (2): 23 - 25.

[14] 陈志明. 探秘新型结构陶瓷材料及其运用与发展 [J]. 工业，2015 (58): 76.

[15] 程凡. 基于专利分析的新能源汽车电池发展研究 [D]. 武汉：华中师范大学，2017.

[16] 程仁举. 低品位硼镁石的浮选分离研究 [D]. 沈阳：东北大学，2011.

[17] 代凯，陈韦，芦露华，等. 紫外 LED 纳米光催化污水深度治理技术研究 [C]. 第五届全国环境化学大会摘要集，2009.

[18] 董万森. 硫酸钾生产方法综述 [J]. 精细与专用化学品，1996 (2): 3 - 8.

[19] 董亚萍. 用硫酸分解大柴旦湖低品位硼矿生产硼酸获得成功 [J]. 盐湖研究，1997 (1): 5.

[20] 方如恒，张亚范. 翁泉沟式铁矿成因的初步研究 [J]. 地质论评，1983，29 (6): 527 - 533.

[21] 付永安. 循环经济助推察尔汗盐湖腾飞 [J]. 现代营销：学苑版，2016 (11): 148 - 149.

[22] 高仕扬，杨存道，黄师强. 从大柴旦盐湖卤水中分离提取钠盐、钾盐、硼酸和锂盐 [J]. 盐湖研究，1988 (1): 17 - 26.

[23] 龚殿婷，刘湘倩，李凤华，等. 硼砂酸化法制备硼酸过程中影响因素的研究 [J]. 硅酸盐通报，2008，27 (5): 1051 - 1054，1071.

[24] 郭光远. 青海大柴旦硼资源开发现状和前景 [J]. 化工矿物与加工，2006，35 (2): 1 - 3.

[25] 郭胜光，吕波，王积森，等. 氮化硼合成及应用的研究 [J]. 山东机械，2004 (6): 30 - 33.

[26] 韩井伟. 从提锂后盐湖卤水中萃取提硼的新工艺研究 [D]. 西宁：中国科学院研究生院（青海盐湖研究所），2007.

[27] 何天明. 盐湖卤水吸附法提硼工艺研究 [D]. 长沙：中南大学，2010.

[28] 黄焜，刘会洲. Method for Preenriching and Separating Lithium and Boron from Salt Lake Brine by Liquid-liquid-liquid three-phase Extraction [P]. 2014.

[29] 黄晓霞，李荣强. 隔热抗烧蚀材料的专利态势 [J]. 四川兵工学报，2008，29 (2): 66 - 68.

[30] 金珉徹. 关于申请公开制度的研究 [C] // 全面提升服务能力，建设知识产权强国：中华全国专利代理人协会年会知识产权论坛，2015.

[31] 金文琴. 新型有机杂化六方氮化硼及其高性能阻燃双马来酰亚胺树脂的研究 [D]. 苏州：苏州大学，2014.

[32] 康为清. 纳滤法应用于盐湖卤水镁锂分离的研究 [D]. 西宁：中国科学院研究生院（青海盐湖研究所），2014.

[33] 雷风鹏，朱朝梁，卿彬菊，等. 卤水提硼技术进展综述 [J]. 无机盐工业，2018，50 (7): 1 - 5.

[34] 李海民，程怀德，张全有. 卤水资源开发利用技术述评 [J]. 盐湖研究，2003 (3): 51 - 64.

[35] 李海民，程怀德，张全有. 卤水资源开发利用技术述评（续完） [J]. 盐湖研究，2004 (1): 62 - 72.

[36] 李杰. 低品位硼镁矿及富硼渣综合利用研究 [D]. 沈阳：东北大学，2010.

[37] 李隽春，李蓉，徐丽娜，等. 全球市场水处理膜材料产业分析 [J]. 塑料包装，2015，25 (4)：51 - 55.
[38] 李伟. 以创新驱动“高质量发展”[J]. 新经济导刊，2018，265 (6)：6 - 8.
[39] 刘成长. 利用高硅低铝矿物原料生产氢氧化铝和硅酸工艺方法：中国，CN200710133215 [P]. 2008 - 05 - 07.
[40] 刘磊，杨国鑫，刘畅，等. 纳米催化剂专利技术动向分析 [J]. 科学观察，2016，11 (2)：50 - 64.
[41] 刘然，薛向欣，刘欣，等. 我国硼资源加工工艺与硼材料应用进展 [J]. 硅酸盐通报，2006 (6)：107 - 112，121.
[42] 刘然，薛向欣，姜涛，等. 硼及其硼化物的应用现状与研究进展 [J]. 材料导报，2006 (6)：6 - 9.
[43] 马永浩，洪青，马丽. 从国家级计划项目跟踪调查看知识产权保护 [J]. 中国科技产业，2011 (3)：141 - 143.
[44] 马原辉. 微介孔材料的制备、表征及气体吸附性能研究 [D]. 天津：河北工业大学，2015.
[45] 孟庆芬. 钴硼酸盐晶须的制备与机理初探 [D]. 西安：西北大学，2011.
[46] 孟庆芬. 盐卤体系中硼酸（盐）介稳区性质的研究 [D]. 西宁：中国科学院研究生院（青海盐湖研究所），2007.
[47] 苗润莲，郭鲁钢，时艳琴. 基于专利计量的奶牛饲养业技术现状研究 [J]. 中国乳品工业，2014，42 (7)：49 - 52.
[48] 乃学瑛，王亚斌，董亚萍，等. 一种利用碳酸镁粗矿制备高纯氧化镁的方法：中国，CN201410704599. 7 [P]. 2015 - 03 - 25.
[49] 奇云. 硼砂：老牌非法食品添加物 [J]. 生命世界，2012 (10)：20 - 23.
[50] 曲学孟. 宽甸地区硼酸生产状况与展望 [J]. 辽宁化工，2001，30 (7)：313 - 314.
[51] 申军. 国内外硼矿资源及硼工业发展综述 [J]. 化工矿物与加工，2013 (3)：38 - 42.
[52] 宋彭生. 盐湖及相关资源开发利用进展（续二）[J]. 盐湖研究，200，8 (3)：44 - 61.
[53] 苏雪晶. 西藏城投（600773）地产 + 资源产业架构初现 [J]. 证券导刊，2014 (39)：70 - 71.
[54] 孙传涛. 溶剂热合成 cBN 过程中的关键影响因素研究 [D]. 济南：山东大学，2007.
[55] 唐明林，邓天龙，廖梦霞. 沉淀法从盐后母液中提取硼酸的研究 [J]. 海湖盐与化工，1994，23 (5)：17 - 19.
[56] 唐尧，陈春琳，熊先孝，等. 世界硼资源分布及开发利用现状分析 [J]. 现代化工，2013 (10)：4 - 7，9.
[57] 唐尧，熊先孝，陈春琳，等. 硼资源开发利用现状及我国硼资源发展战略浅析 [J]. 化工矿物与加工，2014 (1)：21 - 24.
[58] 田凤，周同永，黄飞. 锂提取技术专利情报分析 [J]. 青海师范大学学报（自然科学版），2018，34 (1)：32 - 37，66.
[59] 王菲. 富硼渣钠化—钙化焙烧制取硼砂实验研究 [D]. 沈阳：东北大学，2013.
[60] 王斐. 钠硼解石矿制备硼酸钙的研究 [D]. 大连：大连理工大学，2007.
[61] 王斐斐. 硬硼钙石和钠硼解石矿酸解制硼酸的工艺研究 [D]. 大连：大连理工大学，2012.
[62] 王光祖. 国外立方氮化硼研制技术（1）[J]. 磨料磨具与磨削，1991 (2)：43 - 47.
[63] 王凯. 由硼砂和消石灰制备偏硼酸钙和过硼酸钠 [D]. 大连：大连理工大学，2009.
[64] 王立林. 六方氮化硼/聚丙烯导热高分子复合材料制备及性质研究 [D]. 沈阳：东北大

学，2015.

[65] 王权，王茜，姜伟. 透明聚酰亚胺专利技术分析 [J]. 信息记录材料，2018，19 (10)：3 - 6.

[66] 王廷廷，梁艳辉. 中国农药制造技术专利申请与运营大数据分析 [J]. 农药市场信息，2017 (12)：27 - 31.

[67] 王文侠，严芝兰. 青藏地区硼资源的开发利用 [J]. 青海科技，2002，9 (2)：25 - 26.

[68] 王瑜，倪颖，孙雪婷，等. 卤水锂资源提取技术中国专利分析 [J]. 盐湖研究，2018，26 (3)：82 - 86，3.

[69] 乌图那顺. 高镁硼镁矿的综合利用 [D]. 大连：大连理工大学，2010.

[70] 晓非. 世界硼矿资源及开发利用近况 [J]. 化工矿物与加工，1999 (8)：21.

[71] 肖景波，郭捷. 我国硼砂工业的发展现状与展望 [J]. 河南化工，2010，27 (20)：3 - 5.

[72] 肖湘. 离子交换法从盐湖卤水中分离富集硼的工艺及应用基础研究 [D]. 长沙：中南大学，2013.

[73] 谢云荣. 从高镁低硼强酸性卤水中萃取提硼的试验研究 [D]. 天津：河北工业大学，2008.

[74] 辛晨华. 中国增材制造（行业）关键成功因素研究 [D]. 南京：南京理工大学，2017.

[75] 徐璐. 二氧化硅基硼螯合树脂的合成及吸附性能研究 [D]. 长沙：中南大学，2012.

[76] 杨存道，贾优良，李君势. 从盐湖卤水结晶硼酸的新工艺研究 [J]. 化学工程，1992 (3)：22 - 27.

[77] 姚海波. 环状硼氮团簇的理论化学研究 [D]. 郑州：郑州大学，2007.

[78] 尹书青. 富硼渣和硬硼钙石酸解制硼酸工艺的研究 [D]. 大连：大连理工大学，2011.

[79] 张亨. 硼砂生产研究进展 [J]. 杭州化工，2012，42 (4)：7 - 11.

[80] 张金才. 盐湖卤水提硼方法的研究概述 [J]. 化工矿物与加工，2005，34 (5)：5 - 8.

[81] 张金才. 盐湖浓缩卤水提硼的部分实验研究 [D]. 西宁：中国科学院研究生院（青海盐湖研究所)，2005.

[82] 张旺玺，罗伟，王艳芝，等. 六方氮化硼纳米材料的研究进展 [J]. 中原工学院学报，2017，28 (1)：31 - 35.

[83] 张卫东. 柴达木地区盐湖矿产资源综合开发的原则及对策措施 [J]. 青海师范大学学报（哲学社会科学版)，2007 (4)：30 - 33.

[84] 张秀峰，谭秀民，张利珍. 纳滤膜分离技术应用于盐湖卤水提锂的研究进展 [J]. 无机盐工业，2017，49 (1)：1 - 5.

[85] 肇巍，郭亚飞，高洁，等. 我国硼资源概况及提硼研究进展 [J]. 世界科技研究与发展，2011，33 (1)：29 - 32.

[86] 郑水林，袁继祖. 非金属矿加工技术与应用手册 [M]. 北京：冶金技术出版社，2005：645 - 646.

[87] 中国科学院青海盐湖研究所情报室. 美国西尔斯湖的开发利用 [J]. 盐湖科技资料，1973 (10)：17 - 29.

[88] 钟耀荣. 硫酸法制硼酸过程中提高回收率的研究 [J]. 化工矿山技术，1996，25 (4)：35 - 37.

[89] 朱建华，魏新明，马淑芬，等. 硼资源及其加工利用技术进展 [J]. 现代化工，2005 (6)：30 - 33，35.

[90] 左珺，王磊. 深圳新能源标准与知识产权联盟专利现状 [J]. 中国发明与专利，2012 (12)：33 - 38.

第5章 盐湖镁资源开发专利分析

5.1 镁产业全球行业发展概况

5.1.1 镁资源的生产与消费

镁是常用有色金属之一，在自然界分布广泛，蕴藏量丰富，在地壳中的含量达到2.1%～2.7%，在所有元素中其含量排第8位。镁以化合物形态存在的镁矿在1500多种矿物中占200多种，但是，全球所利用的镁资源以固体矿和液体矿的形式存在，固体矿主要有白云石、菱镁矿、水镁石、光卤石和橄榄石几种矿物，液体矿主要是海水苦卤、盐湖卤水及地下卤水等（见表5-1）。镁及其合金是工业应用中较轻的金属结构材料，广泛用于航空航天、导弹、汽车、建筑等行业。

表5-1 主要镁矿成分及含量

矿物名称		组成	镁含量/%
镁酸盐类	菱镁矿	$MgCO_3$	28.8
	白云石	$MgCO_3 \cdot CaCO_3$	13.2
	水碳镁石	$MgCO_3 \cdot Mg(OH)_2 \cdot 3H_2O$	26
硅酸盐类	滑石	$3MgO \cdot 4SiO_2 \cdot H_2O$	19.2
	橄榄石	$(MgFe)_2SiO_4$	28
	蛇纹石	$3MgO \cdot 2SiO_2 \cdot 2H_2O$	26.3
	海水	$3MgO \cdot 4SiO_2 \cdot H_2O$	0.13
硫酸盐类	硫酸镁石	$MgSO_4 \cdot H_2O$	17.6
	钾镁矾石	$MgSO_4 \cdot KCl \cdot 3H_2O$	9.8
	无水钾镁矾	$MgSO_4 \cdot K_2SO_4$	11.7

续表

矿物名称		组成	镁含量/%
盐酸盐类	光卤石	$KCl \cdot MgCl_2 \cdot 6H_2O$	8.8
	卤水	$NaCl \cdot KCl \cdot MgCl_2$	可变
其他	方镁石	MgO	60
	水镁石	$Mg(OH)_2$	41.6
	尖晶石	$MgO \cdot Al_2O_3$	17

我国是世界上镁资源最为丰富的国家之一，总储量占世界的22.5%，居世界第一位。镁资源主要来源于菱镁矿、含镁白云岩、盐湖区镁盐以及海水等。我国已探明菱镁矿储量34亿t，居世界之首；含镁白云石资源储量达40亿t以上；我国四大盐湖区蕴藏着丰富的镁盐资源，其中，柴达木盆地内大小不等的33个卤水湖、半干涸盐湖和干涸盐湖镁盐资源储量达60.03亿t。柴达木盆地内的镁盐储量占全国已查明镁盐总量的99%，居全国第一位，氯化镁和硫酸镁累计查明资源储量60亿t。

最近十几年，全球镁消费呈现快速增长势头。2000—2007年，我国原镁产量增长了238%，年平均增长率为19%。2008年受经济危机的影响，金属镁产销呈下降态势，2008年我国原镁产量达到63万t，同比下降5.8%，2008年我国原镁消费量约16万t，同比下降近37.2%，这是自2003年以来首次出现负增长。2018年我国原镁消费量增至44.69万t，占全球总消费量约45%，未来有望达到50%。

5.1.2　镁资源的种类

镁资源利用所得到的产品主要可以分为：金属镁及镁合金；镁化合物；镁盐（氯化镁、硫酸镁、其他有机和无机镁盐）及镁系功能材料等。以菱镁矿为原料主要生产轻质氧化镁、重质氧化镁、高纯镁砂及硫镁肥等。根据用途不同，以重质氧化镁为原料还可以生产部分磁性氧化镁、高温电工级氧化镁。白云石主要用于碳化法生产轻质碳酸镁、碳化法生产轻质氧化镁及皮江法炼镁。盐湖镁资源利用方面主要是滩晒法生产氯化镁以及以水氯镁石为原料生产金属镁。海盐制盐母液——苦卤富含氯化钠、氯化钾、溴、氯化镁、硫酸镁等资源，苦卤中的镁资源主要用于生产氯化镁和硫酸镁。

盐湖镁盐一般与钾盐伴生，或成互层，或伴生于卤水中。常见的镁盐矿物有：水氯镁石（$MgCl_2 \cdot 6H_2O$）、白钠镁矾（$Na_2SO_4 \cdot MgSO_4 \cdot 4H_2O$）、泻利盐（$MgSO_4 \cdot 7H_2O$）、钾盐镁矾（$KCl \cdot MgSO_4 \cdot 3H_2O$）、光卤石（$KCl \cdot MgCl_2 \cdot 6H_2O$）等。

5.1.3　镁资源的开发

镁的开发之急体现在两个方面：一是在钾盐生产过程中巨量的富镁老卤未及时利用即被排放，造成资源浪费；二是这些排放出来的老卤聚积为患，已经形成镁害，近年来环境压力有增无减，因此这一部分镁资源的开发利用已成为当前各部门及研究者关注的焦点。青海地区盐湖的镁资源保有储量约为4.8万亿t，每年因钾肥生产需要排放老卤达1.2亿m^3，多年的累积排放已使存放老卤的团结湖由原来的10km^2扩大到120km^2，南霍布逊湖也不得不用来暂存废液，甚至已经污染、淹没了附近原有的氯化钾矿床。

镁资源难以产业化利用的关键在于开发成本和技术水平的制约。我国盐湖镁资源的存在有多种形式，最常见的是水氯镁石，卤水天然蒸发即可制得，可用于制作各种镁盐、镁砂、电解镁以及镁合金、铁稀土合金等下游高值化产品。我国以卤水镁资源开发的主要产品有六水氯化镁、硫酸钾镁肥和阻燃级氢氧化镁等，现阶段已经研发出来的工艺流程包括用直接沉淀法、水热法、诱导法等制取氢氧化镁，采用碳酸化法、沉淀法、酸解法、氨法制备氧化镁等，但这些技术的工程可操作性尚有待实践检验。又如，金属镁的生产工艺包括硅热法和电解法，具体又可细分为皮江工艺、马格尼特工艺等多种形式，但其生产的经济性和竞争力还有待提高。

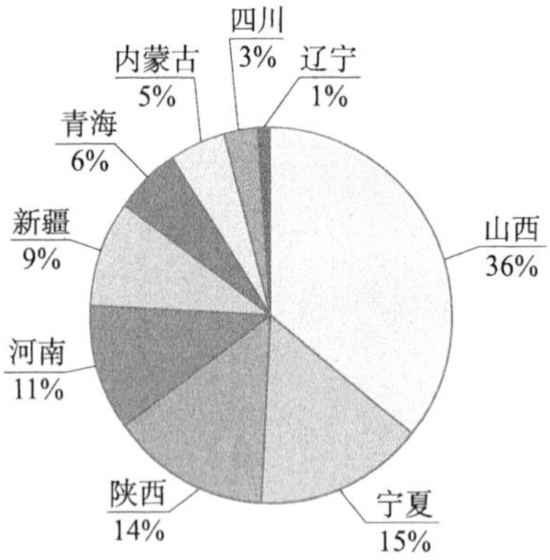

图5-1 2016年1—10月各省区原镁累计产量（单位：万t）

我国原镁生产主要来自9个省区，其中陕西、宁夏、山西、河南等为主力（见图5-1）。已经得以应用的镁生产工艺包括利用氯化镁以电解法生产金属镁、以水氯镁石为原料通过干燥和煅烧来生产氧化镁及盐酸、反应—结晶耦合脱水生产无水氯化镁等。例如，产业化方面，2004年青海盐湖工业集团有限公司就已建立了1500t级规模的反应—结晶法工业示范装置；青海西部镁业科技发展有限责任公司掌握了水氯镁石制取高纯镁砂的技术；中信国安科技发展有限公司也发展了利用水氯镁石煅烧氧化镁的工艺；2006年河南兴发业有限公司联合天津科技大学搭建了年产300t的热解法高纯活性氧化镁的工业化试验装置。

在镁的综合利用方面，美国大盐湖的工艺是值得借鉴的经验之一。以盐湖老卤制取的水氯镁石为原料，热解生产粉状氧化镁和盐酸，氧化镁再经水化处理制备高纯氢氧化镁，继而生产轻烧氧化镁、重烧氧化镁等系列产品，形成镁产品产业链。总体上讲，我国盐湖镁资源的开发利用还不够充分。盐湖镁资源开发利用过程中，尽管基础研究的文献及报道较为丰富，涵盖了加工工艺、表面改性、复合材料制备等各个方面，然而产业化报道还不是很多。事实上，盐湖镁资源开发的滞后已经影响了钾、锂、溴、碘等资源的可持续开发和综合利用，成为盐湖资源综合开发利用的瓶颈，镁资源的开发还需要做进一步的研究工作。

5.1.4 镁资源的应用

镁合金主要应用领域包括：铝合金化、球磨铸铁、脱硫剂、金属还原、电化学、化学、金属膜铸造、砂模铸造、锻造等。其中镁合金是应用最多，也是相对附加值最高的应用领域。金属镁最大的用量之一是制备铝合金，即镁作为合金元素加入到铝中，以提高其硬度和耐腐蚀能力。5000系列和7000系列的铝合金分别含有5.5%和3.5%的镁，单产品镁用量最大的是铝铁合金易拉罐（顶盖约4.5% Mg，罐体约1.1% Mg），1980年以来，尽管铝镁合金易拉罐的回收利用率达到60%以上，金属镁在铝合金中的消耗量仍以3.2%的速度逐年增长。

金属镁及其合金越来越多地通过压力铸造、重力铸造（砂模或金属模）、锻造、轧制和挤压等方法制造结构材料，如汽车上的发动机外壳、变速器外壳、离合器机架和车灯罩、机动工具（如剪草机）的机架以及家用和通信电器的外壳等。

镁合金质轻的特点使其在军事、交通和航空航天工业中获得了越来越广泛的应用，典型的铸造镁合金零件有直升机的变速器、飞机天篷的框架、飞机进出气口、发动机箱体、变速闸及其他辅助部件的外壳。

镁合金也可进行挤压、锻造、冲压和轧制加工，其产品包括面包烤架、网球拍、打印机、滚筒、核燃料零件箱以及众多的航空航天零部件。在钢铁工业中，镁也被用作脱硫剂和制造球铸铁，在钢铁的冶炼过程中，镁可以和硫结合形成硫化镁浮在铁水表面而被清除。这些镁通常来自低品质的废金属，并与石灰结合后加入到熔融金属中。镁加入到铸铁中能使石墨球化而显著提高其韧性，从而大大扩大了铸铁的应用范围。

镁也常用作生产非铁合金如钛、锆、铪、铍和铀的还原剂，地下管道和容器、热水器以及在海水中工作的钢铁件，常用镁合金作为阴极保护电极。

全世界金属镁的总用量增长比较快速，几乎每5年会提升一个新台阶。其中，模压铸镁产品增长速度最快，而其余各种用途的镁用量无明显增长，镁压铸产品的迅速增长，主要是因为汽车工业上镁合金零件的大量使用（见表5-2）。近年来随着高铁的快速发展，镁合金在轨道交通装备上也有较大规模的使用。在国内，高铁通风口栅栏、卧铺构架、行李架等内饰零部件已开始采用镁合金技术。在国外，德国ICE高铁和法国TGV高速列车的座椅、踏板、扶手等已成功应用了一系列镁合金零部件。

表5-2 镁合金在汽车结构件上的应用

部件系统	零件名称
传动系统	离合器外壳、齿轮箱外壳、变速箱外壳等
车体系统	车门内衬、仪表板、车灯外壳、引擎盖、车身骨架、底盘系统转向架等
引擎系统	发动机支撑架、气缸盖、进气歧管、油泵外壳、阀盖、轮盖等
底盘系统	转向架、方向盘、制动踏板支架、轮毂、锁架外壳等

5.2 青海镁产业资源

5.2.1 镁自然资源

青海盐湖拥有全国储量最大的镁盐资源，但一直没有实现大规模开发利用，随着菱镁矿生产镁砂在能源、资源及环境等方面面临巨大的压力，盐湖镁资源大规模开发关键技术的突破，以及菱镁建筑材料制品的开发，给开发盐湖镁资源带来了难得的发展机遇。

青海盐湖镁资源大规模开发正当时。资料显示，镁主要来自海水、天然盐湖水、白云岩、菱镁矿和水镁石等。镁及其合金是迄今工程应用中最轻的金属结构材料，具有重量轻、密度小、强度高、降低噪声、电磁屏蔽性好、减振性好，以及优良的铸造性能和机械加工性能，在航空航天、国防军工、交通工具、电子通信等诸多行业有巨大的和潜在的应用空间。而化肥制造过程中的大量副产品——氯化镁也已经成为菱镁建筑材料不可或缺的重要原料。

中国是镁资源大国，是世界上原镁生产和出口量最大的国家。但是，中国镁产业原料出口型企业较多，不仅产品价值低，也造成了资源浪费，属于典型的以牺牲资源和环境为代价。镁产品开发还有较大的提升空间。

素有“聚宝盆”之称的柴达木盆地，盐湖镁资源十分丰富，储量位居全国首位，但是长期以来，因为镁金属生产成本较高、镁下游产品开发有限等问题，镁资源开发无法实现大规模工业化生产。甚至在采钾、锂等高附加值产品的过程中排出的大量镁盐由于没有大规模的商业开发利用途径而造成了盐湖“镁害”。

近几年当地积极开发高端镁产品，延长镁资源产业链条，更好地利用自然资源，如建设高纯氧化镁、超细氢氧化镁生产线，建设万吨级镁铝水滑石项目等。给盐湖镁资源开发提供了十分难得的发展机遇。

5.2.2 青海省镁产业政策

青海省科技厅紧紧瞄准盐湖镁资源综合开发利用中的关键技术难题，通过重大科技难题招标、与国内著名科研院校合作联合攻关等途径，先后部署实施了10万t级水氯镁石制取镁系列产品联产工艺集成技术研究、5万t/年规模氯化镁电解法制备金属镁生产线引进消化再创新关键技术研究、年产1万t高纯超细及特殊形貌高端氢氧化镁阻燃剂工业性示范工程技术研究、年产1万t氢氧化镁示范装置工程技术研究、千吨级氧化镁、硼酸镁晶须产业化技术、千吨级硫酸镁热解制氧化镁工程技术研究、用盐湖氯化镁和ADC发泡剂副产碳酸钠生产高纯氧化镁工艺研究、不完全脱水氯化镁电解制稀土镁合金工业化技术研究、盐湖新型镁水泥钢筋混凝土结构关键技术研究、盐湖氯化镁生产金属镁清洁工艺工业性试验研究等一批国家和省级科技项目，逐步完善了镁资源开发利用工程化技术，为大规模开发利用盐湖镁资源，生产适合国内外市场需求的镁系列产品及以盐湖钾、镁资源为主体的循环经济产业链的形成与发展提供科技支撑。

为攻克盐湖镁资源综合利用技术，青海省科技厅重点支持了青海西部镁业科技发展有限责任公司、青海盐湖工业股份有限公司、格尔木藏格钾肥有限公司三家企业联合中南大学、清华大学、中国科学院青海盐湖研究所，分别从三条工艺路线开展氢氧化镁、氢氧化镁阻燃剂及高纯镁砂系列产品开发的技术难题攻关。

青海省实施重大科技攻关招标项目“盐湖水氯镁石制取高纯镁砂技术开发研究”，在青海西部镁业科技发展有限责任公司和中南大学攻克了利用盐湖水氯镁石制取氢氧化镁及高纯镁砂生产工艺技术的基础上，2005 年，通过国家科技支撑计划“盐湖镁资源氨法制取高纯镁砂产业化技术研究”“万吨级水氯镁石制取镁系列产品联合工艺工业试验”项目的连续支持，掌握了氢氧化镁的成核结晶规律，彻底攻克了氢氧化镁过滤和洗涤性能这一世界性难题，生产出的氢氧化镁产品纯度达到 99% 以上，获得国家发明专利。在锡铁山建成了万吨级氢氧化镁及高纯镁砂系列产品联合工业性试验装置，运行情况良好，产品市场需求旺盛。为解决氨的消耗大、生产成本高的难题，又实施了“高纯氢氧化镁制备过程中氨的综合回收利用研究”项目，游离氨回收率达到 95% 以上，氨耗降低了 30%，大幅降低了生产成本，为 10 万 t 级氢氧化镁及高纯镁砂系列产品生产线建设奠定了基础。

2006 年，实施了青海省重大科技攻关“年产 1000t 高纯微细氢氧化镁阻燃剂”项目，青海盐湖工业集团有限公司和清华大学成功开发出高纯微细氢氧化镁阻燃剂产品，并获得“液氨加压沉淀－水热改性法制备氢氧化镁阻燃剂”国家发明专利。在此基础上，2008 年实施了国家科技支撑计划“年产 1 万 t 氢氧化镁示范装置工程技术研究”项目，重点解决核心设备的放大及优化问题。

2006 年，青海省科技厅实施了重大科技攻关“年产 2000t 氢氧化镁阻燃剂产业化关键技术”项目，格尔木藏格钾肥有限公司与中国科学院青海盐湖研究所研发出了市场看好的超细及特殊形貌氢氧化镁阻燃剂产品。在此基础上，2008 年，实施了国家科技支撑计划“年产 1 万 t 超细及特殊形貌氢氧化镁阻燃剂示范工程技术研究”项目，使氢氧化镁阻燃剂产品的各项技术指标达到国际先进水平，实现了万吨级规模生产成本大幅降低，改善了我国高端氢氧化镁阻燃剂产品长期依赖进口的局面。

2015 年 9 月 18 日，在青海省科技厅指导与支持下，由青海三工镁业有限公司、青海盐湖镁业有限公司等 16 家镁产业企业联合发起的“青海省镁产业技术创新战略联盟”在西宁正式成立。省科技厅、省质监局相关负责同志、16 家联盟企业代表、高等院校和科研院所有关专家出席了成立大会。会议研究讨论通过了《青海省镁产业技术创新战略联盟章程》，确定了青海省镁产业技术创新战略联盟第一届理事会单位及联盟专家委员会。

青海盐湖工业股份有限公司金属镁一体化项目是立足察尔汗盐湖并依托柴达木盆地丰富的矿产资源，以金属镁为核心、以钠利用为副线、以氯气平衡为前提、以煤炭为支撑、以天然气为辅助，在盐湖地区构筑主题鲜明、特色突出的循环经济产业链，实现盐化工、煤基化工、天然气化工、有色冶炼多产业间融合发展。

青海盐湖工业股份有限公司的金属镁一体化项目首期 10 万 t 于 2010 年 7 月开工，总投资 279 亿元，截至 2012 年年底累计完成投资 68 亿元；二期 30 万 t 和一期 10 万 t 合计投资 600 亿元。项目于 2013 年年底完成土建及设备安装，2014 年 6 月投料试车，2014 年 9 月全部建成投产。

项目总体规划建设规模为：40 万 t/年金属镁、240 万 t/年甲醇、240 万 t/年 MTO 制烯烃、40 万 t/年丙烯、200 万 t/年聚氯乙烯、200 万 t/年纯碱、240 万 t/年焦炭、200 万 t 电石、10 万 t 氯化钙项目及配套相应的供热中心。总投资约 600 亿元，全部建成后，可实现产值近 400 亿元，由于规模宏大，跨行业、跨地区、关联度高，根据现实条件与可能性，采取分步实施的建设。

其中启动项目规模为：10 万 t/年金属镁、100 万 t/年甲醇、100 万 t/年甲醇制烯烃、50 万 t/年聚氯乙烯、100 万 t/年纯碱、240 万 t/年焦炭、40 万 t 电石、10 万 t 氯化钙项目及配套相应的供热中心。项目总投资 199 亿元，项目建成后，可实现销售收入 98 亿元，利润 25 亿元，总投资收益率达 17.34%。

金属镁一体化项目规模宏大，产业带动能力强，能迅速形成组合度好、关联性强的产业集群；项目核心技术、装备全套引进，其他配套装置技术也均采用国内外最先进技术，整体具有较强的技术和发展优势。项目可在盐湖构筑完整产业链、产业集聚化程度高。项目资源能源优势突出，配置合理，利用率高；节能减排，变废为宝，循环经济特征明显，已被国家列为柴达木循环经济试验区核心建设项目。

5.2.3 青海省镁产业主要技术

青海省已攻破了老卤中制取高纯镁砂、氢氧化镁阻燃剂等镁系列产品的产业化关键技术，特别是利用提钾后的老卤制取水氯镁石，以及水氯镁石脱水制成无水氯化镁的技术，为大规模开发镁盐湖资源以及生产镁系列产品奠定了基础。

盐湖镁资源大规模开发需要综合利用。由于金属铝和镁存在一定的相互替代作用，而铝的价格相比镁要低得多，这也影响了镁产业的发展，盐湖镁资源要有好的发展，必须将成本控制在与铝接近。但是由于技术等因素约束，单独开发镁资源难以降低成本，这就需要通过大规模综合开发利用以分摊成本。

青海盐湖是一个高氯镁型盐湖，在采钾的过程中每年要排出 3000 万 t 左右的六水合氯化镁，折纯氯化镁约 1500 万 t，其中，含镁 375 万 t，含氯 1125 万 t。因此，要大规模开发镁资源应考虑同时综合利用氯资源。

由于青海省的电价相对较低，可以将镁资源开发过程中产生的氯气和盐酸全部转化为氯化氢，再采用电石乙炔法制成 PVC。电熔镁砂生产过程中产生的稀盐酸脱水制氯化氢工艺已在盐湖海虹十万吨联二脲项目大规模应用。另外，可与氯酸盐产业结合，利用氯酸盐副产品氢气与电解法制金属镁副产的氯气合成氯化氢。根据以上分析，可以分别确立生产高纯镁砂和金属镁的综合开发利用产业集群方案。

自 1986 年我国将“镁水泥开发研究”课题列入了国家级“七五”重点科技攻关项目“青海盐湖提钾及综合利用研究”项目以来，创造出大量的重要研究成果，带来了全国菱镁行业多年的繁荣与发展，在节能节资减排等方面发挥的作用越来越重要。

国内金属镁、氧化镁、镁制耐火材料和建筑材料的生产研发能力较强，而精细镁盐产品的生产和研发能力较弱，青海可以充分利用盐湖镁资源储量大、品位高、易开采的先天和持久优势，着力建设高纯优质镁原料供应地，与以固体矿为原料制备的产品错开，充分考虑比较竞争优势，考虑菱镁矿日趋贫乏可能带来的高纯镁材料或镁产品缺口，优先研发投资规模适中的中高端镁产品。

由于技术原因，在我国盐湖资源开发过程中，氯化镁一直作为副产品和工业尾料被排放，行业内部有盐湖“镁害”的说法。据统计，在以柴达木盆地为主体的青海省海西蒙古族藏族自治州，每年约有3000万t的水氯镁石难以有效利用，造成资源浪费。解决这一问题的办法之一是使之成为镁水泥的重要原材料加以利用。

为了解决一些关键性技术问题，镁水泥的基础理论研究又重新受到了我国政府部门的高度重视。中国科学院青海盐湖研究所拥有省部级重点实验室、盐湖资源化学实验室、现代材料分析与测试中心和盐湖资源综合利用工程技术研究中心，均通过国家和省级计量认证，承担镁水泥研究项目。中国科学院青海盐湖研究所为此设立了中国科学院镁水泥材料研究中心，并设立了南京科研基地，拥有专业技术人员和充足的科研经费。

镁水泥的一些重要的基础研究内容包括盐湖镁水泥材料及其耐久性的基础理论问题、抗水性镁水泥材料的制备技术及微观机理、镁资源获取高价值产品的开发和综合利用等。青海省科技攻关项目，其主要研究内容为水氯镁石的部分热解工艺条件、研究新型镁水泥的合成工艺条件、研究新型镁水泥的物理力学性能和耐候性、研究成型新型镁水泥建筑材料制品的新工艺和性能；青海省工程项目，其主要研究内容为研究镁水泥永久性防护板、研究镁水泥路缘石、研究镁水泥回填土等。

包括镁水泥在内未被开发利用的资源中，氯化镁多年来一直是开发的重点和难点。青海盐湖工业股份有限公司负责人介绍，作为未来新型的工程材料，金属镁的每年需求量以20%的速度增长。在察尔汗盐湖建设世界级金属镁基地，条件十分优越，与国内外其他生产金属镁的生产地相比，具有无可比拟的优势。从自然条件来说，缺氧、干燥、气压低都是电解金属镁降低电耗、提高生产率的必要条件，盐湖中的天然水氯镁石经提纯是制备金属镁的优良原料。

从广袤的盐湖中提取高附加值的镁产品成为行业发展重点。随着资金、技术的不断积累和完善，我国盐湖镁产品开发已成功突破技术瓶颈，进入规模化生产的全新阶段，必将成为全球相关产能释放的重要区域，市场前景十分可观。

5.2.4 专利信息检索

5.2.4.1 检索系统、分析系统及数据库

本部分专利数据来源于国家知识产权局专利数据库，利用PatentEX专利信息创新平台，针对镁产业全球专利申请情况进行检索与分析。

5.2.4.2 检索时间

专利数据起始时间：国内最早申请日（或优先权日）为1985年8月15日，收录数据截止时间为2018年10月31日。

对于在华专利申请，可以分为国内申请、通过《巴黎公约》的申请和PCT申请。其中国内申请在优先权日起18个月公开，因此国内申请在申请日起18个月基本上都已经公开；通过《巴黎公约》的申请通常会在进入中国6个月内公开，因此在申请日起18个月基本上都已经公开；通过PCT形式进入中国的申请通常自优先权日起30个月进入国家阶段，但大部分都要求了优先权，即大部分自申请日起18个月左右进入中国，多数PCT申请在申请日起18个月已经公开。综上所述，在华专利申请从提交申请到公开有18个月的时间延迟，本分析报告中2017—2018年专利分析数据仅供参考。

5.2.4.3 数据检索及清理

本专利分析报告采用关键词与IPC分类号相结合的检索方式。分别针对卤水提镁、铝镁合金的改性及镁回收三个领域展开专利检索分析。

针对卤水提镁领域，选取盐湖、卤水以及镁的各个化合物作为关键词，共采集专利数据595件，其中国外专利367件，国内专利228件。排除含镁化合物的制备及应用专利，针对国内157件专利结合研发重点，将IPC分类C01F、C01D、C05D、C30B及C22B作为本专利分析报告的重点领域。

针对金属镁的冶炼领域，选取镁、电解、硅热法等作为关键词，共采集专利2637件，其中国外专利1929件，国内专利708件。排除镁合金相关专利，针对国内563件专利，结合研发重点，将IPC分类C25C3/04和C22B26/22作为本专利分析报告的重点领域。

针对铝镁合金改性领域，选取铝镁合金作为关键词，共采集专利数据585件，其中国内专利457件，国际专利128件。结合研发重点，排除铝镁合金应用的专利，将IPC分类C22作为本专利分析报告的重点领域。

针对镁回收领域，选取镁的各种状态与回收作为关键词，共采集专利数据1484件，其中国外专利756件，国内专利728件。排除用镁回收其他金属的专利，排除回收非镁金属的专利，排除镁盐转化的专利。针对国内173件专利，结合研发重点，将IPC分类C22作为本专利分析报告的重点领域。

在建立专利专题数据库的基础上，借助于专业分析软件完成数据分类、统计。采用由面入点、从宏观到微观的分析方法，针对各技术领域的专利数据，从行业技术整体发展趋势、地域特点、主要申请人及技术特点等方面进行统计分析。其中对全球专利数据仅进行趋势分析，针对国内人工去噪后的专利进行重点分析，以便于技术人员更好地了解本领域行业的发展动态。

5.3　青海省镁产业重点技术专利分析

5.3.1　盐湖提镁专利分析

5.3.1.1　盐湖卤水提镁技术

1. 金属镁的制备

我国金属镁的提炼主要依靠皮江法，以卤水为原料制备金属镁主要采用电解法。卤水提镁是一种以含氯化镁的卤水为原料，用电解法炼镁生产金属镁的方法。直接用海水作为炼镁原料，因物料流量大，需要庞大的生产设备和昂贵的处理费用，而以提钾残液——卤水或大盐湖水为原料，因它们含镁量分别比海水高 10 余倍或 6 ～ 7 倍，是比海水更经济的炼镁原料。

通过采用去除硫酸根后的含水 $MgCl_2$ 为原料，陈文清在废电解液中通过熔融脱水的方法电解出了纯度为 98.04% 的粗镁。该工艺在电解形式上虽然是电解无水光卤石及其复合物，但大量消耗的是脱水卤块，这正是盐田最多的副产品，从而使卤水资源得到了充分的利用。李永华等利用察尔汗盐湖的卤水资源，通过加工处理，直接制取出了可供炼镁用的优质光卤石，以替代人造光卤石炼镁，从而降低了金属镁的生产成本。但是该法中采用石灰水作净化剂，在净化过程中，部分 CaO 微粒未能及时扩散、溶解，即被新形成的 $CaSO_4 \cdot 2H_2O$ 晶体覆盖于表面，使其不能充分发挥脱硫效能，在卤水量大和硫酸根含量高时，此现象尤为严重。

卤水一般含 33% 的 $MgCl_2$，还含 $MgSO_4$、NaCl、KCl、溴化物、铁、硼、铜等物质。但氯化镁溶液用热气流脱水只能获得 $MgCl_2 \cdot 2H_2O$，并会水解产生少量 MgO。工业上有两种制取无水氯化镁的方法，即一次脱水产物在氯化氢气氛中进行二次脱水制取粒状氯化镁，或经二次熔融彻底脱水制取熔体氯化镁。因此，卤水炼镁有无水氯化镁颗粒电解炼镁和无水氯化镁熔体电解炼镁两种方法。

（1）无水氯化镁颗粒电解炼镁

挪威诺斯克·希德罗公司于20 世纪60 年代初开展了卤水炼镁新工艺的研究。几经改进，至 1969 年对卤水氯化氢法制取氯化镁进行了为期一年的半工业试验，与此同时建设了 12 万 A 的新结构电解槽，用所产的氯化镁进行电解，取得良好效果。继而于 1977 年建成卤水氮化氢法脱水与 25 万～ 30 万 A 无隔板电解槽的新生产系列，于 1978 年投产。这种方法主要包括无水氯化镁颗粒制取和无水氧化镁熔盐电解两道作业。

（2）无水氯化镁熔体电解炼镁

美国铅公司于 1964 年开始利用犹他州大盐湖水进行炼镁的研究工作，并于 1969 年筹建罗莱镁厂，1971 年投产，1989 年 9 月后因从属关系变更，更名为美国镁公司罗莱镁厂。该厂除生产金属镁外，还副产氯气、氯化钠、硫酸钙、钾盐及锂盐等。其工艺流程如图 5-2 所示。此法主要包括无水氯化镁熔体制取和无水氯化镁熔体电解两道作业。

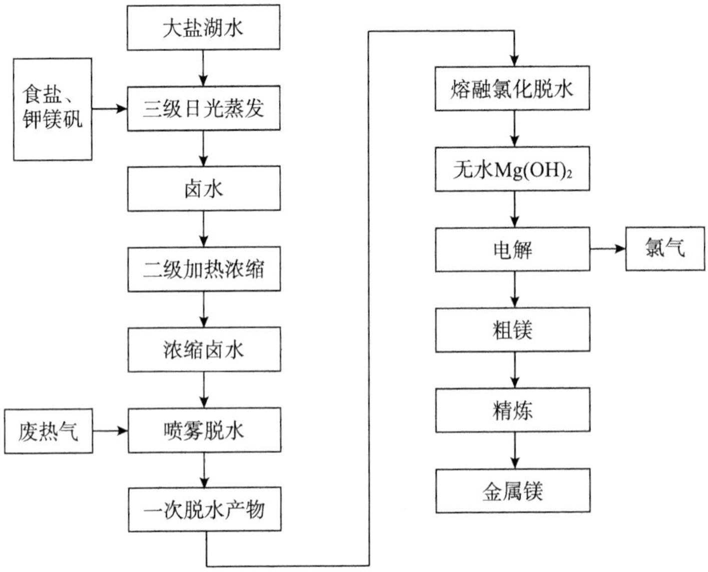

图 5-2　无水氯化镁熔体电解炼镁工艺流程

2. 氧化镁（镁砂）的制备

（1）碳酸盐沉淀法

根据沉淀所用碳酸盐的不同，碳酸盐沉淀法可分为纯碱法和碳铵法。纯碱法是我国生产镁砂最早的方法之一，但由于该法所使用的沉淀剂 Na_2CO_3 价格较贵，常采用碳铵法取代。碳铵法与纯碱法的原理相同，只是将价格较贵的 Na_2CO_3 改为 NH_4HCO_3，从而较大程度地降低了生产成本。尽管碳铵法比纯碱法成本更低，但由于 NH_4HCO_3 价格依然较为昂贵，且该法工艺步骤较长、原料中碳利用率只有 50%、NH_4HCO_3 用量大，因而成本依旧较高。此外，反应体系中游离铵浓度较高，容易导致操作环境差、环境污染大等问题。

（2）氨法

氨法是指在卤水中通入液氨或氨水后，在高温高压条件下沉淀获得 $Mg(OH)_2$，最后经高温煅烧得到镁砂。由于氨法中采用的沉淀剂氨水为弱碱，因而该法主要适用于 Mg^{2+} 含量较高的卤水体系。氨法沉镁时生成 $Mg(OH)_2$ 的沉降速度较快、结晶度较高、$Mg(OH)_2$ 易于过滤和洗涤。此外，该法工艺简单，氨水可以回收利用，从而大大降低了生产成本。但是，为获得镁砂，需要进行高温煅烧，因而能耗较高。当卤水中镁浓度较低时，采用氨法生产高纯镁砂成本较高，较难实现产业化。

（3）石灰乳沉淀法

将氯化镁溶液与煅烧石灰石或白云石灰乳反应生成氢氧化镁沉淀，煅烧得氧化镁。

石灰乳沉淀法是工艺较为成熟、应用较为广泛的高纯 MgO 生产方法。该法以卤水为原料，通过加入石灰或 $Ca(OH)_2$ 生成 $Mg(OH)_2$，经过滤、洗涤、烘干、轻烧、压球及煅烧获得镁砂。采用石灰乳沉淀法生产 MgO 的成本较低、工艺要求简单，且该法对工艺设备材质无特殊要求，因此被广泛使用。但由于石灰中杂质含量较高，致使 $Mg(OH)_2$ 的纯度降低。此外，生成的 $Mg(OH)_2$ 颗粒极细，呈絮状或者半胶状，吸附性很强，因而灰浆中的固相杂质组分很难通过洗涤方法除去。鉴于此，通常情况下石灰乳沉淀法不适宜用来制备高纯度的 MgO，主要用于制备轻质或是中质的 MgO。

（4）热解法

热解法是近年来新兴起的一种制备高纯 MgO 的方法。常温下，氯化镁以 $MgCl_2 \cdot 6H_2O$ 形式存在，当温度逐渐升高时，$MgCl_2 \cdot 6H_2O$ 不断失去结晶水，最后水解生成 MgO 和 HCl 气体，热解法便是依此原理制取 MgO 的方法。从高纯 MgO 的生产技术层面考虑，在我国卤水资源较丰富的沿海和西部盐湖地区，由于缺少优质的石灰石原料，技术成熟的石灰乳沉淀法难以实施；传统的纯碱法和碳铵法由于生产成本较高，要实现工业生产并不现实；氨法和改进的碳铵法还需要进一步完善；热解法生产高纯 MgO 的成本较低、资源利用率高、热解过程热效率高、MgO 产品纯度高，因而是国内外使用较为广泛的方法。

3. 氢氧化镁的制备

（1）氨水 - 卤水法提镁

根据青海卤水资源的特点，选择当地每年 2 月结晶后的低温卤水与冻硝后母液体积比 1.4∶1 兑卤后的母液为原料，以氨水作沉淀剂进行反应，经过一定时间的陈化、过滤掉除镁母液，对过滤后的溶液进行洗涤和干燥，最后提出镁，拟订工艺路线如图 5 - 3 所示。由于卤水浓度很高，加入氨水后，随着 $Mg(OH)_2$ 的析出，NH_4Cl 会被 $Mg(OH)_2$ 胶体包裹结晶析出，从而导致固相中 $Mg(OH)_2$ 纯度较差。针对这一现象，对 $Mg(OH)_2$ 加水洗涤，加水量为被洗涤固相量的 20 倍，洗涤前后对 $Mg(OH)_2$ 晶形进行 XRD 分析。可得洗涤前析出晶体为 $Mg(OH)_2$ 和 NH_4Cl 的混合物，而洗涤后除了 $Mg(OH)_2$ 晶体对应的峰外，几乎不含杂质峰，说明 $Mg(OH)_2$ 纯度较高，洗涤工艺对 $Mg(OH)_2$ 产品纯度影响很大。

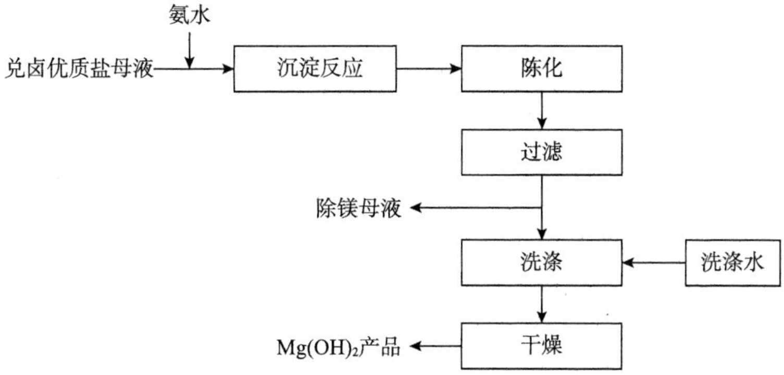

图 5 - 3　氨水 - 卤水法提镁工艺流程

（2）石灰－卤水法提镁

石灰－卤水法以石灰为沉淀剂，将卤水与石灰以一定的比例混合反应即可得氢氧化镁沉淀，氢氧化镁经过滤、洗涤、干燥，便可得氢氧化镁产品，煅烧可得镁砂，流程操作简单，石灰石价格便宜。但该方法不适合含硫酸盐型的卤水，因为形成的硫酸钙也会和氢氧化镁一同析出，影响质量。加入稍过量的 $CaCl_2$ 溶液（0.6mol/L，摩尔量为 SO_4^{2-} 的2.4倍），控制 $CaCl_2$ 投料时间在30min左右。而后进行离心分离将母液和硫酸钙分离。由于 $CaSO_4$ 微溶于水，即使加入过量的 $CaCl_2$，母液中还残存一定的 SO_4^{2-}。

对除 SO_4^{2-} 后的上清液进行 $Mg(OH)_2$ 生产工艺研究，其工艺流程如图5－4所示。先将兑卤产生的母液通过加入 $CaCl_2$ 除硫，通过离心分离后的母液经过再沉淀、陈化和再离心分离得到 $Mg(OH)_2$ 溶液，经过洗涤和干燥，得到干燥的 $Mg(OH)_2$。离心后的低镁母液通过蒸发浓缩除去 NaCl，得到的 $CaCl_2 \cdot 2H_2O$ 可以回收重复利用除去母液中的 SO_4^{2-}。

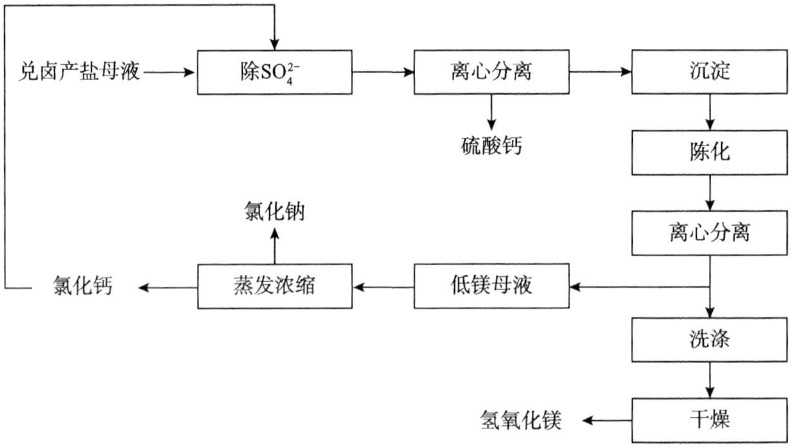

图5－4　石灰－卤水法提镁工艺流程

（3）NaOH沉淀法

NaOH沉淀法是较早用来制取 $Mg(OH)_2$ 阻燃剂的方法，该法采用NaOH为沉淀剂从浓海水、卤水中制备 $Mg(OH)_2$，并经水热处理、表面处理、干燥、粉碎等工艺后，获得 $Mg(OH)_2$ 阻燃剂。NaOH沉淀法的操作简单，生产工艺流程短，产品的形貌、结构、粒径及纯度都比较容易控制，可以得到高纯微细产品。NaOH作为强碱反应速度快，一旦操作不当就会导致生成的 $Mg(OH)_2$ 粒径偏小。

除上述方法外，溶剂萃取法以其成本低、能耗低、无副产物等优点，也曾被用于卤水提取镁。付子忠以 P_2O_4 为萃取剂、磺化煤油为协萃剂，通过萃取获得了高纯级的 $MgCl_2$ 和 $MgSO_4$。

5.3.1.2　全球盐湖提镁专利分析

1. 专利趋势分析

图 5－5 所示为盐湖提镁行业全球专利申请授权的年度发展趋势。从图 5－5 可以看出：该技术领域专利申请在 2000 年之前，发展较为平缓，年度专利申请量在 10 件以内。2000 年前后该领域技术开始发展，专利申请量开始呈现上升趋势，但始终未单年突破百件。之后，专利申请量呈缓慢上升式发展，年度专利申请量增长幅度不大。该行业专利授权率并不高，2000 年之前，专利授权量不足 10 件，2000 年之后，专利授权量与申请量趋势基本一致，略微滞后，符合专利申请特点。从申请授权趋势可以看出，该领域技术创新并不容易，技术发展速度相对较慢。

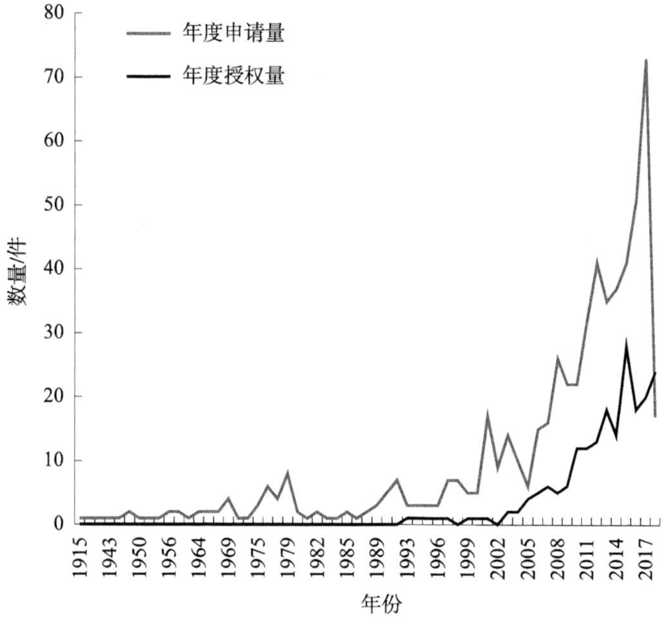

图 5－5　专利年度申请量和授权量

本部分共收集盐湖提镁行业全球专利 595 件，其中国外专利 367 件，国内专利 228 件。在收集到的 367 件国外专利中，美国与俄罗斯的居多，主要由于盐湖资源地域分布不均，导致专利保护呈现地理资源特点；国内专利 228 件，占总专利申请量的 38.3%，且以发明专利居多。这与行业特点直接相关，由于盐湖提镁为基础性化工产业，提镁过程主要以工艺保护方法为主，专利保护客体决定了专利保护的类型以发明专利为主，在我国只有少量的设备专利采用实用新型为保护形式。这也说明盐湖镁资源开发是镁材料开发的起点与基础，其产品属于原料中间体，距最终用户有较大的距离，资源性特征明显。

根据以上特点，在专利分析过程中未将外观设计专利列入本次分析范围。从技术链条分析，分析内容聚焦于盐湖提镁的方法、制备工艺、镁资源的加工以及下游产品应用等发明专利；同时会列举一定量占比较小的关于设备的设计和改进的实用新型专利。

2. 专利权人分析

图5－6所示为盐湖提镁技术的主要专利权人的申请量情况。位于专利申请量前10位的专利权人中，中国专利权人有7位，而国外专利权人只有3位。显然无论从专利权人的数量，还是从专利申请量来看，国内专利权人都有较大的优势。但是比较专利权人的类型，国内专利权人以研发机构为主，有国家级科研院所和知名高校，国内企业涉猎得较晚。显然在盐湖提镁领域，国内专利技术以科研目的为主，而市场需求较少，存在专利技术与市场脱节的现象。一方面科研队伍拥有较为先进的技术，但是市场化困难；另一方面企业有技术需求却革新困难，或者陷于低端化竞争的“窘境”。这种情况需要从业人员重视。

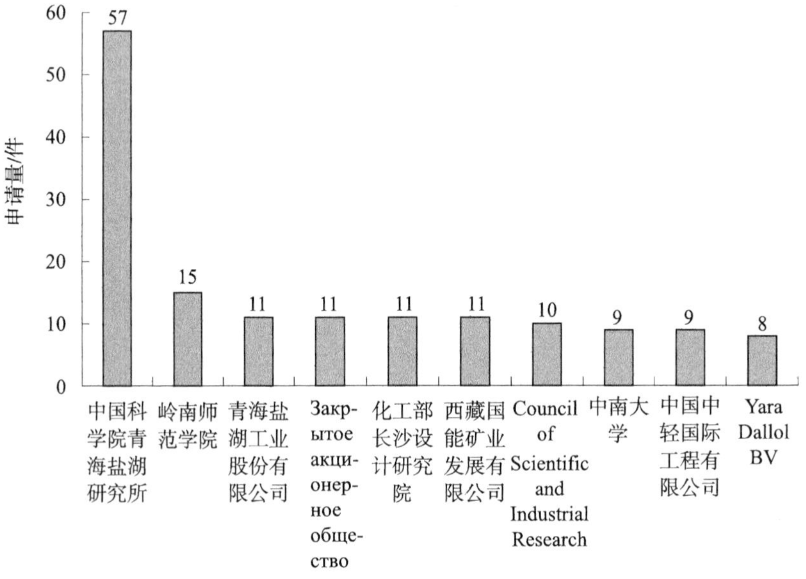

图5－6　专利权人分析

国内专利申请量最多的为中国科学院青海盐湖研究所，截至2018年共拥有57件相关专利申请，岭南师范学院、青海盐湖工业股份有限公司的专利申请量较高，上述专利权人的专利申请类型以发明专利为主。

与之相比，国外在中国申请专利的专利权人以企业为主，排在前列的国外专利权人分别是：Council of Scientific and Industrial Research、Закрытое акционерное общество、Yara Dallol BV。其中，Закрытое акционерное общество申请专利最多，共计11件，实力雄厚。

从前10位专利权人专利申请量来看，前10位专利权人拥有的专利量占总分析专利量的25.5%。专利申请较为分散。专利权人类型呈现多元化、多背景，国内申请人占据多个席位，具有一定的竞争能力。但是国内申请人包括科研单位、高校、设计院和企业，专利相对分散，为面对未来的激烈竞争，建议国内企业能够加快革新步伐，与国内研发机构合作，取长补短，进一步夯实企业技术竞争优势。

图 5－7 所示为主要专利权人的年度专利申请量分析。中国科学院青海盐湖研究所是国内较早申请专利的专利权人。专利申请量逐年上升，相关领域的专利保护一直延续至今，有较为长期的技术积累。相比之下，Council of Scientific and Industrial Research（科学与工业研究委员会）与 Закрытое акционерное общество，虽然专利申请开始较早，但是在 2010 年之后逐渐减少该领域专利申请，2013 年之后不再提出申请专利，不排除相关技术存在后续爆发的可能性。

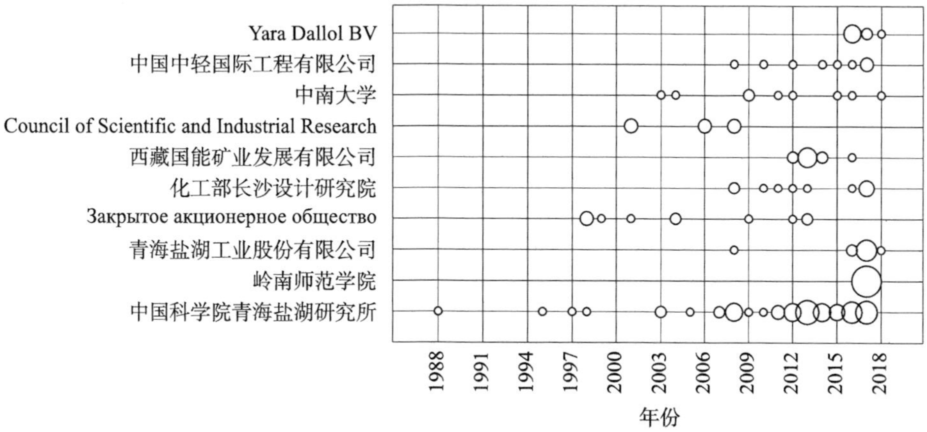

图 5－7　专利权人年度专利申请量分析

Yara Dallol BV 公司于 2015 年之后才开始申请专利，进入中国时间较晚，但是发展较为迅速。岭南师范学院在 2017 年集中申请了许多该领域的专利，其技术研发内容和方向是国内专利权人研究的重点。

中国中轻国际工程有限公司、中南大学、化工部长沙设计研究院在该领域专利申请较早，且始终有技术的研发和保护。西藏国能矿业发展有限公司的专利申请主要集中在 2012—2015 年，青海盐湖工业股份有限公司的专利申请主要集中在 2016—2018 年。由于这些技术专利都是集中在近几年申请的，技术相对较新，可以关注它们相关方向的发展变化情况。

3. 技术分析

表 5－3 是盐湖提镁相关专利 IPC 技术分类状况。从 IPC 分类来看，盐湖提镁领域专利申请主要集中在 C01D15/08，锂的碳酸盐的制备，还包括从盐湖、海水中制备碱金属氯化物（C01D3/06）或从矿物质中制备碱金属氯化物（C01D3/08）等。这主要是由盐湖的主要特点决定的，盐湖中含有多种金属离子，往往是锂、镁、钾、硼等同时提出再进行分离。镁的技术分类包括镁的氯化物（C01F5/30）、碳酸镁化合物（C01F5/24）、氢氧化镁的制备（C01F5/22）等。

表 5-3 IPC 技术分类专利申请量分析

序号	IPC 分类号	具体含义	申请量/件
1	C01D15/08	锂的碳酸盐	71
2	C01D3/06	从盐湖、海水中制备碱金属氯化物	46
3	C01F5/30	镁的氯化物	38
4	C01D3/08	从矿物质中制备碱金属氯化物	22
5	C01D3/04	碱金属氯化物的制备	21
6	C01F5/24	碳酸镁化合物	21
7	C01D15/04	锂的卤化物	21
8	C01F5/22	氢氧化镁的制备	11
9	C01D3/16	碱金属的纯化	9
10	C01D5/00	碱金属的硫酸盐	8

图 5-8 所示为 IPC 年度专利申请量，从图中可知 C01D3/06、C01D3/08、C01F5/30，技术领域专利申请从 2009 年至今一直在持续增多，表明该技术被持续关注和研究；C01D15/04、C01F5/24、C01D3/04 均是早年研究重点，专利申请量较多，2013 年之后，特别是 2015 年之后，该技术基本无新的专利申请，该领域技术或已发展成熟；C01F5/22、C01D5/00、C01D3/16，这三类技术在 2012 年有集中申请，2016 年又出现了新的申请，该类技术领域或将成为盐湖提镁技术新的发展方向。可以看出，由于盐湖卤水中，氯离子较为常见组分开发难度较低，氯化镁开发一直是关注重点。随着氯化镁提取技术成熟，后续其他镁产品开发逐步增加，如碳酸镁、硫酸镁，都有一定的开发。氢氧化镁主要在精制过程中产生产品，虽然专利申请量略少，但经常会出现在工艺优化中。

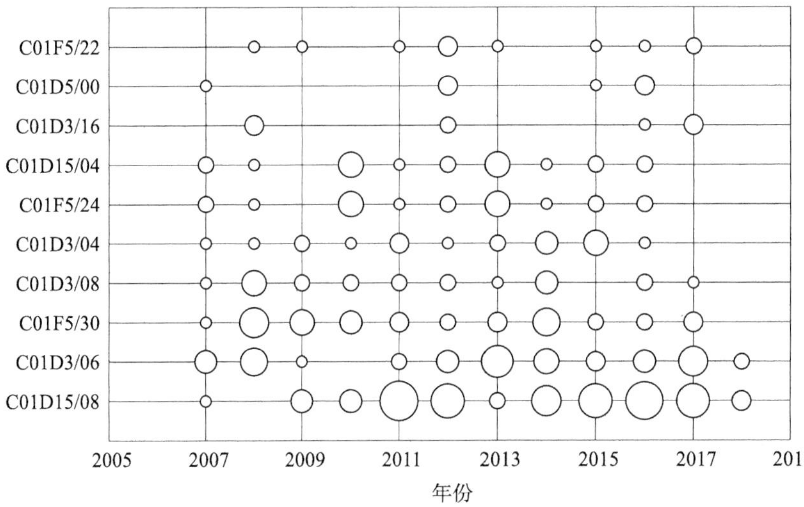

图 5-8 IPC 年度专利申请量

图 5－9 中对排名前 10 位的专利权人的技术关注点进行了统计分析。从 IPC 分布来看，大部分专利申请人的技术主要集中在 C01D15、C01D3、C01F5 等方面。其中中国科学院青海盐湖研究所的 IPC 分布比较有特点，在锂的化合物、碱金属卤化物和镁的化合物制备与提取方面的专利申请比较集中，且在这三个领域专利申请量比较平均。与其技术分布特征相类似的是化工部长沙设计研究院，但是专利申请量要少得多。其他专利权人的专利申请有明显的侧重点，IPC 分布呈现出明显的差异性。尤其是岭南师范学院，在 C30B29 有大量专利申请，这是其他专利权人都没有涉猎的领域。三位国外专利权人的技术研究重点分别是：Council of Scientific and Industrial Research 关注碱金属化合物和镁的化合物的制备；Закрытое акционерное общество 关注锂的化合物，在镁的化合物上略有涉及；Yara Dallol BV 关注碱金属硫酸盐的制备。国内专利权人技术研究重点分别是：中国中轻国际工程有限公司重点研究碱金属的卤化物，在镁的化合物上略有研究；中南大学关于镁的化合物研究较多；西藏国能矿业发展有限公司关注锂和镁的化合物的制备；青海盐湖工业股份有限公司关注锂、镁的化合物和碱金属或碱土金属的提取；岭南师范学院主要关注镁化合物的制备和以材料或形状为特征的单晶或具有一定结构的均匀多晶材料的晶体的培养。

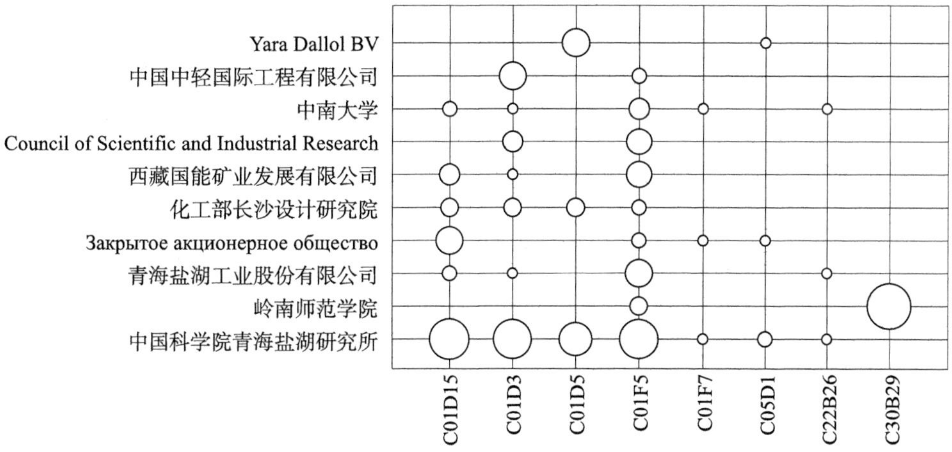

图 5－9　专利权人 IPC 专利申请量统计分析

5.3.1.3　国内盐湖提镁专利趋势分析

本小节针对国内 228 件专利制订技术分类表，进行人工去噪标引。排除镁化合物盐的相互转化及镁化合物应用的相关专利，对剩余的 157 件专利结合研发重点，对 IPC 分类为 C01F、C01D、C05D、C30B 及 C22B 的专利进行多维度专利分析，掌握国内本领域的发展现状，为下一阶段的专利布局提供基础。

1. 专利趋势分析

图 5－10 所示为对国内盐湖提镁专利进行人工去噪后剩余的 157 件专利所进行的申请、授权趋势分析，从图中可以看出，总体发展趋势与全球趋势相似，总体量不大，

2007年之后增长势头迅猛，2013—2017年，出现波动式发展，此阶段应主要为平行技术、相近技术的交替发展，2017年出现了发展的第一个高峰，主要由于岭南师范学院的17件专利的批量申请，其主要技术方向将在专利权人部分进行分析。

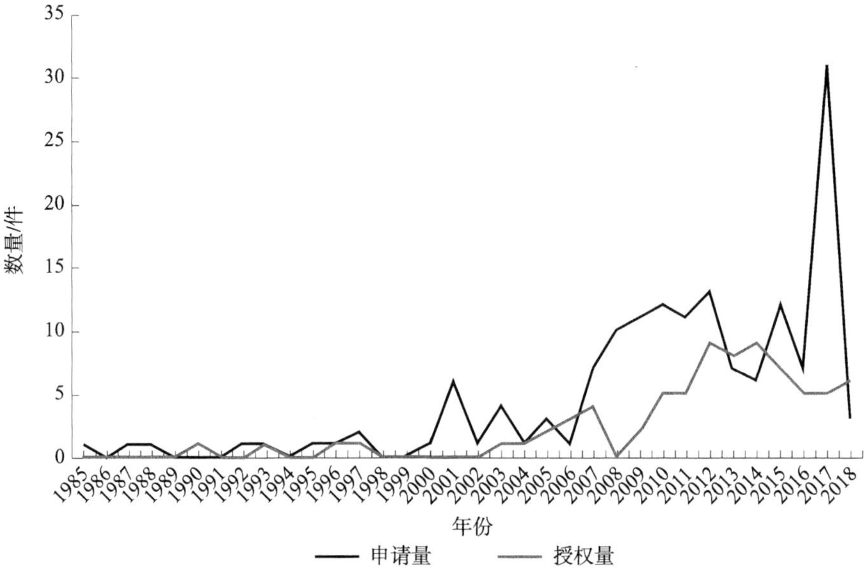

图5-10 国内盐湖提镁专利申请量和授权量分析

2. 专利地域分析

图5-11所示为盐湖提镁技术申请人区域分布情况。从专利申请地域分布来看，位居前5位的青海、江苏、北京、湖南、天津等地的区域优势较为明显。行业区域优势是决定技术发展的关键因素。例如，拥有技术研发优势和丰富的重要自然资源的青海省，镁资源的发展与利用专利申请量名列前茅。而以南京为核心的化工基础产业，推动江苏周边镁资源的利用技术优于其他地区。北京是我国科研人才集聚地，在众多行业专利申请量保持领先地位，其镁资源开发专利申请量排在第3位。

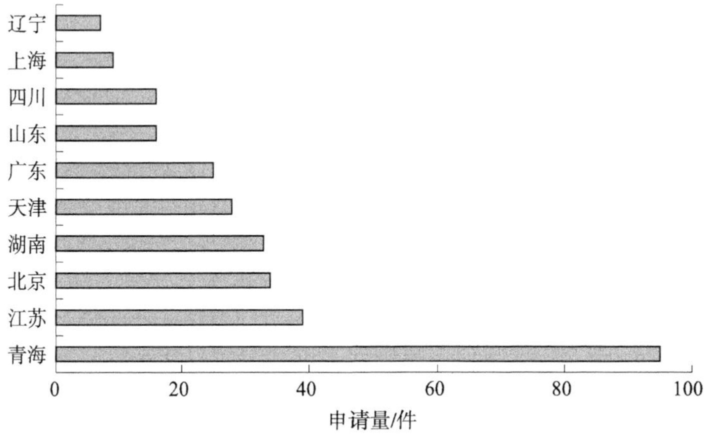

图5-11 国内盐湖提镁专利地域分布

从表5-4 IPC技术分类地域分布中可以看出，虽然都是镁资源利用领域专利申请量较多的地区，但是各个地区专利保护的侧重点各不相同。

表5-4　IPC技术分类地域分布

序号	IPC技术分类	C01D15/08	C01F5/30	C01F5/02	C01F5/24	C01D3/06	C01F5/40	C30B29/12	C30B29/62	C30B7/14
1	青海	7	6	1	0	2	3	0	1	0
2	广东	0	0	0	0	0	0	5	3	3
3	北京	0	1	3	3	0	2	0	0	0
4	山东	0	2	2	0	0	0	0	0	0
5	天津	1	1	0	2	4	0	0	0	0
6	四川	6	0	0	0	0	0	0	0	0
7	湖南	2	0	1	1	0	0	0	0	0
8	山西	0	1	1	0	1	2	0	0	0

以青海省为例，由于具有得天独厚的自然资源，青海省的技术多分布于碳酸锂的制备（C01D15/08）、氯化镁的制备（C01F5/30）、硫酸镁的制备（C01F5/40）。

相比之下广东省更关注晶体材料的加工与制备（C30B29/12、C30B29/62、C30B7/14）领域。从专利申请比例来说，上述应用领域申请量比较平均，并未在某一应用领域中过于突出。这与广东省电子信息产业的发展在晶体材料开发领域的积累有一定关系。

3. 专利权人分析

图5-12所示为国内盐湖提镁技术的主要专利权人的申请量情况。专利申请量排名前13位的专利权人均为中国的科研院所、高校及企业。比较专利权人的类型，国内专利权人以研发机构为主，有国家级科研院所和知名高校，中国国内企业有5家。显然在盐湖提镁技术领域，国内专利技术的科研需求与市场需求同等重要，专利技术与市场紧密相连。科学技术的研发也能推动市场的应用和发展。

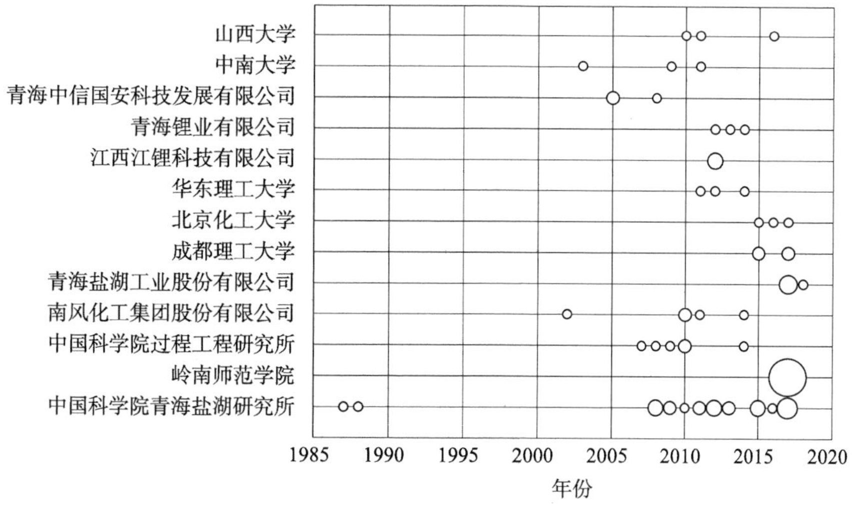

图5-12　国内盐湖提镁技术专利权人分析

国内专利申请量最多的为中国科学院青海盐湖研究所，截至2018年共拥有24件专利申请，其次为岭南师范学院，上述专利权人的专利申请量较高，类型以发明专利为主。该技术在国内出现的主要时期均在2007年之后，2010年之后发展较为快速。

从13位专利权人申请专利量来看，13位专利权人拥有专利量占总分析专利量的35%。这也是行业技术尚未成熟的表现。说明该领域技术门槛较高，技术研发较为集中，行业内较易形成明显的技术优势和技术垄断，今后会比较容易出现仅有某一家机构拥有某项技术的情况，建议国内企业能够与国内研发机构合作，取长补短，早日实现技术的产业化，完成技术转型。

5.3.1.4 国内专利技术分析

1. 专利技术分类表及说明

为更好地把握盐湖提镁技术发展情况，本小节针对盐湖提镁技术进行人工分类标引。将专利按照镁资源来源、镁资源技术、镁产物及其他产物等进行分类，具体技术分类见表5-5。根据专利保护特点，为便于专利分类制订该表，与实际业内人员分类习惯有所差异，仅供技术人员参考。

表5-5 技术分类表

一级分类	二级分类	三级分类	四级分类
镁资源来源	矿石	菱镁矿	
		白云石	
		光卤石	
		电石	
		硫酸镁粗矿	
		钾盐矿	
		水氯镁石	
		泻利盐	
		碳酸镁粗矿	
	盐湖	盐湖卤水	
		盐湖矿	
	海水		
	其余	制溴废液	
		钾肥生产尾液	
		氯化镁溶液	
		钾镁肥车间生产尾矿	

续表

一级分类	二级分类	三级分类	四级分类
镁资源技术	盐湖提镁方法	沉淀法	氢氧化钠法
			氨法
			碳酸盐沉淀法
			石灰沉淀法
		电解法	
		热解法	
		硅热还原法	
		还原法	
		相分离法	
		吸附法	
		兑卤法	
	工艺优化		
	镁锂分离		
	镁盐转化		
	卤水除镁		
	综合利用		
	海水提镁		
	矿石提镁		
	装置		
镁产物	碱	氢氧化镁	
	盐	氟化镁	
		硼酸镁	
		硫酸镁	
		碳酸镁	
		草酸镁	
		硝酸镁	
		氯化镁	
	氧化物	氧化镁	
	单质	金属镁	
	混合物	软钾镁矾	
		镁铝水滑石	
		水氯镁石	
		镁基水滑石	
其他产物	酸	盐酸	
		硼酸	
	盐	碳酸锂	
		碳酸钙	
		氯化钾	

续表

一级分类	二级分类	三级分类	四级分类
其他产物	盐	氯化钠	
		氯化钙	
		氯化氨	
		氯化钡	
		硫酸钡	
		硫酸钙	
		硫酸钠	
		硫酸钾	
		硫酸锂	
		硝酸钾	
		硝酸钠	
	氧化物	氧化铵	
		氧化氨	
		富钾溶液	
		锂铝水滑石	

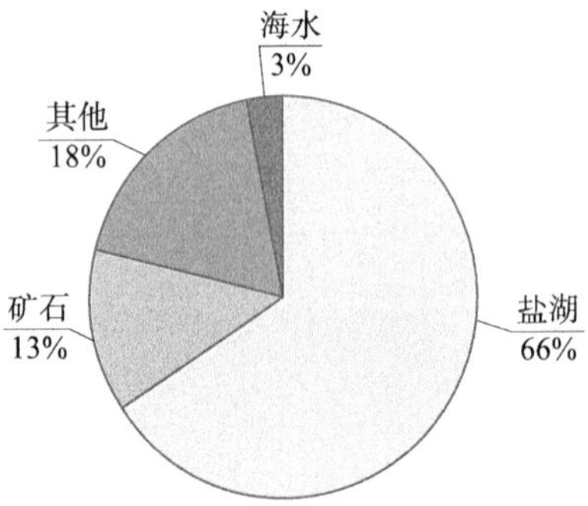

图 5－13　镁资源来源

镁资源的来源主要包括矿石（白云石、电石、盐矿、钾盐矿、菱镁矿、水氯镁石、杂卤石矿）、海水、盐湖、其他（包括盐溶液或金属盐、钙镁泥、氧化镁、氢氧化镁滤饼等），如图 5－13 所示。其中盐湖是镁资源的主要来源，由此可见，发展盐湖提镁技术对于镁资源产业的发展起到至关重要的作用，它可以从源头解决镁资源的含量及纯度。

2. 提镁技术分类

从本小节开始，将重点针对国内 228 件专利，从技术保护的方向进行分析。如图 5－14 所示，通过分析将国内专利保护的重点主要分为以下几个方面：

（1）盐湖提镁的方法。此类专利重点保护从盐湖中提取镁的方法，主要为沉淀法（氢氧化钠法、氨法、碳酸盐沉淀法、石灰沉淀法）、电解法、热解法、硅热还原法、还原法、相分离法、吸附法及兑卤法。盐湖提镁以沉淀法为主，其他方法的专利申请量较少，仅检索出 8 件专利申请。

（2）盐湖提镁的工艺优化。主要针对现有盐湖含有多种元素，提取工艺的不足而设计的一种联合工艺，通过工艺步骤的增加或改变，从而优化反应的工艺条件，实现分离提取单一物质。

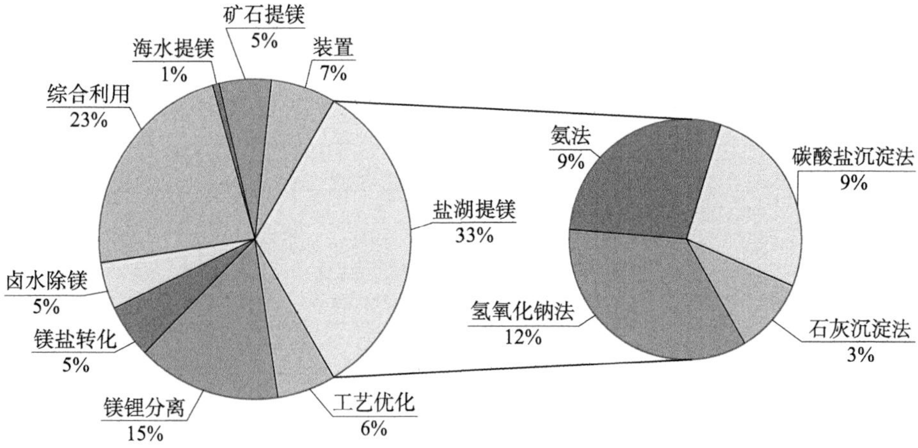

图 5－14　提镁技术分类

（3）镁锂分离。针对国内高镁锂比的盐湖，采取镁锂分离方法研究，针对现有技术存在的缺陷设计一种新的高镁含锂卤水镁锂分离技术。

（4）镁盐转化。此内容主要涉及盐湖提镁产业链的下游，即镁盐间的相互转化，从一种镁盐形式制备高纯度的另一种镁盐。

（5）卤水除镁。主要为了从卤水中分离出其他的物质，通过兑卤蒸发等方式除掉镁。

（6）海水提镁。从海水中提取镁资源的过程。

（7）矿石提镁。从含镁矿石中提取镁资源的过程。

（8）装置。镁资源提取相关装置的专利申请。

（9）综合利用。同时提取多种物质的联合生产方法，卤水的综合利用方法，盐湖资源的回收方法等。

3. 提镁技术趋势分析

图 5－15 所示为提镁技术的申请趋势分析，从图中可以看出，镁的综合利用专利在 2000 年之前是该领域专利申请的主要方向，早期的技术重点是在多种盐中能够稳定地生产出目标产品。在该技术稳定之后，其他技术环节的优化相继开始，如 2000 年的工艺优化，2004 年开始不同来源的镁提取，2006—2010 年的卤水除镁、镁锂分离、镁盐转化，2010—2016 年的盐湖提镁，随着各方面技术逐步成熟，盐湖提镁技术进入新层面，综合利用专利重新受到关注，当然现阶段的综合利用技术的针对性更强，体现为高价值产品的提取新方法的使用。

4. 提镁技术专利申请授权率分析

针对不同的提镁技术专利进行授权率分析，如图 5－16 所示。从图中可以看出，排除矿石提镁和海水提镁技术类别，卤水除镁和镁锂分离技术领域的授权率较高，说明该领域尚有技术研发空间，盐湖提镁应重点关注此领域的专利申请和布局；综合利用的授权率居中，该领域比较繁杂，涉及技术点较多，更多倾向于盐湖的综合利用价

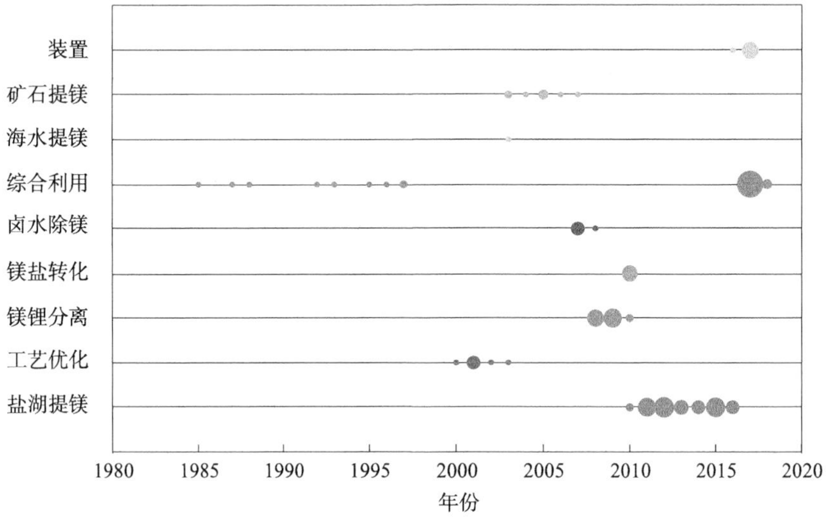

图 5-15　提镁技术趋势分析

值的提升，相信随着资源的日渐减少，会逐步成为日后发展的重点方向；工艺优化和盐湖提镁的专利申请普遍授权率较低，主要因为该领域技术已相对成熟，技术的发展主要取决于平行技术的出现或技术瓶颈的突破，所以新技术、新方法获得授权需要有更高的创造性，要求更高，所以技术授权率相对偏低。

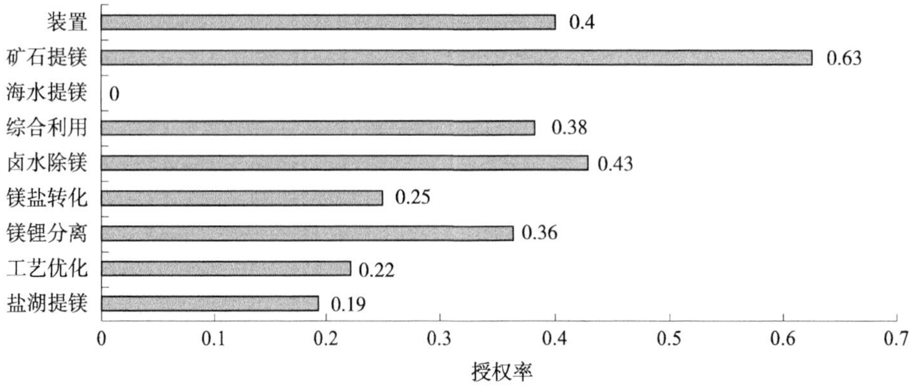

图 5-16　提镁技术专利申请授权率分析

5.3.1.5　国内专利权人分析

本小节将针对国内盐湖提镁的重点专利权人进行分析，包括每个专利权人的专利基本情况、专利申请法律状态，以及个别重点专利权人的技术发展脉络和技术主要方向的分析，旨在为技术人员的专利布局与规划提供思路。

1. 中国科学院青海盐湖研究所

截至 2018 年 11 月 30 日，中国科学院青海盐湖研究所共申请中国专利 763 件，其中发明专利 718 件，实用新型专利 45 件。其中有权 287 件，审查中 217 件，无权 259

件。PCT 专利申请 1 件。

经人工筛选，排除镁化合物精制及应用的相关专利，该所共涉及技术主体相关专利 23 件，其中授权专利 11 件，实审中专利申请 5 件，被驳回专利申请 3 件，未缴年费专利 3 件，撤回专利申请 1 件。

对相关专利进行技术分类，见表 5 - 6。中国科学院青海盐湖研究所关注的技术点较多集中于盐湖提镁方法的研究和盐湖资源的综合利用（盐湖提钾、提硼、提碘、提铷、提铯等），与镁资源的研究相比，中国科学院青海盐湖研究所在锂资源的提取技术研究较多，有比较完备的专利布局思路和系统的专利申请，镁资源的研究和专利申请尚未形成规模。

表 5 - 6　中国科学院青海盐湖研究所镁相关专利技术分类

技术类别	数量	专利申请号	技术主题
盐湖提镁	7	CN200910117572.7	硅热还原法制备金属镁
		CN200910001673.8	以盐湖卤水或水氯镁石为原料制备超细高分散氢氧化镁
		CN200810150681.4	氯化镁制备合成煅白
		CN88103389.8	制取高品位软钾镁矾
		CN87103934	软钾镁矾或软钾镁矾与氯化钾混合物
		CN201710630398.0	软钾镁矾的制备
		CN201110218579.5	制备硅钢级氧化镁
镁锂分离	2	CN201510712033.3	高镁锂比盐湖卤水制备碳酸锂
		CN201510711266.1	降低高镁锂比盐湖卤水中镁锂比
镁盐转化	1	CN201010539446.3	氯化镁热解制备高纯氧化镁
卤水除镁	1	CN201210247158.X	硫酸盐型盐湖卤水 Li^+ 的高浓度富集
综合利用	10	CN201310124971.2	富集分离硫酸盐
		CN201210112997.0	水提钾尾矿制取硫酸镁
		CN201110117928.4	蒸发富集卤水
		CN201310573972.5	制备锂硼盐矿
		CN201210397192.5	硼锂盐湖卤水的清洁生产
		CN201710991434.6	氢氧化镁的综合利用
		CN201711334741.3	盐湖提锂固体副产物的回收
		CN201711296176.6	盐湖提锂固体副产物的综合利用
		CN201510079608.2	制备钾盐镁矾矿
		CN201710609317.9	氯化镁融雪剂的制备
矿石提镁	2	CN200810232285.6	含钾固矿分离提取硫酸钾镁肥
		CN201610244215.7	杂卤石矿溶采液

图 5 - 17 所示为镁资源专利中盐湖提镁专利的技术脉络图，从图中可以看出，中国科学院青海盐湖研究所早期的盐湖提镁技术主要使用其他方法，如专利 CN88103389.8 是将盐湖卤水蒸发得到的组成不同的钾镁混盐进行两种方法的处理，一种是热溶冷结晶法，

另一种是冷分解冷结晶法，这两种方法均可获得高品位的软钾镁矾或软钾镁矾与氯化钾的混合物。2008年和2009年的两个专利主要集中于用沉淀法进行盐湖提镁，分别采用石灰沉淀法从氯化物型盐湖提钾副产的氯化镁制备合成煅白，以及用氨法从盐湖卤水或水氯镁石中制备氢氧化镁。

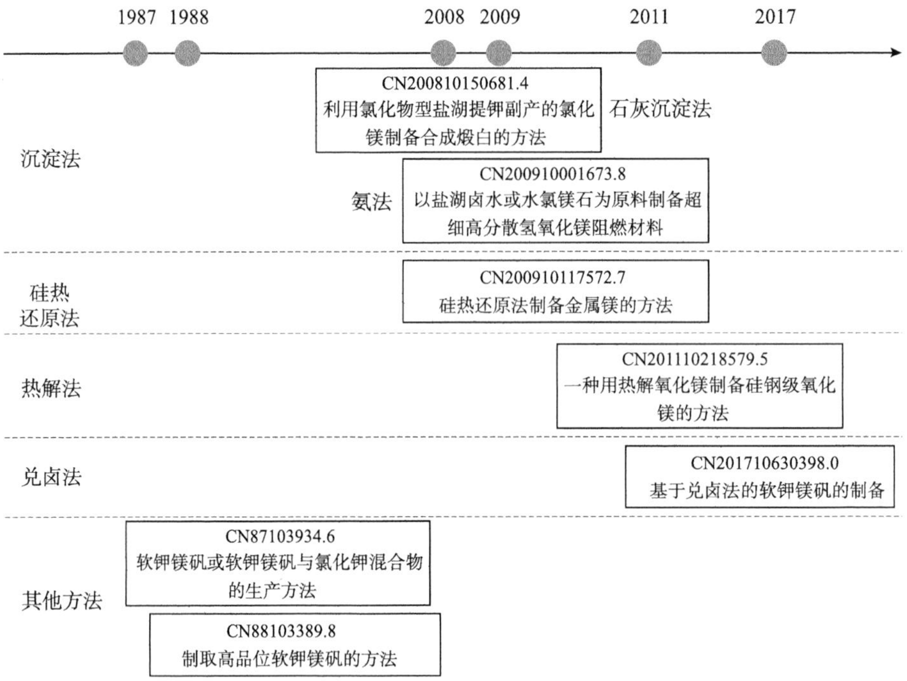

图5-17 技术脉络图

2009—2011年，出现用硅热还原法和热解法提取镁资源的专利申请。硅热还原法制备金属镁的方法，是先使石灰与氯化镁溶液反应生成钙镁混合氢氧化物；再将钙镁混合氢氧化物煅烧得到钙镁混合氧化物；然后将钙镁混合氧化物、硅铁、萤石的混合物在球磨机中磨细，在压球机上压球，在炼镁还原罐中真空还原得到结晶镁；最后将结晶镁精炼，浇注成锭，表面处理后得到金属镁锭。

2017年出现了使用兑卤法提取镁资源的技术，如图5-18所示。将初始卤水进行晒盐，获得低镁高钾型硫酸盐矿；将所述低镁高钾型硫酸盐矿与不饱和氯化镁溶液按照一定比例进行一次混合配料，机械筛分脱除氯化钠后进行一次转化，达到溶解-析出平衡后进行固液分离，获得一转固低钠高钾型硫酸盐矿和一转母液；将所述一转固低钠高钾型硫酸盐矿与水按照一定比例进行二次混合配料，进行二次转化，达到溶解-析出平衡后进行固液分离，获得湿软钾镁矾滤饼和二转母液；干燥所述湿软钾镁矾滤饼，获得软钾镁矾。

表5-7所示为中国科学院青海盐湖研究所23件专利的IPC技术分类分布，可以看出，专利的IPC技术分类主要分布于C01B35/10（含硼化合物）、C01D15/04（锂的卤化物）、C01D15/08（锂的碳酸盐）、C01D3/06（碱金属氯化物的制备）、C01D3/08

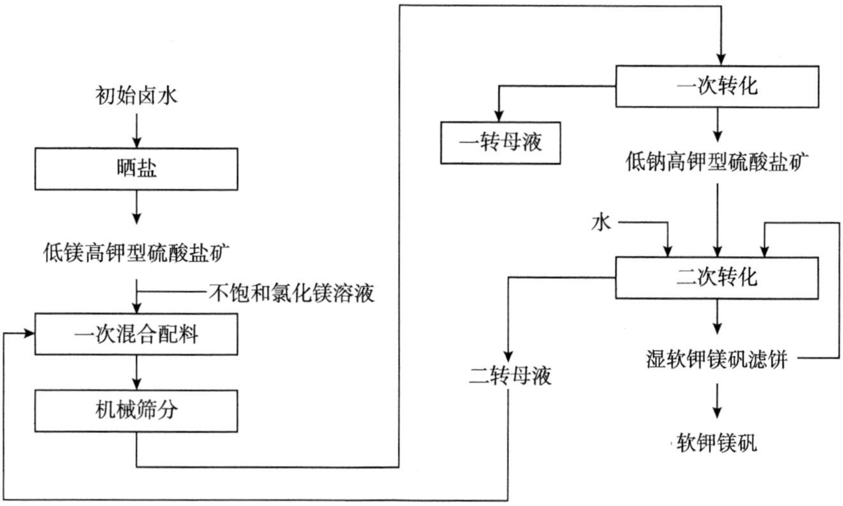

图 5－18　兑卤法提镁

（用加工天然或工业盐混合物或含硅矿物制备碱金属氯化物）、C01D3/16（吸附法纯化碱金属化合物）、C01D5/00（碱金属硫酸盐的制备）、C01D5/12（制备钠或钾与镁的复式硫酸盐）、C01F5/02（氧化镁的制备）、C01F5/06（用热解法制备氧化镁）、C01F5/20（用氨沉淀法制备氢氧化镁）、C01F5/30（氯化镁的制备）、C01F5/40（硫酸镁的制备）、C01F7/00（铝的化合物）、C05D1/02（自氯化钾或硫酸钾或其复盐或混合盐制取的钾的化合物）、C22B26/22（镁的提取）。

表 5－7　IPC 技术分类分布

序号	专利申请号	名称	IPC 分类号
1	CN201310573972.5	利用自然能从混合卤水中制备锂硼盐矿的方法	C01B35/10
2	CN201210247158.X	硫酸盐型盐湖卤水中 Li^+ 的高浓度富集盐田方法	C01D15/04
3	CN201510712033.3	一种利用高镁锂比盐湖卤水制备碳酸锂的方法	C01D15/08
4	CN201310124971.2	采用自然能富集分离硫酸盐型盐湖卤水中有益元素的方法	C01D3/06
5	CN201610244215.7	一种杂卤石矿溶采液的处理方法	C01D3/08
6	CN201210397192.5	高原硫酸盐型硼锂盐湖卤水的清洁生产工艺	C01D3/16
7	CN201510079608.2	一种用硫酸盐型卤水制备钾盐镁矾矿的方法	C01D5/00
8	CN87103934	软钾镁矾或软钾镁矾与氯化钾混合物的生产方法	C01D5/12
9	CN88103389.8	制取高品位软钾镁矾的方法	C01D5/12
10	CN201710630398.0	基于兑卤法的软钾镁矾的制备方法	C01D5/12
11	CN201110218579.5	一种用热解氧化镁制备硅钢级氧化镁的方法	C01F5/02
12	CN201010539446.3	一种氯化镁热解制备高纯氧化镁的方法	C01F5/06
13	CN200910001673.8	以盐湖卤水或水氯镁石为原料制备超细高分散氢氧化镁阻燃剂的方法	C01F5/20
14	CN201110117928.4	自然蒸发富集饱和氯化镁卤水中微量元素的方法	C01F5/30
15	CN201710609317.9	不完全脱水氯化镁融雪剂的制备方法	C01F5/30

续表

序号	专利申请号	名称	IPC 分类号
16	CN201210112997.0	硫酸镁亚型盐湖卤水提钾尾矿制取硫酸镁方法	C01F5/40
17	CN201711296176.6	盐湖提锂固体副产物的综合利用方法	C01F5/40
18	CN201510711266.1	一种降低高镁锂比盐湖卤水中镁锂比的方法	C01F7/00
19	CN201710991434.6	盐湖副产氢氧化镁的综合利用方法	C01F7/00
20	CN201711334741.3	盐湖提锂固体副产物的回收方法	C01F7/00
21	CN200810232285.6	利用含钾固矿分离提取硫酸钾镁肥的方法	C05D1/02
22	CN200810150681.4	利用氯化物型盐湖提钾副产的氯化镁制备合成煅白的方法	C22B26/22
23	CN200910117572.7	硅热还原法制备金属镁的方法	C22B26/22

在盐湖提取镁资源技术领域中，中国科学院青海盐湖研究所有着极其重要的地位。相对于国内其他企业与科研机构，其专利申请时间较早、申请量最多，专利维护时间较长，拥有的技术保护领域广泛，在镁提取领域绝大部分提镁技术中均有涉猎，并有专利保护，拥有相对完善的研发团队及知识产权保护体系，应持续关注其在本领域的研究进展。

2. 青海西部镁业有限公司

近年来，西部矿业集团西部镁业公司一举攻克 26 项技术难关打通工艺流程，生产实现连续平稳运行，产能大幅提高，产品供不应求。尤其是稳定规模化生产的高纯氢氧化镁原粉、高纯氧化镁、高纯电熔镁砂、粒径为 5 ～ 6μm 的高纯氢氧化镁细粉、粒径为 1 ～ 2μm 的高纯氢氧化镁细粉系列产品，其产能和品质达到世界第一。

截至 2018 年 11 月 30 日，青海西部镁业有限公司共有中国专利申请 21 件，其中发明专利 3 件、实用新型 18 件，授权 20 件、无权 1 件。实用新型专利较多，主要涉及设备或系统的保护。其发明专利中 2 件专利（CN200910012629.7、CN200310119212.3）均是通过专利转让获得的。

经筛选，共有镁资源相关专利 3 件，其他专利多为工业设备或相关系统。镁资源的 3 件专利分别为：采用青海盐湖水氯镁石转化的氢氧化镁煅烧高纯镁砂工艺（CN200910012629.7）、一种盐湖水氯镁石连续溶解制取高浓度氯化镁溶液的方法（CN201410068315.X）、一种以盐湖水氯镁石为原料制取高纯镁砂的方法（CN200310119212.3），均是以盐湖水氯镁石为原料制取高纯镁砂及氯化镁的工艺。该公司在提取镁资源的同时，开始关注于高值化镁产品的开发。

3. 青海盐湖工业股份有限公司

截至 2018 年 11 月 30 日，青海盐湖工业股份有限公司共有中国专利申请 213 件，其中发明申请 125 件，授权 27 件，实用新型 84 件，外观设计 4 件。实用新型专利较多，主要涉及设备或系统的保护；该公司有发明专利与实用新型专利同时提出申请的情况。青海盐湖工业股份有限公司的专利涉及技术领域较广，只甄选其中与金属提取或制备有关的专利进行进一步分析，涉及钾提取、通用性技术、镁生产利用、钙生产利用、钠生产利用、聚乙烯生产、聚氯乙烯生产、光卤石生产利用、锂提取、综合利用和氯化氢合成等领域。

经过筛选，关于镁资源的专利共35件，主要涉及镁一体化的生产、七水硫酸镁的制备、氢氧化镁等镁化合物的制备、镁工业生产的各种装置等（见表5-8）。在技术层面，主要涉及产业链的下游产品生产技术，而针对镁提取的技术，集中于生产过程中的设备改进，以实用新型专利为主。提镁工艺优化技术较少。虽然采取“农村包围城市”的专利布局思路，但是为该公司在化工生产方面争取到了一定的竞争优势。

表5-8　技术分类表

技术分类		专利申请号	申请量/件
镁相关	硫酸镁	CN201610040065.8	2
		CN201710543598.2	
	碱式碳酸镁	CN200610679777.4	2
		CN201810227257.9	
	金属镁	CN201410306659.X	3
		CN201710164137.4	
		CN201810222685.2	
	硝酸镁	CN201710164140.6	1
	理论研究	CN201810293216.X	2
		CN201810558505.8	
	氯化镁	CN201810293189.6	3
		CN201711375870.7	
		CN201711390294.3	
	氟化镁	CN201710679027.1	1
	氢氧化镁	CN201610040144.9	2
		CN201610813786.8	
	乙酸镁	CN201710544010.5	1
	磷酸二氢镁	CN201710544006.9	1
装置	氢氧化镁制备	CN201620058285.9	1
	氧化镁制备	CN201610677801.0	3
		CN201710679006.X	
		CN201620887846.6	
	电解槽	CN201720267659.2	1
	熔盐炉	CN201720381676.9	2
		CN201710406991.7	

续表

技术分类		专利申请号	申请量/件
装置	纯镁精炼	CN201720267682. 1	1
	纯镁铸造	CN201720159553. 0	1
	尾盐除镁	CN201610878500. 4	1
	镁合金压铸	CN201620254354. 3	1
	熔融液输送	CN201721307428. 6	1
	离心机	CN201820373866. 0	1
	电极	CN201720994913. 9	1
	混合装置	CN201720994915. 8	1
	镁液运输	CN201810553410. 7	1
	清洗剂	CN2017106789996. 5	1

4. 青海中信国安科技发展有限公司

截至2018年11月30日，青海中信国安科技发展有限公司共申请专利22件。其中，发明专利20件，已授权14件；实用新型专利2件。与其他专利权人不同，该公司专利申请时间较早，2003—2009年每年都有专利申请，在2005年专利申请量最大，共申请7件专利。而在2009年之后，只有在2012年和2016年分别申请了1件专利，之后没有专利申请。

排除明显与金属提取无关的2件专利，对其余20件专利进行技术分类，见表5-9。其中涉及硫酸钾镁肥的技术5件；钾相关4件，其中硫酸钾制备3件、氯化钾制备1件；镁相关7件，技术点覆盖面较广，涉及氢氧化镁、氧化镁、硼酸镁晶须、氯化镁除硼和金属镁5个方面；硼酸相关2件；锂相关2件，其中碳酸锂制备1件，无水氯化锂合成1件。

表5-9　技术分类表

技术分类		专利申请号	申请量/件
硫酸钾镁		CN03154199. 2	5
		CN03157856. X	
		CN200810135849. 4	
		CN201210323040. 0	
		CN200510085831. 4	
钾相关	硫酸钾	CN03154200. X	3
		CN200510091868. 8	
		CN200510091865. 4	
	氯化钾	CN200510085833. 3	1

续表

技术分类		专利申请号	申请量/件
镁相关	氢氧化镁	CN200710103127.6	1
	氧化镁	CN200610167768.3	3
		CN200510085832.9	
		CN200510085645.0	
	硼酸镁晶须	CN200610008483.5	1
	氯化镁除硼	CN200810135852.6	1
	金属镁	CN200410100951.2	1
硼酸相关		CN200510085830.X	2
		CN200910138814.0	
锂相关	碳酸锂	CN200920149121.7	1
	氯化锂	CN200710137549.5	1

2005 年申请的两件专利（见表 5－10）从高镁锂比卤水出发，经过一系列步骤后，得到盐酸、镁的化合物和碳酸锂，属于卤水资源的综合利用，主要思路是先除掉其他杂质，最后用纯碱把锂盐沉淀为碳酸锂，这两件专利申请年限较早，维护期较长（10 年），可见其重要性。2007 年申请的专利：一种高纯无水氯化锂的制备方法（CN200710137549.5），是对 2005 年技术的延伸，针对产品后处理进行优化。该技术从低镁高钾钠含氯化锂卤水出发，除掉其他金属盐杂质后，用萃取剂萃取氯化锂，制备高纯氯化锂，目前该专利已视为撤回，近年无新的专利申请。

表 5－10　专利工艺特点介绍

序号	专利申请号	专利名称	法律状态	源头	步骤	产品
1	CN200510085832.9	用高镁含锂卤水生产碳酸锂、氧化镁和盐酸的方法	授权	高镁锂卤水	喷雾干燥	
					煅烧	盐酸
					加水洗涤	高纯氧化镁
					蒸发浓缩	
					沉淀	碳酸锂
2	CN200510085645.0	一种生产高纯镁盐、碳酸锂、盐酸和氯化铵的方法	授权	高镁锂卤水	氨化反应	
					过滤一	氢氧化镁
					蒸发除水	
					过滤二	氯化铵
					煅烧	盐酸
					洗涤脱水	碳酸锂
					干燥	氧化镁

从技术角度分析，青海中信国安科技发展有限公司申请的专利主要倾向于保护产业链的后端，注重保护镁化合物的制备，关于硫酸镁钾肥的专利申请较多。该公司关

于镁提取的相关技术在早期仅有2件专利申请，其镁产物制备的专利也没有涉及从盐湖直接提取的工艺或方法，倾向于资源的综合开发利用。

5. 西藏国能矿业发展有限公司

截至2018年11月30日，西藏国能矿业发展有限公司共申请专利17件，其中发明专利16件，实用新型专利1件，全部授权。2012年申请2件，2013年申请7件，2014年申请2件，2016年申请6件。除2012年最早申请的2件专利外，其余15件专利均与中国科学院青海盐湖研究所共同申请，与董亚萍团队合作。该公司重要专利情况见表5－11。

表5－11　专利基本信息介绍

序号	专利申请号	专利名称
1	CN201210036645.1	从盐湖卤水中提取锂、镁的方法
2	CN201310572330.3	利用自然能从混合卤水中提取Mg、K、B、Li的方法
3	CN201310572377.X	利用自然能从混合卤水中提取Mg、K、B、Li的方法
4	CN201410704667.X	一种利用碳酸镁粗矿制备高纯氧化镁的方法
5	CN201410704599.7	一种利用碳酸镁粗矿制备高纯氧化镁的方法
6	CN201610212584.8	从高原碳酸盐型卤水中制备高纯度碳酸镁的方法

2012年2月17日申请的专利“从盐湖卤水中提取锂、镁的方法”，该发明的方法以高镁锂比的盐湖卤水和含锂的碳酸盐型盐湖卤水为原料，成功获得了高品质的碳酸锂产品和碱式碳酸镁产品（见图5－19）。主要解决高镁锂比的盐湖卤水中镁锂难以分离的问题以及含锂的碳酸盐型盐湖卤水中锂难以富集的问题。

2013年的两件专利是针对同一工艺路线的不同阶段工艺的细化与延伸，以CN201310572330.3作为工艺起点，在析出钾石盐得到卤水后将其导入第二芒硝池，经太阳池得粗碳酸锂，再经降温池得硼砂；CN201310572377.X将得到锂盐矿的剩余卤水返回富硼锂卤水中并在循环中收集溴和碘。

CN201410704667.X和CN201410704599.7的申请日均为2014年11月27日，专利权人为中国科学院青海盐湖研究所及西藏国能矿业发展有限公司，其保护内容主要为由碳酸镁粗矿制备高纯氧化镁的方法，属于镁盐精制。

CN201610212584.8将富锂碳酸盐卤水导入升温系统制得碳酸锂精矿，再向剩余卤水中加入高镁卤水经陈化得碳酸镁盐矿。

西藏国能矿业发展有限公司有4件专利均为提取镁的技术，技术集中在从盐湖卤水到碳酸镁盐整体工艺保护，利用碳酸盐型卤水与硫酸盐型卤水混合后通过太阳池法提镁。该公司在碳酸盐型卤水与硫酸盐型卤水开发的细分领域具有专利优势，但是由于碳酸盐型卤水与硫酸盐型卤水的自然地域限制，在该公司单独申请的专利中，权利要求中明确限定卤水为碳酸盐型卤水，使得专利应用范围受限。建议该公司在现有专利基础上，拓展专利保护范围，提高专利技术的竞争能力。

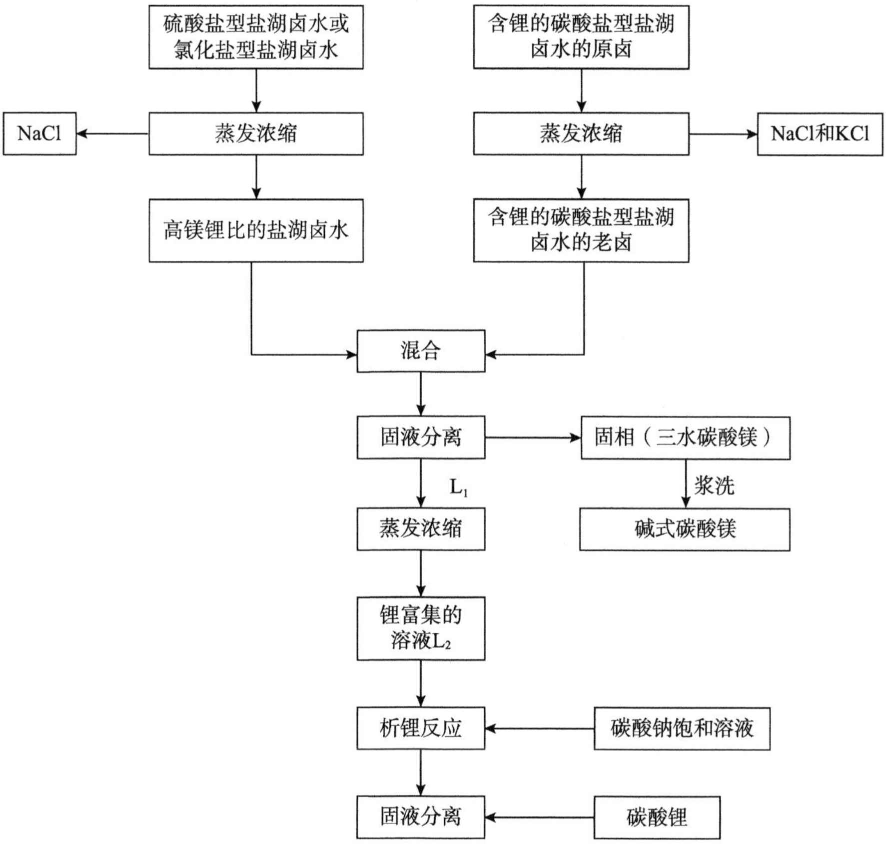

图5-19 从盐湖卤水中提取锂、镁的方法工艺流程图

6. 西部矿业股份有限公司

截至2018年11月30日，西部矿业股份有限公司共申请专利149件，其中发明专利58件，实用新型专利91件。对其专利进行分析，仅有1件专利关于镁资源的提取，其他专利倾向于工业的装置或系统的应用。

专利申请号CN200710048404.8，专利名称为“一种从盐湖卤水中联合提取硼、镁、锂的方法”，申请日2007年1月30日。此专利是与中南大学共同申请的，发明人包括：徐徽、毛小兵、李增荣、石西昌、庞全世、陈白珍、杨喜云、王华伟。该专利于2009年8月19日授权，在维护5年后，于2014年3月26日放弃维护。该专利属于整体工艺的保护，同时也包含了综合利用技术，是一种以盐湖含硼、镁、锂卤水为原料，采用联合分离提取工艺，分别制取硼酸、氢氧化镁、碳酸锂、氯化铵的从盐湖卤水中联合提取硼、镁、锂的方法。该发明方法以经过盐田法浓缩除去大部分钠、钾后的含硼、镁、锂等的卤水为原料，经酸化处理制取硼酸，氨法沉镁，盐田法浓缩，碳酸盐沉镁，二次沉镁母液盐田法浓缩，氢氧化钠溶液深度沉镁，碳酸钠溶液反应法制取碳酸锂。硼、镁、锂回收率分别达到87%、95%和92%。该方法具有工艺简单，设备投资少，资源利用率高，硼、镁、锂回收率高，产品质量好，生产成本低，无

“三废”等特点，完全符合发展循环经济、改善盐湖生态环境的要求。其工艺流程图如图 5－20 所示。

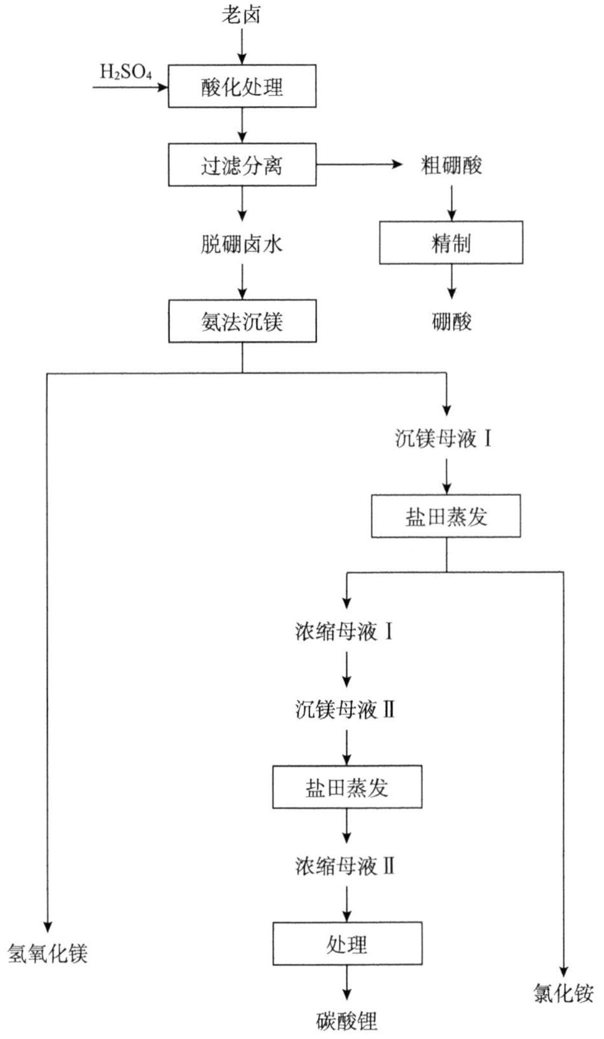

图 5－20　工艺流程图

该公司具有金属富集提取的开发经验，曾经申请卤水中提取镁技术的专利。鉴于西部矿业股份有限公司目前有效专利与盐湖提镁技术关联度较低，唯一在卤水提镁技术中申请的发明专利已经失效，故不需要持续重点关注该公司。

7. 岭南师范学院

截至 2018 年 11 月 30 日，岭南师范学院共申请本领域专利 17 件，均为 2017 年申请的发明专利，均处于实质审查阶段。发明人为吴健松，为岭南师范学院化学化工学院教师，研究方向为高性能阻燃材料、LDH 晶须的制备及生长机制。

表 5－12 所示为 17 件专利的技术点分析，可以看出，专利主要研究碱式氯化镁、氢氧化镁、氧化镁、碱式硼酸镁、碱式硫酸镁、碱式氯化镁的晶须的制备，以利用自

然资源（太阳能、风能为主），首先过滤苦卤中的不溶物；将过滤后的苦卤引入至盐田或透明容器中，于太阳光下暴晒至25～35℃；向暴晒后的苦卤中加入NaOH溶液，于太阳光下继续暴晒，再过滤苦卤，即可得到碱式氯化镁晶须。或取盐湖苦卤，过滤后得滤液；将滤液与pH为8.2～9.2的$Na_2CO_3-NaHCO_3$缓冲溶液按体积比混合得混合溶液；于31～38℃温度条件下搅拌并向混合溶液中缓慢加入碱性溶液得混合体系。将混合体系置于风速为4～5m/s条件下风吹至少130h，过滤得沉淀；将所得沉淀置于0.07～0.12mol/L的强碱溶液中，于（35±2）℃条件下加热7～19h，过滤，重复2～3次后过滤，烘干即得所述氢氧化镁晶须。无论利用哪种自然资源，从盐湖卤水中提取镁资源主要通过沉淀法，用碱溶液沉淀，提取镁资源，再进一步加工成各种镁化合物的晶须。

表5-12 专利技术点分析

序号	专利申请号	专利名称	利用资源	来源	制备物质
1	CN201710443020.X	一种利用太阳能从苦卤中制备碱式氯化镁晶须的方法	太阳能	苦卤	碱式氯化镁晶须
2	CN201710442291.3	一种利用太阳能从苦卤中制备氢氧化镁晶须的方法	太阳能	苦卤	氢氧化镁晶须
3	CN201710442314.0	一种利用太阳能从苦卤中制备氧化镁晶须的方法	太阳能	苦卤	氧化镁晶须
4	CN201710442294.7	一种利用太阳能从苦卤中制备碱式硼酸镁晶须的方法	太阳能	苦卤	碱式硼酸镁晶须
5	CN201710443955.8	一种利用太阳能从苦卤中制备碱式硫酸镁晶须的方法	太阳能	苦卤	碱式硫酸镁晶须
6	CN201711421597.7	一种利用盐湖苦卤制备碱式硫酸镁晶须的方法		苦卤	碱式硫酸镁晶须
7	CN201711423152.2	一种从干涸盐湖的盐卤中生产氧化镁晶须的方法		干涸盐卤	氧化镁晶须
8	CN201711420753.8	一种干涸盐湖的盐卤制备碱式氯化镁晶须的方法		干涸盐卤	碱式氯化镁晶须
9	CN201711424764.3	一种利用盐湖苦卤制备六方片状氢氧化镁的方法		苦卤	六方片状氢氧化镁
10	CN201711421626.X	一种利用干涸盐湖中的盐卤生产氢氧化镁晶须的方法		干涸盐卤	氢氧化镁晶须
11	CN201711424712.6	一种利用风能从盐湖苦卤中制备高分散的氢氧化镁晶须的方法	风能	苦卤	氢氧化镁晶须
12	CN201711424710.7	一种利用风能从盐湖苦卤中制备高分散的氧化镁晶须的方法	风能	苦卤	氧化镁晶须

续表

序号	专利申请号	专利名称	利用资源	来源	制备物质
13	CN201711423193.1	一种利用柯柯盐湖卤水制备碱式硫酸镁晶须的方法		柯柯盐湖卤水	碱式硫酸镁晶须
14	CN201711421893.7	一种智能化利用盐湖苦卤镁资源制备碱式氯化镁晶须的方法		苦卤	碱式氯化镁晶须
15	CN201711423164.5	一种利用晶须自洁性制备碱式氯化镁晶须的方法			碱式氯化镁晶须
16	CN201711423155.6	一种利用风能从盐湖苦卤中制备高分散的碱式氯化镁晶须的方法	风能	苦卤	碱式氯化镁晶须
17	CN201710643141.9	一种制备碱式硼酸镁晶须的方法			碱式硼酸镁晶须

表5－13所示为岭南师范学院17件专利的IPC技术分类分布，从图中可以看出，专利的主IPC技术分类主要分布于晶体的生长，集中于无机卤化物的单晶生长、含硫、硒化合物的单晶生长、晶须或针状结晶或由溶液中的化学反应生成的结晶化材料。

表5－13　IPC技术分类分布

序号	IPC分类号	含义	申请量/件
1	C30B29/12	无机卤化物的单晶生长	5
2	C30B29/46	含硫、硒或碲化合物的单晶生长	3
3	C30B29/62	晶须或针状结晶	3
4	C30B7/14	由溶液中的化学反应生成的结晶化材料	3
5	C30B29/10	无机化合物或组合物的单晶生长	2
6	C30B29/16	无机氧化物的单晶生长	1

岭南师范学院虽然在本领域的专利申请量较多，但是专利技术多涉及晶体的生长和制备，镁资源的提取多采用传统的碱式沉淀法，专利技术与盐湖提镁技术关联度较低。由于岭南师范学院专利主要针对产品结晶形态进行专利申请，因此当企业计划开发下游产品，尤其针对产品形貌特点进行优化时，可以参考该校相关专利技术。

由于下游材料的开发和利用是盘活镁资源的重要手段，相关企业可以关注以镁基材料为核心的新材料、新产品的开发，拓宽镁的应用领域。提前有针对性地与相关单位合作开发相关技术。

8. 中国科学院过程工程研究所

截至2018年11月30日，中国科学院过程工程研究所共申请本领域专利6件，均为发明专利，其中4件公开后撤回，2件专利授权。

表5－14所示为6件专利的技术类别分析。其中，CN200910091752.2“以碳酸镁

水合物为中间体生产氧化镁并联产氯化铵的方法”和 CN201410018911.7“一种由老卤制备高纯氧化镁的方法”2 件专利已经授权，其余 4 件均撤回。镁盐转化专利 3 件，分别为从碳酸镁制备高纯氧化镁 2 件，以氯化镁为原料制备氢氧化镁专利 1 件；盐湖提镁专利 3 件，有 2 件采用沉淀法，1 件采用连续结晶法。

表 5－14　专利技术类别

序号	专利申请号	专利名称	技术类别	技术保护点
1	CN200910091752.2	以碳酸镁水合物为中间体生产氧化镁并联产氯化铵的方法	镁盐转化	高纯氧化镁
2	CN200810114987.4	以含氯化镁的卤水为原料制备氢氧化镁的方法	镁盐转化	氢氧化镁
3	CN201010562109.6	一种通过碳铵循环法经三水碳酸镁生产高纯氧化镁的方法	镁盐转化	高纯氧化镁
4	CN201010119370.9	一种使用连续结晶法制备三水碳酸镁的方法	盐湖提镁	连续结晶法
5	CN200710064243.1	使用碳酸铵从含氯化镁卤水中制备三水碳酸镁的方法	盐湖提镁	沉淀法
6	CN201410018911.7	一种由老卤制备高纯氧化镁的方法	盐湖提镁	沉淀法

中国科学院过程工程研究所在本领域的专利申请量不多，专利技术多涉及镁盐转化（高纯镁化合物的制备）和盐湖提镁，镁资源的提取多采用传统的碳酸盐沉淀法，专利技术与盐湖提镁技术关联度不大，从专利申请时间上分析，该研究所专利申请集在 2010 年前后，近几年专利申请较少。其他企业在开展卤水直接生产转化目标产品，或开发高端精细化产品时，可以参考该研究所的设计思路。

9. 南风化工集团股份有限公司

截至 2018 年 11 月 30 日，南风化工集团股份有限公司共申请本领域专利 5 件，均为发明专利，其中 1 件公开后撤回，3 件专利授权（其中 2 件已放弃维护），1 件专利被驳回。

对上述 5 件专利进行技术分析，见表 5－15，其中 2 件专利涉及盐湖提镁技术，均是采用传统的沉淀法进行提取；综合利用专利 1 件，技术涉及利用盐湖卤水制备高纯氢氧化镁并联产纳米碳酸钙的方法；工艺优化专利 2 件，分别为硫酸镁系列联合生产工艺，克服现有硫酸镁系列盐生产过程中的能耗高、污染重、腐蚀性强等缺点，以及利用高镁卤水制备六水氯化镁新工艺，涉及六水氯化镁的制备工艺，解决现有生产六水氯化镁的工艺存在的蒸发温度高、高温盐分离困难、能耗高的问题。

表 5－15　专利技术类别

序号	专利申请号	专利名称	技术类别
1	CN201010559675.1	一种用盐湖卤水生产高纯氧化镁的新工艺	盐湖提镁
2	CN02155486.2	用盐湖卤水生产氢氧化镁、氯化钡和硫化氢的生产工艺	盐湖提镁

续表

序号	专利申请号	专利名称	技术类别
3	CN201110246618.2	利用盐湖卤水制备高纯氢氧化镁并联产纳米碳酸钙的方法	综合利用
4	CN201010559773.5	高镁卤水制备六水氯化镁新工艺	工艺优化
5	CN201410536204.7	一条生产线同时生产一水硫酸镁和七水硫酸镁的方法	

南风化工集团股份有限公司在本领域的专利申请量不多，专利申请时间较早，部分专利已经放弃维护，有效专利数量较少，但其专利中的部分技术内容仍可以参考，以拓展专利挖掘思路，提高专利申请授权率。

10. 成都理工大学

截至2018年11月30日，成都理工大学共申请本领域专利4件，均为发明专利，其中2015年申请的2件专利公开后撤回，2017年新申请的2件处于实质审查阶段，目前没有该领域授权专利。

对上述4件专利进行技术分析，4件专利均属于镁锂分离技术领域，技术关注点为复合沉淀剂的制备和选择。其中CN201510492761.8（一种复合沉淀剂及其用于高镁锂比卤水锂镁分离方法）采用的复合沉淀剂是以氢氧化物为主沉淀剂，以取代偶氮苯酚为辅助沉淀剂复配而成，氢氧化物与取代偶氮苯酚的摩尔比为1：0.001～0.0001。CN201510646090.6（一种三元复合沉淀剂及其用于高镁锂比卤水锂镁分离方法）采用的三元复合沉淀剂是以氢氧化物为主沉淀剂，以水溶性高分子及表面活性剂为辅助沉淀剂，以及引入晶种复配而成，辅助沉淀剂之一为水溶性高分子，是聚丙烯酰胺、聚乙烯醇、聚丙烯酸、聚乙二醇、聚马来酸酐、聚乙烯吡咯烷酮的一种或多种。CN201710479371.6（一种复合沉淀剂用于高镁锂比卤水锂镁分离及其锂镁产品制备技术）采用的复合沉淀剂是以氢氧化物为主沉淀剂，以取代偶氮化合物为辅助沉淀剂Ⅰ，表面活性剂为辅助沉淀剂Ⅱ复配而成，三者的含量分别为98%～99.8%、1.5%～0.1%、0.5%～0.01%。CN201711326150.1（一种盐湖卤水镁锂分离方法）采用的是植酸溶液作为沉淀剂，通过调节pH，使镁离子与植酸根离子形成不溶于水的络合物沉淀。

成都理工大学在本领域的专利申请量虽然不多，但所涉及的技术领域比较单一，均属于镁锂分离技术中沉淀剂，尤其是复合沉淀剂的研究。该技术无论对于镁锂的分离，还是在盐湖卤水中利用沉淀法提取镁资源，都有着十分重要的意义。鉴于成都理工大学的专利目前均处于审查中的状态，后续应持续关注其专利审查状态，并应定时关注其是否有新的技术内容申请，为科研人员提供实验思路。

11. 青海锂业有限公司

截至2018年11月30日，青海锂业有限公司共申请本领域专利3件，均为发明专利，均已授权。

对3件专利进行技术类别分析，见表5-16。CN201210557214.X（一种利用盐湖卤水制取电池级碳酸锂的方法），该专利比较系统全面地描述了从卤水的预处理到最后制取电池级碳酸锂的步骤，是卤水提锂早期经典的技术，包括卤水预处理、镁锂分离、深度除硫、深度除钙、深度除镁、蒸发浓缩、碳酸化、碳酸锂后处理等步骤。具体操作为：卤水预处理，原料卤水自然摊晒浓缩，过滤器除去泥沙、铁杂质，调 pH 为 3 ～ 3.5；镁锂分离，在电场力作用下，通过选择性分离膜，不同价态离子分离，回收硼、镁离子；深度除硫，富锂卤水 pH = 2 ～ 3，加入氯化钡，搅拌、过滤除硫；深度除钙，除硫后的富锂卤水在加热条件下，加入纯碱，搅拌分离；深度除镁，除钙后的富锂卤水在加热条件下，加入片碱，搅拌分离；除镁后的富锂卤水调 pH = 6.5 ～ 7，蒸发浓缩 3 ～ 4 倍；浓缩后的富锂卤水加热，加入纯碱，得粗碳酸锂；粗碳酸锂浆洗，离心洗涤，干燥冷却，得电池级碳酸锂。为保证纯碱在处理过程中不引入杂质，需对纯碱进行预先净化处理。CN201310312135.7 是一种碳酸锂生产中净化除镁的自动控制方法。具体操作为：含锂卤水除镁技术主要保护富锂卤水与氢氧化钠在多台带有夹套的反应釜间的反应，该反应可以提供控制系统自动控制，实现自动化生产；氯化锂溶液除镁，主要保护氯化锂与氢氧化钠反应后，两次过滤体系，经过该体系后，溶液中镁的浓度降至 2ppm 以下；碳酸钠除杂，主要保护在与氯化锂反应生成碳酸锂沉淀前，对碳酸钠溶液的净化处理，与氯化锂溶液除镁相似，通过加入氢氧化钠，两次过滤体系，除去碳酸钠中的钙、镁离子。CN201410047103.3 是一种回收利用盐湖提锂母液并副产碱式碳酸镁的方法，该方法利用提锂母液分离镁离子，生成碱式碳酸镁，把高镁锂比母液降低为低镁锂比富锂卤水，再制备碳酸锂。

表 5 - 16　专利技术类别

序号	专利申请号	申请年份	技术分类	技术特点
1	CN201210557214.X	2012	镁锂分离	盐湖卤水制备碳酸锂方法
2	CN201310312135.7	2013	卤水除镁	含锂卤水除镁
3	CN201410047103.3	2014	综合利用	制备碱式碳酸镁

青海锂业有限公司的专利技术相对集中，在分离过程中重点关注沉淀法的保护，尤其是在盐湖卤水提取资源综合利用方面。虽然属于盐湖提锂的支线技术，对镁提取主要工艺路线影响不大，但是可以成为镁提取工艺路线保护中的有益补充。由于该公司的重点技术关注于锂的提取，所以后续可以适当关注该公司的技术发展情况。

12. 江西江锂科技有限公司

截至 2018 年 11 月 30 日，江西江锂科技有限公司共申请本领域专利 3 件，均为 2012 年申请的发明专利，目前均被驳回，该公司没有本领域授权专利。

对 3 件专利进行技术分析，均为盐湖提镁技术分类，用氨法提取镁资源。利用一部分有机胺在高碱度情况下微溶于水，在低碱度情况下能与一价无机酸根离子形成可溶盐的特性，实现了有机胺在常温状态下的循环使用，减少了胺的蒸馏步骤，同时还能在常温状态下沉淀镁，且过滤性能良好，产品质量好，大大降低了能耗，节约了成本。3 件专利为技术同族，区别在于混合前加入的溶液不同，有的加入盐湖老卤，有的加入盐湖除硼老卤，有的加入经处理后的盐湖老卤。

该公司专利包含的技术相对集中，在分离过程中重点关注沉淀法的保护，尤其是有机胺的沉淀。但由于专利的新颖性及创造性问题，专利申请在公开后被驳回。该公司近年已无相关领域的专利申请，暂不作为需持续关注的对象。

5.3.1.6　国内镁资源应用

对国内镁资源应用领域专利申请进行比较分析可以发现，镁合金专利申请量最多，占检索到专利总申请量的43%，而其他镁盐相关专利相差不大（见图5－21）。

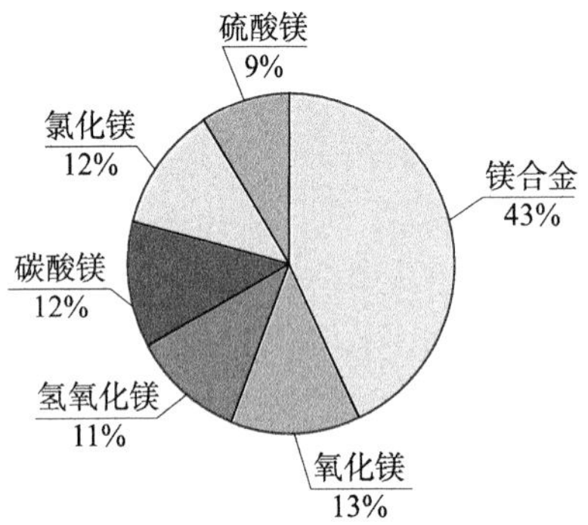

图5－21　镁资源应用领域专利申请图

氧化镁相关专利申请量占检索到专利总申请量的13%，氧化镁是镁砂的主要成分，其主要用于镁基耐火材料，如耐火砖、不定型耐火材料等。

氢氧化镁相关专利申请量占检索到专利总申请量的11%。氢氧化镁是一种优秀阻燃剂，可以用来生产阻燃高分子材料，同时起到阻燃、抑烟、填充作用，工业上还可以用于药品、精细陶瓷、砂糖精制、烟道气脱硫剂、油品防腐添加剂、含酸废水中和剂等。

整体上，镁资源应用中，镁合金专利申请最多，研发最为活跃，受到更多的关注，而其他的镁盐材料，主要利用镁盐相对惰性，作为防火材料、隔热材料、填充材料，另外部分镁盐晶体较细，利用晶型特点作为耐磨材料。镁资源应用领域还有待进一步开发。

后文将进一步就镁资源中最受关注的镁合金材料的开发过程展开较为详细的分析。

5.3.2　金属镁冶炼专利分析

5.3.2.1　镁的冶炼方法

镁是轻质工程材料，用镁合金替代铝合金制成的制件在实现产品轻量化的同时，还能使产品具有优良特殊功能。此外，镁的某些性能是铝无法比拟的，如镁的密度小，比强度和比刚度高，有很好的电磁屏蔽性、减振性、热成形性能，加工成本低等。镁及镁合金在汽车制造、航空航天、电子电器、光学仪器、国防军工等领域具有重要的应用价值和广阔的发展前景。

镁冶炼工艺技术有两种，即镁电解工艺技术和镁热还原工艺技术。

1. 镁电解工艺技术

整个电解过程分为六个阶段：①原料供给；②氯化镁制备；③氯化镁的净化和脱水；④氯化镁电解分离产生液态镁和氯气；⑤处理氯气作为内部产生过程回收和外部应用；⑥铸造纯镁和镁合金锭。

氯化镁含水就必须进行脱水，脱水过程本身很困难，主要是反应激烈。水的分解电势为 1.8V，氯化镁的分解电势为 2.6～2.8V，在氯化镁分解之前水就会分解，这造成了能源损失和对电解槽的损害。

脱水技术主要有两种：第一种技术包括部分脱水，有碳介入的一个氯化过程；第二种技术由 Amundsen 注册专利通过氯化镁六氨络合物和其晶体热分解生成氯化镁和氨气，然后再对氯化镁脱水。

镁电解工艺技术通常工作温度约为 700℃，主要由馈电给电解槽的电能来监控，但在一些先进的工艺技术里也可采用特殊装置进行监控，如热交换器放在液态电解液中。

电解槽使用的电解液应具有低电阻以改进电解槽的电流效率，由于氯化镁导电性相对较低，一般氯化镁浓度在电解液中为 8%～25%，另外电解液要相对重一些，以保证所生成纯镁和电解液之间的分离，并使纯镁浮在顶部。

镁电解工艺技术的生产原料相似，但是其工业生产技术却不尽相同，主要有：①Dow 镁工业生产技术；②Hydro 镁工业生产技术；③Magnola 镁工业生产技术；④Avisma/死海镁工业生产技术；⑤澳大利亚镁业公司镁工业生产技术。

2. 镁热还原工艺技术

镁热还原工艺技术可以分为三个类型：硅热、碳热和铝热。最典型和最常见的是硅热还原工艺。

（1）硅热还原法。按照所用设备装置不同，可分为三种：皮江法（Pidgeon Process）、巴尔札诺法（Balzano Process）和玛格尼法（Magnetherm Process）。

1）皮江法。皮江法是 1940 年前后发展起来的一种炼镁方法。原料是白云石和硅铁，往细磨的原料中添加 2.5% 的萤石，经混合后压成坚实的团块。生产方式为间歇式的，每个生产周期大约为 10h，可分为 3 个步骤：

① 预热器。装料后，预热炉料，排除炉料中的二氧化碳与水分。

② 低真空加强期。盖上蒸馏罐的盖子，在低真空条件下加热。

③ 高真空加热期。罐内真空度保持 13.3～133.3Pa，温度达 1200℃左右，时间保持 9h 左右。由于外面水箱的冷却作用，钢套的温度大约为 250℃，镁蒸气冷凝在钢罐中的钢套上。

最终，切断真空，将盖子打开，取出冷凝着镁的钢套。蒸馏后的残余物为二钙硅酸盐渣和铁。

皮江法在我国是 20 世纪 70 年代研究成功的，相对于电解镁冶炼而言，该法具有投资小、上马快、还原温度较低、能利用多种热源、镁厂的规模大小灵活等特点，加之有廉价的能源和硅铁、还原性能较好的原料和廉价的劳动力，因此我国采用皮江法炼镁可获得较高的经济效益。

2）巴尔札诺法。此法是从皮江法演化而来的，加大了真空罐的尺寸，内部采取电加热。所用的原料与皮江法相同，但是加料和排渣的方式有所不同。

3）玛格尼法。以铝土矿和白云石为原料，硅铁作为还原剂，在真空电炉中进行还原反应；反应温度为 1600～1700℃，真空度为 0.266～13.3kPa。此法的最大特点是炉内所有的物质都为液态。

（2）碳热还原法。碳作为一种常见的廉价还原剂，早已用于多种金属的生产，以碳为还原剂用碳热还原氧化镁制取金属镁要比硅铁为还原剂的成本低得多，因此更具有吸引力。澳大利亚、美国等国家的研究机构对于碳热还原法制取金属镁做了很多研究，尤其是澳大利亚联邦科学与工业研究组织对真空碳热还原氧化镁制取金属镁的工艺前景特别看好，并且已经投入了一定的力量进行这方面的基础性研究。

（3）铝热还原法。硅热还原法冶炼镁的反应温度较高，为了降低反应温度，吴贤熙对铝热还原法冶炼镁的反应过程及其产物进行了研究，他在前人研究的基础上用试验的方法确定了铝还原煅烧白云石的反应产物是 $12CaO \cdot 7Al_2O_3$。但是铝的价格较贵，以铝为还原剂制取金属镁对成本的降低效果不大，甚至还要高于硅热还原法的生产成本，因此对铝热还原法炼镁的研究并不多。

5.3.2.2 全球镁冶炼专利分析

1. 专利趋势及地域分析

本专利分析报告共收集镁冶炼全球专利 2637 件，国外专利 1929 件，国内专利 708 件。发明专利 2317 件，实用新型专利 320 件。从保护客体分析，发明专利以金属镁的冶炼方法为主，实用新型专利主要涉及镁的冶炼装置。

图 5－22 所示为镁冶炼全球专利申请的年度发展趋势。可以看出，镁冶炼技术自 1920 年逐渐发展起来。在 1942 年达到了一个小高峰，之后专利申请量有所下降。1950—1990 年，专利申请量的变化幅度不大，年均申请量低于 20 件，技术发展速度缓慢。早期镁的生产主要采用熔融盐电解法。在 1990 年之后，随着皮江法的快速崛起，镁冶炼专利开始了新一轮的快速增长，专利申请量增长速度迅猛，到 2013 年，专利申请量达到 136 件。申请人的发展趋势和专利申请发展趋势基本相同，该领域的研究人员呈现逐年递增趋势。

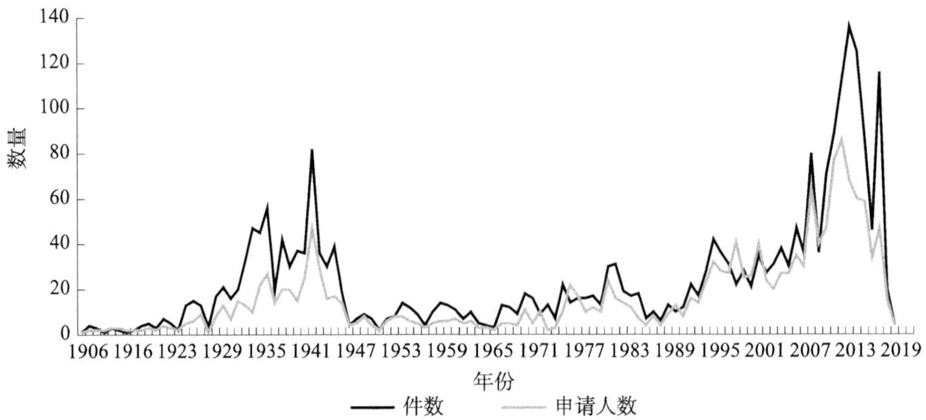

图 5－22　专利年度申请趋势

图 5－23 所示为镁冶炼专利申请国/地区分布情况，中国在该领域专利申请量位于全球第一，专利申请量 708 件，远远超过其他国家。其次是美国，排名第三位和第四

位的是日本和法国，专利申请量分别为 252 件和 243 件。

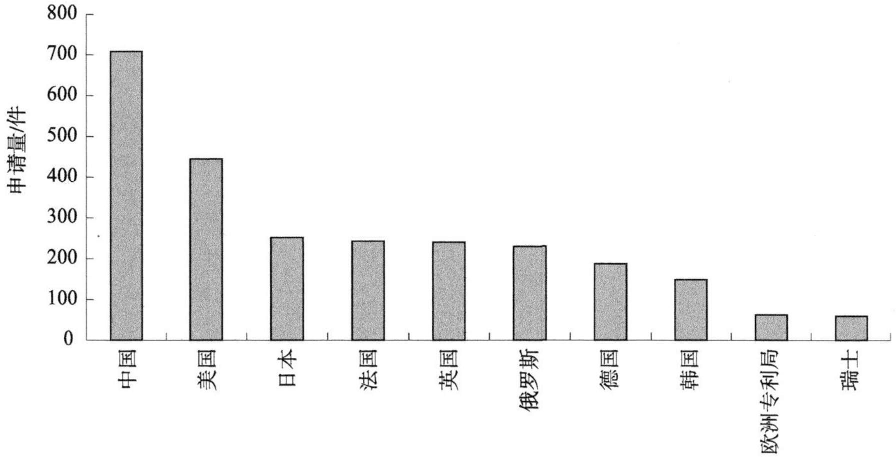

图 5-23　专利申请国/地区分布情况

2. 专利权人分析

在专利申请量排名前 10 位的专利权人中，国外专利权人有 9 位，中国专利权人只有 1 位。虽然我国在镁冶炼方面的专利申请量处于全球领先地位，但是缺乏技术和研发能力都突出的大型企业，镁的冶炼以中小企业为主，产业不够集中。在主要专利权人中国外申请人居多，欧美企业在该领域的研究开发时间早，研发能力强。

国外专利权人以企业为主，排在前列的国外专利权人分别是：DOW CHEMICAL CO、IG FARBENINDUSTRIE AG、OESTERR AMERIKAN MAGNESIT、RES INST IND SCIENCE & TECH、AMERICAN MAGNESIUM METALS CORP。其中，DOW CHEMICAL CO 申请专利最多，共计 116 件，其主要采用的是电解法制镁，发明了 Dow 镁生产工艺，以海水和石灰乳为原料，提取 $Mg(OH)_2$，然后与盐酸反应，生成氯化镁溶液，氯化镁溶液经提纯与浓缩后得到 $MgCl_2 \cdot (1 \sim 2)\ H_2O$，用作电解的原料，在 750℃左右电解制备金属镁。排名第二位的是 IG FARBENINDUSTRIE AG，利用天然菱镁矿，在 700～800℃下煅烧，得到活性较好的轻烧氧化镁。80% 的氧化镁的粒度要小于 0.144mm，然后与碳素混合制团，团块炉料在竖式电炉中氯化，制得无水氯化镁，直接投入电解槽，最后电解得金属镁。

在排名前 10 位的专利权人中，唯一的中国申请人是宁夏嘉翔自控技术有限公司，截至 2019 年该公司共申请专利 38 件。其专利申请主要围绕热还原法制镁的生产装置和系统，如金属镁冶炼装料机、金属镁还原炉的真空系统及自动控制系统。

5.3.2.3　国内镁冶炼专利分析

本小节针对国内 708 件专利，制订技术分类表，进行人工去噪标引。排除镁合金冶炼相关专利，对剩余的 563 件专利结合研发重点，对 IPC 分类为 C22B26/22 和 C25C3/04 的专利进行多角度的知识产权分析，掌握国内本领域的发展现状，为下一阶段的专利布局提供基础。

1. 专利趋势分析

对于国内镁冶炼专利进行人工去噪后剩余的563件专利进行统计分析，图5－24所示为国内镁冶炼专利年度申请趋势。我国镁工业起步比较晚，但发展速度比较快。2000年之前国内的专利申请量非常少，处于起步阶段。2000年之后随着皮江法炼镁工艺的逐步完善和成熟，国内镁冶炼领域的专利增长速度加快，在2017年出现了一个高峰，年度专利申请量达到89件。

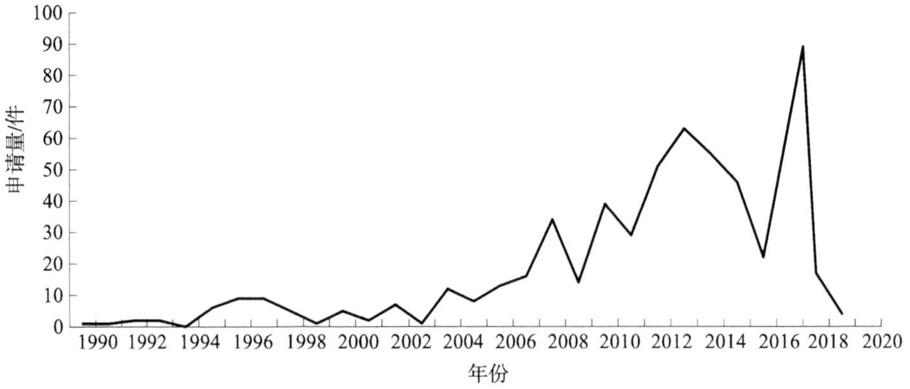

图5－24　国内镁冶炼专利年度申请趋势

2. 专利地域分析

图5－25所示为国内镁冶炼专利地域分布情况。从专利申请地域分布来看，居前5位的是宁夏、山西、河南、辽宁、北京。此外，贵州、青海、四川和新疆的专利申请量也较多。这与镁资源的分布密切相关，镁资源主要来源于菱镁矿、含镁白云岩、盐湖区镁盐以及海水等。在辽宁、山西、宁夏、河南等省区，菱镁矿均有很大的储量，仅辽宁大石桥一带的储量就占世界菱镁矿储量的60%。我国镁白云石矿也很丰富，特别是山西、宁夏、河南、青海、贵州等省区。我国的盐湖镁盐主要分布在西藏的北部和青海柴达木盆地。

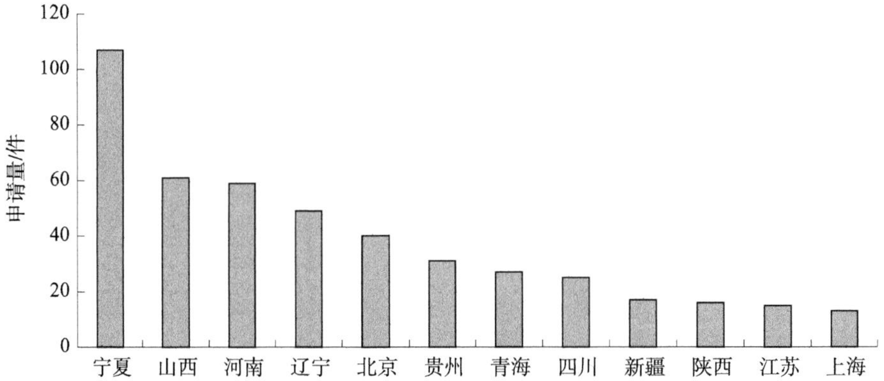

图5－25　国内镁冶炼专利地域分布情况

3. 专利权人分析

图 5－26 所示为国内镁冶炼专利权人的情况，排名前 5 位的专利权人是郑州大学、宁夏嘉翔自控技术有限公司、宁夏鹏程致远自动化技术有限公司、贵阳铝镁设计研究院和宁夏太阳镁业有限公司。从专利权人的构成分析，在排名前 10 位的专利权人中，企业申请人共 7 位，大学和科研院所共 3 位。

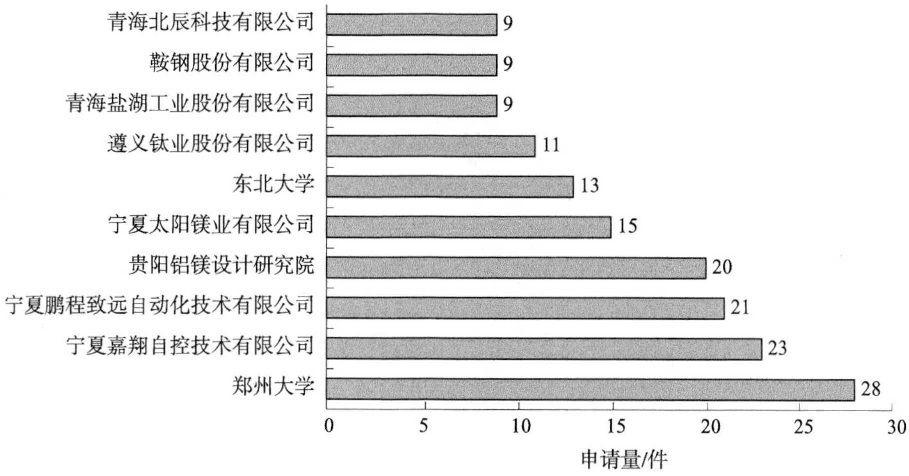

图 5－26　国内镁冶炼专利权人情况

镁冶炼专利国内申请量最多的为郑州大学，截至 2018 年共拥有 28 件专利申请，专利类型以实用新型专利为主，其专利申请集中在 2017 年。

5.3.2.4　国内专利技术分析

为了更好地了解镁冶炼技术发展情况，本小节针对镁冶炼技术进行人工分类标引。将专利按照镁的冶炼方法和镁的冶炼装置进行分类，具体技术分类见表 5－17。根据专利保护特点，为便于专利分类制订该表，仅供技术人员参考。

表 5－17　技术分类表

一级分类	二级分类	三级分类
镁的冶炼方法	热还原法	硅热还原法
		碳热还原法
		铝热还原法
		碳化钙热还原法
		硅钙合金热还原法
		硅铝合金热还原法
	电解法	
	其他冶炼方法	微波法
		连续法电炉

续表

一级分类	二级分类	三级分类
镁的冶炼装置	出料装置	
	出渣装置	
	出镁装置	
	加热装置	
	回收装置	
	扒渣装置	
	排渣装置	
	提取装置	
	提纯装置	
	检测装置	
	炼镁装置	
	熔炼装置	
	电解装置	
	真空装置	
	结晶装置	
	还原装置	
	还原炉	
	还原罐	
	电解槽	
	精炼炉	
	连续生产装置	

如图 5－27（a）所示，镁的冶炼方法主要分为两种：一是电解法，二是热还原法。电解法专利占 27%，熔融盐电解是以氯化镁为原料，金属合金为阴、阳极，在氯化镁熔融下通入直流电进行电解，阴极得到金属镁沉淀，阳极放出氯气。热还原法专利占 69%，是国内镁冶炼工业中比较成熟的方法。该技术以硅铁为还原剂，在高温真空条件下把氧化镁还原成金属镁。除了以上两种主要方法外，研究人员还研究了微波法，深圳市中启新材料有限公司在 2016 年发明了一种真空微波炼镁的方法，将含碳酸镁的矿石、还原剂和矿化剂混合，再与辅助加热材料混合后挤压成球团，将球团装入冶炼炉中，预抽真空，进行微波加热煅烧，球团内的物质发生还原反应，反应过程中产生的镁蒸气通过冷凝收集，得到金属镁。孙克本等采用连续法电炉冶炼金属镁，与皮江法相比，CO_2、SO_2 排放可降低 80%；提高生产效率 25%，降低能耗 50%，降低生产成本 30%。

图 5－27（b）所示为主要的几种热还原法，包括硅热还原法、铝热还原法、碳热还原法、碳化钙热还原法、硅钙合金热还原法和硅铝合金热还原法。其中研究最多的同时也是企业最常用的方法是硅热还原法，占总申请量的 62%。国内研究硅热还原法

的主要专利权人是宁夏嘉翔自控技术有限公司、东北大学、中国科学院青海盐湖研究所、重庆大学。其中重庆大学主要研究的是消除硅热还原法炼镁中生成的单质钾、钠。中国科学院青海盐湖研究所主要研究的是以海水制盐或盐湖卤水制盐、制氯化钾排放的水氯镁石为原料，采用硅热还原法制备金属镁。碳热还原法专利共有15件，占申请量的20%，国内研究碳热还原法的有昆明理工大学、重庆大学。昆明理工大学杨斌等人发明了一种菱镁矿真空碳热还原制备金属镁的方法，采用真空冶金的方法，以煤为还原剂或添加氟化钙为催化剂，控制炉内压力20～700Pa，升温至500～700℃，保温20～50min，使物料完成热分解及焦结过程；再升温至1300～1500℃还原熔炼40～60min，得到块状金属镁。有关铝热还原法的专利共8件，占总申请量的11%。东北大学在该领域的研究较多，东北大学郭清富等人在1993年发明了一种以菱镁矿和白云石为原料的铝热法炼镁方法，先将铝粉、菱镁矿、白云石按质量1～2：2～4：6～15称料，然后将菱镁矿和白云石放在回转窑中煅烧经磨粉后，并与粒度为80～100目的铝粉混料，在15～35MPa的压力下，压团使其呈团状，装入金属料槽内，放入还原罐，在1100～1170℃和真空条件下，经6～8h，以铝粉为还原剂，发生化学反应生成镁。采用碳化钙热还原法、硅钙合金热还原法和硅铝合金热还原法的专利申请量很少，是比较新的技术方法，可以是今后企业的研究方向。

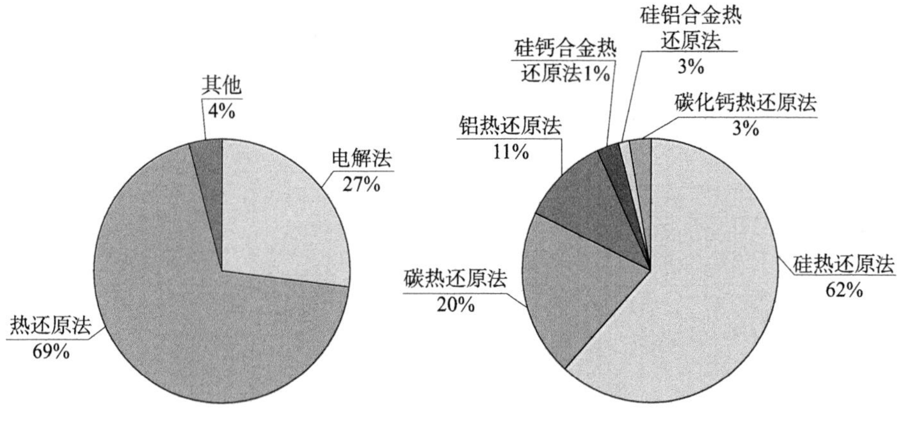

（a）二级分类　　（b）热还原法三级分类

图5－27　镁的冶炼方法

镁的冶炼装置领域专利共458件，占镁冶炼领域专利的81%。镁的冶炼装置是国内镁冶炼企业的关注重点。镁的冶炼装置涉及的内容广泛，从图5－28中可以看出，研究涉及较多的是还原炉、还原罐、炼镁装置、电解槽、出渣装置、还原装置和结晶装置。有关检测装置、提取装置、出镁装置、加热装置的专利申请量较少。在还原炉方面研究较多的有北京沃克能源科技有限公司、宁夏鹏程致远自动化技术有限公司、鹤壁银龙有色金属科技有限公司，其中北京沃克能源科技有限公司主要研发的是脉冲燃烧蓄热式金属镁还原炉，鹤壁银龙有色金属科技有限公司主要关注的是无罐立式电热炼金属镁还原炉。有关电解槽方面研究较多的是青海北辰科技有限公司、贵阳铝镁设计研究院、华东理工大学，其中华东理工大学主要研究的是电解槽的阴极结构，青海北辰科技有限公司主要研究的是电解槽的温度控制装置。出渣装置属于金属镁冶炼环节技术，可以缩短作业时间，减少劳动力，降低生产成本，提高产能。有关出渣装置的企业有巢湖云海镁业有限公司、郑州经纬科技实业有限公司。镁还原原料内，同时存在着除镁以外的铁、镍、铜、钾、钠等各种金属杂质，这些影响镁纯度的金属杂质在还原反应过程中与镁一并被还原出来凝结在结晶段的内壁上。传统的处理方法是对含有金属杂质的结晶镁进行重熔、精炼，去除结晶镁中的金属杂质，并再次结晶。结晶装置主要用来将镁和其他金属杂质分离收集。涉及结晶装置的有郑州大学、新疆金盛镁业有限公司、宁夏太阳镁业有限公司，其中郑州大学研究的是镁冶炼分段式结晶装置，宁夏太阳镁业有限公司研究的是镁结晶器。

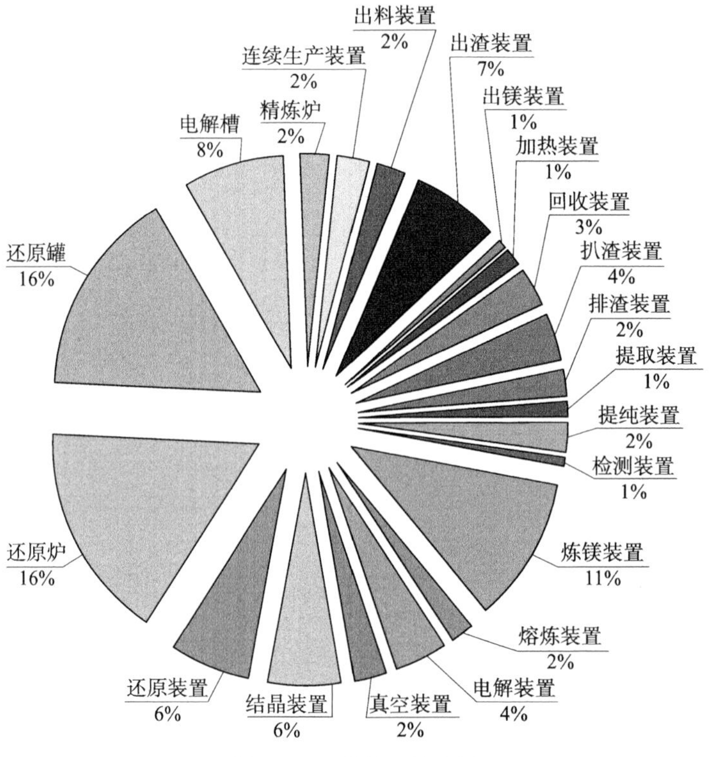

图 5－28　镁的冶炼装置

注：因存在细小分支，故百分数总和不为100%。

5.3.3　铝镁合金专利分析

5.3.3.1　镁的应用

1. 镁合金概述

镁合金是以镁为基础加入其他元素组成的合金。主要合金元素有铝、锌、锰、铈、钍以及少量锆或镉等。镁合金的比强度高于铝合金和钢，略低于比强度最高的纤维增强塑料；比刚度与铝合金和钢相近，远高于纤维增强塑料；耐磨性能比低碳钢好得多，已超过压铸铝合金 A380；减振性能、磁屏蔽性能远优于铝合金。镁合金主要有三大用途：第一，轻量化应用。镁合金应用到汽车、飞机、船舶中，不仅可以提高自身强度，还可减轻自身重量，极大地减少了能量消耗。第二，镁合金主要是功能材料。镁合金的主要应用就是在无人机上。现在无人机发展的最大制约就是续航能力，而镁合金的储氢能力很强，用储氢镁材料做成无人机的电池，能极大提高其续航能力。第三，镁合金是很好的医用材料。镁元素是人体所需的元素，而作为人体支架的镁合金植入人体后，可以在保证人体机能正常的情况下，自动溶解，不需要取出，不会对人体造成二次伤害。最常见的镁合金元素为铝、锌、锰。使用最广的是镁铝合金，其次是镁锰合金和镁锌锆合金。

2. 合金的基本原理

（1）铝。添加 3%～10% 时其硬度与强度随添加比例增加。镁铸件含 5%～10% Al 时对热处理有较佳之响应。

（2）锰。添加少量可改善合金的抗腐蚀性。

（3）锌。最多达 3%，可改善强度与耐盐水腐蚀性。Mg－Zn－Zr 合金可含 6% 的锌，以提供高强度与良好的延展性。

（4）稀土元素或钍。有中高温强度需求时可添加稀土元素或钍，合金中通常并含锌与锆，如 EZ33A－T5、HK31A－T6。

（5）银。有高温强度需求时可添加银，同时可添加稀土元素、钍与锆，如 QE22A－T6。

镁合金可分为铸造镁合金及变形镁合金，可细分为 Mg－Al 系、Mg－Zn 系、Mg－Mn 系、Mg－Li 系、Mg－RE 系、Mg－Th 系等。按合金组元不同分为 AZ 系（Mg－Al－Zn－Mn）、AM 系（Mg－Al－Mn）、AS 系（Mg－Al－Si－Mn）、AE 系（Mg－Al－RE）、ZK 系（Mg－Zn－Zr）、ZE 系（Mg－Zn－RE）等。我国早期的镁合金牌号为铸造镁合金（ZM）、变形镁合金（MB）、压铸镁合金（YM）和航空镁合金等。我国铸造镁合金牌号 ZM1～ZM7、ZM10 等，早期变形镁合金牌号 MB1～MB3、MB5～MB8、MB102010－6－22 等。

3. 镁合金的特性

（1）重量轻。在同等刚性条件下，1lb 镁的坚固程度等同于 1. 8lb 铝和 2. 1lb 钢。同时，镁能制出与铝同样复杂的零件但重量较后者轻 1/3。上述特性对于现代手提类产品是至关重要的。而对于车辆，这一特性将显著减少其起动惯性，并节省燃料消耗。

（2）吸振性能高。镁有极好的滞弹吸振性能，可吸收振动和噪声，这对用作设备机壳减小噪声传递和提供防冲击与防凹陷损坏是十分重要的。

（3）尺寸稳定性。这是镁的特点之一。当它从模具中取出时，产品只有很小的残余铸造应力，因此，无须退火和去应力处理。而在加载情况下，镁合金也能呈现很好的抗蠕变特性。例如，AM 压铸件在超过 120℃条件下承受 100h，只有 0. 1%～0. 5% 的总伸长。

（4）自动化生产和高的模具寿命。由于熔融的镁不会与钢起反应，使得它更易于实现在热室压铸机中进行自动生产操作，同时也延长了钢制模具的寿命。与铝的压铸相比，镁铸造模具寿命可比前者高出2～3倍，通常可维持20万次以上的压铸操作。

（5）良好的铸造性能。在保持良好的结构条件下，镁允许铸件壁厚小至0.6mm。这是塑料制品在相同强度下，无法达到的壁厚。铝合金也要在1.2～1.5mm范围内，才可以和镁相比。另外，镁合金在长时间使用及温度升高时不会产生组织变化，低温（-10℃以下）时亦无脆裂问题。

（6）高的模铸生产率。与铝相比，镁有更低的单位体积热含量，这意味着它在模具内能更快凝固。一般说来，其生产率比铝压铸高出40%～50%，最高时可达到压铸铝的两倍。

（7）良好的切削性能。镁比铝和锌有更好的加工及切削特性，使镁成为最易切削加工的金属材料。

（8）可回收再用。镁合金不良品可完全回收再提炼，并作为AZ91D、AM50或AM60的二次材料进行铸造。由于压铸件的需求不断增加，可回收再用的能力是非常重要的。这符合环保的要求，使得镁合金比许多塑料材料更具吸引力。

（9）高散热性。镁合金有高散热性能，适合设计密集的电子产品。镁合金热传导性比一般结构金属好，可供热源快速分散。笔记本电脑一旦过热便易使系统不稳，常用的散热方式是在工程塑料外壳内，以热管导开热源、加装鳍状热片，或用风扇做强制对流等，故热传导能力为塑料150倍以上的镁铝合金是未来高级笔记本电脑的最佳选择。

（10）高电磁干扰屏障。镁合金有良好的阻隔电磁波功能，适合发出电磁干扰的电子产品。例如，NB用工程塑料外壳不具电磁屏蔽功能，需加装如镍或铜的电磁波吸收物质，才能使外壳具有防电磁波功能。加装吸收物质的工程塑料，在数百兆赫兹的CPU工作频率的吸收能力为55db，而镁铝合金的吸收能力可达全频率范围100db以上，可谓完全吸收，不再需要其他防范措施，因此可大幅降低成本。另外，镁合金也可对移动电话所发射的电磁波做有效的阻隔，可降低电磁波对人脑的影响。

合金元素在基体中通常以固溶态和合金相的形式存在，固溶原子的含量是影响合金导电率的核心因素，它可以降低合金导电率一个数量级以上，所以控制镁合金中固溶原子的含量成为控制镁合金导电率的主要方式。主要通过热处理和添加稀土元素的方法来控制合金中的固溶原子含量。通过固溶和时效热处理控制合金相的析出，可控制基体中固溶原子含量。通过控制合金相析出控制合金基体中固溶原子的含量，提高镁合金的导电率是提高镁合金电磁屏蔽效能最为有效的方法。

（11）其他特性。除上述主要特性外，镁合金还具有长期使用条件下的良好抗疲劳性、低的裂纹倾向，以及无毒、无磁性等一些特点。

4. 镁合金的主要性能

（1）导热性。镁合金导热是电子和声子运动共同作用的结果，晶格畸变、内部缺陷和微观组织形貌等对电子和声子运动有影响的因素均会影响导热效果。从宏观上讲，温度、合金元素及成分、挤压变形、热处理工艺对镁合金的导热性能有影响，且其影响规律往往与其对力学性能的影响有一定差异。

温度升高会引起缺陷热阻减小并可能产生一定的时效行为，从而使镁合金热导率逐渐增大；但对于某些成分的合金，在接近绝对零度的温度区间，导热率先随温度的升高而升高，在 20 ～ 40K 达到峰值后迅速减小，其后重回增加的趋势。

大多数合金元素的加入会导致镁合金导热率降低，且合金元素含量越多，导热率降低量越大。这主要是由于合金的加入，一方面固溶现象使镁晶格产生畸变，另一方面可能与镁生成存在于晶界的低导热率化合物，均不利于电子和声子导热。适量添加某些合金元素，可使合金元素之间形成金属间化合物，消耗了镁基体中的固溶原子，导热率略有提升。

挤压变形使镁合金导热率下降，这主要是因为挤压变形使晶粒细化，晶界增多，位错也增多，对电子和声子导热不利。

固溶热处理使合金元素过饱和固溶于镁基体中，镁合金导热率有所下降；但再经时效处理，合金元素重新析出，其导热率又逐渐增加。

（2）抗蠕变性。镁合金的蠕变变形主要通过位错滑移和晶界滑动两种方式进行，具体以哪种方式变形，取决于合金的成分、组织、应力和温度。$Mg_{17}Al_{12}$ 相高温稳定性差及其不连续析出都会导致高温晶界滑动。高温下，铝化合物在镁基体中的扩散速度增加以及镁的自扩散，都会导致蠕变变形。因此，提高镁合金抗蠕变性能的途径有：抑制 $Mg_{17}Al_{12}$ 相析出，钉扎晶界，减少铝在镁基体中的扩散。

（3）耐腐蚀性。镁合金薄弱的耐腐蚀性能是限制其发展和应用的关键性问题，因此研究提高镁合金耐腐蚀性能的工艺是镁合金发展的重要方面，此方面的研究已经取得了一定的进展。今后镁合金耐腐蚀工艺的研究方向还是应该集中在表面处理制备耐腐蚀层，通过热处理控制组织变化以提升镁合金本身的耐腐蚀性。

表面处理方法有微弧氧化和冷喷涂层。微弧氧化是指在金属表面原位生长陶瓷层的技术，最早是由 Gnterschulze 和 Betz 在 20 世纪 30 年代初提出的，后经过各国科学家不断完善。与化学转化、阳极氧化技术相比，微弧氧化制备的膜层厚度可控，耐腐蚀性和耐磨性也更优异，在航天、航空、机械及电子等领域有广泛的应用前景。微弧氧化膜层的生长是一个“成膜—击穿—熔化—烧结—再成膜”的多次循环过程，最终形成的膜层主要分为过渡层、致密层、疏松层。疏松层由很硬的、孔隙较大的物质组成，表面疏松且粗糙，易打磨掉。致密层是微弧氧化膜层的主体，占氧化层总厚度的 60%～70%，该层致密、孔隙小，每个孔隙的直径约为几微米，孔隙率在 5% 以下，主要是金属氧化物，硬度高且耐磨。过渡层为界面层，是微弧氧化膜层与基体的交界处。过渡层凹凸不平，与基体相互渗透，使微弧氧化膜层与基体结合牢固，属典型的冶金结合。当选定微弧氧化基体材料时，微弧氧化膜层的厚度与形貌主要受到电解液体系、电源类型、工作模式、电参数等影响。在微弧氧化膜制备过程中，随电压的升高，氧化膜生长速率增加，膜的厚度变大，膜表面孔隙尺寸变大，孔隙率升高；随频率的升高，占空比减小，孔隙率降低。在所有电参数中，电压对氧化膜的耐腐蚀性影响最大，频率次之，随着电压的升高，氧化膜的耐腐蚀性提高，对耐腐蚀性最好的频率和占空比值分别为 800Hz 和 15%。但是表面处理等工艺本身存在的操作复杂、成本较高的缺点也给镁合金的处理带来很大问题。

（4）耐磨性。镁合金摩擦磨损改善方法有两种：一种是通过改变镁合金所含成分和机械加工方法来改善整体镁合金的耐磨性能；另一种则是对镁合金进行表面处理来改变镁合金表层耐磨性能从而达到所需耐磨要求。相比于改善镁合金整体耐磨性，镁合金表面处理技术在可达到实际应用要求的前提下，可以保持镁合金的低密度优点，同时有着很大的经济性优势。通过各种表面改性方式（激光表面改性、搅拌摩擦处理、微弧氧化等）在镁合金表面制备复合涂层，能改变镁合金表面性能，提高耐磨性。

在镁合金的众多种类中，铝镁合金因其具有优异的耐腐蚀性、装饰性、抗氧化性和可加工性而成为理想的构件防护材料，应用广泛。制备铝镁合金的方法有：机械合金化法、对掺法、熔盐电解法、电沉积法等。

机械合金化法是指金属或合金粉末在高能球磨机中通过粉末颗粒与磨球之间长时间激烈地冲击、碰撞，使粉末颗粒反复产生冷焊、断裂，导致粉末颗粒中原子扩散，从而获得合金化粉末的一种粉末制备技术。机械合金化粉末并非像金属或合金熔铸后形成的合金材料那样，各组元之间充分达到原子间结合，形成均匀的固溶体或化合物。机械合金化法制备的铝镁合金，结构均匀、细小，但制备前铝和镁需分别通过各自的冶炼方法获得，由于铝和镁的金属活性较强，易发生氧化并引入杂质，很难形成结构纯净的铝镁合金。

对掺法是制备铝镁合金最常用的方法，其实验原理简单、可操作性好，铝和镁的含量可被精确控制，但需要二次重熔，工艺过程较长且复杂，增加了铝、镁的氧化损失，增加了生产成本。

熔盐电解法采用铝液下沉式电解槽结构，在 $MgF_2-LiF-KCl$ 电解质体系中，以 MgO 为原料，下沉液态铝做阴极，使镁离子在阴极还原成镁单质而进入铝液中形成铝镁合金，电解生成的合金产物沉于电解质底部与空气隔离，避免了氧化损耗。可用于批量生产铝镁合金，金属利用率高，但熔盐电解法在生产操作方面比对掺法难以控制，研究人员普遍以氧化镁为原料生产铝镁合金，对比其他方法，该方法在经济性方面占很大优势。

电沉积法被认为是制备铝镁合金最简便的方法，其操作简单、镀层质量高，可在室温下进行，通过调节沉积参数，可在各种形状基体上制备出致密、纯度高，且晶粒细小的镀层，其厚度可达数百微米，甚至纳米级别。电沉积制备铝镁合金可采用直流电沉积法和脉冲电沉积法两种方式。

1）直流电沉积法是传统的沉积方法，技术相对成熟，但反应过程中不可避免地会引起浓差极化和析氢等副反应。若电流过大，还可能引起电镀层“烧焦”现象，这将直接影响所得镀层质量。脉冲电沉积法制备出的镀层在厚度、结合力、晶粒尺寸等方面有明显提高。在相同体系下，通过直流与脉冲电沉积制备的铝镁镀层，其表面形貌有明显差异，脉冲镀层比直流镀层结晶细小、光亮、纯度高、析氢少且孔隙率低，采用脉冲电沉积能有效地改善镀层表面形貌，使镀层更致密，通过提高电流密度和增加过电压可实现晶粒尺寸的减小，从而获得纳米级的镀层。

2）利用脉冲电沉积法制备铝镁合金的研究报道较少，故可以通过研究脉冲电沉积铝的实验环境和工艺条件，以探索制备铝镁合金的沉积参数。李冰等人在 $AlCl_3$ - EMIC 离子液体体系下利用脉冲电沉积成功制备出了铝，得出当温度在 25℃ 通断电时间为 $t_{on}=80ms$，$t_{off}=20ms$，频率 $f=20Hz$，电流密度 $i=8mA/cm^2$ 时，获得的晶粒尺寸最小，可达到 0.3μm，表明脉冲电沉积制备出的晶粒更细小。在摩尔比为 2∶1 的 $AlCl_3$ - EMIC 离子溶液中，当电流密度 $i=5mA/cm^2$ 时，直流电沉积制备出的镀层中晶粒尺寸为 20μm。电流密度 $i=5mA/cm^2$，$t_{on}=9ms$，$t_{off}=1ms$，脉冲电沉积获得的晶粒尺寸为 15μm，表明在相同条件下，脉冲电沉积比直流电沉积制备的镀层更致密、细小。

本章节不考虑铝镁合金的应用技术，主要从铝镁合金的合成及改性上，偏重于铝镁合金的化学性质方面进行专利检索，并对国内专利进行深入分析。

5.3.3.2　全球铝镁合金专利分析

1. 专利趋势及地域分析

本专利分析报告共收集铝镁合金全球专利 324 件，国外专利件 145 件，国内专利 179 件，且限制后的专利 90% 为发明专利。这与行业特点直接相关，由于铝镁合金为基础性化工原料，属于产品中间体，距最终用户仍有一定距离，因此以发明专利为主，没有外观设计专利。因此，本专利分析过程未将外观设计专利列入本次分析范围。从保护客体方面分析，发明专利以铝镁合金制备的方法、制备工艺、改性以及下游产品应用为主，重点关注铝镁合金与化学相关的改进专利。

图 5 - 29 所示为铝镁合金全球专利申请的年度发展趋势。可以看出，该技术领域专利申请在 2011 年之前，发展较为平缓，2011 年之后该领域开始发展，专利申请量呈现上升趋势，但始终未单年突破百件。该领域实用新型专利数量较少，符合该领域技术特点。从申请趋势可以看出，该领域技术创新并不容易，技术发展速度相对较慢。

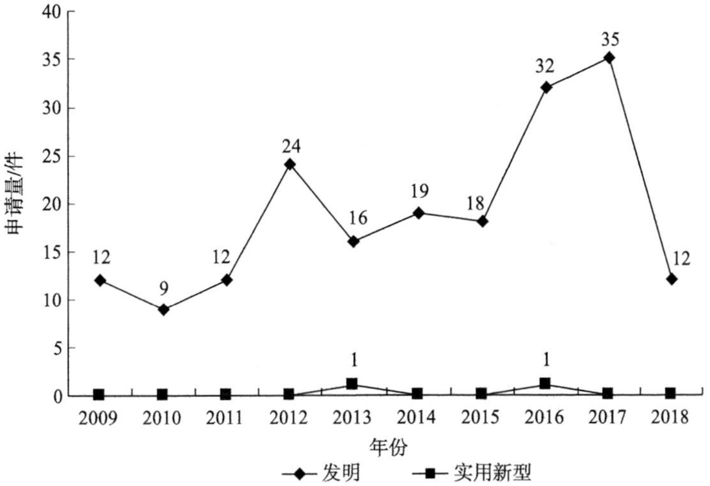

图 5 - 29　专利年度申请趋势

该技术领域的专利技术主要集中在中国，在日本、美国、德国、韩国有一定量的专利申请，欧专局和世界知识产权组织申请并不是很多，同族专利也不多。

2. 专利权人分析

图5－30所示为铝镁合金技术的主要专利权人的申请量情况。专利申请量排名前10位的专利权人中，中国专利权人仅有3位，国外专利权人有7位。显然无论从专利权人的数量，还是从专利申请量来看，国外专利权人都有较大的优势。但是比较专利权人的类型，国内专利权人以研发机构为主，有国家级科研院所和知名高校，国内企业涉猎较晚。在铝镁合金技术领域，国内专利技术以科研需求为主，而市场需求较少，存在专利技术与市场脱节的现象。

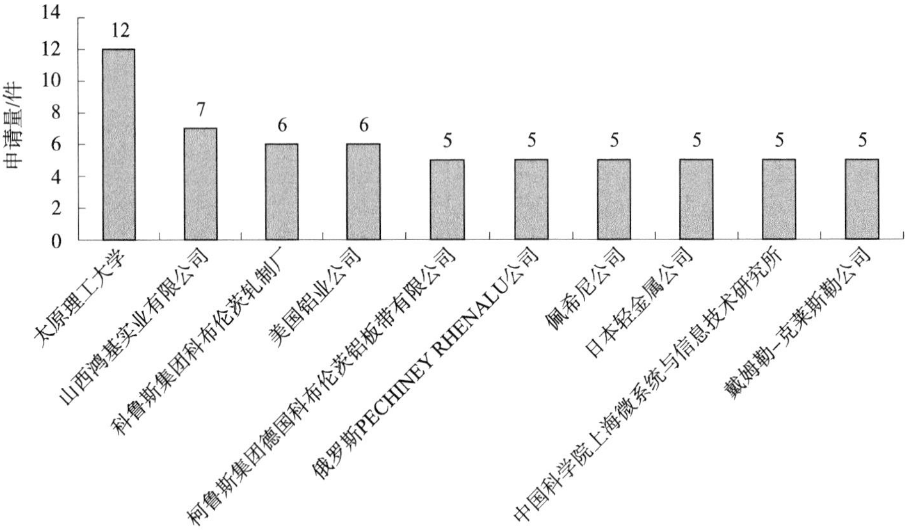

图5－30　专利权人分析

与之相比，国外的专利权人以企业为主，排在前列的国外专利权人分别是：科鲁斯集团科布伦茨轧制厂、美国铝业公司、柯鲁斯集团德国科布伦茨铝板带有限公司、俄罗斯PECHINEY RHENALU公司、佩希尼公司、日本轻金属公司、戴姆勒－克莱斯勒公司。其中，科鲁斯集团科布伦茨轧制厂申请专利最多，共计6件，足见其实力雄厚。

前10位专利权人拥有的专利数量占总分析专利数量的19%。这也是行业技术还未成熟的表现。说明该领域技术门槛较高，技术尚未扩散，行业内较易形成技术明显优势和技术垄断，今后的竞争会愈发激烈，业内企业需要加快革新步伐，提高企业的技术竞争优势。

5.3.3.3　国内铝镁合金专利趋势分析

本小节针对国内179件专利制订技术分类表，进行人工去噪标引。排除铝镁合金应用的相关专利，对剩余的112件改性专利结合研发重点，对其技术点和主要功效进行知识产权分析，掌握国内本领域的发展现状，为下一阶段的专利布局提供基础。此处指的改性，是指通过特定的技术手段，在以往的镁铝合金中加入某种物质，或改变元素的配比，或使铝镁合金具有某种特定的结构，或通过改变生产工艺而制备的具有优异特性的合金材料。

1. 专利趋势及地域分析

图 5－31 所示为改性专利年度申请趋势分析。本领域国内专利申请量不大，2013 年之后申请量开始增多，但是趋势并不很明显，2016 年之后专利申请量大幅增长。该趋势符合本领域技术发展特点，对铝镁合金的改性，属于较为高端的技术手段，多集中于有特定需求的企业或有此科研方向的高校和科研机构，由于尚属于早期技术储备阶段，并未到大规模应用阶段，技术还尚未成熟，所以在专利布局层面表现为专利申请量少，而且无明显的申请方向。

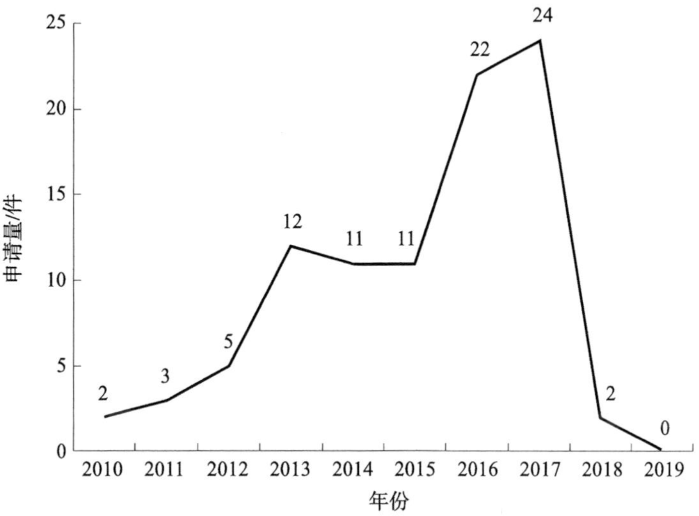

图 5－31　专利年度申请趋势

图 5－32 所示为该技术领域专利申请地域分布分析。可以看出，该技术专利申请

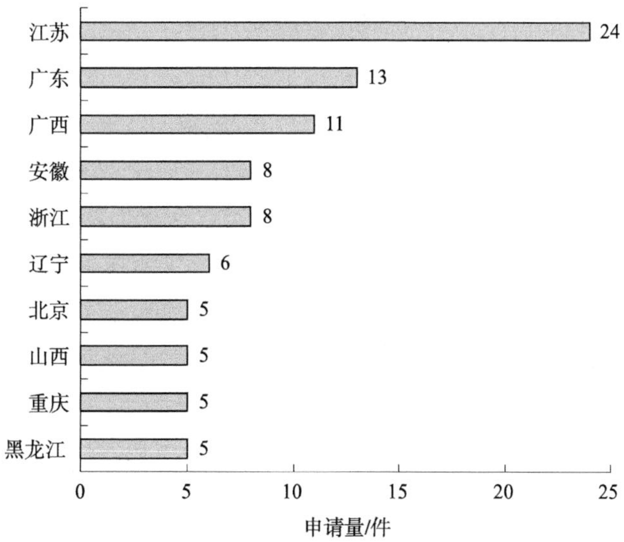

图 5－32　专利申请地域分布

较多集中在江苏、广东等地区，该地域属于经济发达区，企业众多，需求也多，尤其是对合金材料的需求和要求都较高，间接推动了技术的发展。广西的专利申请也较多，主要是由于当地的汽车零部件企业和材料科技企业根据特定的需求，有针对性地开展技术攻关工作。

2. 专利权人分析

图 5-33 所示为主要专利权人申请量分布情况。该领域专利申请量较少，即使排名第一位的专利权人——安徽恒利增材制造科技有限公司也只有 4 件专利申请。并且专利研究方向较为发散，通常为出于特定需求或某种特殊目的的自由研发，较难总结出技术发展方向。该领域前 7 位的专利申请人中，企业 4 家，科研院所 1 家，高校 2 家，表明企业开发是市场发展重点，而高校和科研单位参与较少，说明该技术领域由于各类合金研究相对较为成熟，对倾向于基础研究的科研院所吸引力不高，而企业根据自身需要申请专利，技术积累还有待加强。该领域的专利技术发展还需要一段时间的培养和积累。

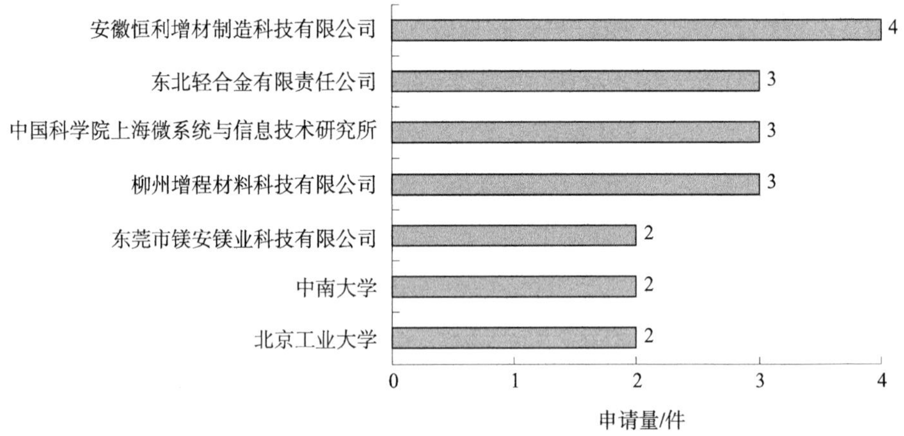

图 5-33 专利权人分析

3. 专利权人技术分析

图 5-34 所示为前 7 位专利权人的 IPC 技术分布情况，其中申请量最多的安徽恒利增材制造科技有限公司在 C22C1（有色金属的制造）、C22C23（镁基合金）和 C22F1（用热处理法或用热加工或冷加工法改变有色金属或合金的物理结构）上均有专利分布。东北轻合金有限责任公司的专利申请也分布在三个领域，重点是在 C22C1（有色金属的制造）和 C22C21（铝基合金）上有技术研发。柳州增程材料科技有限公司的技术研发方向与东北轻合金有限责任公司相同。中国科学院上海微系统与信息技术研究所关注有色金属制造和镁基合金研究。中南大学在有色金属的制造、镁基合金和铝基合金方面都有研究。东莞市镁安镁业科技有限公司和北京工业大学的研发方向一致，主要集中在铝基合金和通过热处理法对有色金属合金的改性上。由此可见，不同的专利权人的研发关注点不同，具有自身特色。

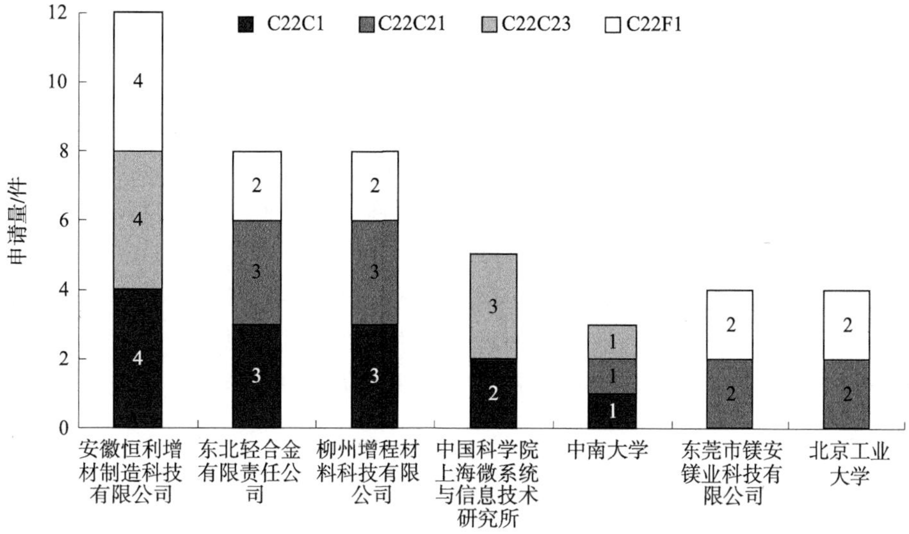

图5－34　专利权人IPC技术分析

注：由于同一件专利申请可能会跨多个IPC大组，因此图中数据与图5－33中数据不完全一致。

4. 专利技术功效分析

铝镁合金具有广泛的应用空间，如何提高铝镁合金的产品性能是亟待解决的问题，通过专利检索我们发现研究人员在铝镁合金改性方面做了很多尝试。如图5－35（a）所示，对112件铝镁合金改性方面的专利进行技术功效分析，可知对铝镁合金的改性主要分为表面涂层、改变元素配比、加入特殊物质、具有特殊结构、生产工艺改变、

改性技术	机械性能	抗氧化性	耐腐蚀性	耐热性	强度	硬度	其他
表面涂层	0	0	1	0	0	0	0
改变元素配比	8	2	9	1	20	2	5
加入特殊物质	11	3	3	1	18	2	5
具有特殊结构	0	0	1	0	1	0	0
生产工艺改变	5	0	1	0	7	1	4
物理改性	0	0	0	0	0	0	1

（a）改性技术分析

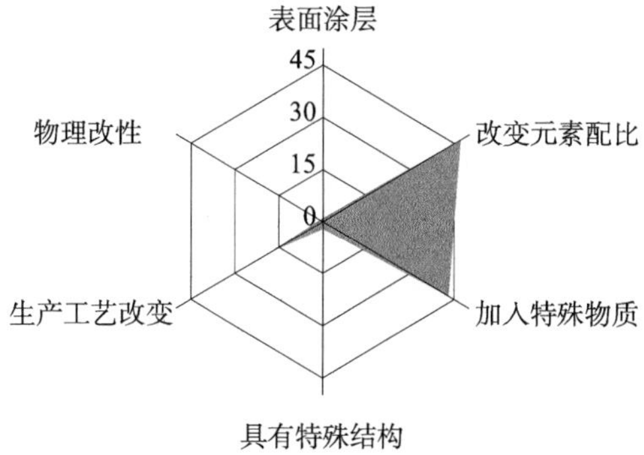

（b）改性技术分布

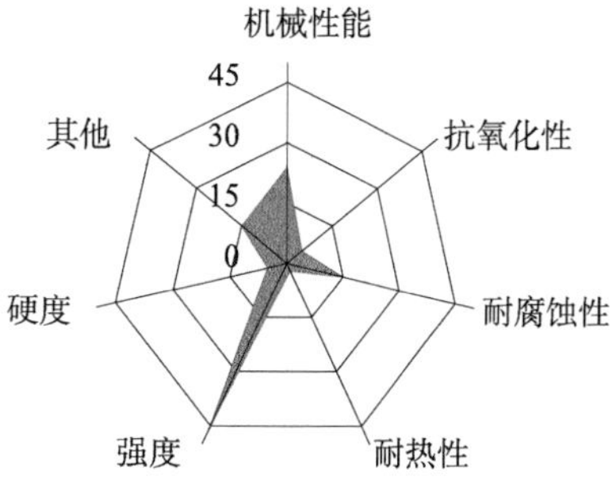

（c）性能改进方面

图5－35　专利技术功效分析（单位：件）

物理改性6个方面，通过改性提高了材料的机械性能、抗氧化性、耐腐蚀性、耐热性、强度和硬度等。表面涂层主要能够改善合金的耐腐蚀性。改变元素配比可以提高合金的性能，尤其在提高合金的强度方面具有显著效果。加入特殊物质的方法，主要能够提高合金的机械性能和强度。对于生产工艺的改变，主要改进的是合金的机械性能和强度。有关物理改性方面的专利申请量较少，技术功效不明显。图5－35（b）、（c）所示为各技术功效的专利申请量分布情况，在铝镁合金改性方面研究最多的方法是改变元素配比和加入特殊物质，主要因为这两种方法对于合金的物理性能和化学性能的提高有显著作用，在物理改性和表面涂层方面的研究较少，其效果和作用还需要进一步探索。对于铝镁合金的性能改进方面，主要集中在提高机械性能、耐腐蚀性和强度方面，而对于提高抗氧化性、耐热性和硬度方面的研究较少，未来应该重点加强对这些性能改进的研究。

5.3.3.4 铝镁合金的应用

铝镁合金的主要元素是铝，再添加镁以增加其硬度，铝镁合金既有金属的硬度，重量又轻，抗压性强。能够满足3C产品的高度集成化、轻量化、微型化等要求，故常用于对散热要求较高的电子器材如笔记本电脑的外壳、手机等。铝镁合金还被用于汽车构件的生产，合金的力学性能和电化学性能能够满足汽车构件的应用环境要求。汽车的轻量化已成为世界范围内汽车工业的发展趋势，汽车生产者积极开发和应用新型汽车材料生产重量轻、耗油少的环保型汽车。采用铝镁合金材料是降低汽车排放、提高燃油经济性的最有效措施之一。铝镁合金具有优异的减振性能，其阻尼性能高于很多其他合金，还被用于军事等高端领域。

5.3.4 镁回收专利分析

5.3.4.1 全球镁回收专利分析

本专利分析报告共采集镁回收全球专利数据1484件，国外专利756件，国内专利728件。专利类型以发明专利为主，少量实用新型专利，没有外观设计专利。因此，本专利分析过程，未将外观设计专利列入本次分析范围。本小节分析的镁回收专利主要是指工业上生产镁或镁的化合物过程中，产生相应的含镁的废液废渣，从残渣中回收镁的工艺和方法。对镁残渣进行合理的回收利用，具有经济效益好和绿色环保的优点。

1. 专利趋势及地域分析

镁回收领域2000—2018年的专利申请发展趋势如图5－36所示。2000—2007年，专利申请量呈现小幅度的波动，年均申请量不超过40件，从2008年开始专利申请量呈现快速增长态势，在2012年专利申请量达到了最高点，年申请量为111件，之后申请量有小幅度的回落，但年申请量依然保持在90件以上。镁回收技术仍然处于快速发展的时期，已经成为研究热点。2018年之后专利申请量减少与专利信息公开的滞后性有关。

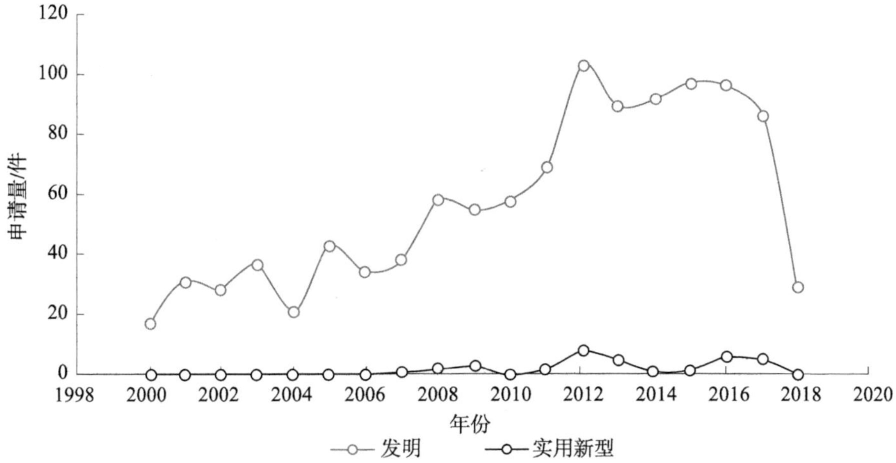

图 5 –36　专利年度申请趋势

从图 5 –37 所示的镁回收专利在全球的分布情况看，中国专利占全球专利申请总量的近一半，是镁回收专利的主要申请国，其次是日本和美国，在该领域的专利申请量分别为 163 件和 152 件。俄罗斯、韩国和加拿大在该领域存在少量专利申请。中国、美国和日本是主要申请国，在镁回收技术的研究方面处于领先地位。

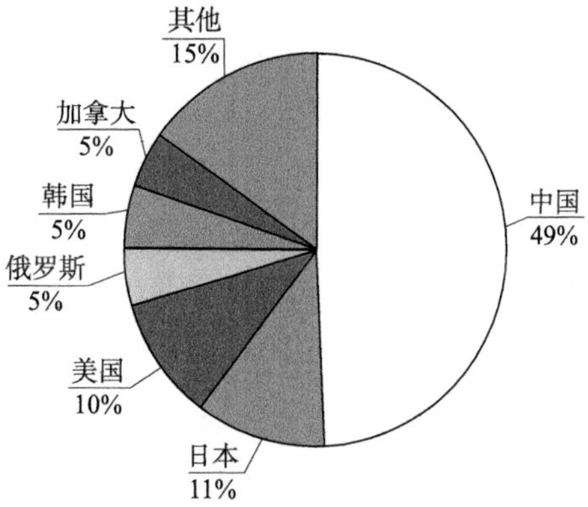

图 5 –37　镁回收专利在全球的分布情况

2. 专利权人分析

图 5 –38 所示为镁回收技术全球专利申请排名前 10 位的申请人情况，其中中国申请人 6 位，日本申请人 3 位，韩国申请人 1 位，全部为亚洲国家专利权人。虽然中国专利申请人数较多，但在排名前 4 位的申请人中，除中南大学外，其余都为国外专利权人。日本企业在该领域具有较强的实力，值得关注的是荏原制作所株式会社和富士通株式会社，专利申请量分别为 17 件和 16 件。荏原制作所株式会社主要关注的是有机废水污泥中磷酸镁铵的分离回收。富士通株式会社主要研发的是再生回收用镁合金材料的方法以及镁铝的回收系统。

中国在该领域的主要申请人以高校和企业为主，中南大学的整体实力最强，专利申请量最多。国内企业中对镁回收关注度较高的是中国恩菲工程技术有限公司和金川集团股份有限公司，专利申请量分别为 14 件和 13 件。它们都是国内重金属和有色金属生产龙头企业，年生产规模上千万吨。镁回收技术主要应用于企业实际生产的后处理阶段，对企业的研发投入和生产能力具有较高的要求，因而国内的中小型企业在该方面的研发投入较少，对于在生产过程中排放的废水废渣的处理能力有限。

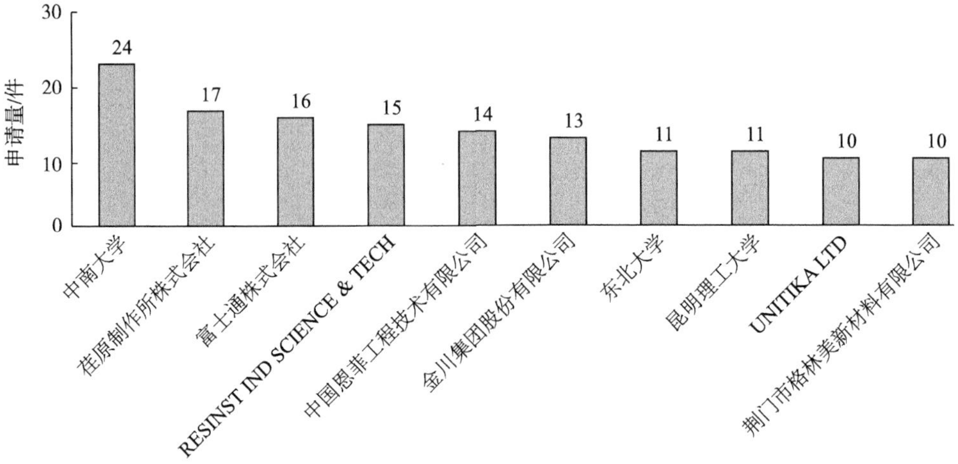

图 5－38 专利权人分析

5.3.4.2 国内镁回收专利趋势分析

本小节针对国内 728 件专利进行人工去噪。排除镁回收其他金属、回收非镁金属、镁盐转化的专利，对剩余的 173 件专利结合研发重点和技术点进行知识产权分析，掌握国内本领域的技术发展现状，为下一阶段的专利布局提供基础。主要将 IPC 分类 C22（合金和有色金属的处理）作为研究重点。

1. 专利趋势及地域分析

图 5－39 所示为镁回收国内专利年度申请趋势。国内镁回收领域的技术开发起始时间较晚，专利申请数量不多，主要集中在 2009—2018 年。从总体趋势看，年度申请量呈现递增势头，在 2016 年专利申请量达到了最高点，这一年专利申请量增长幅度较大的主要原因是荆门市格林美新材料有限公司集中申请了 7 件专利，该公司的主营业务是再生资源的回收、储存与综合循环利用。

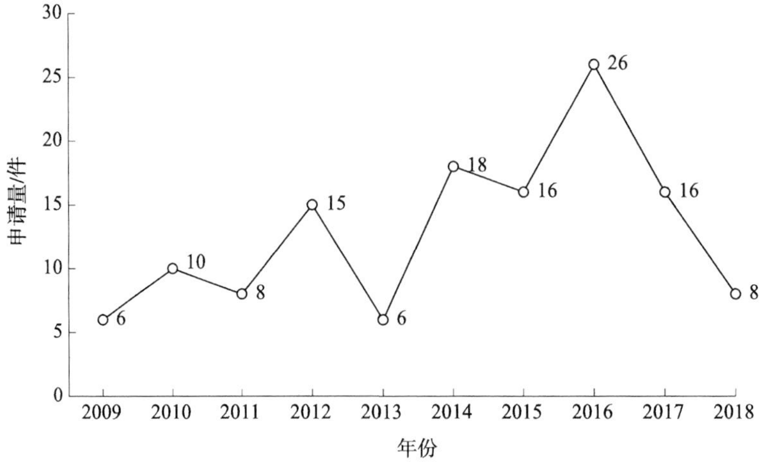

图 5－39 专利年度申请趋势

国内镁回收发明专利申请量的地域分布如图 5－40 所示，排名前 5 位的依次是北京、湖南、辽宁、江苏、湖北。镁回收技术的发展与这些地方的产业结构和重视程度有关。北京的专利申请量最多是因为北京集中了国内大量的科研院所，北京的主要申请人包括中国恩菲工程技术有限公司（原中国有色工程设计研究总院）、中国环境科学研究院、北京矿质研究总院、中国科学院过程工程研究所等。除了北京等发达地区外，贵州、甘肃和云南也有一定数量的专利申请，这与该地区的资源分布有密切联系，云贵地区富含丰富的有色金属和矿产资源，具有开采和利用价值。青海省申请专利中涉及镁回收技术的专利申请共 3 件，数量与其他地区相比较少，专利积累相对薄弱。

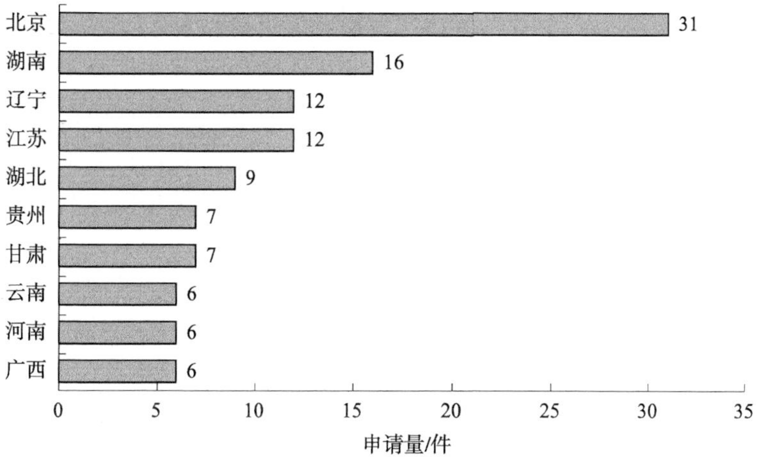

图 5－40　专利申请地域分布

2. 专利权人分析

对国内镁回收领域的主要专利权人进行分析，如图 5－41 所示。专利申请量排在第一位的是中国恩菲工程技术有限公司，共计申请专利 12 件。该公司主要研究含镁矿石浸出液硫酸镁的回收工艺，硫酸镁溶液对人体有害，国家禁止排放含硫酸镁的废液，

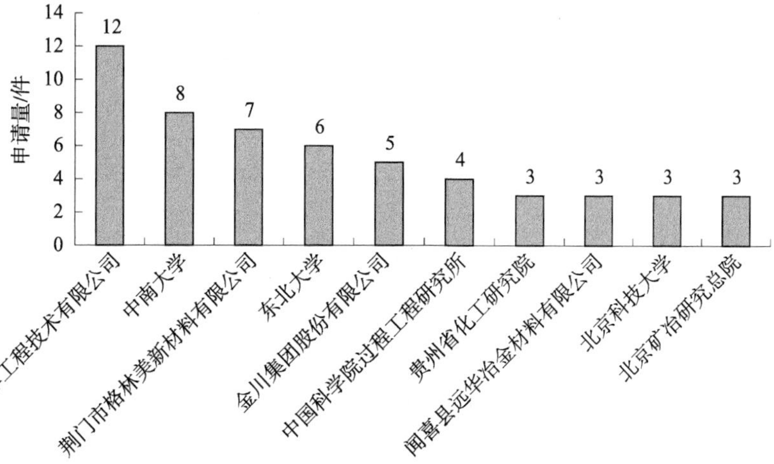

图 5－41　专利权人分析

其通过减压蒸发等方法得到硫酸镁晶体。在高校中研发实力最强的是中南大学，中南大学主要关注的是从红土镍矿中浸出有价金属后对氯化镁、氯化铁液的回收处理。在前10位申请人中，科研院所占3位，高校占3位，企业占4位，高校和科研院所占到了60%，可以看出我国企业的研发能力还比较弱。

3. 专利技术分析

在工业生产中产出的含镁废水废渣对自然环境有很大的负面影响，合理地回收利用，能够保护自然环境，同时提高资源的利用率。为了更好地处理含镁废弃物，需要充分了解其主要的来源。镁资源在自然界中分布广泛，工业生产中排放的含镁废弃物的来源也各不相同，根据回收含镁废弃物的来源不同，可以分为矿石、盐溶液、金属废弃物、金属粗盐、海水、废气、废渣、污泥、卤水等。对173件镁回收专利的来源进行统计（见图5－42），可知镁回收的主要来源是矿石，占总量的44%，其次是盐溶液、金属废弃物和废渣，分别占总量的17%、13%和10%。镁回收的技术主要是针对来自矿石、盐溶液、金属废气物和废渣中的镁及镁的化合物进行处理。青海省具有独特的盐湖镁资源，在盐湖资源开发过程中每年要排放大量氯化镁，对氯化镁的回收处理应该是其重点考虑的问题。

研究人员通过采用氯化物浸出、固液分离、加碱液沉淀等各种方法对镁及其化合物进行回收，最终形成各种可再利用的含镁化合物。根据分离出的镁及镁化合物的不同形态，可以将其分为镁、镁合金、氢氧化镁、硫酸镁、氯化镁、氧化镁、碳酸镁、磷酸铵镁、一元羧酸镁、草酸镁、氟化镁和其他物质。如图5－43所示，对173件镁回收专利的镁回收形式进行分析，可知镁回收的最主要形式是氢氧化镁，占总量的20%，其次是单质镁和硫酸镁，分别占总量的18%和17%。

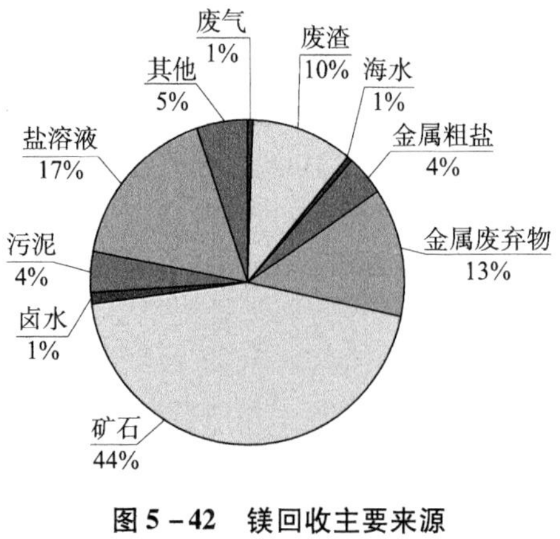

图5－42　镁回收主要来源

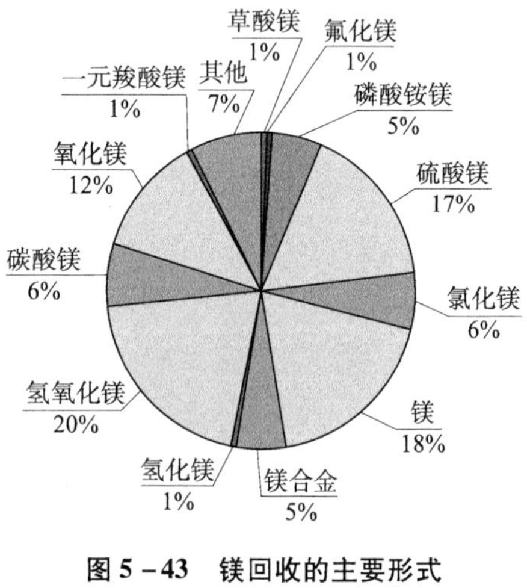

图5－43　镁回收的主要形式

5.4　镁产业专利分析总结与发展建议

为了深入了解镁产业的动态发展，本章从卤水提镁、金属镁冶炼、铝镁合金的改性和镁回收 4 个领域开展专利分析。其中着重分析了盐湖提镁技术，分别对全球盐湖提镁技术和国内盐湖提镁技术专利进行细致讨论，镁资源的来源多样化，根据镁资源的来源不同，主要分为矿石（白云石、电石、盐矿、钾盐矿、菱镁矿、水氯镁石、杂卤石矿）、海水、盐湖、其他（包括盐溶液或金属盐、钙镁泥、氧化镁、氢氧化镁滤饼等），统计数据表明盐湖是镁资源的主要来源，发展盐湖提镁技术对于镁产业的发展具有重要意义。从提镁技术的专利技术保护侧重点分析，将主要保护技术点分为 9 个方面：盐湖提镁的方法、盐湖提镁的工艺优化、镁锂分离、镁盐转化、卤水除镁、海水提镁、矿石提镁、装置、综合利用。盐湖提镁技术方面的专利申请量占比最高，盐湖提镁的方法主要分为沉淀法（氢氧化钠沉淀法、氨法、碳酸盐沉淀法、石灰沉淀法）、电解法、热解法、硅热还原法、还原法、相分离法、吸附法及兑卤法。盐湖提镁方法以沉淀法为主，其他方法专利申请量较少。从技术的发展趋势分析，2000 年之前提镁专利主要集中在多种元素的共同提取方面，2000 年之后开始关注盐湖提镁的单一技术，同时卤水除镁、镁盐转化、镁锂分离等技术开始发展。

政府可针对产业链条的特点设计镁资源开发、利用长远规划。

上游镁资源开发领域，我国是镁资源大国，盐湖中富含镁，但是镁资源的利用率不高，主要原因是镁下游产业发展有限，从而限制上游镁开发的动力。在卤水资源开发的过程中甚至出现了“镁害”的说法，但是镁害实际上是大量资源无法开发利用的问题，从另一方面理解，可以当成一种资源的储备，未来镁下游产业兴起时将自然地由害变宝，并不值得过于担心。政府应从未来矿藏储备思路出发，引导企业实现卤水浓缩储存，形成高浓度卤水甚至固体矿石，提高废矿产的储藏效率，减少对周边环境的污染和影响。

中游镁盐开采与应用，镁盐是相对惰性的盐，在化工领域应用较窄。青海省为了拓展镁资源的应用领域，进行广泛的尝试，先后开发氯化镁、氧化镁、氢氧化镁、硼酸镁、硫酸镁、碳酸镁等镁盐资源，应用于防火材料、镁石灰建筑材料、高纯镁砂、化肥、镁合金等工业中间产品和最终产品。但是，镁消耗量仍然有限。

镁是十分活泼的金属元素，在自然界中以氧化物和盐的形式存在比较稳定，而金属镁却十分活泼，金属镁条能在空气中剧烈燃烧，就是很好的证明。因此制备金属镁，是从稳定物质获得活泼物质的过程，必然消耗大量的能量。无论从经济角度，还是能源角度，都很难实现利用大规模开发镁合金来消耗盐湖地区丰富的镁资源。镁合金产品只能是消耗富裕镁资源的重要途径之一，政府还应把主要精力放在镁盐的应用开发上。建议政府出台相关政策，引进国内优秀科研团队开展镁盐应用研究，开展政学研企产合作，逐步扩大镁盐的应用规模，提高镁附加值，从而增加镁矿石副产品的消耗。中南大学在盐湖提镁、铝镁合金和镁回收技术方面都有相关研究和专利申请，且一直与青海省企业保持密切合作，例如中南大学和青海西部镁业科技发展有限公司一同合作利用盐湖水氯镁石制取氢氧化镁，中南大学刘楚明教授将变形镁合金及其制备技术转让给青海青镁镁业有限责任公司，未来可以在镁回收技术方面开展进一步的研究合作。中国科学院青海盐湖研究所在盐湖资源提取与综合利用方面研究较多，基础研究开展的时间相对较早，具有比较完善的技术体系。青海西部镁业有限公司主要研发高纯氢氧化镁、高纯氧化镁、高纯电熔镁砂。青海盐湖工业股份有限公司主要关注锂、镁的化合物和碱金属或碱土金属的提取。

下游，镁资源应用端应用的确有限，应用范围最广、技术最成熟的仍然是镁合金产品，随着电动汽车的发展，轻量化需求是发展的必然方向，镁合金使用会越来越多。这将为镁资源开发带来一个快速发展期，政府应有意识地引导，争取抓住这一次机遇，利用资源优势获得收益，为镁资源进一步开发利用储备充足的资金积累。借助资金支持，开发附加值较高的镁盐产品。而镁建材产品的开发是可以深入挖掘的技术领域。

镁资源开发整体行业仍然处于培育时期，行业参与者更应该抱团取暖，相互扶持，把产业做大做强，政府应进一步推动产业联盟建设，充分利用平台优势，加快镁产业的科技创新发展，整合优势资源，加强技术交流，促进产业上下游对接，开展标准、技术、专利、产业化等多维度合作，吸纳业内优秀的科研院所，充分利用科研机构的人才团队和研发实力，为联盟企业提供技术支持。开发新应用场景、应用行业，促进整个产业发展。

中国科学院青海盐湖研究所的盐湖提镁技术在青海的企业和研究所中的研发实力最强，申请的专利数量最多。其关注技术点多集中在盐湖提镁的方法研究和盐湖资源的综合利用。相对于其他国内企业和科研院所，其专利申请的时间较早，申请授权量最多，专利维护时间较长，技术保护领域广泛。在盐湖提镁方面其主要采用沉淀法、硅热还原法、热解法。建议该所加强与企业的合作，促进专利成果转移转化。目前中国科学院青海盐湖研究所拥有的专利绝大多数是中国专利，建议加强国际专利布局，提升相关技术的专利价值，为相关合作企业走出去提供专利方面的支持。

青海西部镁业有限公司的实用新型专利数量较多，主要涉及工业设备及相关系统。专利多为实用新型，发明专利数量较少，其中有关盐湖提镁的发明专利（CN200910012629.7、CN200310119212.3）是通过专利权转让获得的，专利主要关注的是青海盐湖水氯镁石转化的问题。该公司除了注重工业设备方面实用新型专利的申请外，同时也应该加强盐湖提镁发明专利的申请，除了专利技术转让外，也应该提升自主研发能力。该公司在生产镁砂、氢氧化镁等方面具有一定优势，可以加强在生产工艺方面的技术研究，充分发挥青海盐湖资源，提高镁产品产能。

青海盐湖工业股份有限公司的技术主要为镁一体化的生产、七水硫酸镁的制备、氢氧化镁等镁化合物的制备、镁工业生产的各种装置等。主要涉及产业链的下游技术。企业应当适当加强与实力较强的高校和科研院所的合作，适时向上游产品进行延伸。

青海中信国安科技发展有限公司申请的专利主要倾向于保护产业链的后端，注重保护镁化合物的制备。有关镁提取的专利申请只有 2 件，主要是通过氨化反应得到氢氧化镁，申请时间在 2005 年，近年来没有相关专利申请。专利技术保护相对单一，专利申请量少，为提高企业的核心竞争力，应该在多个技术领域进行专利布局，对主要竞争对手技术进行跟踪防御。

西部矿业股份有限公司仅有 1 件专利关于镁资源的提取，涉及的内容是从盐湖卤水中联合提取硼、镁、锂的方法。该公司具有金属富集提取的开发经验，应该利用自身优势，在盐湖提镁方面进行技术扩展，增加专利申请量。

本章参考文献

[1] 白世磊. AZ91D 镁合金导热性能的研究 [D]. 重庆：重庆大学，2016.

[2] 毕思峰. 一里坪盐湖卤水的自然及冷冻蒸发实验 [D]. 西宁：青海大学，2016.

[3] 陈勇. 西部矿业股份有限公司发展战略研究 [D]. 西安：西安理工大学，2007.

[4] 邓新荣. 盐湖水氯镁石制取超细阻燃型氢氧化镁的研究 [D]. 长沙：中南大学，2004.

[5] 冯筱珺. 电沉积制备镍基复合镀层的研究 [D]. 沈阳：沈阳大学，2018.

[6] 高建良，章桢彦，靳丽，等. 镁合金锻造研究综述 [J]. 热加工工艺，2012 (15)：112 - 116.

[7] 沟引宁. 镁合金表面 Al_2O_3 纳米粒子增强阳极氧化膜成膜机制及性能研究 [D]. 重庆：重庆大学，2016.

[8] 韩虎，彭德坤，陶媛媛. 薄膜太阳能电池的全球专利态势 [J]. 电子知识产权，2014 (4)：50 - 53.

[9] 何毅. 镁合金电子壳体材料微弧氧化及其后处理工艺的研究 [D]. 长春：长春工业大学，2010.

[10] 黄翀. 中国菱镁矿供需格局及产业发展研究 [D]. 北京：中国地质大学（北京），2015.

[11] 惠燕先. AZ91 镁合金生物活性钙系磷化膜的制备及性能研究 [D]. 长春：吉林大学，2012.

[12] 姜小毛，薛庆海.《青海盐湖资源综合利用发展规划》通过专家评审 [J]. 中国氯碱，2004 (1)：45.

[13] 焦瑞莲. 开发利用太阳能资源前景广阔 [J]. 科学种养，2011 (4)：54 - 55.

[14] 黎萍. 碳酸盐岩中干酪根提取方法的改进 [J]. 化工管理，2013 (14)：94 - 95.

[15] 李杰. 低品位硼镁矿及富硼渣综合利用研究 [D]. 沈阳：东北大学，2010.

[16] 李学问. 机械球磨制备超细晶 Mg - 3Al - Zn 合金及其组织性能的研究 [D]. 哈尔滨：哈尔滨工业大学，2010.

[17] 李义民. 一种制作不燃性试样的装置及方法 [J]. 中国科技博览，2013 (24)：583.

[18] 李忠卫，尚辉良，邓雅清. 我国再生铅产业发展的现状与瓶颈 [J]. 有色冶金设计与研究，2014 (3)：58 - 61.

[19] 梁育民，夏源. 以循环经济促珠三角城市群发展 [J]. 战略决策研究，2014 (2)：62 - 73.

[20] 林清. 一种新型牛肉干的制作方法 [J]. 中国牛业科学，2013 (1)：79.

[21] 罗昌梅，王晓敏，赵永成. 柴达木循环经济开发与设想 [J]. 经济研究导刊，2013 (27)：295 - 296.

[22] 念珊. 科技创新破解 青海盐湖资源综合开发难题 [J]. 青海科技，2014 (3)：2 - 5.

[23] 庞慧慧. 阻燃剂氢氧化镁的合成及在聚丙烯中的应用 [D]. 北京：中国石油大学，2011.

[24] 庞箫. 未来十年全球甲醇需求将翻番 [J]. 中国石油和化工，2013 (4)：50.

[25] 彭逸林，罗娅. 重庆动漫产业发展报告 [J]. 重庆大学学报（社会科学版），2011，17 (5)：32 - 41.

[26] 钱思成. 铝微弧氧化膜的制备及其性能研究 [D]. 大连：大连理工大学，2007.

[27] 乔东慧. 柴达木盆地东台吉乃尔盐湖卤水蒸发实验研究 [D]. 成都：成都理工大学，2012.

[28] 乔永忠. 专利维持制度及实证研究［M］. 北京：知识产权出版社，2011.
[29] 邱华. 甘肃省冶炼化工产业专利战略调查研究［D］. 兰州：兰州大学，2011.
[30] 任文举. 基于硼泥制备硫酸镁及碱式硫酸镁晶须的研究［D］. 大连：大连理工大学，2010.
[31] 师萱，杨勇，谭红军. 银耳废料综合利用及其应用前景［J］. 安徽农业科学，2013（25）：222－224.
[32] 谈庆光，李银兰. 察尔汗盐湖卤水制取碳酸锂除杂技术探讨［J］. 科技创新与应用，2012（27）：21.
[33] 王明，邵忠财，仝帅. 镁合金表面处理技术的研究进展［J］. 电镀与精饰，2013，35（6）：10－15.
[34] 魏巍. 青海盐湖金属镁一体化工程项目管理模式研究［D］. 天津：天津大学，2013.
[35] 温明海. 我国采煤技术发展现状分析［J］. 中国科技博览，2014（15）.
[36] 吴冰，周小沫，余碧涛，等. 钴酸锂材料全球专利申请状况分析［J］. 科技创新导报，2014（13）：231－232.
[37] 武晓方. 稀土元素 Er 对 Mg－4Y－3Nd－0.5Zr 合金组织和性能的影响［D］. 太原：太原理工大学，2010.
[38] 席晓凤. 利用水镁石制备具有特殊形貌的超细氢氧化镁［D］. 沈阳：东北大学，2008.
[39] 熊晓琴. 基于专利地图的跨国汽车厂商专利布局研究［D］. 重庆：重庆大学，2008.
[40] 许涛. 盐湖卤水综合利用新工艺［J］. 中国盐业，2011（6）：62－64.
[41] 闫学红. 生药资源综合开发利用前景广阔［J］. 光明中医，2012，27（11）：2346－2347.
[42] 杨姣姣. 盐湖矿床生产规模优化研究及综合决策系统设计［D］. 昆明：云南大学，2016.
[43] 杨薇，朱新鹏. 综合开发利用蚕蛹资源前景广阔［J］. 农村新技术，2011（20）：25－26.
[44] 杨巍，吴卫红. 青海盐湖资源综合利用的路径选择［J］. 科学·经济·社会，2013，31（4）：69－74.
[45] 姚妍，姜枫. 镁合金化学镀镍的研究现状及发展趋势［J］. 电镀与环保，2014，34（1）：4－6.
[46] 俞媛媛. 基于有效专利的专利丛林测度与应用研究［D］. 大连：大连理工大学，2016.
[47] 张严. 乙酸酐复合催化法制备无水氯化镁的研究［D］. 西宁：青海师范大学，2015.
[48] 张玉星. 采用定－转子反应器利用氧化镁制备阻燃型氢氧化镁［D］. 北京：北京化工大学，2014.
[49] 赵海晋. 利用镁渣制造水泥的研究和应用［D］. 西安：西安建筑科技大学，2007.
[50] 赵飒. 氢氧化镁颗粒形貌控制研究［D］. 石家庄：河北科技大学，2011.
[51] 中国科学院青海盐湖研究所盐湖资源与化学实验室. 氯化镁喷雾热解制备氧化镁的研究［J］. 无机盐工业，2013，45（4）：13.
[52] 周宁波. 铵光卤石制备无水氯化镁新工艺及基础理论研究［D］. 长沙：中南大学，2005.
[53] 周喜诚. 吸附法从盐湖卤水中提锂及制备碳酸锂的工艺研究［D］. 长沙：中南大学，2013.
[54] 周旋，贾玉龙. 盐湖卤水制取轻质氧化镁［J］. 建筑工程技术与设计，2017（20）：3861.
[55] 周园，李丽娟，吴志坚，等. 青海盐湖资源开发及综合利用［J］. 化学进展，2013，25（10）：1613－1624.
[56] 张金玲. 镁合金和铝合金在汽车轻量化上的应用及发展趋势［J］. 科技创新导报，2019（28）：92－93.
[57] 罗彦云，蒲全卫，左国良. 铝合金和镁合金在轨道交通装备轻量化上的应用［J］. 电力机车与城轨车辆，2020（43）：1－5.

第6章 盐湖资源开发主要结论

chapter VI

6.1 盐湖资源与盐湖工业

盐湖资源是自然界馈赠给人们的天然宝藏，其中蕴藏着丰富的矿产资源，如钠、钾、镁、锂、硼、溴、铷、铯、锶等，能够为钾肥、制药、玻璃、陶瓷、电子、国防等领域提供不可或缺的资源。开发好、利用好盐湖资源，不仅能够为生活在盐湖周边的百姓带来丰厚的回报，更是政府、盐湖研究科研人员、产业界共同的目标。

盐湖工业是一个庞大的工业体系，包括资源勘探、工艺设计开发、化工工程设计建造、盐湖资源开发、初级原料生产、应用材料开发加工、材料产业应用等产业环节，上述环节有一个“短板”就会影响整个盐湖工业的发展。我国盐湖工业的发展过程，就是不断地弥补产业链条中短板的过程。在针对盐湖资源开发相关的上下游产业的专利分析中，都能发现专利申请量经历了从少到多的过程，很多产业经过长达近20年的酝酿期，在近10年出现了爆发式的增长。这与我国工业体系不断完善与发展，盐湖资源的开发利用能力不断提高，并在近年来迅速发展相对应。

6.2 盐湖资源开发

6.2.1 钾资源开发

钾盐在我国属战略性紧缺矿产品种。为满足我国农业生产需要，钾资源是我国较早开发的盐湖资源，早在20世纪五六十年代，盐湖钾盐开发就已经开始了。盐湖提钾的方法主要有冷分解－浮选法、冷结晶－浮选法、反浮选－冷结晶法、热溶法等，涉及的单元操作包括分解、浮选、反浮选、冷结晶、热溶、兑卤等。由于盐湖资源较为复杂，不同盐湖中组成存在差异，因此在资源开发过程中会选用不同的提取方法，并对工序进行适当的调整，以获得较优的收益。由于钾盐生产缺口较大，因此国家投入较大，生产企业相对较多，专利申请量也较多。我国盐湖钾资源丰富地区已经有大大小小一批生产企业，开发氯化钾、硫酸钾、碳酸钾等系列产品，由于钾盐是钾肥的直接原料，因此钾肥的生产能力已经逐步形成。但是，也要看到，钾盐钾肥生产过程中，新老技术同时存在，竞争压力会推动粗犷式的开采，造成资源浪费，导致盐湖钾盐资源的开发偏离正常轨道，卤水钾盐矿资源品位急速下降、伴生资源浪费，自然资源循环性下降，未来应更加关注可持续发展的开发模式，减少因资源过度开采而造成的环境负担及矿产资源损失。

针对钾资源严重缺口问题，国家正在推动企业走出去，推动企业参与国际合作，通过国外的钾资源开发弥补国内不足，保证战略安全和稳定。国际合作实际上也意味着国际竞争，需要国内企业进一步练好“内功”。以国内矿产资源开发经验为基础，研发、优化新技术，培养矿产开发工艺设计能力，能够根据国外矿产资源特点，因地制宜建立具有竞争力的资源开采方法。同时，建立专利保护体系，尤其打造国际专利保护体系，以应对未来国际市场的挑战。在专利数据收集过程中，发现我国专利权人国外专利申请比较薄弱，这在国内以资源为导向的盐湖资源开发行业中影响不大，但是面对国外竞争，影响因素会更加复杂，掌握一定数量的专利，能够为复杂的竞争环境提供更多的保障。

6.2.2 锂资源开发

我国是锂矿资源较为丰富的国家，锂矿资源占世界锂资源总储量的 15%。其中盐湖卤水是主要资源之一，约占全国锂资源总储量的 85%，仅青海和西藏两地，盐湖锂资源储量占全国锂资源总储量的 80% 左右。充分开发两地的盐湖卤水锂资源将直接推动我国锂产业的发展。

但是我国盐湖卤水镁锂比较高，需要设计方法去除大量镁，造成工艺复杂、成本高、综合效益较低、开发难度较大。针对这一问题，经过多年的探索与攻关，我国逐步摸索出了多套解决方案，并通过实地生产过程进行检验和完善。

在绿色环保政策推动下，锂电池产业快速发展。2015 年，新能源汽车行业的繁荣催生了大批锂离子电池厂商，碳酸锂需求加大，锂离子电池原料碳酸锂的价格从 5 万元/t 上涨至最高的 20 万元/t。但由于实际需求并未突破，2018 年，碳酸锂价格开始单边下跌，直至跌回到当年起涨的位置。锂产业也经历了一次“过山车”，锂产业虽然受到一定的冲击，但是技术却有了很大的进步，从年度专利申请量变化趋势来看，2015 年专利申请量出现了一个重要的拐点，2015 年之前专利申请处于发展平台期，似乎正在“寻找”突破机会，而 2015 年之后专利申请直线上升，2016 年、2017 年、2018 年年度专利申请量屡创新高。锂资源开发是盐湖资源中发展最快的领域，碳酸锂价格的迅猛增长也加速了很多新技术的产业化过程。

锂资源提取技术已经进入相对成熟的阶段，一段时间内较高的产品价格为之前开发难度较大的新工艺方法创造了在产业界测试完善的机会，从而有机会将技术优势转化为竞争优势。我国卤水锂开发方法与国外方法基本保持了同步，多个技术都进入生产阶段，这对于技术优化是十分有利的。各个企业在抓住发展机遇的同时，应该更进一步夯实技术基础，同时应该摒弃轻视专利保护的思维，完善知识产权保护体系，提高市场生存能力，应对行业降温后的冲击。

锂下游产品中最火爆、最核心的产品就是锂电池。我国虽然已经成为汽车生产第一大国，但是产业积累、技术积累还不够，电动汽车成为弯道超车的重要机遇，电池是电动汽车成本最高的部件，这为上游企业发展带来了重要机遇。锂产业呈现出明显的地域性特点，青海、西藏等地在锂资源提取方面专利申请量较多，但是在锂下游产品领域专利申请量较少，相反锂电池专利申请量较多的地区处于东部沿海，这一多一少之间显示出锂产业链条的地域性差异。西部盐湖地区生产的锂盐输送到东部，并将电能输送到东部沿海地区，在东部组装成电池，再充入电能，这种西“锂”东输、西“电”东输浪费了较多资源。西部将珍贵资源以较低价格输送到发达地区，这种输血式经济不利于资源丰富地区的经济增长。建议资源产地引进或建设本地区的锂下游产品生产基地，完善产业链条，增加资源产品附加值，优化产业结构，加速经济转型。

6.2.3　硼资源开发

我国硼矿资源丰富，储量居世界前 5 位。而且硼矿种类多，储量较大，矿床类型主要为沉积改造型及现代盐湖型，但遗憾的是我国硼矿质量远低于其他主要硼资源国，可利用资源十分有限，优质硼资源集中分布在青藏地区。国内外研究卤水提硼的方法很多，主要有酸化法、沉淀法、萃取法、分级结晶法和吸附法。硼下游产品用途丰富，由于硼及其化合物具有独特的性质，可以应用于耐高温、耐磨环境中，尤其部分化合物具有特殊的化学物理性质，在国民经济各个部门都有应用，如冶金、玻璃陶瓷、阻燃防火、农业、日用化工品等。

从专利分析角度，虽然我国在硼资源提取领域发展较晚，但是从 2010 年开始我国专利申请量有大幅增加，甚至有赶超国外的态势。在国家多年的政策引导与支持下，我国盐湖卤水硼资源的开发技术正在逐步走向成熟。专利已经涵盖了盐湖硼资源提取的大部分技术路线，工艺不断优化，萃取法是发展较快的方法。硼资源开发专利申请集中在青海等地区，但是下游产品，尤其在硼高端产品领域专利申请较少。当地提取得到的硼，主要制成低附加值产品进行销售，在很长一段时间内，该类产品作为出口创汇产品输出海外。建议当地政府适当调整产业政策，首先从技术上引进硼下游产品研发团队，专门从事硼高端产品研究；其次引进下游产品企业与上游硼提取企业进行对接，实现产业的延伸；最后通过组织产学研对接提升产业水平。

6.2.4　镁资源开发

我国是世界上镁资源最为丰富的国家之一，我国四大盐湖区蕴藏着丰富的镁盐资源。镁及其合金是工业中应用的最轻的金属结构材料，广泛用于航空航天、导弹、汽车、建筑等行业。

我国盐湖卤水中镁资源的开发喜忧参半，“喜”的是我国拥有全世界最大的镁资源储备，能够为下游产品提供极其充足的原料来源；“忧”的是下游产业需求没有完全释放，导致镁资源开发附加值不高，企业没有足够的开发动力。与钾资源相比，镁资源没有上升为国家严重缺乏物资的战略高度，没有影响国家农业安全的紧迫感；与锂资源相比，镁资源没有得到已经给全世界投资者看到巨大投资机遇的电动汽车产业的支撑；与硼资源相比，镁资源没有“我国有而国外缺”的竞争优势。这些使得镁资源的开发显得并不那么迫切，而偏偏我国盐湖卤水中镁含量惊人。镁产业在上游资源“宽”下游需求“窄”，这“一宽一窄”使镁产业陷入尴尬境地。由于早期资源开发规划较弱，甚至导致镁害的发生，生产钾肥过程中产生数以亿方计的高镁老卤需要排放，多年积累甚至污染了原有的氯化钾矿床，给后续钾资源开发造成困难。显然解决镁资源开发问题，要从“一宽一窄”着手，一方面换一种思路看待排放的高镁老卤，把镁害看成待开发资源，开发相对廉价高效的富集方式，提高单位体积镁盐富集效率，提高镁储存。另一方面，打开下游需求，二价镁制备镁单质必然是高能耗过程，利用镁合金解决镁害问题显然不够现实，因此不能仅仅将关注点放在镁合金产品开发上，更应该关注开发镁盐产品的应用，如镁润滑剂、镁阻燃剂、镁隔热材料、镁水泥、镁砂等以及类似产品的开发。

6.2.5 盐湖资源开发中的原子经济性

我们尝试从原子经济性角度分析几种资源产业链条。

(1) 钾资源。盐湖资源为钾盐或钾复盐，提取后为钾盐，最大应用领域仍是钾盐(钾肥)。整个生产链条中价态不变，无论钾离子还是阴离子都不损失，原子经济性最高，需要能源较少，从中游到下游（钾盐—钾肥）几乎不用加工就能使用。

(2) 锂资源。盐湖资源为锂盐或锂复盐，提取后为锂盐，最大应用领域仍是锂盐(锂盐—电池级锂盐)，电池制成锂复盐，如磷酸铁锂。整个生产链条中价态不变，锂离子不损失，阴离子发生置换，需要能源较少，从中游到下游需要精制、复合等过程。

(3) 硼资源。盐湖资源一般为硼酸盐，提取后为硼酸，下游需要高温或还原，中间体有价态几乎不变，硼离子不损失，阴离子有置换或脱除，需要能源较多，高端产品需要制备晶体，能耗较高。

(4) 镁资源。盐湖资源为镁盐或镁复盐，提取后为镁盐，下游主要应用需要还原制备合金，镁离子不损失，阴离子全部脱除，氧化态变化最大，能耗最高，进一步应用需要机械加工。

通过上述比较可以发现钾资源开发虽然较难，但是下游应用最容易，产业链的核心在上游开发，因此一旦资源提取技术成熟，后续发展会很快。与之相似，一旦锂资源开发问题得到解决，就为后续锂离子电池产品应用解决了一个核心部件——锂电极问题（锂离子电池包括锂电极、碳电极、电解液、隔膜），那时，锂下游产品爆发式的增长也较容易带动上游产业的发展。

硼资源和镁资源比较麻烦，提取之后应用处理门槛较高，尤其是高端产品开发需要的技术含量更高，甚至需要其他产业的配合与突破，因此硼资源和镁资源的开发利用相对滞后。

从原子经济性方面分析，我们也较容易理解镁资源开发不能只关注镁合金的开发，镁合金制备过程是从多原子到单原子的过程，原子损失最大（阴离子完全去除），氧化态变化最大，能耗最高。而如果能够直接使用镁盐作为下游产品，其开发难度就相当于锂资源开发或钾资源开发的水平，从产业整体上看更为经济有效。

6.2.6　盐湖资源综合开发

盐湖资源是复合型资源，硼、钾、锂、镁都有较大的市场应用价值。单一产品开发必然造成资源的浪费，同时增加后续开发的难度与成本。前文反复提到的镁害就是典型的例子，没有规划的无序开发，只能造成资源浪费，难以实现良性循环，之后会付出更多的代价。2000年之后，盐湖资源提取领域，多种资源协同开发的专利比例越来越高，这是盐湖资源开发技术完善与成熟的重要表现。总结专利文献中综合开发技术方案基本包括：卤水采集—卤水浓缩—卤水中提取钾钠（进而提钾）—提取镁—提取硼（进而生产硼产品）—纯化锂盐。在资源综合开发的同时，水资源也是综合利用的重要方向，不同生产阶段的水都会残留一定的产品，因此很多专利技术重点研究水的循环使用过程，以求提高产品回收率，减少污水的排放。

通过技术革新实现多种资源综合开发，实现收益最大化是未来发展的趋势。由于不同提取方法具有自身特点与优势，随着企业资源开发能力的提升，技术应用的成熟，多资源融合、多种方法的融合、多种新技术的整合是未来的发展趋势。政府应该鼓励企业培养自己的产业化研发团队，并与科研单位更深入融合，提升技术水平，更合理地利用科研成果，围绕综合开发开展技术升级工作。

6.3　盐湖资源开发与国际接轨

我国盐湖拥有丰富的自然资源，优势是明显的，但是如何利用资源优势，实现从“资源大国”向“产业强国”转变，仍然是我们需要解决的问题。这是一个系统性工作，而不单单是盐湖开发领域的目标，需要上下游产业联动，其他支撑产业进一步提升能力水平才能共同实现。技术创新是最重要的推动力，专利规划布局是保证技术创新的有力保障和动力。

国外盐湖开发产业比我国早起步几十年，虽然我国专利申请量近几年有大幅提升，但是与国外同行相比，技术积累、产业配套能力仍需要提高。但也不用过于气馁，随着我国技术开发力度的增加，我国盐湖资源的开发已经快速发展近十年的时间，采用的方法基本实现与国外相同，部分技术达到甚至超过国外同行业水平，且由于是新建扩建生产线，有机会直接使用新技术，在盐湖开发中竞争能力正不断增强。为了更快地缩短与国外同行业的差距，应继续提升企业技术创新能力，以企业作为创新主体，鼓励企业与科研单位合作，变技术引进为参与技术研发过程，在引进科研院所核心技术的同时，提升技术、资源的整合能力。

我们在中国专利分析过程中发现，盐湖资源提取中的多个细分领域国内专利权人以及专利申请的数量明显多于国外申请人，但并不表明我国在该技术领域中具有绝对优势。盐湖资源开发是典型的资源型行业，生产建设周期长、投入大，受地域环境、下游产业等诸多因素影响，尤其受国家政策影响较大。国外企业在中国不具备竞争优势，因此较少参与到这一市场中，科研院所、国有企业成为专利申请主力。使得盐湖资源开发市场竞争不够充分，各种技术同时存在，平行发展。在此条件下，政府尤其应秉承市场导向的原则，鼓励企业与科研院所技术融合，实现技术有效流动，并在市场上充分竞争，从而筛选出更优的技术方案。同时，国内企业不能把专利优势的思维代入国际竞争中。随着我国盐湖资源开发能力的提升，中国企业走出去是发展的必然。面对国际竞争，国内企业不仅要加强技术开发，更要加强国外专利保护，将区位优势转化为技术优势，提高在国际上的行业竞争力，更好地开发国外资源与市场。

我国在盐湖资源开发领域已经开展了60余年的工作，整个产业从无到有，从单一产品开发到多种资源综合利用，从单一的生产方法到多种生产方法相互竞争，我国盐湖资源开发取得了令人瞩目的成就。

伴随着工业体系的发展，下游产业链也逐步完善，上下游联动现象越来越明显。随着我们对盐湖了解更加深入，对盐湖开发技术运用更加自如，对下游产品需求更加广泛，盐湖资源开发必能更好地助力我国经济快速发展。

本章参考文献

[1] 李力，李丽丽，邢薇，等. 浅谈我国锂资源的开发利用［J］. 科学与财富，2016（9）：116.

[2] 沈晶鑫. 多热源内热式镁冶炼炉内温度分布规律模拟与实验研究［D］. 西安：西安科技大学，2007.

[3] 涂勤华. 立足新起点 瞄准新目标 谋求新发展 实现新跨越：在全省食品纺织服装工业现场会上的讲话［J］. 江西食品工业，2006（3）：7-11.

[4] 张福顺. 碳酸锂深度除钙的研究［D］. 沈阳：东北大学，2006.

[5] 钟广明，曾立华，李明，等. 聚苯乙烯支载井冈霉素微球的合成及对硼酸的配位吸附［J］. 湖南师范大学自然科学学报，2013，36（3）：60-65.

[6] 周晓军，刘国旺，杨尚明，等. 利用盐湖提锂尾液制备氢氧化锂工艺研究［J］. 无机盐工业，2019（9）.

致 谢

本书在三年多的专题研究和撰写过程中，得到了很多领导、同事和朋友的支持与帮助，在此致以最诚挚的感谢！

首先感谢国际盐湖学会主席郑绵平院士，郑院士耄耋之年仍不忘提携后生，在专题研究过程中给予了很多专业指导并为本书欣然作序，使研究团队备受鼓舞。

感谢青海省科学技术厅“企业研究转化与产业化专项”项目和“青海省科学技术学术著作出版资金”的资助，青海省科学技术厅高新技术处李岩处长、赵以莲副处长、米杰老师，政策法规与基础研究处瞿文蓉处长、赵长建副处长、俞成老师、多杰措老师，外国专家局吴玲娜副局长根据多年项目管理和出版基金管理经验，提出了很多建设性意见和建议。

感谢本书的撰写顾问，他们是青海省知识产权局局长段靖平、副局长白海龙，中国科学院科技促进发展局知识产权管理处崔勇，国家知识产权局专利局西宁代办处主任贾成林，中国科学院大连化学物理研究所杜伟，青海省知识产权局规划发展部部长杨娜、专利管理部部长沈芹以及青海省知识产权局、中科院系统各兄弟院所负责知识产权工作的其他同仁，他们充分发挥专利管理工作经验，为本书的撰写提出了大量的建设性的意见和建议。

感谢中国科学院青海盐湖研究所吴志坚所长、王永晏书记等领导和同事长期以来对我的热情鼓励和对本书出版的大力支持。

感谢项目研究和著作编写团队中国科学院宁波材料技术与工程研究所高洁，中国科学院长春应用化学科技总公司王瑜、李禾禾、赵雅娜，万晟佳音知识产权有限公司邹志德、倪颖，江苏省专利信息服务中心王亚利、龚跃鹏、张正阳，中国科学院青海盐湖研究所李玉婷、李波、樊洁、彭姣玉、高丹丹、郭敏、李雷明、赵冬梅、侯殿保、马艳芳、文静、都永生、李锦丽、边绍菊、高春亮、凌智永、申月、曹萌萌，中国科学院兰州分院李丽，万派技术转移（长春）有限公司王向南，南京利丰知识产权代理事务所王锋，中国科学院新疆理化技术研究所盖敏强，中国科学院武汉文献情报中心王辉、刘佳，团队成员根据分工和自身所长，密切配合、团结协作，使得本书得以顺利付梓。

特别感谢本书的责任编辑韩冰和李瑾，两位老师在百忙之中抽出时间研究本书的设计、版式，认真校对每一个文字，终于使本书能与读者见面。

受各方面条件所限，加之编写团队水平有限，本书谬误之处在所难免，敬请广大读者批评指正。